江西新科环保股份有限公司创办于2002年，是一家集研发、设计、制造、销售及工程施工于一体的国家高科技环保产业骨干企业。公司位于江西萍乡经济技术开发区，紧邻沪昆高铁、浙赣铁路、沪瑞高速和国道319、320线，临近黄花国际机场和明月山机场，交通运输十分便利。

公司自创建以来，一直致力于环保节能所需蜂窝陶瓷的研发和应用，与中国建筑材料科学研究总院、湖南大学、萍乡学院等科研院所建立了长期战略合作伙伴关系,拥有一批环境治理领域的技术专家，拥有江西省建材工业催化剂及载体工程技术研究中心、中国建筑材料科学研究总院环保陶瓷及装备工程技术研究中心等多个省（部）级科研平台，承担了国家重点研发计划、江西省重大科技专项等近十个科研项目，公司开发的低温、超高温SCR脱硝催化剂等多个核心产品均具有自主知识产权，可细分出适应不同行业和领域的个性配方产品，可为企业提供脱硫脱硝、VOC治理等污染治理综合性解决方案。

公司目前具有年产6000m³的低温SCR脱硝催化剂和年产12000m³的蜂窝陶瓷的生产能力，现有脱硝催化剂、蜂窝陶瓷蓄热体、挡板砖、冷触媒蜂窝陶瓷片等产品，主要用于焦化、玻璃、水泥、冶金、垃圾焚烧、石化、火电等领域。

SCR脱硝催化剂

我公司与中国建筑材料科学研究总院陶瓷科学研究院针对我国低温工况工业（锅）窑炉烟气特点，自主研发的SCR脱硝催化剂在150℃以上，具有脱硝效率高、二氧化硫转化率低、抗中毒能力强、机械强度高、寿命长等特点。可根据不同的烟气条件定制个性化的催化剂。现已建成年产2000m³的SCR催化剂模块化生产线一条。目前已经在水泥、电子玻璃、日用玻璃等窑炉尾气低温脱硝系统中获得成功应用。该低温SCR脱硝催化剂可广泛应用于建材、焦化、钢铁、垃圾焚烧等低温烟气条件的工业（锅）窑炉的脱硝。

中建材新科SCR脱硝催化剂产品系列

1. 钢铁焦化系列：（CX系列）

名称	起活温度	脱销效率	使用条件
CX-200	200	>80%	SO_2<300mg，尘<50mg
CX-230	230	>85%	
CX-260	260	>90%	

2. 日用玻璃系列：（CG系列）

名称	起活温度	脱销效率	使用条件
CG-180	180	>80%	SO_2<1000mg，尘<100mg
CG-200	200	>85%	
CG-240	240	>90%	

3. 陶瓷、耐材系列：（CP系列）

名称	起活温度	脱销效率	使用条件
CP-150	150	>70%	SO_2<5000mg，尘<100mg
CP-180	180	>80%	
CP-200	200	>85%	
CP-230	230	>90%	

4. 水泥系列：（CC系列）

名称	起活温度	脱销效率	使用条件
CC-100	100	>65%	SO_2<50mg，尘<30mg
CC-120	120	>70%	
CC-150	150	>70%	SO_2<100mg，尘<30mg
CC-180	180	>80%	
CC-230	230	>50%	SO_2<1000mg，尘<10mg

5. 超高温系列：（UH系列）

名称	最高使用温度	脱销效率	使用条件
UH-550	550	>95%	SO_2<500mg，尘<50mg

环保陶瓷生产与应用

唐　婕　李懋强　薛友祥　霍艳丽 等　编著

中国建材工业出版社

图书在版编目(CIP)数据

环保陶瓷生产与应用/唐婕等编著．--北京：中国建材工业出版社，2018.1

ISBN 978-7-5160-2126-2

Ⅰ.①环… Ⅱ.①唐… Ⅲ.①陶瓷—生产工艺—无污染技术 Ⅳ.①TQ174.6

中国版本图书馆 CIP 数据核字（2017）第 315830 号

内 容 简 介

本书系统介绍了水质净化及污水处理用陶瓷过滤器、高温陶瓷膜材料及高温气体过滤器、陶瓷载体催化剂、消除噪声用陶瓷材料、陶瓷传感器和新能源陶瓷六大类环保陶瓷材料的概念、分类、发展历程、生产所用原料、生产工艺、技术装备、产品规格和测试技术等。

该书内容简单明了、通俗易懂、便于操作、实用性强，可供环保陶瓷领域科研、生产企业技术、操作、管理等人员阅读参考。

环保陶瓷生产与应用

唐 婕 李懋强 薛友祥 霍艳丽 等 编著

出版发行：中国建材工业出版社

地　　址：北京市海淀区三里河路 1 号

邮　　编：100044

经　　销：全国各地新华书店

印　　刷：北京雁林吉兆印刷有限公司

开　　本：787mm×1092mm 1/16

印　　张：19.75

字　　数：490 千字

版　　次：2018 年 1 月第 1 版

印　　次：2018 年 1 月第 1 次

定　　价：98.00 元

本社网址：www.jccbs.com 微信公众号：zgjcgycbs

本书如出现印装质量问题，由我社市场营销部负责调换。联系电话：（010）88386906

序　　言

陶瓷制品的种类繁多，分类方法有多种。按照用途不同，通常分为陈设美术陶瓷、日用陶瓷、建筑卫生陶瓷、工业陶瓷等。把陶瓷真正有目的地用于各个工业部门只有上百年的历史。

随着高铝瓷土等原料在制瓷工艺的应用、制造工艺的发展、高温技术的进步以及为适应其他工业发展的需求，主要利用陶瓷耐酸、耐碱、耐腐蚀性，电绝缘性能及电磁、光学、机械、生物及化学等卓越性能而制成的一批新型的工业陶瓷制品逐步发展起来。由于工业陶瓷的用途十分广泛，在某些领域起到不可替代的作用，逐步发展成为相对独立的工业分支。

改革开放以来，随着国家经济建设的快速发展，人们生活水平的不断提高与自我保护意识的增强，各级政府及建设单位对环境保护的高度重视，为环境保护产业的发展提供了广阔的市场条件，伴随着与环境保护有关的陶瓷制品的开发、生产、检测及应用也得到了迅速发展。这类陶瓷主要用作各类环保装备的部件等，按照用途这类陶瓷应属于工业陶瓷的范畴，但又与现有工业陶瓷的用途、性能等部分或全部不尽相同，人们把这类陶瓷产品称之为“环保陶瓷”。

目前，这类环保陶瓷的种类繁多、用途广泛。如用于净化水体的陶瓷滤芯，用于污水活化的陶瓷曝气器，用于降低钢铁冶炼等高温窑炉能耗的陶瓷蓄热体，用于处理化工原料的陶瓷填料，用于消除高温燃气噪声的陶瓷消声器，用于高温烟气除尘的高温过滤器等；用于机动车尾气净化的蜂窝陶瓷催化剂，工业干燥炉用红外陶瓷燃烧板，光催化抗菌、防霉陶瓷，太阳能陶瓷电池等；用于控制尾气排放的陶瓷氧传感器，用于监控土壤水分的陶瓷湿敏传感器等。但是，对这类环保陶瓷还没有明确的定义和准确的分类方法。

为此，以教授级高工唐婕为负责人的团队，集多年来从事环保陶瓷的科研、开发、生产、检测、教学和企业应用的经验，并通过阅读大量科技文献，编著了这本《环保陶瓷生产与应用》。

该书明确提出了环保陶瓷的定义，指出环保陶瓷是指对大气、水体、土壤等自然环境的保护具有直接或间接作用的陶瓷材料及器件，主要应用于水处理、气体净化、工业提纯过滤、污染物治理、噪声处理、节能控制、新能源开发等环境工程领域。该书系统介绍了水质净化及污水处理用陶瓷过滤器、高温陶瓷膜材料及高温气体过滤器、陶瓷载体催化剂、消除噪声用陶瓷材料、陶瓷传感器和新能源陶瓷六大类环保陶瓷材料的概念、分类、发展历程、生产所用原料、生产工艺、技术装备、产品规格和测试技术等，说明了主要环保陶瓷产品的材质、规格型号、应用等。

该书内容简单明了、通俗易懂、便于操作、实用性强，是环保陶瓷领域科研、生产企业技术、操作、管理等人员难得的一本参考书，对环保陶瓷的生产技术与应用具有积极的推进作用，值得一读。

中国建筑材料科学研究总院　副总工程师

2017 年 12 月

前　言

由于用途广泛、种类繁杂，环保陶瓷目前尚无准确的概念。自20世纪70年代末，中国经济持续几十年高速发展，在带来巨大财富的同时，环境污染问题也凸显出来。伴随能源的耗费、资源的浪费、自然环境的恶化，中国面临巨大的环境保护压力。环境保护观念逐步深入人心，也带动了环保产业市场空前繁荣，环保技术、环保产品应运而生。以陶瓷生产制造过程及应用为例，很多企业、产品冠以“环保陶瓷”的名称。如许多汽车尾气净化器生产企业、微孔过滤陶瓷生产企业，甚至蜂窝陶瓷填料生产企业等都称为“环保陶瓷”公司。“环保陶瓷”产品概念更广泛，涉及工业陶瓷、建筑卫生陶瓷、日用陶瓷等不同领域，如具有抗菌功能的陶瓷砖、陶瓷洁具，具有节水功能的陶瓷卫浴产品，不含有毒、有害色釉料的陶瓷餐具等都被称为“环保陶瓷”。此外一些采用低温快烧等节能技术生产的陶瓷也被称为“环保陶瓷”。由此可见“环保陶瓷”的概念如何界定尚不明确。与此相关的还有“绿色陶瓷”。虽然“绿色陶瓷”的概念同样不甚明了，但通常指合理利用自然资源，生产制作过程污染少、能耗低，使用时有益于人类健康的产品，大抵包括：环保产品、节能产品、健康产品、多功能产品等。因此笔者认为将抗菌、保健、低能耗制造陶瓷称作“绿色陶瓷”，比“环保陶瓷”更恰当。

基于此，本书提及的环保陶瓷主要指应用于环境工程领域，如：水处理、气体净化、工业提纯过滤、污染物治理、噪声处理、节能控制、新能源开发等领域，对大气、水体、土壤等自然环境的保护起到直接或间接作用的工业陶瓷材料及器件。工业陶瓷应用于环境工程领域，已有上百年的历史。传统的环境工程领域应用包括：用于净化水体的陶瓷滤芯，用于污水活化的陶瓷曝气器，用于降低钢铁冶炼等高温窑炉能耗的陶瓷蓄热体，用于处理化工原料的陶瓷填料，用于消除高温燃气噪声的陶瓷消声器，用于高温烟气除尘的高温过滤器等，并随着陶瓷制造技术的发展、材料性能提升以及应用领域的拓宽，逐渐发展到机动车尾气净化用蜂窝陶瓷催化剂，工业干燥炉用红外陶瓷燃烧板，光催化抗菌、防霉陶瓷，太阳能陶瓷电池等。除直接应用于环境工程领域外，环保陶瓷还间接用于环境工程过程监控或环境质量监控，如用于控制尾气排放的陶瓷氧传感器，用于监控土壤水分的陶瓷湿敏传感器等。本书也将这一类陶瓷材料纳入环保陶瓷范畴。

本书对环保陶瓷材料的概念、分类、制作方法等进行了系统阐述，并着重对主要的环保陶瓷产品进行材质、规格型号、应用等方面的说明，从而为陶瓷制造企业、从事环保陶瓷研究的科研人员以及陶瓷专业学习的学生提供资料参考。

本书第一章和第八章由中国建筑材料科学研究总院霍艳丽高工编写，第二章由中国建筑材料科学研究总院李懋强老师编写，第三章由中国建筑材料科学研究总院唐婕教授级高工编写，第四、五章及第七章部分内容由山东工业陶瓷研究设计院有限公司薛友祥老师编写，第六章由中国建筑材料科学研究总院赵春林、吴彦霞、陈鑫编写，第七章部分内容由山东工业陶瓷研究设计院有限公司唐庆海老师编写，第九章由中国建筑材料科学研究总院王广海博士编写，全书由中国建筑材料科学研究总院唐婕及霍艳丽统稿。为使本书更为系统完善，书中引用了许多同行的文献资料，在此向所有被引用文献的作者及同行表示深深的谢意。

由于作者知识水平有限，且环保陶瓷材料及工艺技术发展迅猛，许多新工艺新成果未能在书中进行全面系统的介绍，在此敬请读者原谅并欢迎给予批评指正。

编著者

2017 年 11 月

目　　录

第1章　环保陶瓷概述

1.1　引言

自20世纪70年代末，中国经济持续几十年高速发展，在带来巨大财富的同时，环境污染问题也凸显出来。伴随能源的耗费、资源的浪费、自然环境的恶化，我国面临巨大的环境保护压力。环境保护观念逐步深入人心，也带动了环保产业市场空前繁荣，环保技术、环保产品应运而生。

随着科技的发展及人们环保意识的提升，以高新技术为支柱产业，科学、综合、高效地利用现有资源，同时开发尚未利用的富有自然资源取代已近耗竭的稀缺自然资源，并对部分传统产业进行改造，生产绿色环保型产品是解决环境问题的出路。陶瓷行业也不例外，我国是陶瓷生产和出口大国，2016年全国各类陶瓷出口年产量近2125.7万吨，全国有大约1000多家日用陶瓷企业[1]，因此依靠科技进步、节能降耗、开发绿色环保陶瓷是我国陶瓷企业生产改造的当务之急。环保陶瓷与人们生活越来越息息相关。环保陶瓷的定义也发生一定的改变，我们所说的环保陶瓷应具备以下要素：第一是节约能源和原材料消耗，做到物尽其用；第二是对环境有害的气体如SO_2、CO、NO_x等废气要尽量少；第三是有害人类健康的废水（含铅、镉、汞、铬等重金属元素）尽量要少；第四是不存在对人类身体不利的放射性物质；第五是提倡生产自洁、抗菌、杀菌等保健功能的陶瓷；第六是粉尘、游离SO_2要尽量少；第七是噪声、热散失量要尽量少；第八是生产和工作环境要清洁、干净、舒适。当前应用较多的环保陶瓷材料以气体、水、固体颗粒过滤分离材料、催化剂及载体、传感器等为主，具有多孔结构的陶瓷材料是其中的主要类别，能够实现废气、废液的过滤。

环保陶瓷种类繁多、用途各异，具有耐高温、耐磨损、耐腐蚀以及质量轻等优点，无论在生活中还是在工业生产中都获得越来越广泛的应用。大多数环保陶瓷材料都具有多孔结构，因此在干压成型制备环保陶瓷过程中，需要根据最终制品的微观结构要求，对陶瓷坯料的颗粒度、添加剂、造孔剂等进行适当的选择及搭配。高纯度粉体属于瘠性材料，用传统工艺无法使之成型。首先，通过加入一定量的表面活性剂，改变粉体表面性质，包括改变颗粒表面吸附性能，改变粉体颗粒形状，从而减少超细粉的团聚效应，使之均匀分布；加入润滑剂减少颗粒之间及颗粒与模具表面的摩擦；加入黏合剂增强粉料的粘结强度。将粉体进行上述预处理后装入模具，用压机或专用干压成型机以一定压力和压制方式使粉料成为致密坯体。因此，本书对环保陶瓷原料、辅料及各种制造设备也做了相应介绍。

目前全球面临着三大危机：资源短缺、环境污染、生态破坏。环保陶瓷虽然是一个新的概念，但是由于其对资源、环境的友好而获得迅速发展。环保陶瓷已进入人类生活的方方面面，而且随着人们环保意识的提高及科学技术的进步，环保陶瓷的制造技术会越来越先进，制造成本也会日益降低，应用领域会越来越广阔。

1.2　环保陶瓷的定义与分类

由于用途广泛、种类繁杂，环保陶瓷目前尚无准确的概念。以陶瓷生产制造过程及应用为例，很多企业、产品冠以“环保陶瓷”的名称。如许多汽车尾气净化器生产企业、微孔过滤陶瓷生产企业，甚至蜂窝陶瓷填料生产企业等都称为“环保陶瓷”公司。“环保陶瓷”产品概念更广泛，涉及工业陶瓷、建筑卫生陶瓷、日用陶瓷等不同领域，如具有抗菌功能的陶瓷砖、陶瓷洁具，具有节水功能的陶瓷卫浴产品，不含有毒、有害色釉料的陶瓷餐具等都被称为“环保陶瓷”。此外一些采用低温快烧等节能技术生产的陶瓷也被称为“环保陶瓷”。由此可见“环保陶瓷”的概念如何界定尚不明确。与此相关的还有“绿色陶瓷”。虽然“绿色陶瓷”的概念同样不甚明了，但通常指合理利用自然资源，生产制作过程污染少、能耗低，使用时有益于人类健康的产品，主要包括：环保产品、节能产品、健康产品、多功能产品等。因此笔者认为将抗菌、保健、低能耗制造的陶瓷称作“绿色陶瓷”，比“环保陶瓷”更恰当。

工业陶瓷应用于环境工程领域，已有上百年的历史。传统的环境工程领域应用包括：用于净化水体的陶瓷滤芯、用于污水活化的陶瓷曝气器、用于降低钢铁冶炼等高温窑炉能耗的陶瓷蓄热体、用于处理化工原料的陶瓷填料、用于消除高温燃气噪声的陶瓷消声器、用于高温烟气除尘的高温过滤器等，并随着陶瓷制造技术的发展、材料性能提升以及应用领域的拓宽，逐渐发展到机动车尾气净化用蜂窝陶瓷催化剂、工业干燥炉用红外陶瓷燃烧板、光催化抗菌、防霉陶瓷、陶瓷太阳能电池等。除直接应用于环境工程领域外，环保陶瓷还间接用于环境工程过程监控或环境质量监控，如用于控制尾气排放的陶瓷氧传感器、用于监控土壤水分的陶瓷湿敏传感器等。在本书中也将这一类陶瓷材料纳入环保陶瓷范畴。

目前，我国已经成为汽车生产大国，NO_x 的排放量中有三分之一来自汽车尾气污染，其余的还有发电厂及工业窑炉排放的烟气。减少这类因燃烧而产生的 NO_x，最经济且有效的方法是采用助热燃烧技术。蜂窝陶瓷在助热燃烧方面发挥出了重要的促进作用，它的作用是通过 NH_3 将 NO 还原为 N_2，实现催化还原。近年来，以 V_2O_5/TiO_2 为载体的新型净化器装置已被研制出来，由于具有更小的体积、更长的寿命，大大降低了去除废烟气中 NO_x 的净化费用。为控制气体排放形成的大气污染，凝聚着多种净化技术的多孔蜂窝陶瓷产品，正在被广泛应用于汽车尾气排放处理、烟气中 NO_x 的排除、燃气轮机等的催化助热以及其他化学反应工程。尽管目前的蜂窝陶瓷产品仍存在脆性的弱点，但在环境领域中表现出了难以替代的作用，获得广泛欢迎。

高性能陶瓷膜是环保陶瓷的另一个主要代表，膜技术是一种新型高效分离技术，随着科技的进步，陶瓷膜技术获得大幅提升[2]。多孔陶瓷膜以其优异的材料稳定性和化学稳定性，在石油、化学工业、医药、冶金等工业众多领域获得了广泛的应用，以其节约能源和环境友好的特征成为解决全球能源、环境、水资源问题的重要途径。与多孔陶瓷相比，多孔陶瓷膜具有非对称结构，具有更高的分离性能。膜的厚度一般介于几十纳米到几百微米之间，可以实现从纳米尺度的筛分到可见大颗粒的分离（如高温气体除尘），是一种典型的环境友好材料。多孔陶瓷膜的分离性能与材料的孔径大小及其分布、孔隙率、孔形态等微结构有着密切的关系，多孔陶瓷膜的孔径可以在几个纳米到几十微米范围内进行调变。

据调查，未来陶瓷膜领域的发展趋势将主要集中在以下几个方面：(1) 进一步提高陶瓷膜材料的分离精度及其分离稳定性，使其在液体分离领域实现纳滤级别的连续高效运行，在气体分离领域实现多组分气体的高效分离；(2) 研制具有大孔径及高孔隙率的耐高温陶瓷分离膜材料，使其在资源的高效利用及环境保护等领域实现高温气固分离过程的长期稳定运行；(3) 陶瓷膜表面性质的调控，通过改变其表面亲疏水性及荷电性、生物兼容性等，以拓展陶瓷膜的应用领域；(4) 陶瓷膜的低成本化生产，结合构建面向应用过程的膜材料设计与制备方法来解决陶瓷膜推广应用的瓶颈问题；(5) 研制耐强酸强碱等苛刻体系的膜材料，提高膜材料分离性能的稳定性，拓展其在工业的应用范围。综上，多孔陶瓷膜制备技术研究必将进一步引领和推动陶瓷膜在技术及产业方面的发展，是环保陶瓷高效发展的重要支撑。

新能源是指区别于常规能源之外的各种能源形式，主要包含太阳能、地热能、风能、海洋能、生物质能和核能等。现代社会，科技发展突飞猛进，人类对新能源的开发与应用日益增加，新能源领域就用到许多陶瓷材料，如氧化钇稳定氧化锆膜用作燃料电池隔膜，碳化硅材料作为核燃料的包壳材料，泡沫陶瓷用作太阳能光热发电的吸热材料等。甚至随着科技发展，过去一直被视作垃圾的工业及生活有机废弃物等也开始被重新认识，作为一种新型能源受到深入的研究和开发利用。以风能发电为例，由于风能是一种清洁的可再生能源，全球的风能约为 2.74×10^{9} MW[3]，其中可利用的风能为 2×10^{7} MW，比地球上可开发利用的水能总量还要大 10 倍，蕴量巨大的风能受到世界各国的重视。我国风力发电起步较晚，但是一直在奋起直追，风力发电机正在向大容量方向发展，国际上单机容量已经达到 5MW。在大型风力发电机的设计和制造方面，我国正在不断进步，已经可以批量生产 1.5MW 级双馈型和直驱型风力发电机，3.0MW 双馈型风力发电机也已经下线，目前，已经开始研制 5.0MW 级风力发电机。氮化硅陶瓷轴承因其特殊的优势，在风电机组中有重要应用。由于陶瓷材料具有优异的高温性能，在高温工况下具有很好的滚动疲劳强度，试验结果表明，在 1000℃高温下 Si_3N_4 还保持相当高的抗弯强度，因此陶瓷轴承有较好的接触应力和较长的疲劳寿命。与金属轴承材料相似的疲劳损坏方式 Si_3N_4 陶瓷作为轴承材料除了以上优异性能外，更重要的是其疲劳损坏方式是非灾难式的，而是与轴承钢金属材料具有相似的疲劳报坏方式，发生蚀坑或出现剥落。Si_3N_4 陶瓷材料本身还具有减摩、抗磨、润滑等功能，在不良的润滑工况条件下，如边界润滑、无油干摩擦等情况，显示出卓越的减摩自润滑性能，可以大大提高机器的工作可靠性和使用寿命，并能降低机器噪声，减少维护费用。除此之外，陶瓷轴承是非磁性的，其绝缘性能也很好。总而言之，陶瓷轴承具有的众多优异性能，使得其逐渐代替金属轴承而成为风力发电机组的重要零部件之一，具有广阔的发展前景[4]。

参考文献

[1] 万方．绿色环保陶瓷在未来人居环境中的应用设计研究［D］．武汉：武汉理工大学，2006.
[2] 踞行松．氧化锆陶瓷超滤膜制备及其相关基础技术研究［D］．南京：南京化工大学，2000.
[3] 翟秀静，刘奎忍，韩庆．新能源技术［M］．北京：化学工业出版社，2013.
[4] 张伟儒，陈波．氮化硅陶瓷轴承研发现状及产业化对策［J］．新材料产业，2007，(01)：25-29.

第2章　环保陶瓷用原料及处理

2.1　陶瓷原料概述

环保陶瓷种类繁多，用途各异。按原料的组成成分可分为氧化物原料和非氧化物原料两大类，按原料来源可分为天然矿物原料和人工合成原料。然而，不管是天然原料还是合成原料，都需要经过一定的处理才能满足陶瓷制造工艺的要求。

2.1.1　氧化硅

氧化硅分子式为 SiO_2，其密度随晶型不同而异。常见晶型有：β-石英、α-石英、γ-磷石英、β-磷石英、α-磷石英、β-方石英、α-方石英以及石英玻璃，如图 2-1 所示。SiO_2 晶型转变都伴随有或大或小的体积变化，图 2-2 显示了各种 SiO_2 晶型转变的温度和相应的体积变化，其中正号表示升温时体积膨胀。各种 SiO_2 晶型的结晶学特征列于表 2-1 中。

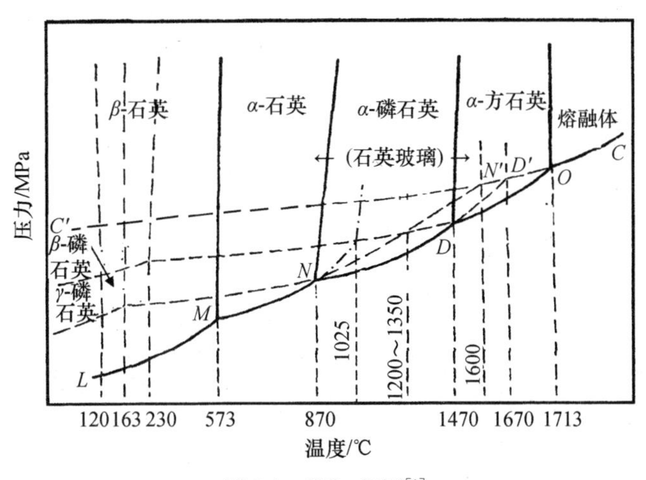

图 2-1　SiO_2 相图[1]

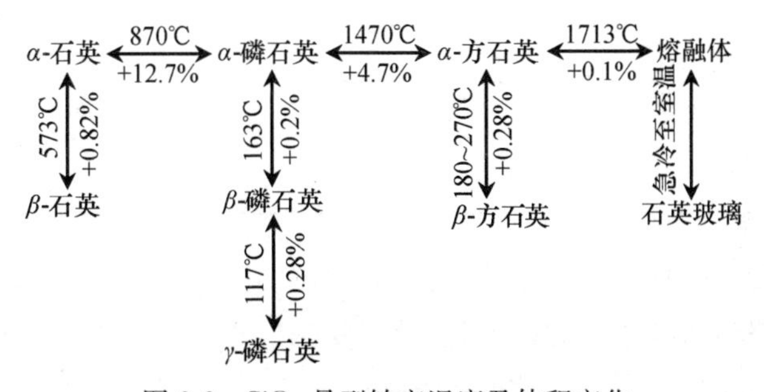

图 2-2　SiO_2 晶型转变温度及体积变化

表 2-1　各种 SiO_2 晶型的结晶学特征[2]

晶型	温度区间/℃	晶系	习性	密度/（g/cm^3）	熔点/℃	折射率			双折射率	光性
						N_g	N_m	N_p		
β-石英	＜573	三方	柱状	2.651	1713	1.553	—	1.544	0.009	一轴，＋
α-石英	573～870	六方	柱状或菱面体	2.533	—	—	—	—	—	—
γ-磷石英	室温～117	斜方	—	2.27～2.285	1670	1.473	1.469	1.469	0.004	—
β-磷石英	117～163	六方	假六方板状	2.24	—	—	—	—	—	—
α-磷石英	870～1470	六方	—	2.228	—	—	—	—	—	—
β-方石英	180～270	斜方	八面体	2.31～2.34	1730	1.484	1.487	1.487	0.003	一轴，－
α-方石英	1470～1713	等轴	—	2.229	—	—	—	—	—	—
石英玻璃	＞1723 呈液态	非晶	—	2.203	—	—	1.459	—	—	—

陶瓷工业中氧化硅原料主要来自各种天然矿物原料，但也有一部分是人工合成或工业副产品。来自自然界的氧化硅原料有：硅石和硅藻土。人工原料有：用化学方法制备的高纯氧化硅、白炭黑（纳米氧化硅粉）和利用硅铁生产的副产品制造的氧化硅微粉（硅灰）。

硅石类原料包括脉石英、石英岩、石英砂岩、燧石岩、硅砂等。脉石英杂质很少，SiO_2 含量可达 99%。石英岩中含有一定量的杂质，SiO_2 含量低于 99%。石英砂岩 SiO_2 含量较低，一般在 95%左右。燧石岩可视为干燥固结的胶体石英，其中 SiO_2 的含量可在 95%以上。硅砂中 SiO_2 的含量可达 95%或更高。

表 2-2 列出各种硅石的分类特性和产地。

表 2-2　硅石的分类特性和产地[2]

分类	类型	主要产地	颜色	矿物组成	主要化学成分	石英晶粒/mm	晶型转化速度
结晶硅石	脉石英	吉林江密	乳白	石英	SiO_2≈99%	＞2	特慢
	石英岩	河南铁门、辽宁石门	灰白、浅灰	石英为主，此外有黏土、云母、绿泥石、长石、金红石、赤铁矿、褐铁矿	SiO_2＞98%	0.15～0.25	特慢
胶结硅石	石英砂岩	—	淡黄、淡红	石英为主，有少量黏土、云母，硅质胶结相	SiO_2＞95% Al_2O_3≈3% R_2O≈2%	粗粒：0.5～1.0 细粒：0.1～0.25	快速
	燧石岩	山西五台山	赤白、青白	基质为玉髓，含有脉石英颗粒，也有氧化铁、石灰石、绿泥石	SiO_2＞95%	0.005～0.01	快速
硅砂	石英砂	广东珠海	黄褐	石英为主，有少量长石等矿物（5%）	SiO_2＞90% Al_2O_3＜5% Fe_2O_3＜1%	0.1～0.5	—

以下几个文件规定了环保陶瓷工业对硅质原料的化学成分要求：

（1）全国矿产储量委员会制定的矿产工业手册要求[3]：SiO_2＞98.5%，Fe_2O_3＋TiO_2＜0.5%。

（2）行业标准《硅石》YB/T 5268—2014

表 2-3　耐火材料用硅石性能指标

牌号	化学成分/（质量分数）%				耐火度/CN
	SiO_2	Al_2O_3	Fe_2O_3	CaO	
GSN99A	≥99.0	≤0.25	≤0.5	≤0.15	174
GSN99B	≥99.0	≤0.30	≤0.5	≤0.15	174
GSN98	≥98.0	≤0.50	≤0.8	≤0.20	174
GSN97	≥97.0	≤1.00	≤1.0	≤0.30	172
GSN96	≥96.0	≤1.30	≤1.3	≤0.40	170

（3）行业标准《水处理用滤料》CJ/T 43—2005

表 2-4　水处理石英砂滤料理化性能指标

成分要求/%					密度/（g/cm^3）	（破碎率＋磨损率）/%
SiO_2	含泥量	盐酸可溶率	灼烧减量	密度小于 $2g/cm^3$ 的轻物质		
≥85	<1.0	<3.5	≤0.7	≤0.2	2.5～2.7	<2

硅藻土是另一种主要的氧化硅天然原料，其主要成分是蛋白石（非晶质含水硅酸），其次是黏土矿物（伊利石、水云母、黑云母等）、石英、长石和有机质。其显微结构如图 2-3 所示。硅藻土中 SiO_2 通常占 60%以上，优质硅藻土中 SiO_2 可达 94%。硅藻土不仅是一种提供二氧化硅的原料，由于内部的微孔结构使其具有很低的导热系数，还是一种制造隔热保温材料和吸附材料的原料。表 2-5 列出了我国出产的几种硅藻土的化学成分和物理性能。

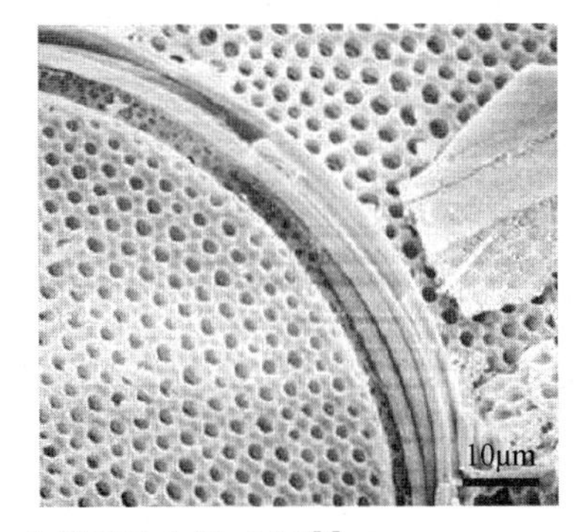

图 2-3　硅藻土的显微外貌（左）和局部放大图（右）[4]

表 2-5　硅藻土的化学成分和物理性能[5]

产地	SiO_2	Al_2O_3	Fe_2O_3	MgO	CaO	烧失率/%	松散密度/（g/cm^3）	比表面积/（m^2/g）	孔径/（nm）	气孔率/%
吉林	92.75	2.57	0.50	0.19	1.24	2.89	—	—	—	—
云南	84.56	3.77	0.56	0.49	0.46	—	0.41	3.43	50～30	≥65
山东	74.56	9.04	3.94	0.83	1.37	5.66	—	—	—	—
浙江	64.80	16.40	2.31	—	—	5.98	—	—	—	—

以上各种天然原料中 SiO_2 含量通常最多只能在99%左右，如果要求纯度更高的 SiO_2 原料，就需要对高纯硅石或高纯石英砂进行除杂质提纯。一般提纯工艺包括选矿、水淬、粉碎、磁选、酸洗、中和、水洗、烘干等步骤，最后可获得杂质含量不超过 $20\times10^{-6}\sim50\times10^{-6}$、粒度在0.01～0.5mm的分级产品。高纯 SiO_2 原料多用高纯四氯化硅或其他氯硅烷为原料，通过人工合成获得。

SiO_2 纳米粉体也被称作白炭黑，早在20世纪40年代就已经实现工业化生产。白炭黑的生产工艺主要有沉淀法和气相法两大类型。沉淀法制造的白炭黑的粒径小于100nm，SiO_2 含量90%左右。气相法制造的白炭黑全部是纳米二氧化硅，产品纯度可达99%，粒径可达10～20nm。

沉淀法又称湿法，通常以工业水玻璃为原料，将水玻璃加水稀释，然后加入稀硫酸，边搅拌边升温，形成pH值在2～3之间的硅酸溶胶，然后加入氨水调节至pH值在7～8之间，在搅拌下老化一定时间，再降温、用酸中和后水洗、过滤除去硫酸钠、脱水干燥、打碎，形成氧化硅粉末成品。整个工艺流程如图2-4所示。

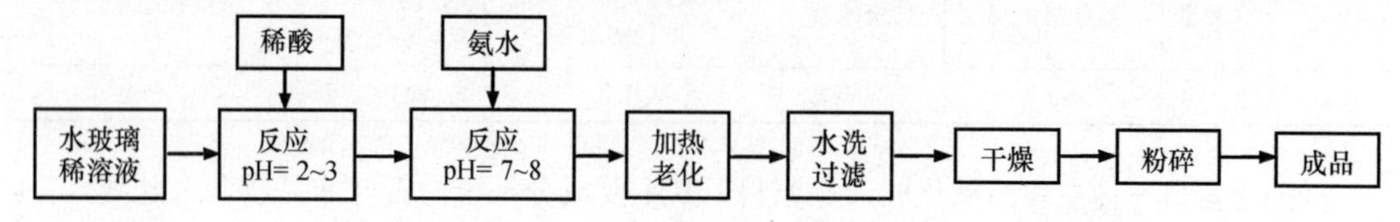

图2-4　沉淀法制备白炭黑工艺流程

气相法又称热解法或干法。生产过程中，将六乙基硅氧烷、四氯化硅等原料气体在氢气和氧气（或空气）的混合气流中，在燃烧室里进行高温水解。反应后含有 SiO_2 的气溶胶进入凝聚室停留一定时间，待形成絮状的 SiO_2 团聚体后送旋风分离，再经脱酸、包装，得到成品。整个工艺流程如图2-5所示。过程的反应式如下：

$$2H_2+O_2 \longrightarrow 2H_2O \tag{2-1}$$

$$SiCl_4+2H_2O \longrightarrow SiO_2+4HCl \tag{2-2}$$

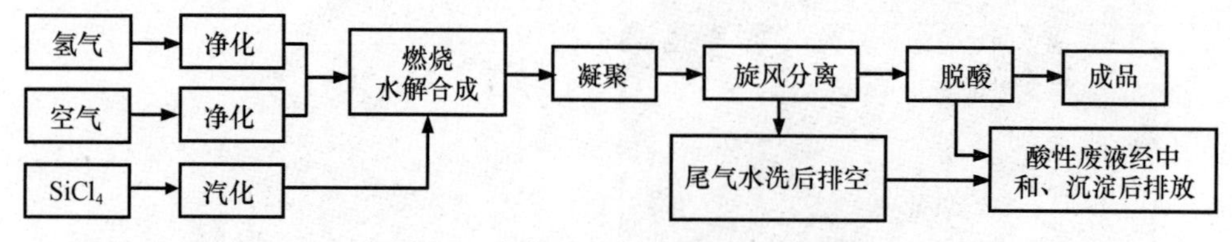

图2-5　气相法制备白炭黑工艺流程

表2-6为国内沉淀法生产白炭黑的产品标准（化工标准HG/T 3061—2009）。

表2-6　沉淀法生产白炭黑的技术性能要求

项目	指标	
	粒/粉状	块状
二氧化硅含量（干品）/%	≥90	≥90
45μm筛余物/%	≤0.5	≤0.5
加热减量/%	4.0～8.0	5.0～8.0
灼烧减量（干品）/%	≤7.0	≤7.0

续表

<table>
<tr><td rowspan="2">项目</td><td colspan="6">指标</td></tr>
<tr><td colspan="1">粒/粉状</td><td colspan="5">块状</td></tr>
<tr><td>pH 值</td><td>5.0～8.0</td><td colspan="5">6.0～8.0</td></tr>
<tr><td>总铜含量/（mg/kg）</td><td>≤10</td><td colspan="5">≤30</td></tr>
<tr><td>总锰含量/（mg/kg）</td><td>≤40</td><td colspan="5">≤50</td></tr>
<tr><td>总铁含量/（mg/kg）</td><td>≤500</td><td colspan="5">≤1000</td></tr>
<tr><td>邻苯二甲酸二丁酯吸收值/（cm^3/g）</td><td>2.00～3.50</td><td colspan="5">—</td></tr>
<tr><td>水可溶物/%</td><td>≤2.5</td><td colspan="5">≤2.5</td></tr>
<tr><td rowspan="3">比表面积/（m^2/g）</td><td colspan="6">类别</td></tr>
<tr><td>A</td><td>B</td><td>C</td><td>D</td><td>E</td><td>F</td></tr>
<tr><td>≥191</td><td>161～190</td><td>136～160</td><td>106～135</td><td>71～105</td><td>≤70</td></tr>
</table>

表 2-7、表 2-8 分别为国内气相法生产白炭黑的分类及技术要求标准（国家标准 GB/T 2002—2013）。

表 2-7　气相二氧化硅的分类命名

产品名称							
产品名称	A 类	A90	A110	A150	A200	A250	A300	A380
产品名称	B 类	B90	B110	B150	B200	B250	B300	B380
比表面积/（m^2/g）		90	110	150	200	250	300	380

表 2-8　气相二氧化硅的技术要求

检验项目	105℃挥发分/%	灼烧减量/%	SiO_2/(mg/kg)	Al_2O_3/(mg/kg)	TiO_2/(mg/kg)	Fe_2O_3/(mg/kg)	C/%	氯化物含量/(mg/kg)	45μm 筛余物/(mg/kg)	悬浮液 pH 值
A 类	≤3	≤2.5	≥99.8	≤400	≤200	≤30	≤0.2	≤250	≤350	3.6～4.5
B 类	≤1	≤10	≥99.8	≤400	≤200	≤30	≥0.3	≤250	—	≥3.5

氧化硅微粉俗称硅灰粉或硅微粉，来自生产铁合金或多晶硅工艺中产生的烟气。氧化硅微粉的外观为灰色细粉末，颜色依其含碳的多少有深有浅。其主要成分是 SiO_2，占 90%左右或更高，且绝大部分为无定形（非晶型）SiO_2，其颗粒粒径为 0.1～1.0μm，比表面积为 20～25m^2/g，颗粒密度为 2.2～2.5g/cm^3，粉体的松散密度为 250～300kg/m^3。表 2-9 为氧化硅微粉的主要技术指标（行业标准 YB/T 115—2004）。

表 2-9　氧化硅微粉的主要技术指标

项 目	SF96	SF93	SF90	SF88
SiO_2/%，≥	96.0	93.0	90.0	88.0
Al_2O_3/%，≤	1.0	1.0	1.5	—
Fe_2O_3/%，≤	1.0	1.0	2.0	—
CaO+MgO/%，≤	1.0	1.5	2.0	—
K_2O+Na_2O/%，≤	1.0	1.5	2.0	
C/%，≤	1.0	2.0	2.0	2.5

续表

项 目	SF96	SF93	SF90	SF88
灼减/%，≤	1.0	3.0	3.0	4.0
pH 值	4.5～6.5	4.5～7.5	4.5～7.5	4.5～8.5
45μm 筛余/%，≤	3.0	3.0	5.0	8.0
比表面积/ (m^2/g)	≥15			
水分/%，≤	1.0	2.0	2.5	3.0

2.1.2 硅酸盐矿物

2.1.2.1 黏土矿物

黏土是一种以含水铝硅酸盐（$Al_2O_3 \cdot 2SiO_2 \cdot 2H_2O$）矿物细颗粒为主的集合体，其中混杂有其他氧化物、氢氧化物、碳酸盐、硅酸盐或硅酸盐胶状物质以及有机质等。性能随其中各种矿物的比率与颗粒度的不同而变化，呈色为白、黑、褐、黄、紫等。

黏土的主要矿物成分是高岭土（$Al_2O_3 \cdot 2SiO_2 \cdot 2H_2O$），此外还有迪凯石（也称迪开石）和珍珠陶土（分子式同前两者）、多水高岭石（也称埃洛石或叙永石，$Al_2O_3 \cdot 2SiO_2 \cdot xH_2O$）、微晶高岭石［即蒙脱石，（Mg，Ca）$O \cdot Al_2O_3 \cdot 5SiO_2 \cdot xH_2O$］、拜来石［（Fe，Al）$O_3 \cdot 3SiO_2 \cdot xH_2O$］、铝英石（$Al_2O_3 \cdot SiO_2 \cdot xH_2O$）、叶蜡石（$Al_2O_3 \cdot 4SiO_2 \cdot xH_2O$）、伊利石（水云母）（$K_2O \cdot 3Al_2O_3 \cdot 6SiO_2 \cdot 2H_2O \cdot nH_2O$），以上这些总称黏土类矿物。黏土中除含有黏土类矿物之外，还含有数量不等的石英、长石和一些有机质，有些黏土中还有一些碳酸盐、褐铁矿等杂质，表 2-10 给出了一些国内典型的黏土组成。

表 2-10 国内典型的黏土组成[3] 单位：%

名称	唐山碱矸	唐山紫木节	焦宝石	莱阳土	无锡白泥	界牌桃红泥	苏州土 2 号	信阳膨润土	大板高岭石	林东叶蜡石	毛沟村选黏土	高坡高岭土	叙永埃洛石
产地	河北唐山	河北唐山	山东淄博	山东莱阳	江苏无锡	湖南衡阳	江苏苏州	河南信阳	辽宁巴林右旗	辽宁巴林右旗	贵州贵阳黔陶	贵州贵阳高坡	四川叙永
矿物组成	高岭石≈96 长石≈2 其他≈2	高岭石≈87 长石≈2 其他≈4	高岭石	蒙脱石	水云母 石英	高岭石 65～70 石英 25～30	高岭石（主相）埃洛石（其余）	蒙脱石≈90 石英≈10 水云母 高岭石	迪开石≈50 石英≈46	叶蜡石≈80 石英≈9	蒙脱石 60 石英 2～4 水云母 30	埃洛石 98～99	埃洛石 80～95
SiO_2	43.50	41.96	45.26	73.48	63.48	68.52	47.20	65～72	70.32	62.70	73.40	46.42	39.1～44.2
Al_2O_3	40.09	35.91	38.34	13.09	24.18	20.24	36.35	10～12.5	20.31	31.08	16.05	39.40	35.3～39.5
Fe_2O_3	0.63	0.91	0.70	0.77	1.15	0.60	0.83	0.6～1.4	0.73	0.48	0.34	0.10	0.13～0.135
TiO_2	0.30	0.96	0.78	—	1.02	—	—	—	—	—	0.15	0.03	—
CaO	0.47	2.10	0.05	1.57	0.33	0.15	0.49	1.6～2.0	0.56	—	0.11	0.09	0～0.42
MgO	—	0.42	0.06	2.36	0.29	0.75	0.18	2.7～3.1	0.70	0.42	2.22	0.09	0～0.41
K_2O	0.49	0.37	0.05	1.71	4.19	1.42	—	0.25～0.35	—	—	3.05	0.05	0.01～0.50
Na_2O	0.22	—	0.10	1.71	0.55	1.42	0.40	0.15～0.25	—	—	0.12	0.09	0.01～0.15
灼减	14.28	16.96	14.46	6.63	4.91	7.49	15.22	13.5～15.2	7.68	5.37	4.20	13.80	14.3～15.1

以高岭石为主要组成的黏土称为高岭土，其化学成分十分接近纯高岭石的理论组成，

即46.56%SiO_2、39.5%Al_2O_3、14%H_2O。高岭石属三斜晶系，晶胞参数：a=0.514nm、b=0.893nm、c=0.737nm、α=91°48′、β=104°42′、γ=90°，密度2.60～2.66g/cm³。外形呈六方鳞片、粒状微小颗粒。纯度高的高岭土呈白色，吸附能力小，遇水不膨胀，可塑性和粘结性较差，耐火度高，加热至400～600℃排出结晶水。

以蒙脱石为主的黏土称为膨润土。蒙脱石属六方晶系，晶胞参数：a=0.5169nm、b=0.894nm、c=1.502nm、β=90°，密度2.0～2.5g/cm³。外形为不规则细粒状或鳞片状，结晶程度差。膨润土通常呈白色或浅黄色，有很强的吸水性，吸水后体积明显膨胀。膨润土加水后可塑性强，干燥后有很高的强度，干燥收缩大。天然的膨润土由于种种原因，如蒙脱石成分不同、晶体结构层间吸附阳离子的不同，以及混入不同种类和不同程度的非黏土矿物杂质（如石英、长石、方解石等），其化学组成可以在相当大幅度内变化，其可塑性和吸水性也有很大的变化。

伊利石为黏土形成过程中的一种中间产物，多数为云母矿物水解产物，因此也称为水云母，在结构上与蒙脱石相似。由于伊利石内除硅、铝之外还含有多种金属离子，随着这些金属离子的种类和数量以及在晶体结构中位置的不同，伊利石有单斜、六方、三方等多种晶型，密度也各不相同（2.6～2.9g/cm³）。伊利石黏土的矿物成分主要为伊利石，含少量的高岭石、蒙脱石、绿泥石、叶蜡石等，以及石英、长石、铁质等碎屑矿物。伊利石黏土的化学成分因含有其他杂质而变化较大，除SiO_2、Al_2O_3含量高低差别较大之外，还含有6%～9% K_2O和0.5%～1.5%Na_2O。以伊利石为主要组成的黏土可塑性差，干燥收缩小，干燥后强度低，烧结温度低，通常在800℃开始烧结，至1000～1150℃完全烧结。

在陶瓷与耐火材料工业中尚有一种称为球黏土的原料，于1680年首先在英国发现，开采时为了方便用马车装运，将其滚成重约33磅的球体干燥，在欧美国家的陶瓷工业内称之为球黏土。球黏土是陶瓷工业中的重要结合黏土，主要由无序高岭石组成，并有石英、云母等矿物伴生，有机质的含量高达15%。质软、黏性大、可塑性好、烧结温度低，一般从1200℃开始烧结，烧结范围可达到150～200℃，耐火度大于1580℃。球黏土在成分和物理性质上与我国所产的木节土和部分软质耐火黏土相似，我国广西维罗、南宁等地也出产球黏土。我国出产的球黏土和类似的软质黏土性能如表2-11所示。

表2-11　我国出产的球黏土和类似的软质黏土特性[6]

名称		伊舒球黏土	广西泥	宜兴泥	南京泥	紫木节	叙永泥
化学组成/%	SiO_2	54.1	50.7	50.1	50.0	42.7	57.6
	Al_2O_3	30.6	33.3	32.9	32.1	36.2	28.4
	TiO_2	—	1.90	0.20	1.13	0.48	0.9
	Fe_2O_3	1.43	1.10	3.15	1.21	1.37	1.13
	RO	0.66	0.43	0.51	1.54	0.83	1.08
	R_2O	0.77	0.50	0.16	1.63	1.84	0.65
	灼减	11.9	11.6	11.4	10.6	16.5	9.78
矿物组成/%	主矿物	无序高岭石	高岭石	高岭石	水云母	高岭石	叙永石
	伴生矿物	石英、蒙脱石	石英、蒙脱石	石英、蒙脱石	石英	石英、云母	石英
真密度/(g/cm³)	—	—	2.59	2.64	2.62	2.64	2.56
耐火度/℃	—	1710	1730	1770	1660	1750	1710

2.1.2.2　莫来石

莫来石是在苏格兰西部一个名叫莫尔的小岛上火山熔岩中被发现的，故得其名，自然界中的莫来石很少。纯莫来石的理论化学组成通常表达为 $3Al_2O_3 \cdot 2SiO_2$，即其中 Al_2O_3 含量为 71.8%、SiO_2 为 28.2%，或者说 Al_2O_3 与 SiO_2 的质量比为 2.55。然而从 Al_2O_3-SiO_2 相图可知莫来石是一种 Al_2O_3-SiO_2 固溶体，如图 2-6 所示，其中 Al_2O_3 的含量可在 71.8%～77.3%（质量分数）之间波动。当温度高于1850℃时，莫来石熔化。莫来石晶体属正交晶系，晶胞参数：a=0.755nm、b=0.769nm、c=0.288nm，密度 3.13～3.16g/cm^3，外形通常呈柱状或针状晶体。莫来石晶体 a、b、c 三个晶轴方向的热膨胀系数分别为 3.9×10^{-6}、7.0×10^{-6}和 5.8×10^{-6}（数据来自参考文献 [2]）。

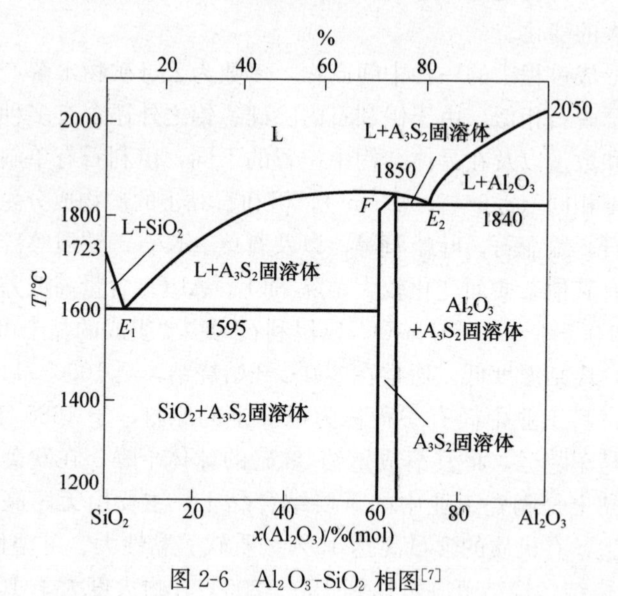

图 2-6　Al_2O_3-SiO_2 相图[7]

当前用于陶瓷工业的莫来石原料都是通过人工合成的。合成莫来石的工艺分为烧结法和电熔法两种。

烧结法以含杂质少的铝、硅系矿物，如硅石、高岭石、焦宝石、蓝晶石、高铝矾土、工业氧化铝等为原料，配料中 Al_2O_3/SiO_2 比值保持在 2.55～3.40 之间。各种原料经干燥后在高温下充分反应，生成莫来石晶体。然后再经破碎、分级成为具有不同颗粒大小的莫来石粉体。烧结法合成莫来石的过程中须经历一次莫来石化和二次莫来石化两种莫来石生成反应。在 1000℃时，以下原料中的铝硅酸盐矿物首先分解，进而生成莫来石和无定形氧化硅，这一过程称为一次莫来石化。例如高岭石在 700～800℃左右脱水分解成偏高岭石：

$$Al_2O_3 \cdot 2SiO_2 \cdot H_2O \longrightarrow Al_2O_3 \cdot 2SiO_2 + H_2O \quad (2\text{-}3)$$

当温度升高至 950℃发生一次莫来石化反应：

$$3(Al_2O_3 \cdot 2SiO_2) \longrightarrow 3Al_2O_3 \cdot 2SiO_2 + 4SiO_2 \quad (2\text{-}4)$$

当温度继续升高至 1200℃左右，在一次莫来石化中生成的无定形 SiO_2 同原料中的氧化铝发生反应，生成莫来石。这就是二次莫来石反应：

$$3Al_2O_3 + 2SiO_2 \longrightarrow 3Al_2O_3 \cdot 2SiO_2 \quad (2\text{-}5)$$

当温度超过 1400℃二次莫来石化已经完成，但此时莫来石晶体十分细小，通常仅为数微米。随着温度进一步升高，通过重结晶使晶体继续发育长大，当温度达1500℃，莫来石晶体尺寸可达10μm左右，当温度达1700℃，莫来石晶体尺寸可超过100μm。因此烧结法合成莫来石的最终合成温度，须设定在1700～1800℃。

电熔莫来石工艺所用原料与烧结法类似，将原料装入电弧炉中经电弧熔融合成。根据所用的氧化铝原料不同，将电熔莫来石分为高纯电熔莫来石和天然电熔莫来石两种。前者以工业氧化铝为原料，因此产物的纯度比较高，而后者以天然矾土为原料，从而带入一定量的杂质，最终在产物中形成玻璃相，并容易产生气孔。电熔合成工艺要求原料中 Al_2O_3 含量不小于76%，否则当工艺控制不当时会造成产物中存在较多的玻璃相。表2-12给出了高纯电熔莫来石和天然电熔莫来石中莫来石相和玻璃相的含量以及密度和气孔率范围。冶金行业标准 YB/T 5267—2013 规定了莫来石的主要技术指标要求，如表2-13所示。烧结莫来石和电熔莫来石原料的典型产品的理化指标如表2-14所示。

表2-12　高纯电熔莫来石和天然电熔莫来石的成分和相组成[2]

类型	Al_2O_3/%	SiO_2/%	莫来石/%	玻璃相/%	体积密度/（g/cm³）	气孔率/%
高纯电熔莫来石	72～79	19～27	≥95	≤5	≥3.00	≤4
天然电熔莫来石	66～79	20～28	≥75	＜10	≥2.90	≤5

表2-13　冶金行业标准规定的莫来石的主要技术指标

制造工艺	烧结法					电熔法	
牌号	SM75	SM70-1	SM70-2	SM60-1	SM60-2	FM70	FM75
Al_2O_3/%	73～77	69～73	67～72	57～62	57～62	69～73	73～77
TiO_2/%	≤0.5	≤0.5	≤3.5	≤0.5	≤3.0	≤2.0	≤0.1
Fe_2O_3/%	≤0.5	≤0.5	≤1.5	≤0.5	≤1.5	≤0.6	≤0.2
Na_2O+K_2O/%	≤0.2	≤0.2	≤0.4	≤0.5	≤1.5	≤0.5	≤0.2
体积密度/（g/cm³）	≥2.90	≥2.85	≥2.75	≥2.65	≥2.65	≥2.90	≥2.90
显气孔率/%	≤3	≤3	≤5	≤5	≤5	≤5	≤4
耐火度/CN	180	180	180	180	180	180	180
莫来石含量/%	≥90	≥90	≥85	≥80	≥75	≥85	≥90

表2-14　烧结莫来石和电熔莫来石原料的典型产品的理化指标（表内数据取自参考文献［2］）

制造工艺	高纯电熔莫来石			天然电熔莫来石			烧结法						
产地	中国			中国			江苏	河南	山东	山东	日本	日本	英国
编号	A	B	C	D	E	F	JM70	HM70	SM72	SM75	M70	M73	I
Al_2O_3/%	72.60	72.40	78.10	67.42	71.70	75.50	70～72	68～73	73.15	76.04	70.26	72.18	72.3
SiO_2/%	25.57	26.60	20.09	27.79	22.00	21.00	26～28	22～28	21.87	22.77	27.57	25.78	25.2
TiO_2/%	0.01	0.04	0.02	2.70	2.81	2.84	—	—	1.73	0.43	0.29	0.22	0.12
Fe_2O_3/%	0.01	0.13	—	0.99	0.65	0.46	≤0.5	≤0.8	1.25	0.53	1.09	1.02	0.62
CaO/%	0.17	0.17	0.12	0.01	0.15	0.13	—	—	0.22	0.23	0.15	0.18	0.19
MgO/%	0.08	0.05	0.62	0.31	0.20	0.25	—	—	0.06	0.08	0.16	0.17	0.25
R_2O/%	0.20	0.04	0.02	0.25	0.24	0.23	≤0.5	＜0.26	0.25	0.27	0.55	—	0.84
相组成 莫来石/%	95.46	93.59	97.55	91.84	93.60	83.10	—	—	—	—	99.07	95.34	—
相组成 刚玉/%	—	—	—	—	—	12.00	—	—	—	—	0.69	4.64	—
相组成 玻璃相/%	4.54	6.41	2.45	8.16	6.40	4.90	—	—	—	—	0.24	0.02	—
体积密度/（g/cm³）	3.02	2.78	2.94	2.93	2.84	2.82	≥2.83	2.8～2.9	2.91	2.94～2.96	2.83	2.73	2.69
显气孔率/%	2.10	11.0	6.70	5.00	9.40	10.0	≤3.0	＜2	2.90	2.07～2.35	2.8	5.8	10.0
耐火度/℃	＞1790	—	—	—	＞1790	＞1790	—	＞1850	＞1790	≥1850	—	—	—

2.1.2.3 蓝晶石族

蓝晶石族矿物包括蓝晶石、硅线石和红柱石三种，它们的分子式均为 $Al_2O_3 \cdot SiO_2$，其中 Al_2O_3 和 SiO_2 的质量分数分别为62.92%和37.08%，Al_2O_3/SiO_2 为1.697。这三种矿物的晶体特征如表2-15所示。

表 2-15 蓝晶石族矿物的晶体特征

矿物	蓝晶石	硅线石	红柱石
晶系	三斜	斜方（正交）	斜方（正交）
晶格常数/nm	$a=0.709$，$\alpha=90°05'$ $b=0.772$，$\beta=101°02'$ $c=0.556$，$\gamma=105°44'$	$a=0.778$ $b=0.792$ $c=0.557$	$a=0.744$ $b=0.759$ $c=0.575$
晶体形状	柱状、板状、条状集合体	柱状、放射状集合体	长柱状、针状或纤维状集合体
密度/（g/cm^3）	3.53～3.69	3.13～3.29	3.10～3.24

从图2-6可知，加热这三种矿物至出现液相的温度均为1595℃，但在加热过程中不同矿物有不同的历程：蓝晶石加热至1300℃时转变成硅线石，温度升至1545℃时分解成莫来石和 SiO_2。蓝晶石在高温时晶型转化速度极快，分解时会发生较大的体积膨胀。硅线石在1545℃以下是稳定的，高于这一温度便分解成莫来石与 SiO_2，硅线石的转化、分解速度较慢，产生的体积膨胀也较小。红柱石加热至1390℃时转变成蓝晶石和硅线石，温度升至1545℃时分解成莫来石与 SiO_2，其转化、分解速度介于蓝晶石与硅线石之间，伴随的体积膨胀是三种矿物中最小的，并且红柱石在1500℃以下不产生膨胀或收缩变形。硅线石和红柱石因加热时晶相转变伴随的体积变化较小，可不用预先煅烧，直接使用，而蓝晶石晶型转化的速度快、体积变化通常需要经过1300℃煅烧后才作为原料使用。但蓝晶石可作为膨胀剂直接加入到不定形耐火材料中。

以硅线石为原料的陶瓷制品具有很多优点：耐火度较高、能耐许多熔渣的侵蚀、膨胀系数较低（约为 $4.5\times10^{-6}/K$），因此能经受得了温度急变作用，室温下的导电性非常小而导热率较高。硅线石大量用于制造耐火砖、坩埚、匣钵及燃烧器等制品。

冶金行业标准YB/T 4032—2010规定了蓝晶石、硅线石、红柱石精矿的分类、代号、牌号、技术要求，如表2-16所示。

表 2-16 蓝晶石、硅线石和红柱石精矿的技术标准

矿物	蓝晶石		硅线石		红柱石		
项目	LJ-58	LJ-55	GJ-58	GJ-54	HJ-58	HJ-55	HJ-52
Al_2O_3/%	≥58.0	≥55.0	≥58.0	≥54.0	≥58.0	≥55.0	≥52.0
Fe_2O_3/%	≤0.8	≤1.5	≤1.0	≤1.5	≤1.0	≤1.5	≤2.0
TiO_2/%	≤1.5	≤2.0	≤1.0	≤1.0	≤1.0	≤1.0	≤1.0
K_2O+Na_2O/%	≤0.3	≤0.5	≤0.5	≤1.0	≤0.5	≤0.8	≤1.2
耐火度/℃	≥1790	≥1790	≥1790	≥1750	≥1790	≥1790	≥1750
水分/%	≤1.0						
灼减/%	≤1.5						

我国蓝晶石族矿物资源丰富，其中蓝晶石产地分布在河南、河北和新疆，硅线石产地分布在河北和黑龙江，红柱石产地分布在河南和新疆。各地出产的典型精矿理化指标如表 2-17 所示。

表 2-17　我国蓝晶石族矿物的典型理化指标[2]

品名		蓝晶石				硅线石		红柱石	
产地		新疆	邢台	南阳	南阳	鸡西	灵寿	南阳	新疆
粒度/mm		块状	＜0.2	块状	＜0.2	＜0.2	＜0.15	＜3	＜1.0
Al_2O_3/%		61.95	56.94	60.67	56.48	58.60	55.79	58.15	56.18
Fe_2O_3/%		0.64	1.01	0.47	0.12	0.97	1.55	0.83	0.78
TiO_2/%		0.39	0.08	1.31	1.40	0.65	0.11	0.12	0.22
K_2O+Na_2O/%		0.08	0.16	1.66	0.10	0.36	2.52	0.41	0.23
IL/%		0.49	—	—	1.50	0.76	1.30	0.78	0.95
耐火度/℃		＞1830	＞1830	＞1830	＞1830	＞1830	＞1830	＞1830	＞1830
线膨胀率/%	500℃	0.21	0.37	0.32	0.47	0.40	0.12	0.58	0.29
	1000℃	0.99	2.40	1.30	1.91	0.73	0.82	1.16	1.01
	1500℃	18.56	16.80	10.76	12.35	0.75	0.21	1.28	0.29
	残余	+17.59	+15.79	+9.12	+12.13	−0.23	−0.50	+0.40	+0.20

2.1.2.4　叶蜡石

叶蜡石的分子式可写为 $Al_2O_3 \cdot 4SiO_2 \cdot H_2O$，其中 Al_2O_3、SiO_2 和 H_2O 的质量分数分别为 28.3%、66.7%和 5.0%，Al_2O_3/SiO_2 之比为 0.4243。叶蜡石属单斜晶系，晶格常数如下：a=0.517nm、b=0.297nm、c=0.933nm、β=99.80°，密度为 2.285g/cm^3。叶蜡石受热至 600℃左右开始分解脱水，至 1100℃开始转化成莫来石和方石英。用叶蜡石为原料可用于制造多孔瓷、坩埚、黏土质耐火砖、耐火涂料及耐火浇注料。建材行业标准 JC/T 929—2003 将建材工业用叶蜡石分为块状叶蜡石（代号 YK）和叶蜡石粉（代号 YF）两种。叶蜡石粉按粒径分为 150μm（100 目）、75μm（200 目）、45μm（325 目）、38μm（400 目）四个规格。理化性能如表 2-18 所示。

表 2-18　建材工业用叶蜡石的理化性能要求

性能		块状叶蜡石			叶蜡石粉		
		一级	二级	三级	一级	二级	三级
化学成分/%	Al_2O_3≥	26.00	21.00	17.00	26.00	21.00	17.00
	SiO_2≤	70.00	75.00	—	70.00	75.00	—
	Fe_2O_3≤	0.5	1.0	1.5	0.5	1.0	1.5
	K_2O+Na_2O≤	0.5	1.0	—	0.5	1.0	—
物理性能	水分/%≤	3.0			0.5		1.0
	白度≥	—			85.0	80.0	75.0
	细度，相应规格的通过率/%≥	—			99.5		99.0

我国的叶蜡石主要分布在浙江、福建两省。表 2-19 列出了我国一些叶蜡石精矿的出厂技术标准。

表 2-19　一些叶蜡石精矿的出厂技术标准

产地	用途	分级	Al_2O_3/%	SiO_2/%	Fe_2O_3/%	R_2O/%	CaO/%	MgO/%	IL/%	耐火度/℃
浙江上虞	陶瓷	高铝	≥26	≤70	<0.5	<0.6	—	—	—	—
		中铝	≥21	75～70	≤0.5	<1.2	—	—	—	—
		低铝	≥10	≤75	≤0.5	<1.2	—	—	—	—
浙江青田	陶瓷	—	≥18	—	≤1	<0.5	—	—	—	—
	耐火	0 级	18±3	77±3	<0.5	<0.5	—	—	<4	1690
福建福州	耐火	Ⅰ级	≥24	—	≤1	—	<1	<1	<8	≥1670
		Ⅱ级	24～20	—	≤2	—	<1	<1	<5	≥1650
		Ⅲ级	20～16	—	≤2	—	<1	<1	<4	≥1630

2.1.2.5　堇青石

堇青石的化学式为 $2MgO \cdot 2Al_2O_3 \cdot 5SiO_2$（简写为 $M_2A_2S_5$），其中 MgO、Al_2O_3 和 SiO_2 的质量分数分别为 13.78%、34.86% 和 51.36%。堇青石属六方晶系，$a=0.9784$nm、$c=0.9340$nm，密度为 2.50～2.52g/cm^3，其 a、b 晶轴方向的膨胀系数为正值，而 c 轴方向为负值，因此多晶烧结体的膨胀系数仅为 $2\times10^{-6}\sim3\times10^{-6}K^{-1}$，在陶瓷材料中属于低膨胀系数材料，并具有良好的抗热震性能。因此堇青石常用于需要优良抗热震性的陶瓷窑具、铸铝用升液管、汽车尾气净化器中蜂窝状催化剂载体以及耐热电绝缘元件的制造。

自然界存在的堇青石中含有相当数量的 Fe_2O_3，因此天然堇青石很少被用于制造陶瓷或耐火材料。不含铁的堇青石（$2MgO \cdot 2Al_2O_3 \cdot 5SiO_2$）需要人工合成。

堇青石合成工艺可分为两大类，即原位合成和粉料合成。所谓原位合成就是将合成堇青石所需要的原料和制造陶瓷或耐火材料的原料统一设计成单一的配方，在制品烧成过程中在坯体内生成符合设计要求的堇青石，最后成为堇青石制品。所谓粉料合成即在制造堇青石制品之前先制备具有各种粒度的堇青石粉料，再把它同其他原料混合、成型、烧成做成符合要求的陶瓷或耐火材料制品。

通常采用高岭土（黏土）、氧化铝（铝矾土）以及滑石、菱镁矿或水镁石作为合成堇青石的原料。合成堇青石粉料时常使配料点落在既靠近堇青石（$M_2A_2S_5$）的组成点又处于尖晶石（MA）和堇青石（$M_2A_2S_5$）的连线附近区域。从图 2-7 可知可有三种情况：如落在 $M_2A_2S_5$-Mg_2S-MA 三角形内，则最终产物由堇青石、镁橄榄石、尖晶石组成；如果落点在 MA-$M_2A_2S_5$-$M_4A_5S_2$（假蓝宝石，化学式为 $Mg_4Al_{10}Si_2O_{23}$）组成的三角形内，则最终产物是堇青石、尖晶石、假蓝宝石；若落点在 $M_2A_2S_5$-$M_4A_5S_2$-Al_3S_2 组成的三角形内，则产物为堇青石、假蓝宝石、莫来石。从制造耐火材料角度考虑，将合成堇青石的配料点设计在 MA-$M_2A_2S_5$ 连线附近比较可取。由于堇青石在 1465℃便转熔分解，而合成温度过低会导致反应不能充分完成，因此堇青石的合成温度范围非常窄。如用杂质少的原

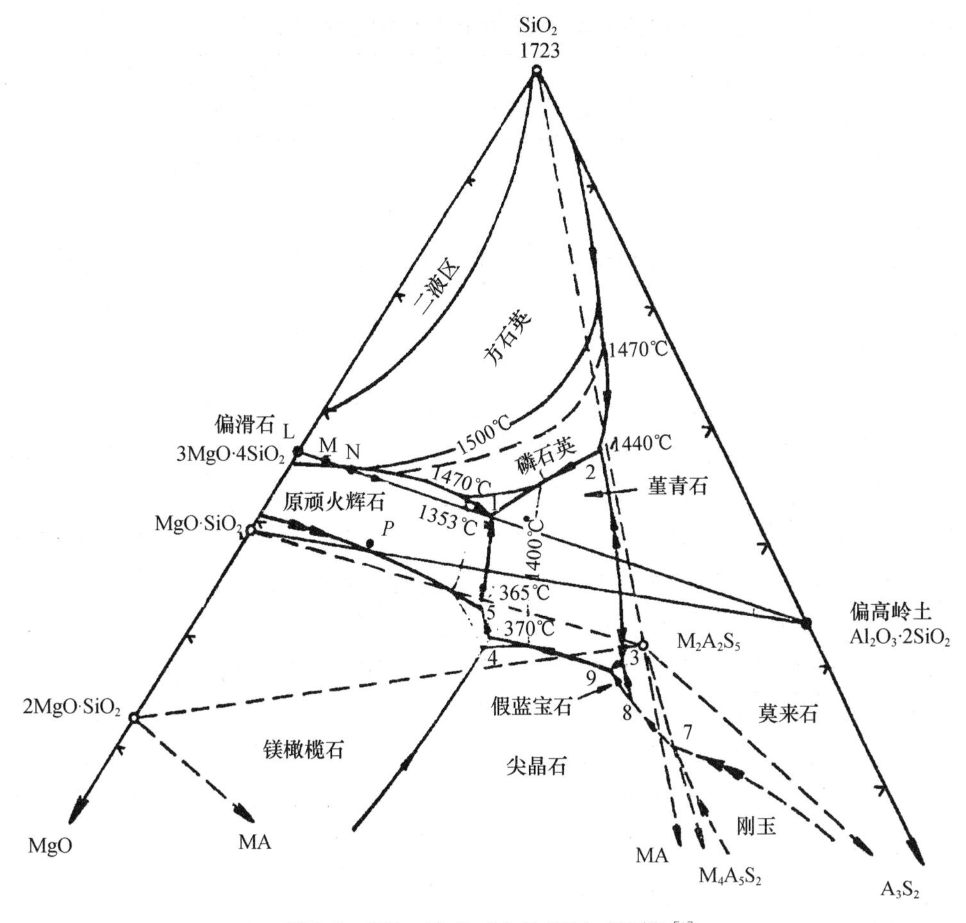

图 2-7　SiO_2-Al_2O_3-MgO 相图（局部）[1]

料，合成温度通常在 1400～1450℃之间；如采用原位合成工艺，因需要考虑到出现液相过多会造成制品变形甚至倒塌，因此烧成温度通常限制在 1380～1430℃之间。为了扩展烧结温度范围和降低堇青石合成温度，可在原料内添加矿化剂，常用的矿化剂有钾长石、$BaCO_3$、$PbSO_4$ 等。某些杂质，如 CaO、Fe_2O_3、TiO_2 和 Na_2O 或 K_2O，能与原料中主晶相形成固溶体或生成液相，有利于堇青石的形成，降低合成温度和加速合成反应进行。如用黏土、滑石和氧化铝为原料合成堇青石，原料中一些杂质应该控制在：CaO 在 2.2%～2.7%，TiO_2 在 1.0%～1.5%，Fe_2O_3 为 0.8 %，$Na_2O+K_2O \leqslant 0.9\%$，这些杂质在所列出的范围内对堇青石的合成和烧结以及材料的抗热震性有帮助作用。如采用纯度高的苏州土（高岭土）、滑石粉和工业氧化铝粉为原料，理论上三者的配比应是 45%、41%和 14%，实际生产中不同厂商采用不同的原料，成分波动各不相同，通常配比范围是黏土 30%～45%、滑石 30%～45%、氧化铝 10%～30%。除用黏土、滑石和氧化铝体系可合成堇青石之外，也可用黏土、滑石、菱镁矿和石英砂（SiO_2），水镁石［$Mg(OH)_2$］、黏土、石英砂和氧化铝，黏土、绿泥石（$5MgO \cdot Al_2O_3 \cdot 3SiO_2 \cdot 4H_2O$）和石英砂，黏土、蛇纹石（$3MgO \cdot 2SiO_2 \cdot 2H_2O$）和氧化铝等不同体系合成堇青石原料或烧制堇青石制品。表 2-20 为国内一些厂商公布的合成堇青石的化学成分。

表 2-20　国内生产的堇青石原料成分[8]

牌号	化学成分/%					堇青石含量/%	粉料密度/（g/cm³）
	Al_2O_3	SiO_2	MgO	CaO	Fe_2O_3		
S-1	35～37	48～51	13～15	⩽0.5	⩽0.8	⩾ 90	⩾ 1.85
S-2	35～37	48～51	13～15⩽	⩽0.5	0.5	⩾95	⩾ 1.90
X-1	35.5	50	13.5	—	—	⩾95	⩾ 1.90

2.1.2.6　长石

从化学成分上看，长石是一种碱金属（K、Na）或碱土金属（Ca、Ba）的无水铝硅酸盐矿物，并且是地壳中储藏量最多的几种矿物之一。然而自然界中长石很少单独产出，通常含于花岗岩或其他岩石中。长石类矿物可分为正长石和斜长石两个系列，它们的典型化学组成和晶体学特征如表 2-21 所示。根据钾长石结构中的 Al、Si 原子排列的有序度不同以及结构偏离单斜对称性的程度的大小可分为正长石（单斜晶系，Al、Si 原子排列有序度最高）、透长石（单斜晶系，Al、Si 原子排列有序度次之）、微斜长石（属三斜晶系，Al、Si 原子排列有序度较低）。钠长石与钾长石可以形成混溶结构，钾、钠混溶结构中钠长石的含量＜63mol%时仍为单斜型的透长石，而钠长石的含量＞63mol%时则成为三斜型的歪长石，当钠长石的含量＞90mol%时就成为三斜型的斜长石。钾长石不能与钙长石混溶，但钠长石可以与钙长石按任何比例互相混溶，形成一系列均属于三斜晶系斜长石亚族矿物。表 2-22 归纳了各种正长石亚族和斜长石亚族矿物。

表 2-21　长石的化学组成和晶体学特征

晶型 / 项目		正长石		斜长石	
		钾长石	钡长石	钠长石	钙长石
化学式		K（$AlSi_3O_8$）	Ba（$Al_2Si_2O_8$）	Na（$AlSi_3O_8$）	Ca（$Al_2Si_2O_8$）
化学组成/%	SiO_2	64.70	32.00	68.70	43.20
	Al_2O_3	18.40	27.10	19.50	36.70
	K_2O	16.90	—	—	—
	Na_2O	—	—	11.80	—
	CaO	—	—	—	20.10
	BaO	—	40.90	—	—
晶系		单斜	单斜	三斜	三斜
晶格常数		a=0.859 b=1.299 c=0.719 β=115.99°	a=0.827 b=1.304 c=1.440 β=115.22°	a=0.8167 b=1.285 c=0.712 α=93.34° β=16.40° γ=90.22°	a=0.8175 b=1.287 c=1.417 α=93.11° β=15.89° γ=91.28°
密度/（g/cm³）		2.56	3.40	2.605	2.76
熔融温度/℃		1220	1715	1100	1552

表 2-22 正长石亚族和斜长石亚族矿物[3]

	亚族矿物	晶系	K（$AlSi_3O_8$）/mol%	Na（$AlSi_3O_8$）/mol%	Ca（$Al_2Si_2O_8$）/mol%
正长石族	正长石	单斜	100	—	—
	透长石	单斜	＞17	＜63	—
	微斜长石	三斜	＞17	＜63	—
	歪长石	三斜	≤10	63～90	微量
斜长石族	钠长石	三斜	—	90～100	0～10
	更长石	三斜	—	70～90	10～30
	中长石	三斜	—	50～70	30～50
	拉长石	三斜	—	50～30	50～70
	陪长石	三斜	—	30～10	70～90
	钙长石	三斜	—	0～10	90～100

陶瓷生产中常用的长石为钾长石、钾微斜长石、钠长石及富含钠长石的斜长石。至于钙长石与钡长石，则因其熔融温度高起不到降低烧成温度或促进釉料充分熔融的作用。钙长石的熔点为 1552℃，室温导热率为 1.503W/（m·K）。以钙长石为主要成分的多孔轻质隔热砖可在 1300～1450℃下使用，并具有良好的抗还原介质作用和很高的抗热震及抗剥落性，广泛用于炼铁热风炉、渗碳炉及石化裂解炉和加氢炉的隔热保温技术中[8]。但是钙长石轻质隔热砖通常以黏土、叶蜡石、蓝晶石、碳酸钙、石膏为原料，采用原位合成工艺制造，较少以钙长石为原料制造。

表 2-23 所示为长石的等级及化学成分（轻工行业技术标准 QB/T 1636—1992）。

表 2-23 钠长石和钾长石的等级及化学成分

类别	等级	化学成分/%				
		$Fe_2O_2+TiO_2$	TiO_2	K_2O+Na_2O	K_2O	Na_2O
钾长石	优等品	≤0.15	≤0.03	≥14.00	≥12.00	—
	一等品	≤0.25	≤0.05	≥13.00	≥10.00	—
	合格品	≤0.50	≤0.10	≥10.00	$K_2O>Na_2O$	
钠长石	优等品	≤0.15	≤0.03	≥10.00	—	≥9.00
	一等品	≤0.25	≤0.05	≥10.00	—	≥8.00
	合格品	≤0.50	≤0.10	≥8.00	$Na_2O>K_2O$	

2.1.2.7 滑石

滑石是一种含水的硅酸镁矿物，理论成分为 $3MgO \cdot 4SiO_2 \cdot H_2O$，其中 MgO 占 31.82%，$SiO_2$ 占 63.44%，H_2O 占 4.7%。滑石属单斜晶系，晶格常数为：$a=0.5319nm$、$b=0.9126nm$、$c=1.897nm$、$\beta=99.75°$，相对密度 2.6～2.8g/cm^3。多数滑石为层状粗鳞片结构，沿底面的解理完全，易剥离，因此具有滑腻感，但是也有一部分滑石为粒状结构，称为块滑石。滑石的硬度很小，为 1～1.5。加热滑石至 850℃开始脱出结构水，温度升至1000℃左右其原有结构被破坏，转变成斜顽火辉石（$MgSiO_3$）与游离状态的方石英（SiO_2）。

在黏土质陶瓷坯体中加入少量滑石（1%～2%）可降低烧成温度，加速莫来石的生成。当滑石加入达34%～40%，则烧成时可与黏土反应，生成堇青石，从而使制品的热膨胀系数降低、抗热震性提高。当滑石的加入量超过50%时，烧成后制品中所含的斜顽火辉石与堇青石量可达35%～50%。这种制品具有很高的机械强度、热稳定性和较高的介电性能。当坯体中的滑石量达70%～90%时，制品主要由斜顽火辉石所组成，称为滑石瓷。这种材料具有很高的机械强度和很小的介电损耗。滑石瓷的烧结温度范围很窄，只有20℃左右，因此烧成控制要求很高。此外，生滑石不易被水润湿，由此可造成混料和成型时出现缺陷，为此可先将生滑石在1350℃煅烧，破坏滑石的鳞片状结构，改善润湿性。

表2-24为工业原料用块（粒）状滑石的级别分类（国家标准GB/T 15341—2012）。表2-25为日用陶瓷用滑石的规格和具体技术要求（轻工行业标准QB/T 1638—1992）。

表2-24 工业原料滑石技术要求

形状	块状滑石*			粒状滑石**	
等级	一级	二级	三级	1号	2号
SiO_2	≥60.0%	≥57.0%	≥45.0%	≥54.0%	≥45.0%
MgO	≥30.0%	≥28.0%	≥23.0%	≥27.0%	≥23.0%
全铁（以Fe_2O_3计）	≤1.50%	≤2.00%	≤2.50%	≤2.00%	≤2.50%
Al_2O_3	≤1.50%	≤3.00%	≤6.00%	≤3.00%	≤6.00%
CaO	≤1.00%	≤1.80%	≤5.00%	≤2.50%	≤5.00%
IL	≤7.00%	≤9.00%	≤18.0%	—	—
白度	90	85	75	80	75

*块状滑石分为大块（最大边>200mm）和中块滑石（最大边20～200mm）。

**粒状滑石的最大粒径<20mm。

表2-25 日用陶瓷用滑石技术要求

化学成分	指标	
	一等品	合格品
$Fe_2O_3+TiO_2$ ≤	0.2	0.5
TiO_2 ≤	0.02	0.04
MgO ≥	31	30
CaO ≤	0.5	1
Al_2O_3 ≤	1	1.5
烧失量 ≤	6	8
粉状滑石粒度	过孔径为0.075mm筛，其筛余量不大于2%	
块状滑石大小	由供需双方议定	

2.1.3　工业废渣

2.1.3.1　煤矸石

煤矸石是采煤和洗煤过程中排放的固体废物，它是在成煤过程中与煤层伴生的一种含碳量较低的黑灰色岩石。其主要矿物成分有高岭石、石英、伊利石，以及铁的硫化物。煤矸石的典型化学成分如表 2-26 所示。

表 2-26　煤矸石的典型的化学成分[9]

成分	SiO_2	Al_2O_3	Fe_2O_3	CaO	MgO	R_2O	SO_2
质量分数/%	52～65	16～36	2.3～14.6	0.4～2.3	0.4～2.4	1.5～3.9	0.9～4.0

煤矸石作为工业废料在环保陶瓷工业中主要用于制造陶瓷砖、陶瓷管和陶粒的配料中。

2.1.3.2　粉煤灰

粉煤灰是从燃煤电厂排出的烟气中收捕下来的细灰，是我国当前排量较大的工业废渣之一，其主要化学组成为：SiO_2、Al_2O_3、FeO、Fe_2O_3、CaO、TiO_2 等，如表 2-27 所示。在粉煤灰中存在大量煤粉，经燃烧后其中的无机物（主要是 Al_2O_3 和 SiO_2）在高温火焰中熔化，随烟气向外排出的过程中凝固形成了玻璃质中空球状体。粉煤灰中一般含 50%～80%的空心玻璃微珠，其中直径为 0.3～200μm 的占总量的 20%。这些球状物可通过漂洗与其他固态灰分分离获得。按其密度可分为沉珠（密度>1g/cm³）与漂珠（密度<1g/cm³）两种。

表 2-27　粉煤灰的化学成分[3]

产地	SiO_2	Al_2O_3	Fe_2O_3	TiO_2	CaO	MgO	K_2O	Na_2O	IL
南京电厂	54.2～54.4	21.6～33.2	4.8～11.5	—	3.6～4.8	0.4～1.7	1.1～1.3	0.2～0.4	1.6～13.4
唐山电厂	51.60	36.51	2.33	1.12	2.35	1.23	1.85	—	2.06

漂珠的壁厚大致为 1～5μm，而沉珠的壁厚较大，强度比漂珠高。漂珠的主要化学成分为 50%～65%SiO_2、25%～35%Al_2O_3，此外尚含有少量 Fe_2O_3、CaO 和 TiO_2。沉珠中 SiO_2 和 Al_2O_3 含量比漂珠低，而其他杂质含量比漂珠高。漂珠空腔内所包含的气体主要是 15%～41%N_2 及 58%～85%CO_2。漂珠的密度为 0.3～0.7g/cm³，耐火度可达 1600～1700 ℃，典型化学成分如表 2-28 所示。

表 2-28　粉煤灰漂珠的化学成分[2]

SiO_2	Al_2O_3	Fe_2O_3	CaO	MgO	TiO_2	K_2O	Na_2O	SO_2	IL
55～59	30～36	2～4	1.0～1.5	～1.0	0.7	1.0～1.5	～0.5	0.1	0.3

粉煤灰在陶瓷工业中，可作为硅酸盐陶瓷（如陶瓷砖、陶瓷管、陶粒等）的配料。粉煤灰漂珠和沉珠主要用于制造轻质隔热材料。

2.1.4 氧化铝

氧化铝的熔点为2045℃，具有多种晶型，如表2-29所示。

表2-29 各种氧化铝晶型[2]

名称	δ-Al_2O_3	χ-Al_2O_3	γ-Al_2O_3	κ-Al_2O_3	θ-Al_2O_3	α-Al_2O_3
晶系	四方	六方	立方	六方	单斜	六方
晶格常数	a=0.560nm c=0.785nm	—	a=0.791nm	—	a=0.562nm c=1.179nm β=103.79°	a=0.475nm c=1.298nm
摩尔体积/(cm^3/mol^1)	27.93	27.12	27.77	27.41	27.63	25.55
折射率	—	1.63～1.65	1.690～1.695	1.67～1.69	1.66～1.67	c⊥：1.760 c//：1.768
密度/(g/cm^{-3})	3.66	3.76	3.66	3.72	3.61	3.99
线膨胀率$\times10^6/K^{-1}$	—	—	5.9	—	7.9	5.7

此外还有β-Al_2O_3、λ-Al_2O_3和ξ-Al_2O_3，β-Al_2O_3和λ-Al_2O_3实际上分别是铝酸钠($Na_2O\cdot11Al_2O_3$或$Na_2O\cdot5.33Al_2O_3$)和铝酸镍($3NiO\cdot5Al_2O_3$)，而ξ-Al_2O_3是含有一定量Li_2O的Al_2O_3。

氧化铝的各种晶型在高温下最终都会转变成α-Al_2O_3，即刚玉。由于不同晶型氧化铝的密度不同，其他晶型转化为α-Al_2O_3时会产生较大的体积变化，这样在烧结时便会引起制品开裂，因此制造氧化铝陶瓷必须以α-Al_2O_3为原料。

工业上氧化铝是从铝矾土中提取氧化铝的。用浓的氢氧化钠热溶液浸渍铝矾土，将其中氧化铝转化为铝酸钠溶液，除去杂质后使纯铝酸钠溶液水解，析出氢氧化铝，最后煅烧氢氧化铝，成为氧化铝。这种制取氧化铝的工艺称为拜耳（Bayer）法。如将铝矾土同碳酸钠、石灰混合，经过高温煅烧，生成铝酸钠固体，再用稀碱液溶解铝酸钠，然后经过除去杂质提纯，再将纯铝酸钠溶液水解析出氢氧化铝（三水铝石），最后煅烧氢氧化铝，成为氧化铝。这种工艺称为烧结法。

铝矾土系由花岗岩之类的硅酸盐岩石风化，受水和大气长期作用，被风化成了含水铝氧矿物与二氧化硅的水化物。铝矾土主要由不纯的铝的氢氧化物、硅石、黏土及其他杂质组成。我国的高铝矾土大都属于水铝石-高岭石类型，分为五种级别，如表2-30所示。

表2-30 我国高铝矾土的基本分类[2]

牌号	等级	煅烧后相组成	Al_2O_3/%	Al_2O_3/SiO_2	煅烧熟料中Al_2O_3/%
特A	特等	刚玉	＞76	＞20	＞90
A	Ⅰ等	刚玉-莫来石	68～76	5.5～20	80～90
B1	Ⅱ等甲级	莫来石-刚玉	68～60	2.8～5.5	70～80
B2	Ⅱ等乙级	莫来石	52～60	1.8～2.8	60～70
C	Ⅲ等	低莫来石	42～52	1.0～1.8	48～60

无论用拜耳法还是烧结法，通常获得的主要是 γ 型氧化铝。需要经过高温（约1400℃）煅烧才会转变成 α-Al_2O_3。由于高温作用，煅烧后所生成的 α-Al_2O_3 晶粒很大，通常只能用于耐火材料的制造。为了得到细晶粒的 α-Al_2O_3，需要利用矿化剂（如氟化铝、氧化硼或超细 α-Al_2O_3 晶种）降低上述相变反应的温度。或者以一些铝盐为原料，通过热分解在较低的煅烧温度下转变成 α-Al_2O_3。表 2-31 给出从氢氧化铝和其他铝盐转变成 α-Al_2O_3 的途径和完全转化成 α-Al_2O_3 的温度。

表 2-31　不同铝盐热分解的历程[10]

铝盐	热分解历程	完成 α-Al_2O_3 转变的温度/℃
三水铝石	$Al(OH)_3 \rightarrow \gamma$-$AlO(OH) \longrightarrow \kappa$-$Al_2O_3 \longrightarrow \alpha$-$Al_2O_3$	1300
硫酸铝铵	$AlNH_4(SO_4)_2 \cdot 12H_2O \longrightarrow Al_2(SO_4)_3 \longrightarrow \gamma$-$Al_2O_3 \longrightarrow \alpha$-$Al_2O_3$	1250
氯化铝	$AlCl_3 \cdot 6H_2O \longrightarrow$ 无定形 $\longrightarrow \kappa$-$Al_2O_3 \longrightarrow \alpha$-$Al_2O_3$	1200
硝酸铝	$Al(NO_3)_3 \cdot 9H_2O \longrightarrow$ 无定形 $\longrightarrow \gamma$-$Al_2O_3 \longrightarrow \alpha$-$Al_2O_3$	1100

电子和光电领域所用的一些氧化铝陶瓷要求用高纯（纯度≥99.9%）、超细（$D_{50} \leqslant 0.3\mu m$）$\alpha$-氧化铝粉制造，这类粉料不可能通过上述拜耳法或烧结法来获得，必须通过热分解硫酸铝铵或碳酸铝铵来获得。

表 2-32 和表 2-33 分别列出了工业煅烧 α-氧化铝的原粉和微粉的理化指标（有色冶金行业标准 YS/T 89—2011）。

表 2-32　工业煅烧 α-Al_2O_3 原粉的理化指标

牌号	化学成分/%					有效密度/(g/cm^3) ≥	α-Al_2O_3 ≥
	Al_2O_3 ≥	杂质含量≤					
		SiO_2	Fe_2O_3	Na_2O	IL		
AN-05LS	99.7	0.04	0.02	0.05	0.10	3.97	96
AN-10LS	99.6	0.04	0.02	0.10	0.10	3.96	95
AN-20	99.5	0.06	0.03	0.20	0.20	3.95	93
AN-30	99.4	0.06	0.03	0.30	0.20	3.93	90
AN-40	99.2	0.08	0.04	0.40	0.20	3.90	85

注：牌号中 AN 表示煅烧 α-氧化铝原粉，其中数字按照 Na_2O 含量小数最后二位表示，LS 表示低钠。

表 2-33　工业煅烧 α-Al_2O_3 微粉的理化指标

牌号	化学成分/%					α-Al_2O_3 ≥	中位粒径 D_{50} /μm	+45μm ≤
	Al_2O_3 ≥	杂质含量≤						
		SiO_2	Fe_2O_3	Na_2O	IL			
ANT-5LS	99.6	0.08	0.03	0.10	0.15	95	3～6	3
ANT-2LS	99.5	0.08	0.03	0.15	0.15	93	1～3	—
ANT-5	99.0	0.10	0.04	0.30	0.25	91	3～6	3
ANT-2	99.0	0.15	0.04	0.40	0.25	90	1～3	—

注：1. 牌号中 ANT 表示煅烧 α-Al_2O_3 研磨粉，数字部分表示 D_{50} 的中心值，LS 表示低钠；
2. 微粉的粒度分布可根据用户要求而定。

2.1.5 氧化锆

纯氧化锆（ZrO_2）熔点高达 2988K，在熔点以下，在不同的温度范围氧化锆具有不同的晶型：单斜形（m-ZrO_2）、四方形（t-ZrO_2）和立方形（c-ZrO_2），它们稳定存在的温度区间以及晶体特性列于表 2-34 中。

表 2-34 各种氧化锆晶型的基本特性[2]

氧化锆晶型	单斜	四方	立方
表达式	m-ZrO_2	t-ZrO_2	c-ZrO_2
稳定温度范围/℃	＜1170	1170～2370	2370～2715
密度/（g/cm^3）	5.64	6.10	6.27
晶格常数	a=0.5194nm，b=0.5266nm，c=0.5308nm，β=80°48′	a=0.5074nm，c=0.5160nm	a=0.507nm
光性	N_g=2.243，N_m=2.236，N_p=2.136，2V（－）＝30.5°	重折射弱	重折射中等

由于单斜氧化锆的密度为 5.64g/cm^3，而四方氧化锆的密度为 6.10g/cm^3，因此 m-ZrO_2 与 t-ZrO_2 之间的相变伴随有大约 9％的体积变化，$m \rightarrow t$ 体积收缩，反之体积膨胀。为了避免在烧成氧化锆陶瓷过程中因上述 $m \rightarrow t$ 或 $t \rightarrow m$ 相变而引起制品开裂，需要在氧化锆原料内加入某些氧化物作为稳定剂固溶进氧化锆晶格中，使得氧化锆能以四方相（m）或立方相（c）的形式存在于室温下。常用的稳定剂有 CaO，MgO，Y_2O_3 和 CeO_2。图 2-8 中（a），（b），（c），（d）分别为 ZrO_2 和 CaO、MgO、Y_2O_3、CeO_2 的二元相图，从这些相图上可确定所用稳定剂的加入量。

ZrO_2 晶体称为斜锆石，单斜晶型，呈白色、灰棕色、青黑色及暗绿色，硬度为 6.5。地球上斜锆石矿极少，仅斯里兰卡、南非、巴西等少数国家有出产，而且产量有限。实际上各种工业中所用的氧化锆绝大多数都是从锆英石（$ZrSiO_4$）中提炼出来的。从锆英石制取氧化锆基本上有化学法和电熔法两种工艺。所谓化学法就是用氢氧化钠熔融锆英石，将锆英石中的硅和其他碱溶性杂质（如氧化铝）转化成溶于水的钠盐，而其中的锆和另一些杂质则转化成不溶于水的锆酸钠等盐类，用水将可溶性物质除去；然后用盐酸或硫酸与上述不溶物作用，其中锆、钠和作为杂质的铁、钛等成分溶入酸性水溶液中，从而同其他不溶物分离；再往酸性溶液中加入碱溶液（如氢氧化钠或氢氧化铵），准确控制 pH 值和温度可使氢氧化锆沉淀而其他离子（如钠、铁、钛等）仍旧保留在水溶液中，通过离心过滤和多次洗涤，使氢氧化锆同其他杂质分离；再往沉淀中加入盐酸或硫酸和少量胶凝剂（如木工胶或明胶），将氢氧化锆溶入酸性水溶液中，并使夹杂在氢氧化锆中的微量氢氧化硅转变成硅胶，通过过滤进一步除去杂质；再通过加热蒸发，使溶液中的锆以氧氯化锆（$ZrOCl_2$）或硫酸氧锆［$H_2ZrO(SO_4)_2$］形式析晶。直接煅烧这些锆的盐类就可以得到纯度很高（＞99％）的氧化锆粉料，然而直接煅烧会有大量 HCl 或 SO_2 气体放出污染环境，因此更可取的工艺是将锆的盐类制成水溶液，同时加入作为稳定剂的金属氧化物的水溶液，再加入氢氧化铵，使锆离子和稳定剂金属离子同时形成氢氧化物沉淀，再通过控制温

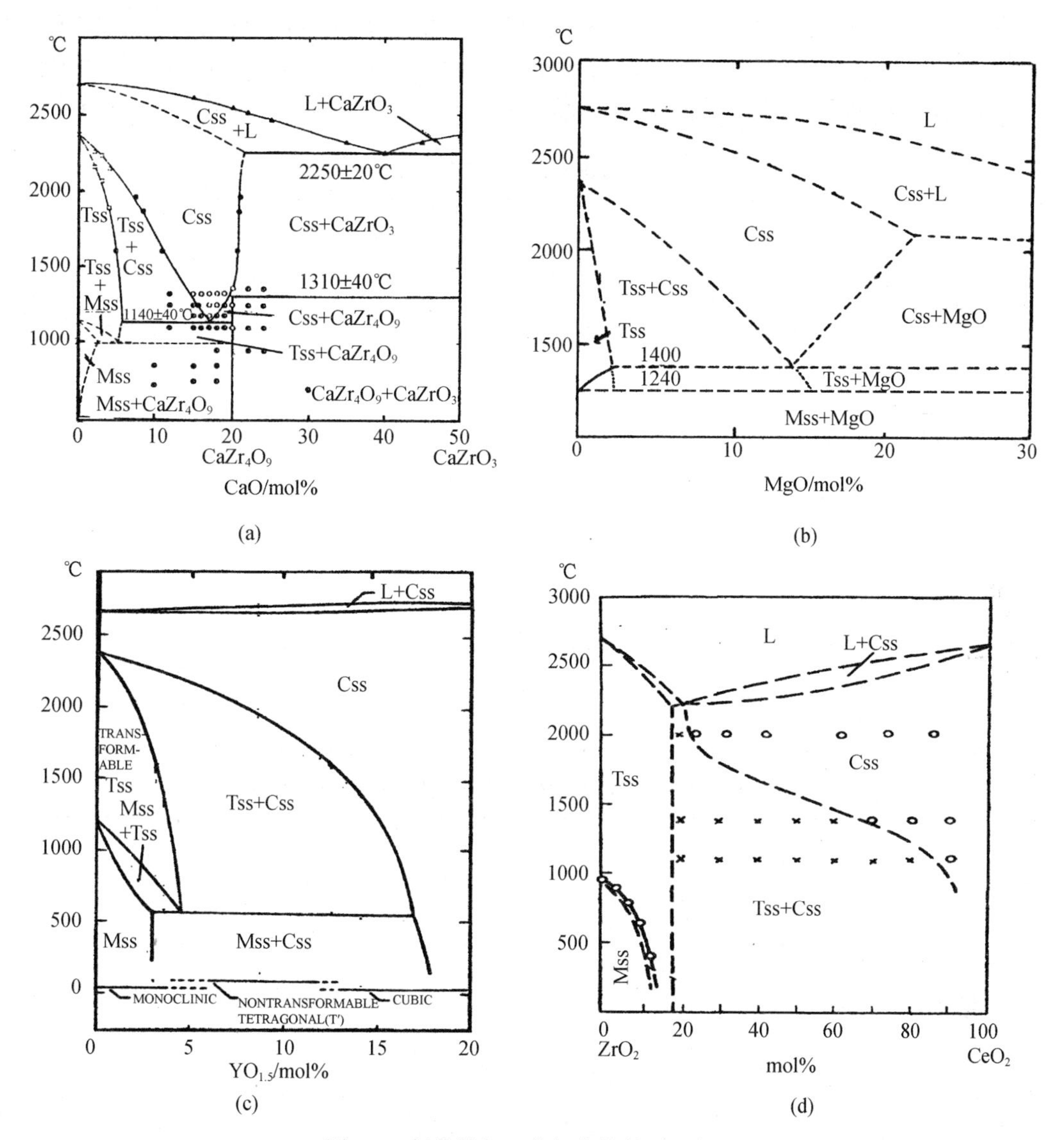

图 2-8　氧化锆与一些氧化物的二元相图

(a) ZrO_2-CaO 相图[11]；(b) ZrO_2-MgO 相图[12]；(c) ZrO_2-Y_2O_3 相图[13]；(d) ZrO_2-CeO_2 相图[14]

Css—立方固溶体；Mss—单斜固溶体；Tss—四方固溶体；L—液相

度的煅烧，获得固溶了稳定剂的氧化锆粉料。

电熔法是将锆英石和作为还原剂的碳粉混合，在电弧炉内通过高温（2000℃以上）分解而得到的氧化锆：

$$ZrSiO_4 + C \xlongequal{} 2ZrO_2 + 2SiO\uparrow + CO_2\uparrow \tag{2-6}$$

电熔后将熔块迅速冷却，再在 1700℃下加热氧化脱碳，经过粉磨成为氧化锆粉。这种氧化锆粉料的纯度远不如化学法制造的粉料，一般最多只能达到 98%左右，其中主要杂质为 SiO_2。在制造过程中也可以添加稳定剂（如 CaO，MgO 等）得到含有稳定剂的立方或四方氧化锆。电熔法生产的氧化锆通常称为脱硅锆，价格相对便宜，主要用于制造耐火材料。

建材行业标准 JC/T 995—2006 按性能和使用要求将低比表面积高烧结活性的氧化锆

粉体分为四类，如表 2-35 所示。此外，电子工业为电子陶瓷配料中所用的氧化锆原料也作出规定，请参见 SJ/T 11136—1997。该标准将电子陶瓷所用的氧化锆粉料分为三个类别共六个型号，各级的技术性能要求如表 2-36 所示。

表 2-35 JC/T 995—2006 规定的氧化锆粉体的技术指标

项目			类别			
			Ⅰ	Ⅱ	Ⅲ	Ⅳ
颗粒中位径 D_{50}/μm		≤	1	1	0.5	0.5
比表面积/（m^2/g）			6～12	12～18	6～12	12～18
烧结温度/℃			1450	1450	1350	1350
烧结体密度/（g/cm^3）		≥	5.97			
化学成分（质量分数）/%	$ZrO_2+HfO_2+Y_2O_3$	>	99			
	Y_2O_3		5.2～5.6			
	Cl^{-1}	<	0.05			
	Fe_2O_3	<	0.01			
	Na_2O	<	0.01			
	H_2O	<	1.0			
	IL	<	0.5			

表 2-36 SJ/T 11136—1997 规定的电子陶瓷用氧化锆粉料的性能要求

项目 \ 类别和型号			Ⅰ		Ⅱ			Ⅲ
			EZ1-1	EZ1-2	EZ2-1	EZ2-2	EZ2-3	EZ3-1
化学成分（质量分数）/%	ZrO_2+HfO_2	≥	99.5	99.0	99.5	99.5	99.0	99.8
	Fe_2O_3	≤	0.015	0.030	0.015	0.015	0.030	0.010
	SiO_2	≤	0.02	0.04	0.02	0.02	0.04	0.01
	TiO_2	≤	0.01	0.02	0.01	0.01	0.02	0.01
	Na_2O	≤	0.01	0.05	0.01	0.01	0.05	0.01
	Al_2O_3	≤	0.03	0.05	0.03	0.03	0.05	0.01
	Cl^{-1}	≤	0.15	0.20	0.15	0.15	0.20	0.10
	H_2O	≤	—	—	—	—	—	0.10
	IL	≤	0.5	0.5	0.5	0.5	0.5	0.5
平均粒径/μm		≤	—	—	3	45	45	0.5
松装密度/（g/cm^3）		≤	—	—	—	—	—	0.5
比表面积/（m^2/g）		≤	—	—	—	—	—	10

2.1.6 锆英石

锆英石又称锆石，化学式为 $ZrSiO_4$，其中 ZrO_2 和 SiO_2 的质量分数分别为 67.1% 和 32.9%。锆英石属四方晶系，晶格常数 a=0.655 nm，c=0.595 nm，密度为 4.76g/cm³。锆英石在 1775℃下转熔分解成氧化锆和含锆的氧化硅熔融体，锆英石的分解温度同其中所含的杂质及数量有很大关系。TiO_2 能够促进分解，在 1550℃以上 TiO_2 与分解生成的 SiO_2 形成液相，进一步加速锆英石的分解。然而如果 TiO_2 含量不大，即使在 1550℃以上，ZrO_2 在液相中溶解度很低，绝大部分 ZrO_2 连同未分解的锆英石仍以固态存在，锆英石的耐火度降低并不明显。实际上 TiO_2 含量需达到 30%，才能在 1550℃下使锆英石完全分解，但是在 1670℃下，只要含有 5%TiO_2 就能使锆英石完全分解。含有较多数量 Al_2O_3 的锆英石在 1500℃下开始分解，但 CaO 或 MgO 的锆英石在 1700℃以下不出现明显的分解。Fe_2O_3 在 1700℃以下对锆英石分解作用也不大。然而锆英石接触 Na_2O 或 K_2O，在 1200℃便迅速分解。

锆英石主要产于河流或海滨的堆积砂中，呈沙粒状，粒度一般小于 0.5 mm。我国的广东和海南拥有质量不错的锆英石砂矿。在国际上，澳大利亚是锆英石的重要供货地。锆英石精矿根据品位和杂质含量分为六个等级，如表 2-37 所示。建材行业标准 JC/T 1094—2009 规定了陶瓷工业用锆英石的技术性能要求，如表 2-38 所示。

表 2-37　锆英石精矿等级[2]

品级	化学成分/%						
	ZrO_2+HfO_2 ≥	杂质≤					
		TiO_2	Fe_2O_3	P_2O_5	Al_2O_3	SiO_2	H_2O
特级品	65.50	0.30	0.10	0.20	0.80	34.00	0.20
一级品	65.00	0.50	0.25	0.25	0.80	34.00	
二级品	65.00	1.00	0.30	0.35	0.80	34.00	
三级品	63.00	2.50	0.50	0.50	1.00	33.00	
四级品	60.00	3.50	0.80	0.80	1.20	32.00	
五级品	55.00	8.00	1.50	1.50	1.50	31.00	

注：精矿全部通过 425μm 筛，所含放射性物质须符合国家有关规定。

表 2-38　陶瓷工业用锆英石的技术性能要求

化学成分/%				放射性核素（≤）/（Bq/kg）			颗粒分布/μm	
ZrO_2+HfO_2	TiO_2	Fe_2O_3	H_2O	K-40	Ra-226	Th（天然）	D_{50}	D_{98}
≥63.5	≤0.20	≤0.15	≤0.5	1×10^5	1×10^4	1×10^3	≤2.0	≤10.0

2.1.7　氧化钛

氧化钛（TiO_2）有三种晶型，即金红石、锐钛矿和板钛矿，在高温下后两者会转变成金红石，金红石的熔点为（1830±15）℃。各种晶型的氧化钛的晶体特性如表 2-39 所示。

表 2-39　各种晶型的氧化钛的晶体特性

晶型	晶系	晶格常数/nm	折射率	密度/（g/cm³）	介电常数（常温）/MHz	线膨胀率 ×10⁶/℃	相变温度/℃
板钛矿	斜方	a=0.9174 b=0.5449 c=0.5138	2.580～2.741	4.13	78	14.5～22.0	650

续表

晶型	晶系	晶格常数/nm	折射率	密度/（g/cm³）	介电常数（常温）/MHz	线膨胀率 $\times 10^6$/℃	相变温度/℃
锐钛矿	四方	$a=0.3784$ $c=0.9512$	2.493～2.554	3.89	31	4.68～8.14	915
金红石	四方	$a=0.4594$ $c=0.2958$	2.616～2.903	4.25	89	8.14～9.19	—

氧化钛在自然界中很少单独成矿，工业中用的氧化钛，无论哪种晶型大多是从天然的钛铁矿（$FeTiO_3$）中提炼出来的。例如用85%～95%浓度的硫酸处理经过磁选除去氧化亚铁和高铁杂质的钛铁矿粉料，将其转化成硫酸氧钛和硫酸亚铁：

$$FeTiO_3+2H_2SO_4 = TiOSO_4+FeSO_4+2H_2O \tag{2-7}$$

将溶液冷冻，使其中硫酸亚铁结晶（$FeSO_4 \cdot H_2O$）析出，再在残液加水并调节pH值，使其中硫酸氧钛水解形成偏钛酸：

$$TiOSO_4+2H_2O = TiO(OH)_2+H_2SO_4 \tag{2-8}$$

经过过滤、洗涤，再将偏钛酸在900～1000℃下煅烧，使其脱水分解，得到氧化钛（TiO_2），通过控制煅烧温度和使用适当的矿化剂可获得不同晶型的氧化钛。

氧化钛具有优良的介电性能、光催化性能和催化活性，主要用于制造各种电子功能陶瓷、光催化以及杀菌陶瓷、脱硝催化剂载体等。

用于电子、光学和催化等技术领域的氧化钛原料要求高纯（$TiO_2>99\%$）和超细（粒度$\leqslant 1\mu m$）。一般电子陶瓷所用的氧化钛粉料通常须是金红石晶型，粒度应不大于1.2μm，对纯度和杂质的要求如表2-40所示。而催化剂用氧化钛粉体则以锐钛矿型为主。脱硝催化剂载体用氧化钛粉体的技术指标如表2-41所示。

表2-40 一般电子陶瓷所用氧化钛粉料的纯度要求（质量分数）[15] 单位：%

TiO_2	Al_2O_3	Fe_2O_3	K_2O+Na_2O	CaO	MgO	SiO_2	SO_2	水分
≥98.5	≤0.2	≤0.1	≤0.2	≤0.2	≤0.1	≤0.3	≤0.2	≤0.5

表2-41 脱硝催化剂载体用氧化钛粉体技术指标

项目	单位	规格
晶型	—	锐钛矿
比表面积	m^2/g	80～100
颗粒尺寸	nm	20～30
团聚体粒径 D_{50}	μm	1～2
金红石含量	%	≤0.5
灼烧失重	%	≤0.5
TiO_2	%	≥98.5
Fe	mg/m^3	≤70
水分	%	≤0.5

2.1.8　氧化锌

氧化锌（ZnO）耐温高达 1800℃以上，但当温度超过 1720℃就有显著挥发。氧化锌晶体具有两种晶体结构：纤锌矿结构和闪锌矿结构。纤锌矿结构氧化锌属六方晶系，晶格常数为 a=0.3253nm，c=0.5209nm，密度 5.658g/cm^3；闪锌矿结构氧化锌属立方晶系，晶格常数为 a=0.4871nm，密度 5.597g/cm^3。氧化锌具有 n 型半导体的特征，氧化锌对波长 280～400nm 的光有强力吸收作用。

在陶瓷工艺中，氧化锌可用作助熔剂降低烧结温度。在陶瓷工业中氧化锌的另一大用途是制造氧化锌（电）压敏陶瓷，用于电路的过压保护和避雷针。此外，添加铝、镓和氮的氧化锌陶瓷膜的透明度达 90%，可涂覆在玻璃表面，让可见光通过但同时反射红外线，用这种涂层玻璃制造窗户可达到保温或隔热的效果。

自然界中氧化锌以红锌矿（纤锌矿结构氧化锌）形式存在，但天然的红锌矿中经常有锰（达 9%）、铅（达 5.3%）、铁（达 0.11%）等类质同象混入物取代锌，因此工业中所用的氧化锌都是以金属锌或含锌矿物为原料通过各种化学方法提取出来。

以金属锌锭或锌渣（炼锌副产品）为原料，在石墨坩埚内于 1000℃的高温下挥发为锌蒸气，随后被鼓入的空气氧化生成氧化锌，并在冷却管后收集得氧化锌颗粒。此工艺称为间接法，所生产的氧化锌颗粒直径在 0.1～10μm 左右，纯度可达 99.5%～99.7%。间接法是生产氧化锌最主要的方法。若以各种含锌矿物为原料与焦炭加热反应，其中锌的化合物被还原成锌蒸气，再被空气中的氧气氧化为氧化锌，得到纯度在 75%～95%之间的氧化锌粗颗粒，此工艺称为直接法。此外还可以通过湿化学方法来制取氧化锌。即将含锌原料与硫酸反应，得到含有重金属离子的非纯净的硫酸锌溶液，然后经过氧化除杂、还原除杂，以及多次沉淀，除去大量的铁、锰、铜、铅、镉、砷等离子，得到纯净的硫酸锌溶液，将此溶液与纯碱中和，得到固体的碱式碳酸锌，碱式碳酸锌经洗涤、烘干及煅烧，得到轻质氧化锌。

以上各种方法所制备的氧化锌为白色粉末状，其中颗粒为粒状或片状，如图 2-9 所示，被大量用于包括陶瓷工业在内的各种用途中。另外还有一种四针状氧化锌晶须，如图 2-10 所示。四针状氧化锌为体纤锌矿结构单晶，它具有一个直径为 0.7～1.4μm 的核心，从核心径向方向伸展出四根夹角为 109°的针状体，针状体长度为 3～200μm。这种四针状氧化锌具有极佳的力学性能：拉伸强度和弹性模量可分别达到 1.0×10^4 MPa 和 3.5×10^5 MPa。这种四针状氧化锌晶须是用金属锌为原料，通过气相合成制取的。

图 2-9　普通氧化锌粉料颗粒

图 2-10　四针氧化锌晶须

化工行业标准 HG/T 2572—2012 规定了活性氧化锌粉料的技术要求，如表 2-42 所示。

表 2-42　活性氧化锌粉料的技术要求

项目	指标	项目	指标
ZnO/%	95.0～98.0	Pb/%	≤0.08
105℃挥发物/%	≤0.8	Mn/%	≤0.008
水溶物/%	≤1.0	Cu/%	≤0.008
灼烧减量/%	1～4	Cd/%	≤0.04
盐酸不溶物/%	≤0.04	比表面积/(m^2/g)	≥45
45mm 筛余/%	≤0.1	颗粒外形	球状或链球状

2.1.9　碳酸盐

2.1.9.1　菱镁矿及氧化镁

菱镁矿（又称苦土）的化学式为 $MgCO_3$，属三方晶系，晶格常数：a=0.4632nm，c=1.501nm，密度 3.01g/cm^3。菱镁矿中 MgO 占 47.81%（质量分数），CO_2 占 52.19%。$MgCO_3$ 在 620℃完全分解成 MgO 和 CO_2，微量（0～1%）的卤化物杂质可显著降低完全分解的温度。氧化镁（MgO）的熔点高达 2800℃，其晶体称方镁石，属立方晶系晶格常数：a=0.4212nm，密度 3.58g/cm^3。

菱镁矿在陶瓷工艺中作为配合料中 MgO 的引入来源，也可作为助烧结剂，其 MgO 可与硅酸盐陶瓷中的 Al_2O_3 和 SiO_2 形成低共熔物，从而降低制品的烧成温度。菱镁矿也是制造氧化镁陶瓷以及耐火材料中烧结镁砂和电熔镁砂的原料。

菱镁矿中 CaO 和 SiO_2 是有害杂质，冶金工业标准 YB/T 5208—2004 按照 MgO 的含量将菱镁矿分为 6 个牌号，其中 M47 和 M46 又各分为 A、B、C 三级，如表 2-43 所示。我国是世界上菱镁矿储量最多的国家之一，约占世界已探明储量的 1/4，主要分布在辽宁和山东两省。

表 2-43　YB/T 5208—2004 规定的菱镁矿矿石质量标准

牌号	化学成分/%（质量分数）				
	MgO≥	CaO≤	SiO_2≤	Fe_2O_3≤	Al_2O_3≤
M47A	47.30	—	0.15	0.25	0.10
M47B	47.20	—	0.25	0.30	0.10
M47C	47.00	0.60	0.60	0.40	0.20
M46A	46.50	0.80	1.00	—	—
M46B	46.00	0.80	1.20	—	—
M46C	46.00	0.80	2.50	—	—
M45	45.00	1.50	1.50	—	—
M44	44.00	2.00	3.50	—	—
M41	41.00	6.00	2.00	—	—
M33	33.00	—	4.00	—	—

如将菱镁矿经过700～1000℃煅烧，可得到质地疏松、具有很大比表面积的氧化镁（MgO）。这种轻烧氧化镁的水化活性很大，在常温下仅需几分钟便能完成水化反应，转变成$Mg(OH)_2$。这种粉料的成型和烧结性能极差，不能直接用它来制造陶瓷和耐火材料。用于制造陶瓷和耐火材料的氧化镁原料需要经过1500～2000℃高温煅烧，使得从$MgCO_3$分解生成的MgO晶体充分生长，并烧结成致密体。菱镁矿中含有的硅、铁等杂质在高温生成液相，有利于促进晶体长大和烧结，但杂质过多会影响材料的耐高温性能。这种经过高温煅烧的氧化镁称为烧结镁砂，其中主要成分是方镁石（MgO），此外根据所用原料中的杂质种类和数量，还可能存在少镁橄榄石（M_2S）、钙镁橄榄石（CMS）、镁硅钙石（C_3MS_2）、硅酸二钙（C_2S）、铁酸镁（MF）和镁铝尖晶石（MA）。烧结镁砂具有较强的抗渣性和室温抗水化性。国家标准GB/T 2273—2007将烧结镁砂分为18个牌号，它们的理化指标如表2-44所示。

表2-44　烧结镁砂的技术指标

牌号＼指标	MgO/%，≥	SiO_2/%，≤	CaO/%，≤	IL/%，≤	CaO/SiO_2/摩尔比，≥	颗粒体积密度/（g/cm³），≥
MS98A	98.0	0.3	—	0.3	3	3.40
MS98B	97.7	0.4	—	0.3	2	3.35
MS98C	97.5	0.4	—	0.3	2	3.30
MS97A	97.0	0.6	—	0.3	—	3.33
MS97B	97.0	0.8	—	0.3	—	3.28
MS96A	96.0	1.0	—	0.3	—	3.30
MS96B	96.0	1.5	—	0.3	—	3.25
MS95A	95.0	2.0	1.8	0.3	—	3.25
MS95B	95.0	2.2	1.8	0.3	—	3.20
MS93A	93.0	3.0	1.8	0.3	—	3.20
MS93B	93.0	3.5	1.8	0.3	—	3.18
MS90A	90.0	4.0	2.5	0.3	—	3.20
MS90B	90.0	4.8	2.5	0.3	—	3.18
MS88*	88.0	4.0	5.0	0.5	—	—
MS87	87.0	7.0	2.0	0.5	—	3.20
MS84	84.0	9.0	2.0	0.5	—	3.20
MS83*	83.0	5.0	5.0	0.8	—	—

*该牌号为冶金用烧结镁砂。

注：烧结镁砂颗粒组成为0～30mm，其中小于1mm者不大于5%；颗粒组成为0～90mm，其中小于1mm者不大于8%；颗粒组成为0～120mm，其中大于120mm者不大于10%，小于1mm者不大于15%。其他颗粒组成由供需双方商定。

如用较纯净的菱镁矿或轻烧氧化镁在电弧炉内经高温熔融再冷却，可获得晶体发育良好、晶粒粗大致密的氧化镁晶体集合体，经破碎后就成为电熔镁砂。由于所用的原料纯度高，电熔镁砂主要由方镁石组成，其抗高温性能、抗钢渣侵蚀性能以及室温下抗水化性能均明显优于烧结镁砂。这是另一种制造陶瓷和耐火材料的氧化镁原料，并被用于电力、航天和核工业等领域。根据冶金工业标准 YB/T 5266—2004 电熔镁砂按其氧化镁含量分为 6 个牌号，每种牌号的理化标准列于表 2-45。

表 2-45 电熔镁砂的技术指标

牌号＼指标	MgO/%，≥	SiO_2/%，≤	CaO/%，≤	Fe_2O_3/%，≤	Al_2O_3/%，≤	颗粒体积密度/（g·cm^3），≥
FM990	99.0	0.3	0.8	0.3	0.2	3.50
FM985	98.5	0.4	1.0	0.4	0.2	3.50
FM980	98.0	0.6	1.2	0.6	0.2	3.50
FM975	97.5	1.0	1.4	0.7	0.2	3.45
FM970	97.0	1.5	1.5	0.8	0.3	3.45
FM960	96.0	2.2	2.0	0.9	0.3	3.35

注：烧结镁砂颗粒组成为 0～50mm，其中小于 1mm 者不大于 10%；颗粒组成为 0～120mm，其中小于 1mm 者不大于 5%。

2.1.9.2 石灰石

碳酸钙矿物包括石灰石、大理石、白垩等。石灰石是以方解石形式的碳酸钙（$CaCO_3$）为主要成分的碳酸盐岩石，并伴有白云石、菱镁矿和其他碳酸盐矿物，还混有一些其他杂质，如游离状的石英、黏土、长石、云母、铁的碳酸盐等。石灰石的密度为 2.65～2.80g/cm^3。石灰石在高温高压下变软，其中所含矿物质发生重新结晶所形成的岩石称为大理石，其密度为 2.97～3.07g/cm^3。由微生物遗骸经变质过程而形成的白色软质石灰石则称为白垩，白垩是一种疏松的土状方解石或石灰石，质地较纯者的方解石含量可达 99%以上。

碳酸钙（$CaCO_3$）有两种结晶状态：方解石和文石（又称霰石），二者皆是自然界常见的两种碳酸钙多形体。方解石属三方晶系，晶格常数为 $a=0.4994$nm，$c=1.708$nm，密度 2.703g/cm^3。文石属正交晶系，晶格常数为 $a=0.4961$nm，$b=0.7967$nm，$c=0.5741$nm，密度 2.930g/cm^3。纯 $CaCO_3$ 中 CaO 占 56.03%，CO_2 占 43.97%，加热到 750～900℃发生分解成 CaO 和 CO_2。

石灰石（包括大理石和白垩）在陶瓷工艺中作为配合料中 CaO 的引入来源，也可作为助烧结剂，同坯体中 SiO_2、Al_2O_3 等成分反应形成液相，降低烧结温度并缩短烧结时间。陶瓷工业对石灰石的要求如下[3]：

$CaCO_3>96\%$，$MgCO_3<1\%$，$Fe_2O_3<0.25\%$，$SiO_2<2\%$，$S<0.1\%$。

2.1.9.3 白云石

白云石是碳酸钙与碳酸镁的复盐［$CaMg(CO_3)_2$］，其中 CaO 为 30.41%、MgO 为 21.87%、CO_2 为 47.72%。白云石晶体属三方晶系，晶格常数：$a=0.4812$nm，$c=1.602$nm，密度 2.86g/cm^3。天然白云石中常含有铁、锰的碳酸盐以及石英碎屑。白云石加热到 500～800℃发生分解，并且可以有两种分解方式，即一步直接分解成 MgO、CaO 和 CO_2：

$$CaMg(CO_3)_2 = MgO + CaO + 2CO_2 \uparrow \quad (2\text{-}9)$$

或分两步分解：

$$CaMg(CO_3)_2 = MgO + CaCO_3 + CO_2 \uparrow \quad (2\text{-}10)$$

$$CaCO_3 = CaO + CO_2 \uparrow \quad (2\text{-}11)$$

白云石的分解温度和分解方式取决于其中所含的杂质种类和数量。

在陶瓷工艺中，白云石作为钙、镁成分的来源用于配料中，硅酸盐陶瓷坯体中添加少量白云石可促进石英熔融和莫来石生成，并可降低烧成温度和扩大烧成温度范围。在耐火材料工业中，白云石是制造白云石耐火材料的基本原料。冶金行业标准 YB/T 5278—2007 规定了耐火材料用白云石的化学成分和粒度规格，分别如表 2-46 和表 2-47 所示。

表 2-46　耐火材料用白云石的化学成分

牌号	化学成分（质量分数）/%			
	MgO ≥	$Al_2O_3+Fe_2O_3+SiO_2+Mn_3O_4$ ≤	SiO_2 ≤	CaO ≥
NBYS22A	22	—	2.0	10
NBYS22B	22	—	2.0	6
NBYS20A	20	1.0		25
NBYS20B	20	1.5	1.0	25
NBYS20C	20	3.0	1.5	25
NBYS19A	19	—	2.0	25
NBYS19B	19	—	3.5	25
NBYS18	18	—	4.0	25
NBYS16	16	—	5.0	25

表 2-47　白云石的粒度规格

粒度/mm	上限/mm	百分比含量≤	下限/mm	百分比含量≤
0～5	5～6	5	—	—
5～20	20～25	5	3～5	10
10～40	40～45	5	8～10	10
25～50	50～60	10	20～25	10
40～80	80～100	10	30～40	10
80～120	120～140	10	70～80	10

2.1.10　稀土氧化物

稀土元素包括 15 个镧系元素：La、Ce、Pr、Nd、Pm、Sm、Eu、Gd、Td、Dy、Ho、Er、Tm、Yb、Lu，以及与镧同属第三副族的 Y（钇）和 Sc（钪）。镧系元素原子的外层价电子构造都为 5d16s2，因此均具有＋3 价，它们之间的差别在于 4f 层电子数量不同，从 La 元素的 4f 0 递增到 Lu 元素的 4f 14。Y 元素和 Sc 元素虽然无 4f 层电子，但它们的最外层电子分别为 4d15s2 和 3d14s2，同样具有＋3 价特征，并且在许多化学性能上与镧系元素相似，因此也被归入稀土元素。通常用 Ln 来代表稀土元素，其氧化物的化学

通式可写为 Ln_2O_3。各种稀土氧化物的基本性质如表 2-48 所示。

表 2-48 各种稀土氧化物的基本性质

氧化物	密度/(g/cm³)	熔点/℃	晶型	晶格常数/nm	化学特性
Y_2O_3	5.01	2410	立方	$a=1.060$	微溶于水，易溶于酸，易吸收空气中二氧化碳和水
	5.43		单斜	$a=1.388$，$b=0.3513$，$c=0.8629$ $\gamma=100.09°$	
Sc_2O_3	3.905	1000	立方	$a=0.979$	—
	4.163		单斜	$a=1.317$，$b=0.3194$，$c=0.7976$ $\gamma=100.40°$	
La_2O_3	5.898	2217	立方	$a=0.451$	微溶于水，溶于酸，易吸收空气中二氧化碳和水
	6.565		六方	$a=0.3938$，$c=0.6136$	
Ce_2O_3	6.861	2210	六方	$a=0.3891$，$c=0.6059$	不溶于水，难溶于硫酸、硝酸
CeO_2	7.211	2600	立方	$a=0.5412$	—
Pr_2O_3	7.063	2125	立方	$a=0.3858$	不溶于水，能溶于酸生成相应Ⅲ价盐类
Nd_2O_3	6.515	2272	立方	$a=0.4410$	—
	7.28		六方	$a=0.3840$，$c=0.6010$	
Pm_2O_3	6.765		立方	$a=1.099$	—
	7.530		六方	$a=0.3802$，$c=0.5954$	
	7.354		单斜	$a=1.425$，$b=0.366$，$c=0.893$ $\gamma=100.52°$	
Sm_2O_3	7.255	2350	立方	$a=1.085$	—
Eu_2O_3	7.340		立方	$a=1.084$	—
	7.453		六方	$a=0.384$，$c=0.614$	
	7.954		单斜	$a=1.411$，$b=0.3602$，$c=0.8808$ $\gamma=100.03°$	
Gd_2O_3	7.618	2310	立方	$a=1.081$	—
	8.298		单斜	$a=1.409$，$b=0.3576$，$c=0.8769$ $\gamma=100.08°$	
Td_2O_3	7.934		立方	$a=1.070$	不溶于水，易溶于酸
	7.814		六方	$a=0.383$，$c=0.612$	
	8.561		单斜	$a=1.403$，$b=0.3536$，$c=0.8717$ $\gamma=100.10°$	
Dy_2O_3	8.157	2341	立方	$a=1.067$	溶于酸和乙醇，有吸湿性
	8.012		六方	$a=0.382$，$c=0.611$	
Ho_2O_3	8.415	—	立方	$a=1.060$	—
	8.252		六方	$a=0.380$，$c=0.608$	

续表

氧化物	密度/（g/cm³）	熔点/℃	晶型	晶格常数/nm	化学特性
Er_2O_3	8.435		立方	$a=1.064$	—
	8.485		六方	$a=0.378$，$c=0.605$	
Tm_2O_3	8.806	—	立方	$a=1.052$	—
Yb_2O_3	9.204	2355	立方	$a=1.043$	不溶于水和冷酸，溶于温稀酸
Lu_2O_3	9.481	—	立方	$a=1.037$	—

稀土氧化物具有独特的电、磁、光学特性，是制造电子陶瓷、功能陶瓷、催化剂和色釉的不可缺少的原料。稀土氧化物一般采用煅烧稀土氢氧化物、碳酸盐、草酸盐或氮化物制取得来。根据稀土氧化物的含量，每种稀土氧化物可分为 99%、99.9%、99.99%等多种等级。每种稀土氧化物都有各自的技术要求标准，如表 2-49 所示。

表 2-49　稀土氧化物的技术标准

稀土氧化物	分子式	标准编号
氧化钪	Sc_2O_3	GB/T 13219—2010
氧化钇	Y_2O_3	GB/T 3503—2006
氧化镧	La_2O_3	GB/T 4154—2006
氧化铈	CeO_2	GB/T 4155—2003
氧化镨	Pr_2O_3	GB/T 5239—2006
氧化钕	Nd_2O_3	GB/T 5240—2006
氧化钐	Sm_2O_3	GB/T 2969—2008
氧化铕	Eu_2O_3	GB/T 3504—2006
氧化钆	Gd_2O_3	GB/T 2526—2008
氧化铽	Td_2O_3	GB/T 12144—2009
氧化镝	Dy_2O_3	GB/T 13558—2008
氧化钬	Ho_2O_3	XB/T 201—2006
氧化铒	Er_2O_3	GB/T 15678—2010
氧化铥	Tm_2O_3	XB/T 202—2010
氧化镱	Yb_2O_3	XB/T 203—2006
氧化镥	Lu_2O_3	XB/T 204—2006

2.1.11　非氧化物类

陶瓷工业用非氧化物类原料主要有碳化硅、氮化硅、碳化硼、氮化硼、塞隆（SiA-LON）等。环保陶瓷行业中常用的非氧化物陶瓷原料以碳化硅、氮化硅为主，因此本节主要介绍碳化硅和氮化硅原料。

2.1.11.1　碳化硅

碳化硅（SiC）晶体可分为六方型（或菱面体）和立方型两大类。其中六方型和菱面体型碳化硅又称 α-SiC，立方碳化硅又称 β-SiC。在合成碳化硅时，当温度升至 1300℃以上即有 β-SiC 生成，当温度超过 2000℃，β-SiC 就转变成 α-SiC。表 2-50 列出了常见的几种碳化硅晶型。

表 2-50　常见的 SiC 晶型[8]

类别	命名	晶体结构	堆垛顺序	晶格常数/nm
α-SiC	15R	菱面体	ABCBACABACBCACB…	$a=0.3073$，$c=3.7700$
	6H	六方	ABCACB…	$a=0.3073$，$c=1.5070$
	8H	六方	ABCABACB…	$a=0.3078$，$c=2.0108$
	4H	六方	ABCBABCB…	$a=0.3073$，$c=1.0053$
	2H	六方	ABABA…	—
β-SiC	3C	面心立方	ABCABC…	$a=4.349$

碳化硅需要人工合成，当前绝大多数碳化硅原料都是利用安奇生（Acheson）法生产。该法以石英砂和焦炭为主要原料，在高温下二者反应，生成 SiC：

$$SiO_2+3C \xlongequal{} SiC+2CO \tag{2-12}$$

在实际生产中，通常用碳砖砌成长条形发热体，原料混合后填放在碳发热体的四周，通上大电流，在发热体周围产生 2000℃以上的高温，发生如式（2-12）所示的反应，生成碳化硅，并放出 CO 气体。在发热体周围所生长的 SiC 为充分结晶的 SiC 烧结团聚体，其中碳化硅晶粒巨大，在离发热体较远的地方因为温度较低，SiC 晶粒较细小，但反应不完全，其中夹杂有未反应的石英砂和碳粉以及一些金属杂质的熔融体或金属碳化物，更远处则是尚未反应的原料混合物。因此用这种方法得到的产物需要通过筛选和除去杂质才能得到纯的碳化硅，再经过破碎、筛分（根据有些要求还要经过酸洗除去破碎过程中带入的金属杂质），才获得适合制造陶瓷的碳化硅粉料。用安奇生法生产的 SiC 有黑色碳化硅和绿色碳化硅两个品种，采用纯度高的 SiO_2 原料，并在合成原料中加入一定数量的食盐，高温下同原料中的金属杂质反应，生成氯化物挥发，这样得到的是绿色碳化硅。生产黑色碳化硅的 SiO_2 原料纯度较低，并且不用添加食盐。

用金属硅粉和石墨粉（或炭黑粉）混合，在惰性气氛的高温炉内煅烧，可获得很纯的碳化硅细粉料。但因为可控气氛的高温炉容量都很小，无法大量生产，而且所用的原材料价格远高于 Acheson 法所用的原材料，因此这一方法并没有应用在工业大生产中。此外，利用等离子体或激光加热硅烷（或 $SiCl_4$）和甲烷（或其他碳氢化合物）的混合气体可以生成晶粒尺寸在微米级甚至纳米级的高纯度碳化硅，然而这些方法所用的原料更贵，无法实现工业化生产，但可以供应特殊用途的需要。

碳化硅陶瓷材料具有耐高温、高温强度大、高温抗氧化性能高、导热系数较大而热膨胀系数较小从而抗热震性能高、在室温下就能导电等许多优点，因此被广泛地应用于窑具、蓄热体、发热体等陶瓷产品的制造。

我国关于工业碳化硅原料仅有机械行业制订的碳化硅磨料标准 GB/T 2480—2008《普通磨料 碳化硅》，目前尚无针对陶瓷或耐火材料行业的碳化硅标准。

2.1.11.2　氮化硅

氮化硅（Si_3N_4）有两种晶型，即 α-Si_3N_4 和 β-Si_3N_4，二者均属六方晶系，但对称型不同，二者的理论密度也稍有差别，晶体形状明显不同，如表 2-51 所示。

表 2-51　两种氮化硅晶体的基本特征

氮化硅	晶系	晶胞常数/nm	对称型	理论密度/（g/cm³）	晶粒形状
α-Si_3N_4	六方	a=0.7752，c=0.5619	P31c	3.186	短柱状
β-Si_3N_4	六方	a=0.7607，c=0.2911	$P6_3/m$	3.194	条状、针状

当温度高于 1418.25 ℃，氮化硅就从 α 相向 β 相转变。由于 β-Si_3N_4 具有条状或针状晶体的显微结构，这有助于增加材料的断裂韧性，因此在制备氮化硅陶瓷材料时常以 α-Si_3N_4 为原料，利用烧结时的高温或事后的热处理，使材料中 α-Si_3N_4 转化为 β-Si_3N_4，以形成条状晶体互相交叉的显微结构。为了获得均匀分布的条状晶体，并控制晶体的尺寸，经常在 α-Si_3N_4 原料内加入适当数量的 β-Si_3N_4 针状晶体作为晶种，引导晶型转化。

氮化硅原料需要人工合成。能商品化生产的合成方法主要有三种，典型产品的性能如表 2-52 所示。

（1）金属硅粉氮化法，即金属硅粉在氮气氛中加热到 1200～1400℃发生氮化反应：

$$3Si + 2N_2 = Si_3N_4 \qquad (2\text{-}13)$$

这种方法所生成的氮化硅为 α-Si_3N_4 和 β-Si_3N_4 的混合物，并且随着反应温度升高、时间增长，β-Si_3N_4 含量增多，但很难获得纯的 β-Si_3N_4 粉料。

（2）氧化硅碳热氮化法，即以硅石粉或石英粉以及焦炭粉为原料，在 1400℃左右 SiO_2 被 C 还原，再与氮气反应生成 Si_3N_4：

$$3SiO_2 + 6C + 2N_2 = Si_3N_4 + 6CO \qquad (2\text{-}14)$$

上述反应所生成的氮化硅主要为 α-Si_3N_4。由于稻壳中 SiO_2 含量高达 20%，因此还可以利用稻壳焚烧后的灰（其中主要为 SiO_2，此外还有一部分碳）作为氧化硅原料，通过上述反应制备 Si_3N_4。稻壳灰内的氧化硅颗粒极细小，因此可获得超细 Si_3N_4 粉料[16]。

（3）气相合成法，即以气态硅烷或硅的卤化物为原料在高温下（1000～1400 ℃）同氨气反应生成氮化硅：

$$3SiH_4 + 4NH_3 = Si_3N_4 + 12H_2 \qquad (2\text{-}15)$$

$$3SiCl_4 + 4NH_3 = Si_3N_4 + 12NH_4Cl \qquad (2\text{-}16)$$

气相法一般可获得纯度高的 α-Si_3N_4 粉，如果反应温度低（如 1000℃），则得到无定型 Si_3N_4，需要再经过在 1500℃下热处理，转化成 α-Si_3N_4。

表 2-52　用不同工艺制造的氮化硅粉料的性能[15]

工艺方法	氧化硅碳热氮化法	金属硅粉氮化法		气相法（$SiCl_4+NH_3$）	
生产厂商	东芝	Stack		GTE	
牌号	n	H_1	LC12	SN402	SN502
金属杂质总量/%	0.1	0.1	0.1	0.2	0.1
非金属杂质总量/%	4.1	1.7	1.7	4.6	1.1
α-Si_3N_4 含量/%	88	92	94	—	56
β-Si_3N_4 含量/%	5	4	3	—	3
无定形 Si_3N_4 含量/%	—	—	—	92	39
SiO_2 含量/%	5.6	2.4	3.0	7.5	1.9
比表面积（BET）/（m²/g）	5	—	—	—	—
粒度/μm	0.4 - 1.5	0.1 - 3	0.1 - 1	0.1 - 1.5	0.2 - 2
松装密度/（g/cm³）	0.20	0.37	0.40	0.18	0.10
振实密度/（g/cm³）	0.43	0.64	0.87	0.26	0.26

氮化硅陶瓷材料可用作窑具，坩埚，热电偶套管，陶瓷轴承，高速切刀具，柴油发动机预燃室内衬、电热塞，耐酸泵叶轮、密封环，核反应堆的支撑、隔离部件，导弹雷达天线罩等。

表 2-53 列出了氮化硅粉体的技术性能指标（建材行业标准 JC/T 2134—2012）。

表 2-53　氮化硅粉体中的元素及相含量

品种	类别	相含量/%		元素含量/%					
				N	Fe	Al	Ca	F_{Si}	O
α-氮化硅	T	α-Si_3N_4	≥95	≥38.5	≤0.05	≤0.05	≤0.05	≤0.1	≤1.0
	Ⅰ		≥93	≥38.2	≤0.07	≤0.07	≤0.08	≤0.3	≤1.0
	Ⅰ		≥90	≥37.8	≤0.12	≤0.12	≤0.13	≤0.5	≤1.2
	Ⅲ		≥90	≥37.0	≤0.24	≤0.24	≤0.25	≤0.8	≤1.5
β-氮化硅	Ⅰ	β-Si_3N_4	≥93	≥38.2	≤0.07	≤0.07	≤0.08	≤0.3	≤1.0
	Ⅱ		≥90	≥37.8	≤0.12	≤0.12	≤0.13	≤0.5	≤1.5

2.2　辅助原料

陶瓷工艺中的辅助原料是指除构成陶瓷制品主要成分的原料之外，在陶瓷制品制造过程中不可缺少的其他原材料。主要包括分散介质、各种添加剂以及制造注浆成型用模具的石膏。所谓添加剂是指能够极大地改善陶瓷工艺的施工性能或制品的使用性能的一类辅助材料，其中一些添加剂在烧成后不会残留在制品中，而有些添加剂则保留在制品中，使得制品具有某些优良性能。陶瓷添加剂主要有：成型结合剂、泥浆分散剂、泥浆消泡剂、增塑剂、润滑剂等（在这里仅介绍结合剂与分散剂，其余几种添加剂将在原料处理部分中提及）。

2.2.1　成型结合剂

为使成型工艺后所得到的陶瓷坯体保持完整并具有一定强度，需要加入成型结合剂，使坯体内颗粒彼此联合成一整体，有些结合剂还能够提供高温强度，增加制品的高温机械性能和热稳定性能。成型结合剂可分为无机结合剂与有机结合剂两大类。

2.2.1.1　无机结合剂

1. 软质黏土

用作结合剂的软质黏土主要有膨润土、球黏土、紫木节、叙永土等。构成软质黏土的矿物颗粒极为细小，它们分散在水中便形成胶体溶液，每个颗粒表面因带电而吸附电性相反的离子和极性水分子。含有黏土结合剂的成型坯体经过干燥失去大部分水分，使坯体内颗粒互相靠近，黏土颗粒表面吸附的水分子通过氢键互相连接或与坯体内其他物质的颗粒连接，从而使坯体获得一定强度。含有黏土-水系的物料也可不需要排除其中大部分水分，而通过提高黏土-水系的离子强度，例如加入凝固剂，在物料中释放出高价金属离子（如 Ca^{2+}、Mg^{2+}、Al^{3+} 等）使胶体失去稳定性而凝聚。这后一种措施常用于浇注料的成型中，常用的凝固剂有铝酸钙水泥、电熔氧化镁粉等。

膨润土具有良好的粘结性，在水溶液中呈悬浮和胶质状。膨润土的层间阳离子种类决定膨润土的类型，层间阳离子为 Na^+ 时称钠质膨润土，而层间阳离子为 Ca^{2+} 时称钙质膨润土。世界上 70%～80%的膨润土为钙质膨润土，我国的膨润土 90%为钙质膨润土，然而钠质膨润土的工艺性能优于钙质膨润土，前者较后者的吸水速度慢，但吸水率与膨胀倍数大，阳离子交换量高，在水介质中分散性好，热稳定性也比钙质膨润土好。钙质膨润土经过改性可成为钠质土。表 2-54 列出我国一些膨润土的化学组成[17]。

表 2-54 国产膨润土的化学组成

产地 \ 成分/%	SiO_2	Al_2O_3	Fe_2O_3	CaO	MgO	K_2O	Na_2O	IL
辽宁黑山	67.60	14.05	1.90	4.36	4.21	0.43	0.57	7.23
吉林九台	70.93	14.34	1.38	1.66	2.41	0.28	0.34	8.20
河北宣化	62.73	13.15	0.88	0.37	2.35	3.47	—	11.32
浙江余杭	69.23	17.67	1.16	1.21	1.97	0.09	0.11	7.01
浙江临安	71.29	14.17	1.75	1.02	2.22	1.78	1.92	4.24

球黏土具有良好的可塑性和粘结性。10%～15%的球黏土即可将 85%～90%的非可塑性颗粒料结合在一起，被大量用于捣打料、浇注料及可塑料，以保证物料具有良好的施工性能和干燥强度。球黏土中一般含有 17%～35% Al_2O_3 和 45%～74% SiO_2，2μm 以下颗粒占 75%以上。表 2-55 列出国内外一些典型球黏土的化学组成和技术性能（其中国外数据摘自参考文献［3］）。

表 2-55 不同产地球黏土的化学组成和技术性能

性能 \ 产地		英国	泰国	巴西	唐山紫木节	叙永土	广西维罗白泥	吉林伊舒水曲柳	吉林永吉球黏土
化学组成/%	SiO_2	59.8	52.7	61.6	42.7	57.6	45.3～51.6	54	55.0
	Al_2O_3	26.4	32.0	24.5	36.2	28.4	26.0～36.8	30～32	29.65
	Fe_2O_3	0.90	1.02	1.84	1.37	1.13	0.65～2.20	1.2～1.5	1.87
	TiO_2	1.50	1.00	0.64	0.48	0.9	—	1.04	1.10
	CaO	0.20	痕迹量	0.69	0.83	1.08	—	0.36	0.35
	MgO	0.49	0.13	0.43	—	—	—	0.22	0.45
	K_2O	2.39	0.47	2.42	—	—	<1.5	0.69	0.85
	Na_2O	0.41	0.13	0.25	1.84	0.65		0.13	0.13
	IL	7.89	12.60	8.08	16.5	9.78	—	10～12	10.10
比表面积/(m^2/g)		100.0	54.8	29.0	—	—	—	—	—
可塑性指数（可塑性指标）		—	—	—	17.3 (2.44)	23.3	>28	(3.5)	24.95 (3.39)
干燥强度/MPa		—	—	—	2.73	2.93	—	3.6	2.3

2. 水玻璃

水玻璃是由碱金属氧化物和二氧化硅结合而成的可溶性碱金属硅酸盐材料，又称泡花碱。水玻璃可根据碱金属的种类分为钠水玻璃和钾水玻璃，其分子式分别为 $Na_2O \cdot nSiO_2$ 和 $K_2O \cdot nSiO_2$. 式中的系数 n 称为水玻璃模数，是水玻璃中的氧化硅和碱金属氧化物的分子比（或摩尔比)。水玻璃模数是水玻璃的重要参数，一般在 1.5～3.5 之间。水玻璃的模数越大，固体水玻璃越难溶于水，$n=1$ 时常温水即能溶解；当 $n>3.0$ 时，只能溶于热水中，这给使用带来麻烦。n 值越小，水玻璃越易溶于水，其黏性和强度越低。水玻璃的模数越大，其中氧化硅含量越多，水玻璃的黏度增大，粘结力也增大。模数为 2.6～2.8 的水玻璃既易溶于水又有较高的强度，我国生产的水玻璃模数一般在 2.4～3.3。

水玻璃的性能可用模数 n、密度 d 和黏度 h 来表征。其中模数 n 可根据所含的 SiO_2 与 Na_2O 的质量分数通过下式计算：

$$n=1.023\ (SiO_2/Na_2O) \tag{2-17}$$

通常用波美比重计测到的波美数（Be）来表示水玻璃的浓度，并通过下式转换成密度：

$$d=\frac{144.3}{144.3-Be} \tag{2-18}$$

常用水玻璃的密度一般为 1.36～1.50g/cm^3，相当于波美度 38.4～48.3。水玻璃的黏度随液态水玻璃的密度和模数而变化，如图 2-11 所示，在相同密度下模数越大其黏度越大；另一方面，在相同模数下，水玻璃液的黏度随密度而增大。

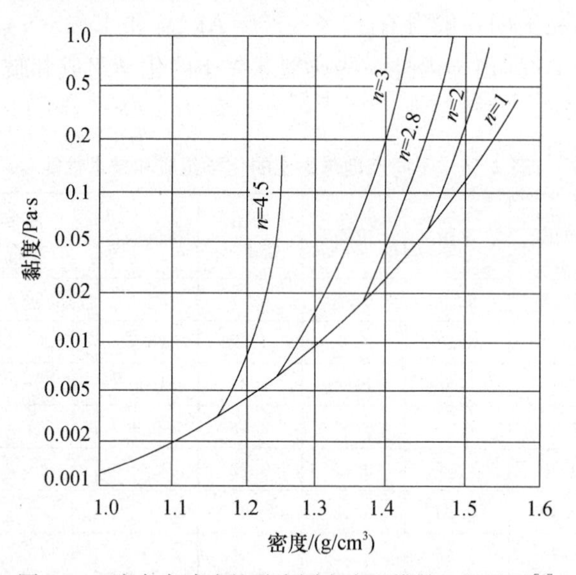

图 2-11　液态水玻璃的黏度同密度和模数 n 的关系[2]

水玻璃在水溶液中发生水解生成硅溶胶，当含有水玻璃溶液的坯体经过干燥失去水分时，硅溶胶发生脱水缩合反应，形成硅氧网络结构使坯体获得强度。也可以不经过干燥脱水，而是在水玻璃溶液中或坯体内添加促凝剂，使硅溶胶发生缩合形成凝胶从而使坯体获得初步强度，再经过脱水缩合形成硅氧网络，进一步提高坯体的强度。通常采用添加氟硅酸钠、氟硅酸铝、氟化铝、聚磷酸钠、氧化锌等促凝剂实现含水玻璃溶液的坯体凝固，获得强度。其中氟硅酸钠（或钾）是最常用的促凝剂。氟硅酸钠（Na_2SiF_6）在水中溶解度很小，它与水玻璃的反应相当缓慢并逐步进行，因此可留出足够的工艺操作时间。溶入水中的氟硅酸钠会发生水解，从而使溶液的 pH 值变小：

$$Na_2SiF_6+4H_2O = 2NaF+4HF+Si(OH)_4 \tag{2-19}$$

另一方面，水玻璃在水中水解形成氧化硅胶体：

$$Na_2O \cdot mSiO_2+mH_2O = 2NaOH+(m-1)H_2O \cdot mSiO_2 \tag{2-20}$$

氟硅酸水解产生的 HF 与水玻璃水解产生的 NaOH 发生中和反应：

$$HF+NaOH = NaF+H_2O \tag{2-21}$$

由于 NaOH 不断被消耗，促进反应式（2-20）向生成氧化硅胶体的方向进行，从而产生氧化硅凝胶。同时一部分氧化硅溶胶与 NaF 反应生成络合物：

$$Si(OH)_4+NaF = SiO_2 \cdot NaF \cdot H_2O+H_2O \tag{2-22}$$

此反应会促进氟硅酸钠的水解，反过来又促进水玻璃的水解和硅凝胶的生成。

水玻璃的生产有干法和湿法两种制造方法。干法以石英岩和纯碱（或硫酸钠及炭粉）为原料，磨细拌匀后，在熔炉内于 1300～1400℃温度下熔化，按下式反应生成固体水玻璃：

$$mSiO_2+Na_2CO_3 = Na_2O \cdot mSiO_2+CO_2\uparrow \tag{2-23}$$

$$2mSiO_2+2Na_2SO_4+C = 2(Na_2O \cdot mSiO_2)+2SO_2\uparrow+CO_2\uparrow \tag{2-24}$$

将熔块装入蒸压釜中，加热加压使固体水玻璃溶解于水而制得液体水玻璃。

湿法生产以石英岩粉、烧碱和水为原料，在高压蒸锅内，2～3 个大气压下进行压蒸反应，直接生成液体水玻璃：

$$mSiO_2+2NaOH = Na_2O \cdot mSiO_2+H_2O \tag{2-25}$$

以上两种方法所制造的水玻璃产品都是液体形式，但也可以将液态水玻璃通过喷雾干燥器脱水成为固体粉末。这种粉末状水玻璃极易溶于水，因此可以直接加入到成型配料中。液态和固态水玻璃的技术规格分别列于表 2-56 和表 2-57 中。用水玻璃作为结合剂的坯体强度可维持到 700～800℃。

表 2-56　液态水玻璃的技术规格[2]

类别	一		二		三		四		五	
等级	1	2	1	2	1	2	1	2	1	2
水不溶物/%	≤0.2	≤0.4	≤0.2	≤0.4	≤0.2	≤0.6	≤0.2	≤0.4	≤0.2	≤0.8
20℃相对密度/*Be*	35.0～37.0		39.0～41.0		44.0～46.0		39.0～41.0		50.0～52.0	
Fe 含量/%	≤0.02	≤0.05	≤0.02	≤0.05	≤0.02	≤0.05	≤0.02	≤0.05	≤0.02	≤0.05
Na_2O/%	≥7.0		≥8.2		≥10.2		≥9.5		≥12.8	
SiO_2/%	≥24.6		≥26.0		≥25.7		≥22.1		≥29.2	
模数	3.5		3.2		2.5		2.3		2.3	

表 2-57　固态水玻璃的技术规格[2]

指标	Ⅰ型	Ⅱ型	Ⅲ型	Ⅳ型
Na_2O/%	25.5～29.0	23.0～26.0	21.0～23.0	18.5～22.5
SiO_2/%	49.0～53.0	51.0～55.5	56.0～62.0	55.0～64.0
模数	2.0±0.1	2.30±0.05	2.85±0.05	3.00±0.05
30℃溶解速度/s	≤60	≤80	≤180	≤240
体积密度/（g/mL）	0.30～0.80	0.40～0.80	0.50～0.80	0.50～0.80
细度（通过 120 目）/%	≥95	≥95	≥95	≥93

3. 磷酸盐结合剂

一些金属磷酸盐具有很好的胶结性能，可以作为成型结合剂，特别可以作为耐高温的结合剂。磷酸盐结合剂主要有磷酸铝、磷酸锆、磷酸镁和聚磷酸钠等。

磷酸铝是一种被广泛应用的陶瓷高温结合剂，由磷酸二氢铝［$Al(H_2PO_4)_3$］构成。通常磷酸铝结合剂呈溶液状态，可以现场配制，具体方法如下：以工业氢氧化铝［$Al(OH)_3$］和85%质量浓度的工业磷酸为原料。首先确定摩尔比$M=P_2O_5/Al_2O_3$，一般而言，作为纯氧化铝材料或刚玉材料的结合剂选用$M=5$比较合适，而对于莫来石、黏土等铝硅酸铝材料，M可选为3.2。再根据M值来确定氢氧化铝与磷酸的加入量（可利用表2-58，须注意：该表内所用的是100%浓度的磷酸，如实际使用85%的磷酸，须将表内显示值除以0.85）。然后将磷酸加热到80～90℃，一边搅拌一边逐渐加入氢氧化铝，使之完全溶入磷酸中，冷却后过滤溶液，除去其中不溶物，再适当加入少量去离子水，将溶液的黏度调节到符合工艺要求。磷酸铝溶液的黏度随溶液的浓度增高而增大，并且随M值增大而降低。

表2-58　磷酸铝溶液配比表

M值	H_3PO_4 : $Al(OH)_3$（质量比）	反应物用量/g		理论含水量/g
		100% H_3PO_4	$Al(OH)_3$	
1.0	1.256 : 1.000	196	156	108
2.0	2.512 : 1.000	392	156	216
3.0	3.768 : 1.000	588	156	324
3.2	4.019 : 1.000	627	156	346
4.0	5.024 : 1.000	784	156	432
5.0	6.280 : 1.000	980	156	540
6.0	7.536 : 1.000	1176	156	648

目前市场上还有固态磷酸铝结合剂出售。这是将浓磷酸二氢铝溶液在常温下经真空蒸发或在95℃左右经喷雾干燥除去溶液中的水分，使之成为白色粉状物。通常固态磷酸铝结合剂在室温环境中容易吸潮结块，经过特殊处理后也可形成不易吸潮的粉状磷酸铝，这种不易吸潮的磷酸铝结合剂须用60～100℃的热水才能溶解。表2-59列出了固态磷酸铝结合剂的技术指标。

表2-59　固态磷酸铝结合剂的技术指标[2]

类型	常温水溶		高温水溶	
	A	B	C	D
P_2O_5 含量/%	≥65	≥63	≥60	≥57
Al_2O_3 含量/%	≥17	≥18	≥20	≥22
M值	3.0	2.5	2.0	1.8

磷酸锆有多种化学组成，能作为结合剂的是磷酸二氢锆［$Zr(H_2PO_4)_4$］和磷酸一氢锆［$Zr(HPO_4)_2$］。磷酸二氢锆中ZrO_2和P_2O_5的质量分数分别为25.72%和59.25%（其

余为 15.03%H_2O)，磷酸一氢锆中 ZrO_2 和 P_2O_5 的质量分数分别为 43.51%和 50.13%(其余为 6.36%H_2O)。磷酸锆结合剂可以用新鲜的氢氧化锆同磷酸反应来制备，所谓新鲜的氢氧化锆是指用锆的无机盐类同碱溶液反应获得氢氧化锆沉淀，经过洗涤除去其中的可溶性盐类，并经过过滤或离心脱水，但尚未经过加热干燥的氢氧化锆胶体沉淀物。这类沉淀物具有很高的反应活性，能够同磷酸反应：

$$Zr(OH)_4+4H_3PO_4 = Zr(H_2PO_4)_4+4H_2O \quad (2\text{-}26)$$

$$Zr(OH)_4+2H_3PO_4 = Zr(HPO_4)_2+4H_2O \quad (2\text{-}27)$$

配制磷酸锆结合剂还可以用氯氧化锆（$ZrOCl_2 \cdot 8H_2O$）为原料同磷酸反应，控制 ZrO_2/P_2O_5 的摩尔比≤2，将两者按所选定的比例称量（如表 2-60 所示），投入球磨机研磨，即可得到一种胶状混合物结合剂[18]。

表 2-60 磷酸锆结合剂配比表

$ZrO_2:P_2O_5$	质量分数/%		反应物用量/g	
	ZrO_2	P_2O_5	85% H_3PO_4	$ZrOCl_2 \cdot 8H_2O$
2∶1	63.4	36.6	35.2	153
3∶2	56.5	43.5	41.8	136.2
1∶1	46.5	53.5	51.5	112.2
1∶2	30.3	69.7	67.0	73.0

根据摩尔比的不同，氯氧化锆同磷酸反应可生成两种锆的磷酸盐，若 $ZrO_2/P_2O_5=2$ 可得到 $(ZrO)_2P_2O_7$，如 $ZrO_2/P_2O_5=1$，则生成 ZrP_2O_7[18]。它们的化学反应可分别表达如下：

$$2ZrOCl_2 \cdot 8H_2O+2H_3PO_4 = (ZrO)_2P_2O_7+17H_2O+4HCl \quad (2\text{-}28)$$

$$ZrOCl_2 \cdot 8H_2O+2H_3PO_4 = ZrP_2O_7+10H_2O+2HCl \quad (2\text{-}29)$$

若 $ZrO_2/P_2O_5 \geqslant 2$，则反应后尚有多余的氯氧化锆留在结合剂中，采用这种结合剂的坯体经过烧成后会有氧化锆或氧化锆同坯体中其他成分的反应产物保留在最终的制品内。

磷酸镁结合剂由磷酸二氢镁［$Mg(H_2PO_4)_2$］构成。配制磷酸镁结合剂可用氧化镁或碳酸镁作为镁的原料，按照摩尔比 $MgO/P_2O_5=1$ 的比例同 60%浓度的磷酸反应，即可得到磷酸二氢镁溶液。特别需要注意的是上述反应的热效应很大，在配制过程中必须充分冷却溶液，并且须分批次缓慢地将镁质原料投入磷酸中，否则反应生成物会转变成不溶性磷酸镁。磷酸镁结合剂可用于制造刚玉、尖晶石和锆英石材质的陶瓷和耐火材料。

聚磷酸钠结合剂呈碱性，因此适合作碱性耐火材料和氧化镁、滑石质陶瓷的结合剂。用作结合剂的聚磷酸钠主要有三聚磷酸钠（$Na_5P_3O_{10}$）和六偏磷酸钠（$Na_6P_6O_{18}$）两种。

三聚磷酸钠可用正磷酸及纯碱为原料来制备，首先将纯碱加入到磷酸中，发生中和反应，生成磷酸一氢钠和磷酸二氢钠：

$$6H_3PO_4+5Na_2CO_3 = 4Na_2HPO_4+2NaH_2PO_4+5H_2O+5CO_2 \quad (2\text{-}30)$$

然后控制混合液中磷酸一氢钠和磷酸二氢钠的摩尔比为 2∶1，即控制中和度等于 66.67%。所谓中和度的定义如下：

$$Na_2HPO_4/(Na_2HPO_4+NaH_2PO_4)\times 100\% \quad (2\text{-}31)$$

将中和度为66.67%的混合液在300℃脱水干燥，即缩聚成三聚磷酸钠：

$$2Na_2HPO_4+NaH_2PO_4 = Na_5P_3O_{10}+2H_2O \tag{2-32}$$

三聚磷酸钠遇水分解成磷酸一氢钠和磷酸二氢钠，它们可同陶瓷原料中的碱土金属氧化物反应生成复合磷酸盐，从而产生结合强度。

六偏磷酸钠可用偏磷酸钠（$NaPO_3$）加热至620℃聚合生成：

$$6NaPO_3 = (NaPO_3)_6 \tag{2-33}$$

所制得的六偏磷酸钠为玻璃状，经粉碎成为白色粉末。偏磷酸钠可通过纯碱与正磷酸反应生成磷酸二氢钠，再经过加热脱水、缩合而生成。如果比例控制不够精确，所得到的偏磷酸钠中可含有其他磷酸钠盐，这样所制得的六偏磷酸钠中摩尔比 Na_2O/P_2O_5 可能偏离1。实际上六偏磷酸钠中的 Na_2O/P_2O_5 可波动在1.0～1.7范围内。六偏磷酸钠遇水也会分解成磷酸一氢钠和磷酸二氢钠，因此其结合剂的作用同三聚磷酸钠相仿。

国家标准GB/T 9983—2004和化工标准HG/T 2519—2007分别对工业三聚磷酸钠和工业六偏磷酸钠的技术质量作出规范，分别列于表2-61和表2-62中。

表2-61　三聚磷酸钠质量标准

等级	优级品	一级品	二级品
三聚磷酸钠含量/%	≥96	≥90	≥65
P_2O_5/%	≥57.0	≥56.5	≥55.0
水不溶物/%	≤0.10	≤0.10	≤0.15
Fe/%	≤0.007	≤0.015	≤0.030
白度	≥90	≥85	≥80
1%溶液的pH值	9.2～10.0		
1.00mm标准筛筛余/%	≤5.0		

表2-62　六偏磷酸钠技术规范

等级	一级品	合格品
总磷酸盐（以 P_2O_5 计）/%	≥68.0	≥68.0
非活性磷酸盐（以 P_2O_5 计）/%	≤7.5	≤10.0
Fe/%	≤0.08	≤0.10
水不溶物/%	≤0.04	≤0.10
pH值	5.8～6.5	5.8～7.0

4. 氯化物结合剂

用作陶瓷成型结合剂的氯化物主要有羟基氯化铝和氯化镁。羟基氯化铝又称聚合氯化铝，其分子式可写成 $[Al_2(OH)_nCl_{6-n}]_m$，其中 m 表征了聚合程度。此外，若 $n=6$ 则成为氢氧化铝胶体。

羟基氯化铝的制备有多种方法，可将氯化铝（$AlCl_3 \cdot 6H_2O$）饱和溶液加热使水分大量蒸发，继而在400℃左右，氯化铝发生水解生成黏稠的 $[Al_2(OH)_nCl_{6-n}]_m$ 胶体。另一种制备方法是用金属铝为原料同氯化铝水溶液反应，生成羟基氯化铝溶胶：

$$2nAl+(12-2n)AlCl_3+6nH_2O = 6Al_2(OH)_nCl_{6-n}+3nH_2 \tag{2-34}$$

此外尚有用适量的氢氧化钠与氯化铝水溶液反应，以升高溶液的 pH 值，从而促进氯化铝水解形成羟基氯化铝胶体；或者在硫酸铝与氯化铝的水溶液中加入碳酸钙，通过生成不溶于水的硫酸钙来增大溶液中 Al/Cl 的摩尔比，促进氯化铝水解形成羟基氯化铝胶体。但是这些方法中引入了其他金属离子或阴离子，从而影响了羟基氯化铝的纯度。

羟基氯化铝的主要技术指标有碱化度、pH 值、Al_2O_3 含量及胶体的密度。碱化度是指羟基氯化铝中氯离子被羟基取代的程度，可用羟基氯化铝中羟基同铝的当量比表示：

$$B = [OH]/3[Al] \tag{2-35}$$

羟基氯化铝溶胶的 pH 值随其碱化度升高而增大，同一碱化度，不同浓度的溶胶的 pH 值则随浓度增高而变小。溶胶的黏度与其密度和 pH 值有关，如表 2-63 所示。

表 2-63　羟基氯化铝溶胶的黏度与密度和 pH 值的关系[2]

密度/（g/cm³）	1.20	1.20	1.25	1.25	1.28
pH 值	3.1	3.25	3.5	4.1	3.8
黏度/（Pa·s）	5.3	6.2	6.8	12.5	10.7

羟基氯化铝胶体作为成型结合剂，要求其碱化度为 0.46～0.72，密度为 1.17～1.23g/cm³。

氯化镁有两种形式：含结晶水的氯化镁，分子式为 $MgCl_2 \cdot 6H_2O$ 和不含结晶水的氯化镁 $MgCl_2$。前者属单斜晶系，密度为 1.569g/cm³，易潮解，溶于水和乙醇，加热至 100℃会失去 2 个结晶水，迅速加热至 118℃熔融并开始分解成 MgO。后者属六方晶系，密度为 2.32～2.33g/cm³，易潮解，溶于水，熔点为 714℃。

氯化镁水溶液与氧化镁混合后具有胶凝性，即形成所谓氯氧镁水泥，因此氯化镁水溶液可以作为含氧化镁的陶瓷粉料的成型结合剂。氧化镁遇水可部分溶解，放出 Mg^{2+} 和 OH^- 离子，当结合剂溶液中的 Mg^{2+}、OH^- 和 Cl^- 离子的浓度达到饱和时，就会析出晶粒极其细小甚至非晶状的 $5Mg(OH)_2 \cdot MgCl_2 \cdot 8H_2O$，它们构成凝胶网络，把坯体中的陶瓷颗粒固定住，并产生很大的强度。例如以质量比 MgCl：MgO（≤88μm 电熔粉料）＝1：3配制氯氧镁水泥泥浆，再按 30%泥浆＋70%电熔氧化镁颗粒（其中 1.0～0.63mm 和 0.63～0.20mm 分别占 50%和 20%）制成试样，凝固 1d 的抗压强度即达 20MPa，凝固 7d、28d 的抗压强度分别达 52.8MPa 和 64MPa[19]。氯氧镁水泥在 113℃和 152℃分解放出结晶水，转变成碱式氯化镁，在 312～379℃时，碱式氯化镁继续分解生成氧化镁[2]。与之相应的是当温度超过 300℃结合强度迅速下降，在温度 800℃左右达到最低点，抗压强度仅 2.5～9.3MPa，继续升温，则由于坯体开启烧结，强度回升[6,19]。

2.2.1.2　有机结合剂

作为陶瓷成型结合剂的有机物主要有聚合类树脂、缩合类树脂、纤维素类、淀粉类以及天然高分子物质。其中大多数是水溶性物质，适合大多数陶瓷成型工艺要求，也有一些结合剂是非水溶性的，适合以有机溶剂作为分散介质的成型工艺。

1. 聚乙二醇

聚乙二醇（polyethylene glycol，缩写：PEG）又称聚乙二醇醚，其分子式如图 2-12

所示。

$$HO \leftarrow C_2H_4O)_n—H$$

图 2-12 聚乙二醇分子式

聚乙二醇的分子量随 n 的大小而变化，随分子量的不同，其形态和物理性状也不相同，如表 2-64 所示。

表 2-64 不同分子量聚乙二醇的物理性质[20]

平均分子量	密度/（g/cm³）	熔点/℃	98.9℃运动黏度/（m²/s）	水溶性（20℃）	开口闪点/℃
190～210	1.127	—	4.3×10^{-6}	完全	179～182
285～315	1.127	−15～−8	5.8×10^{-6}	完全	196～224
380～420	1.128	4～8	7.3×10^{-6}	完全	224～243
570～630	1.128	20～25	10.5×10^{-6}	完全	246～252
950～1050	1.170	37～41	$17～19\times10^{-6}$	～74%	254～266
1300～1600	1.210	43～47	$25～32\times10^{-6}$	～70%	254～266
1900～2200	1.211	50～54	47×10^{-6}	～65%	266
—	1.212	53～60	$75～110\times10^{-6}$	～62%	268
6000～8500	1.212	57～63	$580～800\times10^{-6}$	～53%	271
9700	1.212	59～62	1120×10^{-6}	～52%	271
12500～15000	1.202	61～67	$2700～4800\times10^{-6}$	～50%	—
18500	1.215	56～64	6900×10^{-6}	～50%	288

低分子量的聚乙二醇能从大气中吸收并保持水分，因此在陶瓷成型结合剂的配制中可以作为增塑剂。聚乙二醇的吸湿性随其分子量的增大而降低，分子量超过 2000 的聚乙二醇的吸湿性就很小了。聚乙二醇的结合强度并不高，因此通常仅单独用于成型形状简单的制品中。多数场合中它与其他结合剂复合使用，此时聚乙二醇主要起增塑作用。聚乙二醇在 200℃以下就能够同空气中的氧气反应分解，因此单独用聚乙二醇做结合剂的好处是在很低的温度下就能使结合剂分解气化、排除出坯体，不致因有机物残剩在坯体内而造成缺陷。在非氧化性气氛中，聚乙二醇开始裂解的温度在 300℃左右。

2. 聚乙烯醇

聚乙烯醇（polyvinyl alcohol，缩写：PVA）实际上是乙烯醇和乙酸乙烯的复聚物，其分子式如图 2-12 所示。由图可见它的碳链上含有大量羟基，因此聚乙烯醇具有良好的水溶性和黏结性。聚乙烯醇的醇解度和聚合度是影响其物理性能的两大因素。所谓醇解度就是聚乙烯醇分子中的醋酸基被羟基取代的程度，用摩尔百分数来表示，即图 2-13 中的 $[y/(x+y)]\times100\%$，而摩尔数 $x+y$ 即为聚合度。聚乙烯醇的水溶性随醇解度和聚合度而变化，部分醇解和低聚合度的聚乙烯醇溶解极快，而完全醇解和高聚合度的则溶解较慢。完全醇解的聚乙烯醇在水中的溶解极微，醇解度在 88%以下时，聚乙烯醇在室温环境中几乎完全溶解于水，但随着醇解度的上升，溶解度则大幅度下降，如图 2-14 所示。另一方面，聚合度、醇解度越高，水溶液的黏度越高，见表 2-65。

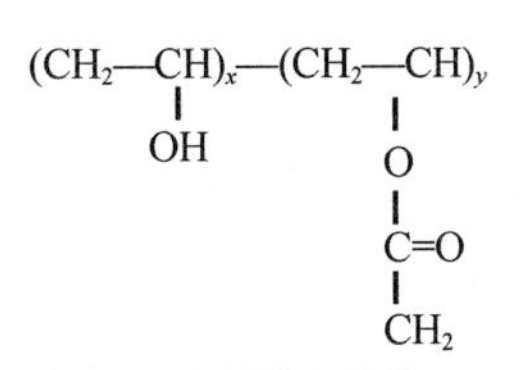

图 2-13　聚乙烯醇分子式

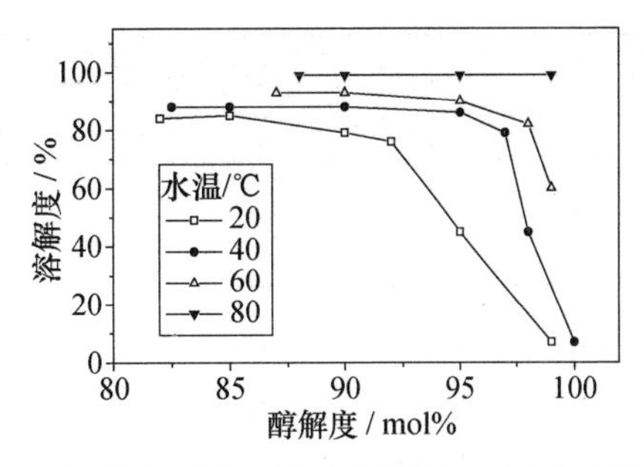

图 2-14　不同温度下聚乙烯醇的醇解度对溶解度的影响[21]

表 2-65　聚乙烯醇 4%水溶液的黏度同聚合度、分子量的关系[21]

聚合度等级	聚合度	分子量范围	4%水溶液的黏度/（mPa·s）
超低	150～300	13000～23000	3～4
低	350～650	31000～50000	5～7
中低	700～950	60000～100000	13～16
中等	1000～1500	125000～150000	28～32
高	1600～2200	150000～200000	55～65

聚乙烯醇在 150℃以上开始软化，进而熔融，但在空气中 100℃以上会发生颜色改变、脆性增加，加热到 200℃以上便很快分解，在氧气中 180℃就开始分解。聚乙烯醇在空气中 350℃左右便可分解燃烧殆尽，残留微量灰分。这些灰分实际上是在制备过程中所用的氢氧化钠催化剂以乙酸钠形式残留在聚乙烯醇中形成的。

国家标准 GB 12010. 3—2010《塑料　聚乙烯醇材料（PVAL）第 3 部分：规格》规定了我国生产的聚乙烯醇材料的规格、等级和性能指标，如表 2-66 所示。

表 2- 66　聚乙烯醇材料的规格、等级和性能指标

规格	等级	醇解度/%	黏度/（mPa·s）	挥发分含量/%	灰分含量/%	pH 值	纯度/%
086-03	优等品	85. 0～87. 0	3. 4～4. 2	≤5. 0	≤0. 4	5～7	≥ 93. 5
	合格品	84. 0～88. 0	3. 0～5. 0	≤5. 0	≤0. 5	4～7	≥ 91. 5
088-05	优等品	87. 0～89. 0	4. 5～6. 0	≤5. 0	≤0. 5	5～7	≥ 93. 5
	合格品	86. 0～90. 0	4. 5～6. 5	≤7. 0	≤0. 7	5～7	≥ 91. 5
098-05	优等品	98. 0～99. 0	5. 0～6. 5	≤6. 0	≤0. 5	5～7	≥ 93. 5
	合格品	98. 0～99. 8	4. 5～7. 0	≤7. 0	≤0. 7	5～7	≥ 91. 5
088-08	优等品	87. 0～89. 0	8. 0～10. 0	≤6. 0	≤0. 5	5～7	≥ 93. 5
	合格品	86. 0～90. 0	8. 0～11. 0	≤7. 0	≤0. 7	5～7	≥ 91. 5
098-08	优等品	98. 0～99. 0	9. 0～11. 0	≤5. 0	≤0. 5	5～7	≥ 93. 5
	合格品	98. 0～99. 8	8. 0～12. 0	≤7. 0	≤0. 7	5～7	≥ 91. 5
088-20	优等品	87. 0～89. 0	20. 5～24. 5	≤5. 0	≤0. 4	5～7	≥ 93. 5
	合格品	86. 0～90. 0	20. 0～26. 0	≤7. 0	≤0. 7	5～7	≥ 91. 5
092-20	优等品	91. 0～93. 0	21. 0～27. 0	≤5. 0	≤0. 5	5～7	≥ 93. 5
	合格品	90. 0～94. 0	20. 0～28. 0	≤7. 0	≤0. 7	5～7	≥ 91. 5

续表

规格	等级	醇解度/%	黏度/(mPa·s)	挥发分含量/%	灰分含量/%	pH值	纯度/%
094-27	优等品	94.0～96.0	22.0～28.0	≤5.0	≤0.5	5～7	≥93.5
	合格品	94.0～96.0	21.0～29.0	≤7.0	≤0.7	5～7	≥91.5
096-27	优等品	96.0～98.0	23.0～29.0	≤5.0	≤0.5	5～7	≥93.5
	合格品	96.0～98.0	22.0～30.0	≤7.0	≤0.7	5～7	≥91.5
100-27	优等品	99.0～100.0	22.0～28.0	≤5.0	≤0.7	—	≥93.5
	合格品	99.0～100.0	22.0～30.0	≤7.0	≤1.0	—	≥91.5
088-35	优等品	87.0～98.0	29.0～34.0	≤5.0	≤0.3	5～7	≥93.5
	合格品	86.0～90.0	28.0～35.0	≤7.0	≤0.5	5～7	≥91.5
092-35	优等品	91.0～93.0	30.0～36.0	≤5.0	≤0.3	5～7	≥93.5
	合格品	90.0～94.0	29.0～37.0	≤7.0	≤0.5	5～7	≥91.5
100-35	优等品	99.0～100.0	35.0～43.0	≤5.0	≤0.7	5～7	≥93.5
	合格品	99.0～100.0	35.0～43.0	≤7.0	≤1.0	5～7	≥91.5
088-50	优等品	87.0～98.0	45.0～55.0	≤5.0	≤0.3	5～7	≥93.5
	合格品	86.0～90.0	44.0～56.0	≤7.0	≤0.5	5～7	≥91.5
098-60	优等品	98.0～99.0	58.0～68.0	≤5.0	≤0.5	5～7	≥93.5
	合格品	98.0～99.0	56.0～69.0	≤7.0	≤0.7	5～7	≥91.5
100-60	优等品	99.0～100.0	58.0～68.0	≤5.0	≤0.7	5～7	≥93.5
	合格品	99.0～100.0	56.0～69.0	≤7.0	≤1.0	5～7	≥91.5
100-70	优等品	99.0～100.0	68.0～78.0	≤5.0	≤0.7	5～7	≥93.5
	合格品	99.0～100.0	68.0～80.0	≤7.0	≤1.0	5～7	≥91.5
100-27H	优等品	99.0～100.0	22.0～28.0	≤6.5	≤2.5	7～10	≥86.5
	合格品	99.0～100.0	22.0～28.0	≤8.0	≤2.8	7～10	≥84.5
100-31H	优等品	99.0～100.0	28.0～34.0	≤6.5	≤2.5	7～10	≥86.5
	合格品	99.0～100.0	28.0～34.0	≤8.0	≤2.8	7～10	≥84.5
100-37H	优等品	99.0～100.0	34.0～40.0	≤6.5	≤2.5	7～10	≥86.5
	合格品	99.0～100.0	34.0～40.0	≤8.0	≤2.8	7～10	≥84.5
100-50H	优等品	99.0～100.0	45.0～55.0	≤6.5	≤2.5	7～10	≥86.5
	合格品	99.0～100.0	45.0～55.0	≤8.0	≤2.8	7～10	≥84.5
100-60H	优等品	99.0～100.0	55.0～65.0	≤6.5	≤2.5	7～10	≥86.5
	合格品	99.0～100.0	55.0～65.0	≤8.0	≤2.8	7～10	≥84.5

3. 聚乙烯醇聚丁缩醛

聚乙烯醇聚丁缩醛英文缩写PVB，即polyvinyl butyral，是一种热塑性树脂。其分子式如图2-15所示，其中x=0.70～0.90，y=0～0.05，z=0.10～0.30。密度1.07g/cm^3，吸水率不大于0.4%，按照聚合程度不同分子量为30000～45000，玻璃化温度为66～84℃。聚乙烯醇聚丁缩醛可以溶解于非极性和弱极性有机溶剂（如醇、酮、醚、酯等）中，不溶于碳羟类溶剂（如汽油等石油溶剂），也不溶于水。

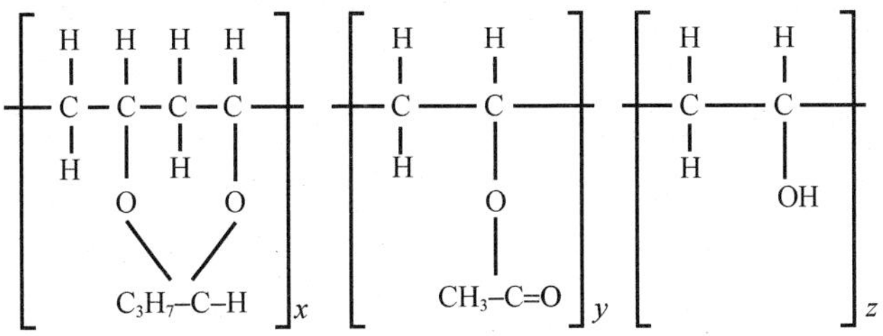

图 2-15　聚乙烯醇聚丁缩醛的分子式

聚乙烯醇聚丁缩醛具有良好的尺寸稳定性和较高的拉伸强度，被广泛用作非水基流延成型的结合剂，特别是氧化铝基片的流延成型。氧化铝颗粒表面的 OH 基团与 PVB 分子形成氢键，固定氧化铝颗粒，使得基片素坯具有很高的强度和柔软性。PVB 的技术指标如表 2-67 所示。

表 2-67　聚乙烯醇聚丁缩醛的技术指标

指标	SD-1	SD-2	SD-3	SD-4	SD-5	SD-6	SD-7
缩醛度/%	68～88	68～88	68～88	68～88	68～88	68～88	68～88
黏度（10%乙醇溶液）/（mPa·s）	<5	5～10	11～20	21～30	31～60	61～100	>100
酸值/（mg KOH/g）	≤4.0	4.0	2.0	2.0	1.0	1.0	1.0
灰分/%	≤0.10	0.10	0.08	0.08	0.10	0.10	0.10
挥发分/%	≤3.0						
纯度（质量分数）/%	≥98.0						

4. 纤维素

正确意义上的纤维素是由许多葡萄糖残基以 1,4-β-甙键联结、定向排列形成的线形高分子化合物，分子式可表达为 $C_6H_{11}O_5$—［$C_6H_{10}O_5$］$_n$—$C_6H_{11}O_5$，式中 n 为聚合度取值 50～1000。由于纤维素内含有大量羟基，纤维素分子之间形成极强的氢键，因此纤维素既不溶于水也不溶于大多数有机溶剂。纤维素必须经过醚化，即同醚化剂反应，将其中一些—OH 基取代成—OR 基，将纤维素转化成纤维素醚，以消除氢键的影响，成为可溶性物质。因此陶瓷工艺中所用的所谓纤维素实际上是纤维素醚。醚化反应的程度用纤维素分子中平均每个葡萄糖残基上取代基的数量来表示，称为取代度（DS）。由于每个葡萄糖残基上仅有三个可供取代的自由羟基，如图 2-16 所示，因此 DS 的最大值为 3，一般在 0～3 之间。然而，有一类取代基（如羟烷基）本身带有能继续反应形成侧链的羟基，在这种情况下需用摩尔取代度（MS）来表征醚化反应程度。MS 被定义为每个葡萄糖残基所结合的取代基的摩尔数，理论上 MS 的取值范围是 0～∞。

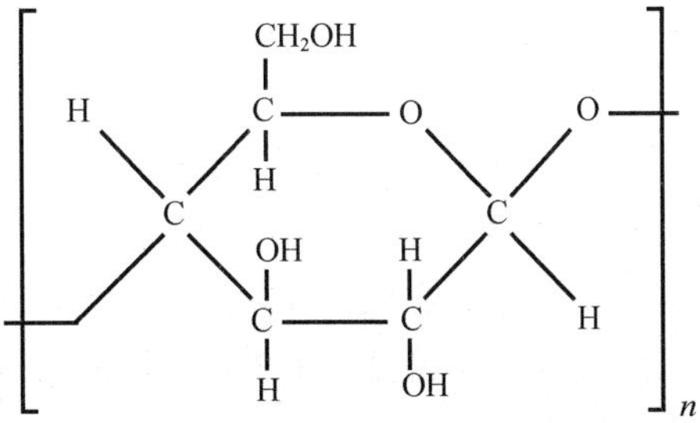

图 2-16　纤维素的分子结构

作为陶瓷成型结合剂用的纤维素醚通常有甲基纤维素（醚）、羧甲基纤维素（醚）、羟乙基纤维素（醚）等。

羧甲基纤维素属于离子型纤维素醚，分为酸型和盐型二种。酸型不溶于水，而盐型溶于水，因此工业上大量应用的是属于盐型的羧甲基纤维素钠，简称羧甲基纤维素（Caboxy Methyl Cellulose，简写为 CMC）。其分子式如图 2-17 所示，密度 1.6g/cm^3，熔点为 274℃。外形为白色纤维状或颗粒状粉末，无臭，无味，有吸湿性，易溶于水，成为透明胶状溶液，不溶于乙醇等有机溶剂中。

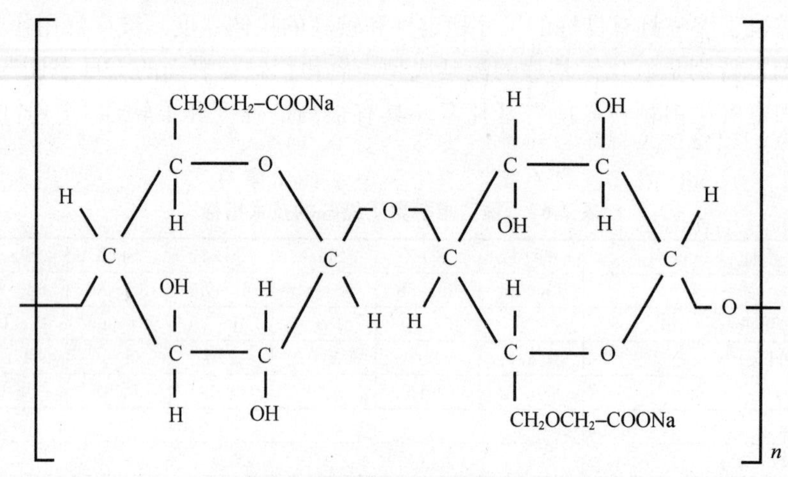

图 2-17　羧甲基纤维素的分子式

随取代度 DS 的增大，羧甲基纤维素的溶解性就增强，溶液的透明度及稳定性也越好。其水溶液黏度在 pH 值为 6～9 时最大，当 pH>10 或<5 时，溶液的黏度显著降低。在碱性溶液中 CMC 很稳定，遇酸则易水解，pH 值为 2～3 时会出现沉淀，遇多价金属盐也会反应出现沉淀。

目前尚无用于陶瓷工业的羧甲基纤维素技术标准，通常陶瓷工业用羧甲基纤维素按其黏度分为四种型号，如表 2-68 所示。

表 2-68　羧甲基纤维素的型号

型号	特高黏度型	高黏度型	中黏度型	低黏度型
命名	FVH9	FH9	FM6	FL6
取代度 DS	≥0.9	≥0.9	≥0.6	≥0.6
黏度/（mPa·s）	≥500[a]	200～500[b]	400～2000[c]	25～400[d]

注：a，b：质量分数为 1%的水溶液的黏度；
c，d：质量分数为 2%的水溶液的黏度。

甲基纤维素（Methyl cellulose，简写为 MC）是纤维素甲醚的俗称，属于非离子型纤维素醚，其中甲氧基（—OCH_3）的质量含量为 27.0%～32.0%，其分子式如图 2-18 所示。工业用水溶性甲基纤维素的理论取代度 *DS* 为 1.3～2.0，不同级别的甲基纤维素具有不同的聚合度，其范围为 50～1000，平均分子量约 18000～200000，密度为 1.3g/cm^3。

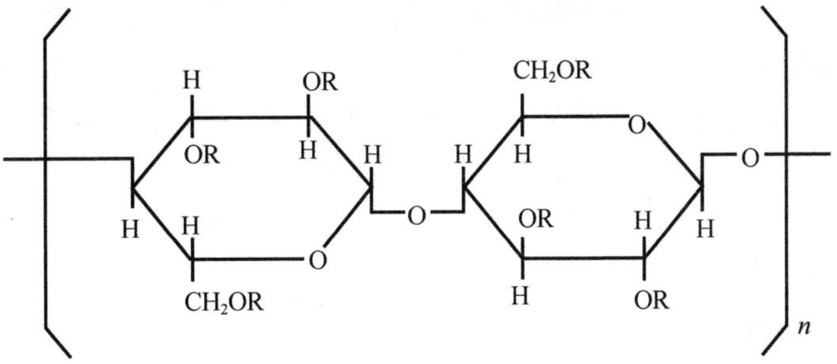

式中，n为聚合度，R为—H或—CH_3。

图 2-18　甲基纤维素分子式

甲基纤维素为白色或类白色纤维状或颗粒状粉末。在乙醇、乙醚、丙酮中几乎不溶，但 DS=2.4～2.7 的 MC 溶于极性有机溶剂中。甲基纤维素在 80～90℃的热水中迅速分散、溶胀，降温后迅速溶解。水溶液在常温下相当稳定，高温时能形成凝胶，并且此凝胶能随温度的高低与溶液互相转变。在 20℃下 2%水溶液的黏度为 15～4000mPa·s。

羟乙基纤维素（Hydroxyethyl Cellulose，简写为 HEC）是 2-羟乙基纤维素醚的俗称，属于水溶性非离子型纤维素醚，分子式如图 2-19 所示。羟乙基纤维素外观为白色至淡黄色纤维状或粉状固体，无毒、无味、易溶于水。不溶于一般有机溶剂。HEC 不像 MC 那样只溶于冷水中而在热水中形成凝胶，它在冷、热水中都能溶解，而且加热 HEC 水溶液不会形成凝胶。一般水溶性 HEC 的摩尔取代度 MS 取值在 1.5～3.0 之间，MS<1 则不溶于水。MS=0.05～0.4 的羟乙基纤维素呈碱溶性[23]。HEC 的密度为 0.75g/cm^3。熔点为 288～290℃，软化温度为 135～140℃，分解温度为 205～210℃。

羟乙基纤维素的一般技术指标如下：摩尔取代度 MS：1.8～2.5，水分：≤10%，水不溶物：≤0.5%，pH 值：6.0～8.5，重金属：≤20 mg/g，灰分：≤5%，20℃以下 2%水溶液的黏度：5～60000mPa·s，铅含量：≤0.001%。

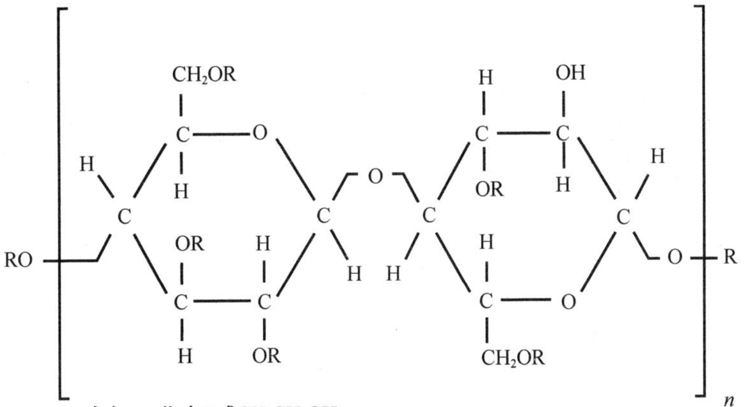

式中，R代表H或CH_2CH_2OH。

图 2-19　羟乙基纤维素分子式

5. 淀粉和糊精

(1) 淀粉

淀粉呈颗粒状，其形状与大小取决于淀粉的来源，如表 2-69。含水约 10%～20%的淀粉密度大致为 1.5g/cm³。淀粉不溶于大多数有机溶剂，也不溶于冷水中，但能够溶于二甲亚砜和二甲基甲酰胺。在热水中淀粉吸水膨胀，水温越高吸水膨胀程度越大，当水温达到一定温度后部分淀粉分子溶入水中，变成半透明的黏稠糊状，称为淀粉糊，不同种类的淀粉糊的性能不尽相同，如表 2-70 所示。淀粉糊并非真正的淀粉水溶液，而是一种胶体。只有在高压釜中加热（100～160℃）才能真正获得淀粉的水溶液。

表 2-69 商品淀粉的基本参数

淀粉来源	玉米	小麦	大米	木薯	土豆
颗粒形状	圆形、多边形	圆形、扁圆形	—	圆形、截头圆形	圆形、椭圆形
粒径/m	5～25	3～25	3～8	5～35	15～100
比表面积/（m²/g）	300	500	—	200	110
糊化温度/℃	62～72	58～84	68～78	49～70	59～68
直链淀粉含量/%	28	25	19	20	25
直链淀粉聚合度	480	—	—	1050	850
支链淀粉聚合度	1450	—	—	1300	2000
灰分/%	0.08	0.17	0.1	0.16	0.57
水分/%	13	13	13	12	18

表 2-70 不同种类的淀粉糊的性能[20]

淀粉种类	玉米淀粉	马铃薯淀粉	小麦淀粉	木薯淀粉	蜡质玉米淀粉
淀粉糊的黏性	中等	非常高	低	高	高
每份干淀粉蒸煮后形成同样热黏度所需水的份数	15	24	13	20	22
淀粉糊拉丝长度	短	长	短	长	长
透明度程度	不透明	非常透明	不透明	十分透明	透明
抗剪切	中等	低	中低	高	低
凝沉性（易老化性）	高	中	高	低	极低

淀粉是由葡萄糖组成的多糖高分子化合物，有直链状和枝杈链状两种结构的分子。支链淀粉易溶于水，溶液稳定；然而直链淀粉难溶于水，溶液不稳定。溶于水中的直链分子趋向于平行排列，分子间通过氢键互相结合形成不溶于水的物质。因此稀淀粉糊经常时间储存会出现白色沉淀，并有水析出，淀粉糊的胶体结构由此破坏。这种现象称为凝沉，又称老化。淀粉中直链分子与支链分子的聚合度以及它们之间的相对数量随淀粉来源不同而异，如表 2-60 所示。

（2）糊精

糊精（Dextrin）为白色或类白色的无定形粉末，无臭，味微甜，在沸水中易溶，不溶于乙醇或已醚中。淀粉在受到加热、酸或淀粉酶作用下发生分解和水解，大分子的淀粉转化成为脱水葡萄糖聚合物小分子，这种小分子物质叫做糊精。其分子式可写成：$(C_6H_{10}O_5)_n \cdot xH_2O$，分子结构有直链状、支链状和环状。糊精的密度约为 1.8g/cm³，分解温度为 293℃，闪点 477℃。

工业上生产的糊精包括麦芽糊精、环状糊精和热解糊精三大类。淀粉经过酸解、酶解或酸与酶结合，催化水解的产物成为麦芽糊精；淀粉经嗜碱芽孢杆菌发酵，发生葡萄糖基转移反应，所得环形分子的产物称为环状糊精；利用加热，使淀粉降解所得产物为热解糊精。热解糊精又分为白糊精、黄糊精和不列颠胶三种，它们之间的差异在于对淀粉的预处理方法及热处理条件不同。在110～130℃下将稀硝酸处理的玉米淀粉加热3～7h，可得到色泽洁白的白糊精。在135～160℃下将盐酸水解淀粉加热6～14h，即得到色泽呈黄褐色的黄糊精。不加酸处理的淀粉在150～180℃下加热10～14h，得到的是棕色的不列颠胶。陶瓷成型用的胶粘剂主要是白糊精和黄糊精。白糊精在水中的溶解度为60%～100%，黄糊精为95%～100%，而不列颠胶为70%～100%。不列颠胶的粘结力最高，其次为黄糊精，白糊精最低。目前国内尚无用于陶瓷工业的糊精技术标准。

6. 阿拉伯胶

阿拉伯胶来源于豆科的金合欢树的树干渗出物，因此也称金合欢胶（Acacia senegal）。品质良好的阿拉伯胶颜色呈琥珀色。阿拉伯胶主要成分为分子量为22～30万的多糖类及其钙、镁和钾盐，主要包括树胶醛糖、半乳糖、葡萄糖醛酸等。阿拉伯胶中70%是由不含N或含少量N的多糖组成，另外还有具有高分子量的蛋白质，总蛋白质含量约为2%；多糖是以共价键与蛋白质肽链中的羟脯氨酸、丝氨酸相结合；与蛋白质相连接的多糖分子是高度分支的酸性多糖，包括D-半乳糖（44%）、L-阿拉伯糖（24%）、D-葡萄糖醛酸（14.5%）、L-鼠李糖（13%）、4-O-甲基-D-葡萄糖醛酸（1.5%）；在阿拉伯胶主链中β-D-吡喃半乳糖是通过1,3-糖苷键相连接，而侧链是通过1,6-糖苷键相连接。

阿拉伯胶同时具有良好的亲水性和亲油性，是一种优良的表面活性剂。阿拉伯胶不溶于油和大多数有机溶剂，但易溶于冷、热水中，可以制成浓度50%并具有流动性的水溶液，然而当浓度达55%时就形成坚固的凝胶。浓度小于40%的水溶液呈牛顿型流体特征，而浓度高于40%时溶液具有假塑性。阿拉伯胶水溶液的黏度随浓度增加而缓慢上升：25℃下5%水溶液的黏度低于5mPa·s，25%水溶液的黏度约为80～1405mPa·s，浓度达40%～50%的溶液具有高黏度。阿拉伯胶能和大多数胶质、淀粉、糖类和蛋白质一起使用，但与少数胶不相容，如海藻酸钠、明胶，在多盐类溶液中会产生沉淀，尤其是在三价金属盐溶液中。

一般工业用阿拉伯胶的技术指标如表2-71所示：

表2-71　工业用阿拉伯胶的技术指标

形状	颗粒	粉状（经喷雾干燥）	球状
纯度/%	99.5	99.9	99.5
干燥失重/%	<15	<12	<15
总灰分/%	<5.0	<5.0	<6.0
酸不溶物/%	<0.5	<0.5	<0.5
pH值	6～4	6～4	4～6
黏度（25℃，25%）/（mPa·s）	80～140	80～140	80～140
砷/（mg/kg）	<3	<3	<3
铅/（mg/kg）	<10	<10	<10
总重金属/（mg/kg）	<40	<40	<40

7. 酚醛树脂

陶瓷及耐火材料工艺中用的酚醛树脂是一种非水性有机结合剂。由于合成酚醛树脂所用原料（甲醛和苯酚）的配比不同以及催化剂种类不同，所合成出的酚醛树脂具有不同的分子结构和不同的特性。若甲醛（F）和苯酚（p）按摩尔比 F/p=0.6～0.9 配比，并在酸性催化剂（如盐酸、硫酸等）下合成，所形成的酚醛树脂是线型酚醛树脂，这种酚醛树脂具有热塑性，可溶于有机溶剂（如二甘醇、乙撑二醇、乙醇、甲醇）中。

若甲醛与苯酚按摩尔比 F/p>1 配比，并在碱性催化剂（如氢氧化钠、氢氧化铵、氢氧化钡、氢氧化钙等）作用下合成，所产生的是甲阶酚醛树脂，具有热固性。由于合成原料中甲醛是过量的，因此所形成的酚醛分子中含有大量羟甲基和余下的酚核活性反应点，如图 2-20 所示。羟甲基（$—CH_2OH$）具有亲水性，因此未经脱水的甲阶酚醛树脂可溶于碱性水溶液中，也能溶于乙醇、丙酮中。经过脱水的甲阶酚醛树脂则为溶于有机溶剂的树脂，可溶于甲醇、乙醇、甘醇、丙酮等溶剂中。

线型酚醛树脂的黏度与其分子量和温度有关，黏度随着温度升高而下降，在相同温度下，黏度随分子量增大而提高。线型酚醛树脂在较低温度长时间存放，因未反应的酚会挥发掉，使黏度略有升高。在较高温度存放时，会发生再聚合，使分子量增大，也会使黏度升高。此外溶剂类型也对酚醛溶液的黏度有影响，图 2-21 显示不同溶剂中酚醛溶液的黏度与酚醛含量的关系。

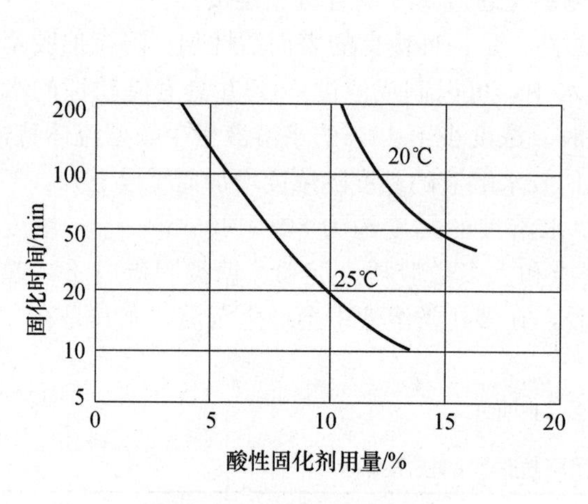

图 2-20 酸加入量和温度对甲阶酚醛树脂固化时间的关系[2]

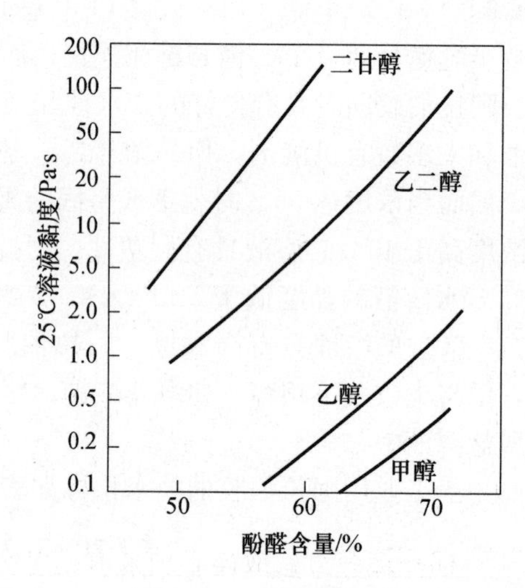

图 2-21 不同溶剂中酚醛溶液的黏度[2]

液状甲阶酚醛树脂的黏度与树脂的分子量大小、溶剂种类和树脂含量有关。常温下的黏度在 0.02～100Pa·s 范围内，而且其黏度也随温度而变化，温度升高黏度下降。同时也存在着黏度随存放时间而变化的现象，存放时间延长，黏度变大，存放期过长会凝固而无法使用。

酚醛树脂在中性或还原性气氛中加热到 200℃即开始有水分排出，温度超过 400℃开始有 CH_4，CO，H_2 和 CO_2 排出，在 500℃下又有水分出来，在 500～600℃左右连接苯环的亚甲基桥（$—CH_2$）和氧桥（—O—）断裂，进而苯环分解，形成三维结构的残余碳。酚醛树脂的碳化率为 52%左右。

2.2.2 成型料分散介质

陶瓷成型基本上分为干法成型和湿法成型两大类。干法成型料是陶瓷固相颗粒和空气组成的二相混合物，其中空气即是干法成型料的分散介质。通常情况下对干法成型料中的空气并无特殊要求，但需要注意空气的清洁度，不希望空气中含有明显的粉尘和其他有害气体。如果陶瓷原料中含有容易水化的成分（如氧化镁、氧化钙等），则需要控制空气中的水分含量，必要时需对空气进行除湿处理。

湿法成型的原料是陶瓷固相颗粒和液体的二相混合物，分散介质即是所用的液相。大多数情况中所用的液相是水。水是一种极性分子液体。相比大多数其他液体，水具有高的表面张力和介电常数，因此是离子型化合物和极性物质的有效溶剂，并可同水中含有—OH 或—COOH 基团的物质构成氢键。水的这些特性有利于制备陶瓷泥浆和陶瓷塑性泥料。

陶瓷工业用水通常来自地下水、城市自来水和地表水。不同来源的水中通常含有一定数量的可溶性杂质，而地下水和地表水中可能还含有固体杂质和有机物杂质。这些水中的一些可溶性杂质通常对陶瓷泥浆和塑性成型的泥坯有害，而固体杂质和有机物杂质会影响陶瓷制品的纯度和致密度。制备陶瓷泥浆或可塑泥料所用的水要求其中 Ca^{2+} 和 Mg^{2+} 的含量在 15mg/kg 以下、${SO_4}^{2-}$ 的含量在 10mg/kg 以下，否则泥浆会变稠、流动性变差，而可塑性泥料则会失去延展性。因此在用作成型分散介质之前需要对水作预先处理。在许多高技术陶瓷制造中需要使用比表中所列出的处理水纯度更高的水，水的电导率须降至 5.0μS/cm 以下，这可以通过过滤和离子交换处理来制取。电导率低至 1.0μS/cm 的更高纯度的水则可以通过蒸馏或去离子化措施制取。

当陶瓷泥浆中含有易水化的物质，或在用于陶瓷膜的制备和三维打印陶瓷泥浆的制备，通常需利用非极性或低极性的有机液体作为分散介质。陶瓷制造中常用的有机分散剂包括醇类、酮类、三氯乙烯、甲基乙基酮、烃类、液体石蜡等。表 2-72 给出了一些陶瓷工艺常用的有机分散液体。相比于水，这些有机液体不含有制造陶瓷所不希望有的水溶性杂质（如金属离子、高价酸根离子等），并且具有低的表面张力、低的介电常数、低的黏度。低表面张力和低黏度有利于液相很好地润湿泥浆中的固相颗粒，并使泥浆具有很好的流动性。具有低介电常数的非极性或低极性的有机液体能够很好地溶解非极性添加剂（如分散剂、胶粘剂等）。然而，大多数有机液体具有可燃性，有的对人体有一定毒性，因此使用和储存这类有机液体必须采取相应的防火、防爆、防毒措施。

表 2-72　陶瓷工艺常用的有机分散液体的基本性质[22]

有机液	分子式	介电常数	表面张力/$\times10^3$，(N/m)	黏度/$\times10^3$，Pa · s	沸点/℃	闪点/℃
甲醇	CH_3OH	33	23	0.6	65	18
乙醇	C_2H_5OH	24	23	1.2	79	8
正丙醇	C_3H_7OH	20	24	2.3	—	—
异丙醇	C_3H_7OH	18	22	2.4	49	21
正丁醇	C_4H_9OH	18	25	2.9	100	38
正辛醇	$C_8H_{17}OH$	10	28	10.6	171	—

续表

有机液	分子式	介电常数	表面张力/×10³，(N/m)	黏度/×10³，Pa·s	沸点/℃	闪点/℃
乙二醇	C_2H_6O	37	48	20	>197	>116
丙二醇	$C_3H_8O_2$	43	48	20	290	—
三氯乙烯	C_2HCl_3	3	—	—	87	—
甲基乙基酮	C_4H_8O	18	25	0.4	80	2

2.2.3 泥浆分散剂

泥浆分散剂的作用是防止泥浆内陶瓷颗粒互相靠拢形成团聚体，即阻止泥浆发生絮凝，从而保证固相颗粒稳定而完全均匀地分散在液体介质中，使得泥浆具有良好的流动性，并可减少泥浆中的液相含量、增高固相陶瓷颗粒的体积浓度。胶体物理化学理论指出：能够增加固相颗粒表面双电层厚度、增大颗粒的ζ电位和使颗粒之间排斥势能增高的措施都能起到防止陶瓷泥浆絮凝、增大流动性的作用，因此能实现上述作用的添加剂就可作为陶瓷泥浆分散剂。关于泥浆中固相颗粒的ζ电位、双电层以及排斥势能等概念，将在2.3.6节中讨论。

泥浆分散剂可分为三类：①酸碱类，主要用来调节泥浆的pH值，使其远离ζ电位为零的零电位点，常用的有盐酸、硝酸、柠檬酸、氢氧化铵等；②高价离子沉淀剂，用于除去泥浆中可溶性高价离子以便保证足够的双电层厚度，常用的沉淀剂有可溶性碳酸盐、磷酸盐、硅酸盐等；③增大静电排斥势能或具有位阻作用的有机表面活性剂，表2-73给出了一些水基陶瓷泥浆常用的有机表面活性剂。通常一种分散剂可同时具有上述的多种分散机理，表2-74按照分散剂的类型列出了不同陶瓷泥浆用的一些分散剂。

表2-73 用于水基陶瓷泥浆的有机表面活性剂

名称	英文名	适用的陶瓷泥浆
聚甲基丙烯酸钠（铵）盐	Polymethacrylic acid sodium (ammonium) salt	大部分陶瓷
马来酸-二异丁烯共聚钠盐	Maleic acid-diisobutylene copolymer，sodium salt	Si_3N_4，Al_2O_3
聚丙烯酸铵盐	Polyacrylic acid ammonium salt MW=5000	大部分陶瓷
聚丙烯酸/氨甲基丙醇	Polyacrylic acid with aminomethyl propanol	Si_3N_4
聚丙烯酸铵盐	Polyacrylic acid ammonium salt	大部分陶瓷
聚乙烯吡咯烷酮	Polyvinyl pyrrolidone，MW=10000，40000，160000	Si_3N_4，SiC，炭黑
聚乙烯亚胺	Polyethyleneimine，MW=10000，MW=70000	SiC，Si_3N_4
柠檬酸	Citric acid	Al_2O_3
四甲基氢氧化铵	Tetra-methyl ammonium hydroxide	SiC
阿拉伯树胶	Arabic gum	多数氧化物
水玻璃	Soluble glass	传统硅酸盐

表 2-74　陶瓷泥浆用的分散剂

类型		分散剂	适用泥浆
无机物	高价离子沉淀剂	碳酸钠	水基硅酸盐泥浆
		硅酸钠（水玻璃）	
		焦磷酸四钠	
	pH 值调节剂	柠檬酸	水基硅酸盐泥浆，水基氧化铝泥浆
		磷酸	
		氨水	
有机物	离子型有机物	聚甲基丙烯酸钠	大部分水基陶瓷泥浆
		聚丙烯酸钠（或铵）	
		马来酸-二异丁烯共聚钠盐	水基 Si_3N_4、Al_2O_3 泥浆
		聚丙烯酸＋氨甲基丙醇	水基 Si_3N_4 泥浆
		聚乙烯吡咯烷酮	水基 Si_3N_4、SiC、炭黑泥浆
		聚乙烯亚胺	水基 Si_3N_4、SiC 泥浆
		四甲基氢氧化铵	水基 SiC、SiO_2 泥浆
	非离子型有机高分子	阿拉伯胶	水基氧化物陶瓷泥浆
		辛基苯氧基乙醇	水基陶瓷泥浆
		聚氧乙烯壬基酚醚	
	非极性有机聚合物	甘油三油酸酯	乙醇基流延泥浆
		鱼油	苯基流延泥浆
		聚乙二醇乙醚	异丙醇基流延泥浆
		聚氧乙烯	甲苯基流延泥浆
		乙基苯二酚	甲基异丁基酮基流延泥浆

2.2.4　石膏

石膏主要用于制造成型用石膏模。天然石膏是一种水化硫酸钙矿物（$CaSO_4 \cdot 2H_2O$），没有胶凝作用，因此不能直接用于石膏模的制造。将天然石膏（也称生石膏）加热至 100～200℃，失去部分结晶水，可得到半水石膏（$CaSO_4 \cdot 0.5H_2O$）：

$$CaSO_4 \cdot 2H_2O = CaSO_4 \cdot 0.5H_2O + 1.5H_2O \tag{2-36}$$

半水石膏是一种气硬性胶凝材料，具有 α 和 β 两种形态，二者的晶体结构相同，但 α 型半水石膏晶体呈粗大短柱状，结晶良好；而 β 型半水石膏晶体细小、呈纤维状，结晶较差，其比表面积比 α 型半水石膏大得多。

半水石膏加水调制后又能很快地水化凝固转变成二水石膏：

$$CaSO_4 \cdot 0.5H_2O + 1.5H_2O = CaSO_4 \cdot 2H_2O \tag{2-37}$$

α 型半水石膏水化所需用的水量较少，形成的二水石膏粒度较粗，且多呈短柱状，所形成的水化凝固体内的晶体呈网状交织，结构致密，密度大、强度高。因此 α 型半水石膏也称高强石膏。

β 型半水石膏水化所需用的水量较多，形成的二水石膏晶体较小且多为纤维状，晶体多以放射状簇晶存在，水化硬化体中孔洞较多，结构疏松。β型半水石膏也称建筑石膏，陶瓷工艺中制造模具主要用β型半水石膏或掺加部分α型半水石膏的β型半水石膏。

一般而言，制造陶瓷模具的半水石膏粉，要求其0.09mm孔筛上的筛余不大于1%～2%，初凝时间不早于5min，终疑时间不早于9min，但也不得迟于20min。化学成分中$CaO>36.5\%$，$SO_3>52\%$，$Fe_2O_3<0.5\%$，结晶水$>5.6\%$。陶瓷模用半水石膏粉的详细技术标准可参见轻工标准QB/T 1639—2014。

2.3 环保陶瓷用原料的处理

2.3.1 原料预处理

陶瓷原料的晶型、粒度、杂质含量等方面可能并不适合直接用来制造陶瓷坯体，须预先经过一定的处理，才能投入下一道工序。常用的原料预处理工艺包括煅烧转变晶型、均化、除杂提纯等。

工业中通常采用回转窑或立窑煅烧块状陶瓷材料，而采用隧道窑、倒焰窑或梭式窑等煅烧粉状的工业氧化铝。为了降低煅烧温度并充分实现晶型转变，常常需要加入矿化剂。煅烧黏土或菱镁矿等有水蒸气或二氧化碳排放的原料，在装料时需注意在窑内留出足够的空间使分解出的气体能迅速离开物料表面，并能通畅地排到窑外。

天然矿物原料，由于开采地点的变动，可能造成不同批次供货的原料成分出现较大的波动，可以通过对原料进行预均化来降低批次之间的差异。原料的预均化有两种方式：堆场均化和料仓均化。前者是将大量矿石原料在堆场上堆成长形人字料堆；后者是采用多口上料的料仓或利用筒仓内漏斗流作用，使仓内物料充分混合。另外原料提纯是优化、提高原料品位的措施，所采用的方法随物料和其中杂质的类型而异。

2.3.2 破碎、制粉

陶瓷制品以粉体为原料，不同的陶瓷成型和烧成工艺对所用粉料的要求不尽相同，因此在使用前需要对所用的陶瓷粉料进行处理加工。陶瓷粉料的处理通常包括粉料的研磨、混合、造粒、配制料浆等工艺，如果初始原料是块状物料，则首先需要经过破碎、筛分。

块状陶瓷原料首先须经过破碎和筛分成1mm左右的细颗粒料才能送去研磨，形成细粉料。破碎块状原料就是利用机械，通过挤压、冲击、劈裂等作用使大块物料破碎成小块。破碎过程可分为粗碎、中碎和细碎三个阶段，分别用不同的机械完成这三个阶段的破碎。

2.3.2.1 颚式破碎机

颚式破碎机是最常用的粗碎机械，它可将150～300mm的大块物料破碎成10～100mm的块体。颚式破碎机按其动颚板的运动方式，可分为简摆式和复摆式两种，如图2-22所示。简摆式颚式破碎机的破碎作用集中在颚板的下部，因此破碎后的物料粒度不均匀且多呈片状。复摆式颚式破碎机的动颚板在偏心轴的直接带动下既相对定颚板做往复摆动，同时又顺着定颚板作上下运动，整个颚板的破碎作用均匀。在破碎过程中能翻动被破碎物料，因此破碎后大小均匀且呈立方块。

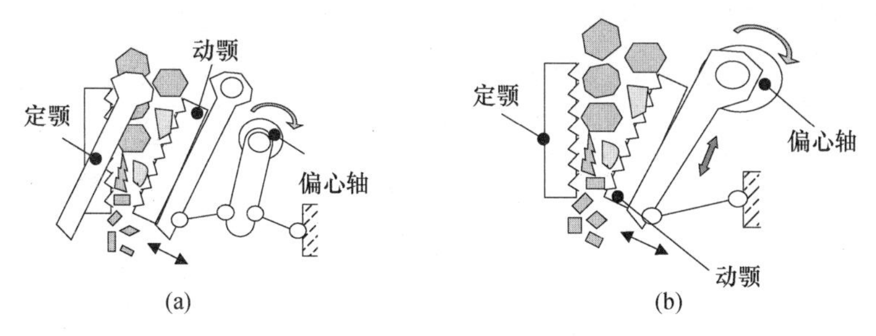

图 2-22　颚式破碎机

(a) 简摆式；(b) 复摆式

我国的颚式破碎机用一组字母后连接两组数字表示规格型号，其中字母 P 表示破碎机，E 表示颚式，J 表示简摆式，F 表示复摆式，X 表示细碎（粗碎不标出），两组数字之间以乘号相连，前一组表示进料口宽度（mm），后一组数字表示进料口长度（mm）。表 2-75 列出了陶瓷工厂常用的一些颚式破碎机的型号和技术参数。

表 2-75　颚式破碎机的型号和技术参数[3]

型号	进料口尺寸/mm	生产能力/（t/h）	最大进料粒度/mm	出料粒度/mm	电机功率/kW
PE150	150×250	1～4	125	10～40	5.5
PEF200×350	200×350	2～4	160	10～35	15
PEF250×400	250×400	5～20	210	10～80	15
PE400	400×600	20～60	350	40～100	30
PEX100×600	100×600	2～10	80	—	7.5
PEX150×750	150×750	8～35	120	10～40	15
PEX250×1000	250×1000	15～50	210	15～50	37
PEX250×1200	250×1200	13～38	210	—	37

2.3.2.2　锤式破碎机

锤式破碎机通过高速旋转的锤头冲击矿石来完成破碎物料，不同尺寸规格的锤式破碎机可分别完成对物料的粗碎、中碎和细碎。锤式破碎机的结构如图 2-23 所示。在破碎机的主轴上安装有数排可装卸的硬质合金制造的锤子，圆弧状卸料箅条安装在转子下方，箅条排列方向和转子运动方向垂直，锤子和箅条之间的间隙可人为调整。被锤子冲击破碎的物料在自身的重力作用下从高速旋转的锤冲向机壳内的破碎板、箅条，大于筛孔尺寸的物料阻留在箅条上继续受到锤子的打击，直到破碎至所需出料粒度后通过箅条间缝隙排出机外。

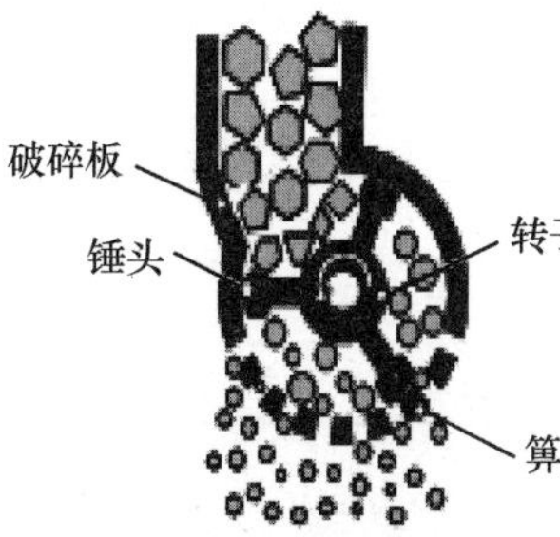

破碎板
锤头
转子
箅条

图 2-23　锤式破碎机结构示意图

锤式破碎机适合粉碎中等硬度或软质物料，适合的物料有石灰石、白云石、长石、萤石、泥灰石、石膏和煤等。作为粗碎机，锤式破碎机可将尺寸为 500～600mm 的块状物破碎成 25～35mm 的颗粒，作为中碎和细碎的锤式破碎机，可将粒度为 100mm 左右的物料粉碎成粒度为 0～40mm 的产品。表 2-76 列出了陶瓷工业用的一些颚式破碎机的型号规格和技术参数。

表 2-76 锤式破碎机的型号规格和技术参数[3]

类型	单转子	单转子	单转子	单转子	双转子
规格/mm	600×400	630×1200	800×600	1000×800	2—（1130×1150）
转子转速/（r/min）	1000	500	960	975	320
锤头线速度/（m/s）	31.4	16.5	40.2	51.2	19
锤头总数	20	48	36	48	16
最大入料粒度/mm	100	300	100	80	350
出料箅缝宽度/mm	15	25	10	13～40	15
生产能力/（t/h）	12～15	25	18～24	20～50	30
电机功率/kW	18.5	40	55	115	40

2.3.2.3 圆锥破碎机

圆锥破碎机是中碎和细碎坚硬物料最常用的设备，圆锥破碎机的电动机通过传动装置带动偏心轴套旋转，动锥在偏心轴套的带动下做旋转摆动，动锥靠近静锥的区域即成为破碎腔，物料受到动锥和静锥的多次挤压和撞击而破碎，如图 2-24 所示。圆锥破碎机有三种类型：标准型、中型和短头型，它们的区别在于进口宽度与排料口可调范围不同，不同类型的圆锥破碎机分别适应不同的进料粒度和产品粒度。表 2-77 列出了耐火材料工业用的一些圆锥破碎机的型号和技术参数。

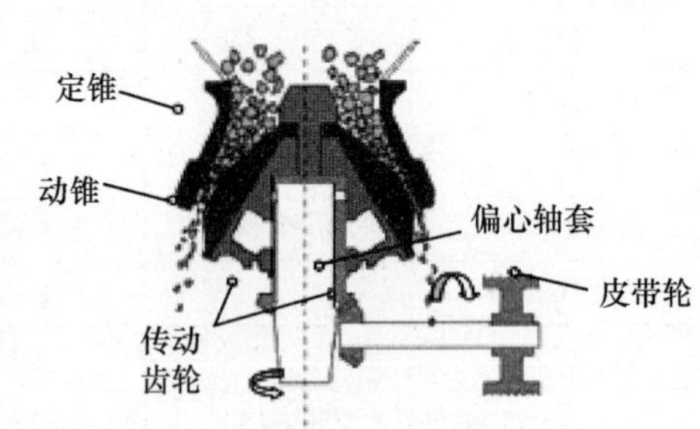

图 2-24 圆锥破碎机结构示意图

表 2-77 耐火材料工业用圆锥破碎机的型号和技术参数[2]

型号	PYD-900	PYD-1200	PYS-D0603	PYS-D0904
破碎锥直径/mm	900	1200	600	900
给料口尺寸/mm	50	60	35	41
最大入料粒度/mm	40	50	—	—
排料口调整范围/mm	3～13	3～15	3～13	3～13
主轴转速/（r/min）	333	300	—	—
生产能力/（t/h）	15～50	18～105	9～36	27～90
电机功率/kW	55	110	22	75

2.3.2.4 对辊破碎机

对辊破碎机是一种中、细碎设备，适用于破碎中等硬度的物料，如硬质黏土、煅烧过的黏土、长石、煤矸石、白云石和匣钵熟料等。对辊破碎机主要由辊轮、辊轮支撑轴承、压紧和调节装置等部分组成，如图 2-25 所示，通过调整螺栓改变两辊轮之间的间隙来调节出料粒度。表 2-78 列出了一些适用于陶瓷工业的对辊破碎机的规格和技术参数。

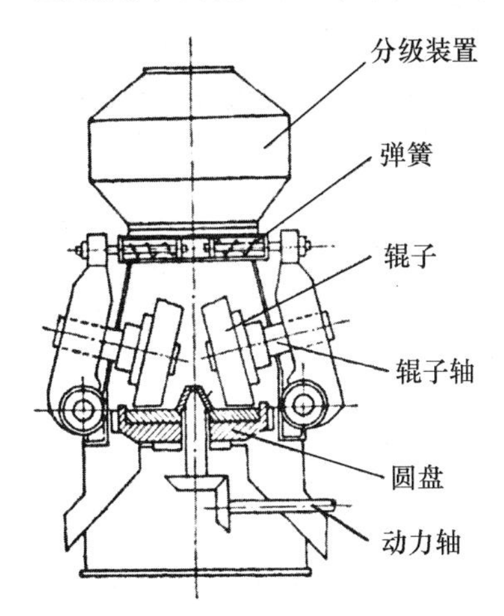

图 2-25　对辊破碎机结构示意图

表 2-78　对辊破碎机的规格和技术参数

辊轮尺寸/mm	给料粒度/mm	出料粒度/mm	产量/（t/h）	电机功率/kW
400×250	≤25	1～8	5～10	11
610×400	≤40	1～20	13～35	30
750×500	≤40	2～20	15～40	37
900×500	≤40	3～40	20～50	44

2.3.2.5　悬辊式粉碎机（雷蒙磨）

悬辊式粉碎机又称立式磨或雷蒙磨，是一种高效干法细分碎设备，其出料粒度可调且远小于 1mm。悬辊式粉碎机的构造如图 2-26 所示，圆形磨盘通过伞形齿轮与由电机带动的动力轴相连，一对（或几对）辊子依靠弹簧或液压机构紧压在圆盘上，当圆盘绕立轴转动时，由于摩擦力的作用，辊子也围绕辊子轴旋转。物料从侧旁投到圆盘中央，受到辊子的挤压和研磨而粉碎。由于离心力的作用，经过研磨的物料从圆盘边缘被甩出，同时由鼓风机送入的自下而上的空气流将被甩出的物料上送到分级器中，未能通过分级器的粗颗粒回落到圆盘上与新投入的物料一起重新被研磨，通过分级器的细颗粒则随气流从粉碎机的顶部导出进入细粉收集装置。

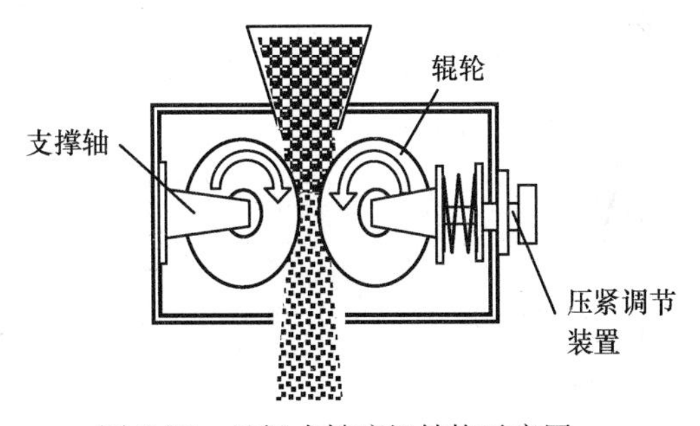

图 2-26　悬辊式粉碎机结构示意图

悬辊式粉碎机效率高、耗电少、可投放粒度在 50～150mm 的大、中尺寸的物料，而粉碎后的粒度可细小至数百微米，通过鼓入热空气，对物料干燥脱水，因此可以处理含水分较大的物料。如热空气温度为 300～350℃，可处理水分为 8%～10%的物料；如热空气温度为 450℃，则可处理水分高达 15%～20%的物料。该设备适用于中、低硬度的物料的细碎和制粉，适用的原料包括重晶石、方解石、长石、滑石、大理石、石灰石、白云石、萤石、活性炭、膨润土、高岭土、水泥、磷矿石、石膏、玻璃等。表 2-79 列出了用于陶瓷工业的悬辊式粉碎机的型号规格和技术参数。

表 2-79　悬辊式粉碎机的型号规格和技术参数[24]

型号		2R-2714	4R-3216	5R-4018	6R-5123
辊子数		3	4	5	6
辊子尺寸/mm		270×140	320×160	400×180	510×230
主轴转速/（r/min）		145～155	124～130	95～103	82
最大进料粒度/mm		15～20	20～30	20～40	60
出料粒度/mm		0.044～0.125	0.044～0.125	0.044～0.125	0.044～0.125
生产能力/（kg/h）		300～1600	600～3200	1100～6300	6000～25000
分级器叶轮直径/mm		1096	1340	1710	—
通风机风量/（m^3/h）		12000	19000	34000	58000
通风机风压/kPa		1.58	2.56	2.56	6.86
电机功率/kW	磨机	22	37	75	185
	分级机	3	5.5	7.5	—
	给料机	1.1	1.1	1.1	—
	提升机	3	3	5.5	—
	鼓风机	15	30	55	160

2.3.2.6　球磨机

高技术陶瓷工艺所用的粉料细度一般要求小于 44μm，在许多场合，甚至要求粉料的颗粒小于 1μm。因此制备陶瓷工业用细粉通常需采用专门的细粉研磨机。常用的细粉研磨机有球磨机、振动磨机、搅拌磨机和气流磨机等。不同研磨机所能达到的出料粒度各不相同，如图 2-27 所示。

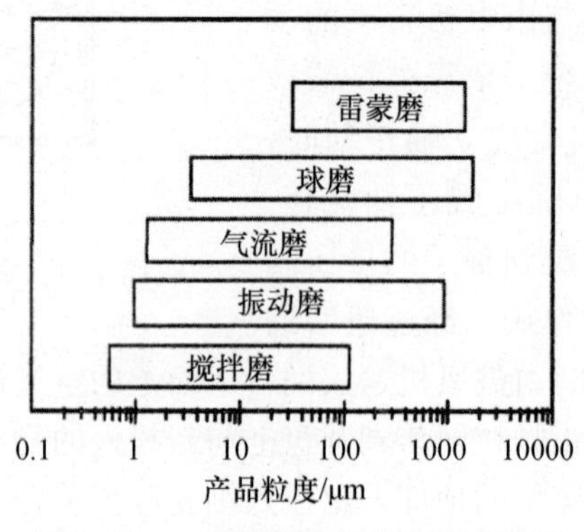

图 2-27　一些粉磨机的出料粒度范围

球磨机是陶瓷工业中广泛使用的一种粉磨设备。其主要部件是一个圆柱形的筒体，内装载研磨介质（磨球或磨柱）和被研磨物料，如图 2-28 所示。通过筒体的绕轴旋转，带动研磨介质在筒体内翻滚，与物料混合，并冲击和磨剥被研磨物料，使物料颗粒粉碎变细。球磨粉碎的方式分干磨和湿磨两种。干磨即被研磨的物料内含水分（或其他液体）极少，一般要求含水量<1%，含水量过高会引起物料粘结在磨机内壁和磨球表面，从而极大地降低研磨效率。湿磨工艺被研磨物料以料浆形式存在于球磨机内，料浆中的水（或其他液体）含量为 20%～40%（质量分数）。显然液体含量少有利于提高产率，但是液体过少会引起料浆黏度增高，影响研磨介质在筒体内的运动，从而降低研磨作用，并且也影响料浆从磨机内卸出。水和其他液体在研磨时可起到降低固相颗粒的表面张力，从而促进研磨，因此湿磨比干磨的效率高，可得到更细小的颗粒。

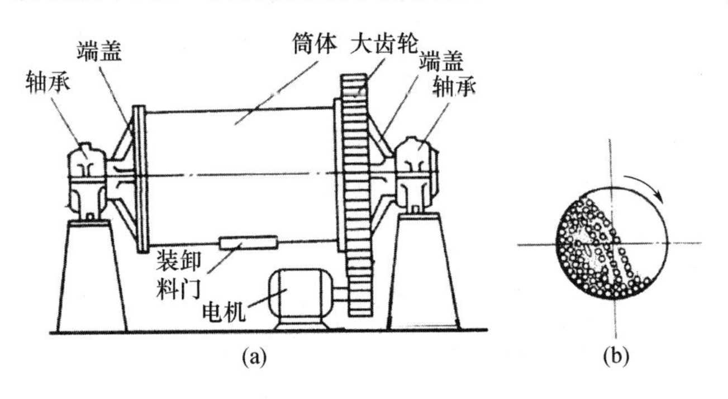

图 2-28　球磨机结构

(a) 示意图；(b) 筒体截面

陶瓷工艺中研磨介质的形状主要有球形和短柱形二种。球形介质冲击物料颗粒时是点接触，应力集中，使颗粒容易破碎。这对大颗粒的粉碎作用明显，但对小颗粒则效率降低。圆柱形介质形成线形接触，接触面积较大，并磨剥作用显著。因此柱形介质适宜对细小颗粒的粉碎。从球磨机的工作原理可知，研磨介质的比重越大，越有利于粉碎，因此金属介质的效率高于密度小的陶瓷介质。然而用金属介质会造成对被研磨物料的污染，因此绝大多数陶瓷原料的球磨都用陶瓷材质的研磨介质。最常用的有氧化铝磨球（或磨柱）和氧化锆磨球（或磨柱），后者不仅韧性高耐磨损，而且密度大，有助于提高研磨效率。

球磨机内研磨介质所填充的体积（包括介质本身体积和其中的孔隙体积）与磨机容积之比称为研磨介质的填充率 ϕ。填充率不能太大，否则研磨介质在磨机内互相干扰，破坏其正常翻转运动。通过理论估算得到干法磨机的最大填充率为 0.42。实际上适宜的填充率与磨机的长径比有关，对于短筒磨机，$\phi=0.4\sim0.5$；而长筒磨机（如管磨机），$\phi=0.25\sim0.35$。在湿法磨机中除被磨物料和研磨介质之外，还要加入一定数量的水（或其他液体），在陶瓷工艺中三者的质量比通常为：物料∶研磨介质∶水＝1∶（1.6～4.0）∶（0.5～0.6），由于不同研磨介质的密度差别很大，因此其加入量也会有很大差别。而研磨介质的填充率保持在 $\phi=0.33\sim0.45$，同时将物料＋研磨介质＋水的总的填充率 ϕ_{tol} 控制在 $\phi_{tol}\approx0.90$。

磨球的大小同入磨物料的粒度、磨机内径、磨机转速的参数有关，可参考下面的两个经验公式来决定[25]：

$$d_B=28d^{1/3} \tag{2-38}$$

$$d_B=1.2D^{1/2} \tag{2-39}$$

式中　d_B——磨球的最大直径（量纲为 mm）；

d——入磨物料的最大直径（量纲为 mm）；

D——磨机内径（量纲为 mm）。

在实际操作中研磨介质的尺寸按大、中、小三种尺寸分布，其中大球和小球的数量占多数。

球磨机结构相对简单，操作和维修都比较方便，对工艺适应性强，既可用于干磨也可用于湿磨，既可研磨硬质物料也可研磨软质物料，入料粒度可大至 25～40mm，而出料粒度可小至 0.07mm 以下，并且出料粒度波动较小而可调控。球磨机的缺点是机器比较笨重庞大，研磨效率低，能量利用率仅 2%～7%，所得粉料的粒度分布较宽并呈多峰分布，研磨介质和筒体内衬的磨损大，从而给产物造成污染。

陶瓷工艺中大量采用间歇式球磨机，多为湿法研磨。根据物料的不同，用花岗岩、氧化铝、氧化锆、橡胶、聚氨酯等材料衬砌球磨筒体的内壁。表 2-80 列出了一些陶瓷厂用球磨机的型号和技术参数。

表 2-80　陶瓷厂用球磨机的型号和技术参数[3]

型号	筒体尺寸/mm	装料量/t	转速/（r/min）	电机功率/kW	传动方式	外形尺寸/mm	质量/t
TCQ-0.015	460×530	0.015	62	0.75	中心	1200×600×840	0.2
QM600×700	600×700	0.05	50	1.5	齿圈	1835×1010×800	0.55
TCIF700×870	700×870	0.1	48	1.5	中心	2000×710×1040	1
QM910×1120	910×1120	0.2	38.37	2.2	齿圈	2430×1363×1174	1.4
QM1200×1400	1200×1400	0.5	30.4	4	齿圈	2843×1621×1466	2.26
QM1450×1800	1450×1800	1.0	28	7.5	皮带	—	—
QM1800×2100	1800×2100	1.5	20	15	齿圈	3670×2288×2128	6
QM2100×2100-D	2100×2100	2.5	19	18.5	中心	5330×2185×2584	7
QM2100×2100-E	2100×2100	2.5	20.9	22	齿圈	4440×2620×2634	12
QM2700×2700	2700×2700	5	16	45	中心	6540×2963×3200	14
QM2700×3400	2700×3400	8	15.5	55+5.5	皮带	4720×4400×4250	16
QM2700×4000	2700×4000	10	13.6	55	皮带	5502×4425×3850	17.7
QM3000×5000	3000×5000	15	13	90+5.5	皮带	6680×5000×4000	28.2
TCIF3200×6000	3200×6000	20	13.2	132+7.5	皮带	7882×5583×4840	32

2.3.2.7　振动磨

振动磨是借助磨机筒体的振动带动研磨介质振动，通过对被粉磨物料的冲击和磨剥使其粉碎、细化。这是一种效率较高的超细粉磨设备，与相同容积的球磨机比较，其产量是球磨机的 10 倍以上。图 2-29 是振动磨的示意图，磨机的筒体内装有被研磨物料和研磨介质，筒体支承在弹簧上，筒体上装有激振器，它由飞轮和连在飞轮上的偏心重物组成，电机驱动激振器转动，由于偏心重物的离心力作用，使筒体发生振动，其内部的研磨介质跟随发生振动，同时研磨介质和物料不断环绕飞轮轴线翻动。这种翻动能加强研磨介质对物料的磨剥作用，并有利于物料的混合和研磨均匀。

振动磨所用的研磨介质有球形和短柱形（直径与柱长相等）两种，研磨介质的直径至少比入料的最大粒径大 5～6 倍。研磨介质的密度越大，研磨效率越高，常用的材质有碳钢、氧化锆、碳化钨等。磨机的振动频率和振幅对产品的细度有影响，应该根据被磨物料的物理性质、入料最大粒径和产品的细度来设计频率和振幅。然而受电机转速的限制，磨机的振动频率一般为 1000～1500r/min，而振幅 λ 同入料最大粒径 d_{max} 有如右关系：$d_{max}<\lambda<2d_{max}$[25]。

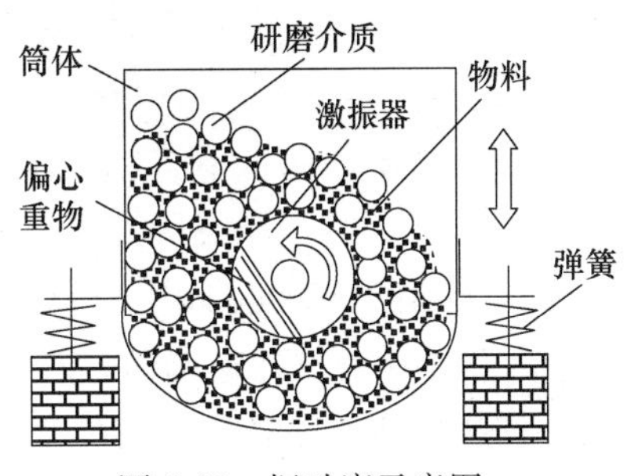

图 2-29　振动磨示意图

振动磨操作方便，既适合干磨也适合湿磨，并可用作超细磨，各种工艺参数调节合适的振动磨可以生产出粒度为 1μm 甚至小于 1μm 的超细粉料。但振动磨的容积不可能做成很大，装料量通常在数百千克至数吨之间。表 2-81 为一些振动磨的型号和技术参数。

表 2-81　一些振动磨的型号和技术参数[2,3]

型号	总容积/L	筒体个数	振幅/mm	频率/(r/min)	进料粒度/mm	最小出料粒度/mm	产量/(t/h)	冷却方式	电机功率/kW
30kg	30	3	3	1430	2	1	0.05	水冷	3
200kg	200	1	3	1460	2	1	0.20	水冷	13
300kg	300	3	3	1480	2	1	0.60	水冷	17
800kg	800	2	7	975	2	1	1.50	水冷	55
SM-1000	1000	—	0～6	24.5	0.59～1.19	$D_{50}\leqslant0.044$	0.2～0.6	—	—
SM-1200	1200	—	10.38	16.3	—	—	—	—	120
2MZGW-1200	200×1300(mm)	1	15	—	—	—	1.5～4.0	—	55

2.3.2.8　搅拌磨

搅拌磨是一种高效超细粉磨设备，其基本构造是一个安装有搅拌器的筒体，内装有大量磨球，被研磨物料填充在研磨介质之间的空隙中，搅拌器旋转时其轴上安装的搅拌棒带动磨球在筒体内做回旋、翻滚运动，从而对物料颗粒发生撞击和剪切作用，使颗粒粉碎。搅拌磨内的磨球是靠搅拌棒带动产生研磨作用，不像球磨机内的研磨介质那样需要靠重力回落产生研磨作用，因此搅拌磨的研磨介质填充率可高达 80%以上，并且研磨介质的直径可以很小，以增大研磨的表面积，因此搅拌磨的研磨效率远高于普通球磨机，也高于振动磨。用搅拌磨可以生产具有单峰分布的亚微米颗粒粉料。

搅拌磨有立式和卧式之分，立式磨可研磨粒径 5～10mm 的物料，而卧式磨的进料粒度通常为数百微米。立式磨的应用远比卧式磨广泛。图 2-30 是立式循环式搅拌磨的示意图，被磨物料和水首先在搅拌池内混合，然后通过隔膜式泥浆泵从搅拌磨筒体的底部送入磨内，搅拌轴旋转带动研磨介质和物料运动。这样，在磨机内不同位置的研磨介质的运动状态是不相同的，总体的结果是研磨介质和物料在磨机内上下、左右翻滚，不断地变换位置，对物料颗粒产生强烈的撞击和剪切作用，使其粉碎。细小颗粒随泥浆带到磨机筒体的上端，从出料口流出回到搅拌池内，又一次搅拌均匀后再送入磨机内。如此反复数次，直到搅拌池内泥浆中颗粒的粒度达到预期指标，则可从出料口放出料浆。为了使磨机降温，大部分搅拌磨采用湿法研磨，并且筒体采用水冷夹套。近年来，随着对磨机结构设计的改进以及冷却技术的进展，目前已经开发出多种干法生产的搅拌磨。对于筒体容量小于 10L 的小型搅拌磨，通常不需要外连搅拌池。物料和水直接投入筒体中搅拌研磨一定时间，当粒度达到要求后，泥浆从筒体下端的出料阀排出。

搅拌器的转速是影响出料粒度和研磨耗能的主要参数，一般要求搅拌棒末端的线速度在 3～25m/s 之间，并可根据物料的硬度和出料的粒度而调节速度。搅拌磨的研磨介质大多数采用球体，在陶瓷工艺中最常用的有氧化铝（刚玉）研磨介质、氧化锆研磨介质、玛瑙球、碳化钨球等。研磨介质的直径对产品的粒度关系重大，研磨介质直径 D 同产品颗粒的粒度 d 之间关系大致如下[25]：$10^2 \leqslant D/d \leqslant 10^3$，如果用来分散团聚粉料，则 $10 \leqslant D/d \leqslant 10^4$。通常研磨介质的直径为 0.1～25mm。研磨介质的填充率应在 50%～90%之间，大于 90%并不可取，因为过多的研磨介质会引起磨机过热，并造成对搅拌器、筒体上盖等部件的损坏。表 2-82 列出了陶瓷工业用的一些搅拌磨的型号和技术参数。

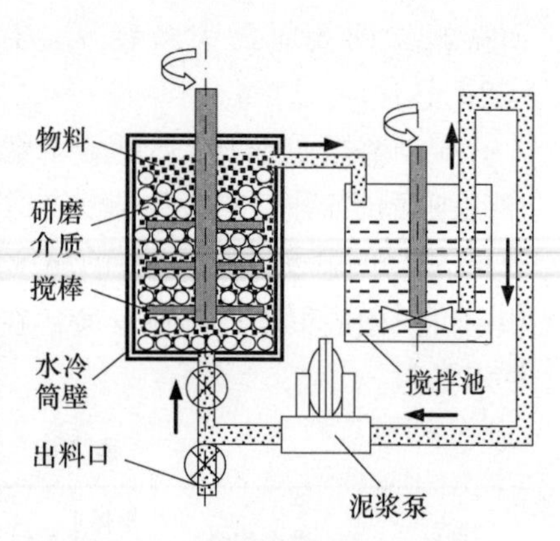

图 2-30　循环式搅拌磨示意图

表 2-82　一些搅拌磨的型号和技术参数[3]

型号	JC-50	JM500	JM1100	TCIF0.2	I-S	Q-2	C-5
工作方式	循环式	螺旋搅拌	螺旋搅拌	间歇式	间歇式	循环式	连续式
筒体容积/L	50	—	—	200	8.97	9.33	21.2
搅拌池容积/L	265	—	—	—	—	—	—
研磨介质体积/L	—	—	—	—	5.83	7.89	19.0
投料量/kg	50～200	—	—	—	—	—	—
产量/（kg/h）	—	100～800	400～3500	—	—	—	—
出料粒度/mm	$D_{50} \leqslant 1$	2～45	2～45	—	—	—	—
搅拌速度/（r/min）	0～400	—	—	113/58	—	—	—
功率/kW	6.6	11	45	7.5/5	1.5～3.7	2.24	3.73

2.3.2.9　气流磨

气流磨又称无介质磨，是一种干法生产超细粉末的粉磨设备。它利用 300～500m/s 高速气流（空气、惰性气体或过热水蒸气），使颗粒在磨机内互相撞击、摩擦，导致颗粒粉碎。入料颗粒的直径可大至数毫米、小至 50μm，出料粒度一般可为 5～10μm，如果入料粒度在数百微米，则出料粒度可小至 1～0.5μm。由于不用研磨介质，某些类型的气流磨在工艺参数控制得当的情况下，颗粒在磨机内很少发生对磨机内壁的碰撞、摩擦，因此粉磨过程中物料被污染的程度很轻。

气流磨按照结构不同可以分为圆盘式、循环管式、对喷式、汇聚式、单喷式（靶式）等。在陶瓷工业中首选是对喷式气流磨，其结构如图 2-31 所示。利用两股相向带料射流的对撞使颗粒粉碎，从图中可见高速气流从喷嘴以超音速速度射出，将喷嘴周围的待磨颗粒吸入其中，并将颗粒加速，撞向相向而来的另一股射流中的高速运动的颗粒。由于在喷嘴内通过的只有高速气流，并无固体颗粒，因此喷嘴的磨损极小，从而保证了成品粉料的纯度。经过粉碎的物料随气流从粉碎室中央通过管道上升至磨体上部的离心分级叶轮，粗颗粒在离心力作用下被抛向分级室边缘，沿室壁和回落管回到粉碎室继续粉碎，细粉则通过离心叶轮，随气流从分级室的中央出来，进入收集装置（图中未画出）被收集。通过调节离心叶轮的转速可改变成品粉料的细度。

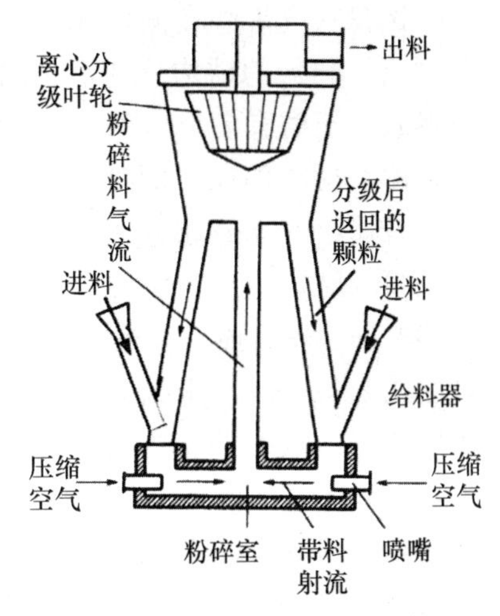

图 2-31　对喷式气流磨示意图

对喷式气流磨的粉碎室呈圆柱状，其内径 D、长度 L 以及喷嘴的孔径 d 三者有以下关系：$D=(10\sim20)d$ 和 $L=(4\sim10)d$。对喷式气流磨的物料也可以先同气流混合，再通过喷嘴进入粉碎室，这种进料方式的能量利用率高，但是喷嘴磨损严重，产品易被污染，在陶瓷工艺中应用较少。表 2-83 给出了陶瓷工业用的一些对喷式气流磨的型号和技术参数。

表 2-83　陶瓷工业用的一些对喷式气流磨的型号和技术参数[3]

型号		100AFG	200AFG	400AFG	630AFG	800AFG	1250AFG
细度 D_{50}/mm		2.5～40	4～50	5.5～80	7～90	7～90	7～90
气压/MPa		0.6					
空气量/（m³/h）		50	200	800	2000	5200	10500
喷嘴直径/mm		2	4	8	11	16	22
粉碎室容积/L		0.85	25～30	80～90	340	1250	3400
分级器	型号	50ATP	100 ATP	200 ATP	315 ATP	3×315 ATP	6×315 ATP
	功率/kW	1	3	5.5	11	3×11	6×11
	转速/（r/min）	22000	11500	6000	4000	4000	400

汇聚式气流磨与上述对喷式的两个喷嘴排列成直线的不同之处在于它有三个或三个以上喷嘴，如果这些喷嘴在一平面上均匀排列，就成为平面汇聚式气流磨，如图 2-32（a）所示，如果喷嘴在三维空间均匀排列，就称为空间汇聚式气流磨，如图 2-32（b）所示。汇聚式气流磨也采用超音速喷嘴，气体射流以及高速度携带粉碎室内的粉料一起加速，射向汇聚中心，使颗粒碰撞、摩擦、破碎，随气流上升进入离心叶轮分级室，如同对喷式磨机那样，粗颗粒回落到粉碎室，而细颗粒被送入收集器。

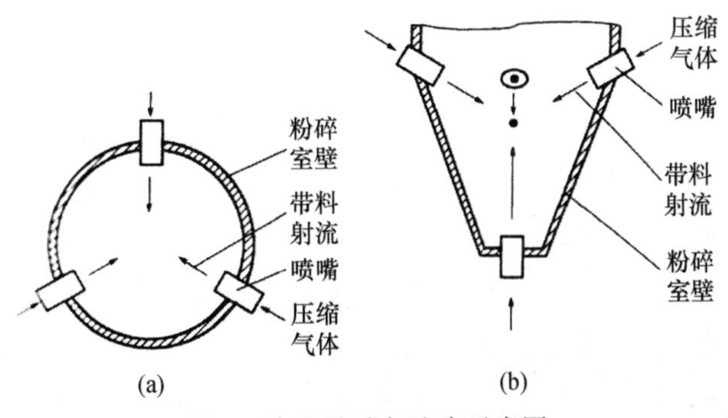

图 2-32　汇聚式气流磨示意图

（a）平面汇聚式；（b）空间汇聚式

圆盘式气流磨和循环式气流磨是开发较早的两类磨机，它们的结构分别示于图 2-33 和图 2-34 中。圆盘式气流磨有多个喷嘴（4～18 个），均匀分布于安装耐磨衬材的扁平圆盘形空腔的周边，喷嘴可以是亚音速、音速或超音速，气流从各个喷嘴以切线方向喷入磨机空腔，将腔内粉料卷起、加速，相互碰撞并同腔壁碰撞、摩擦，气流在腔内作回旋运动，产生离心力场，使得细颗粒汇集到中央，随气流排出腔体到达收集装置中（图中未显示）。从图 2-34 可见，循环式气流磨实际上是一个垂直放置的圆盘气流磨，但圆盘已被拉长。它的工作机理与前者相仿。这两种气流磨具有结构简单、产量大的优点，但也都有对磨机腔体内壁磨损严重的缺点，越来越少应用于陶瓷工艺中。

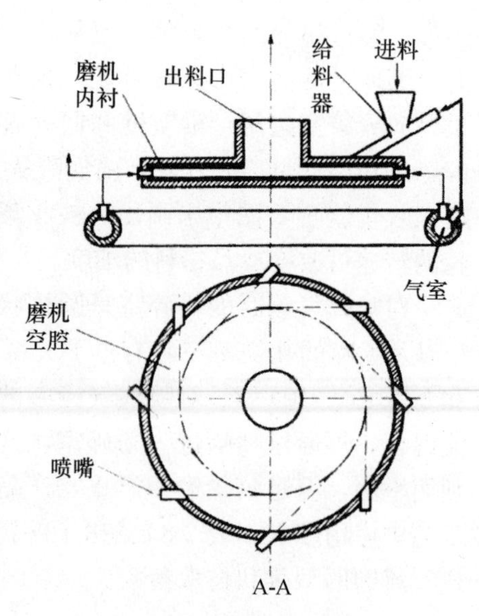

图 2-33　圆盘式气流磨

气流磨所用的载气必须干燥、无油，压力一般为 0.6～1.2MPa，经气流磨粉碎后的细粉随气流排出磨体，需要采用各种集尘设备将其收集，因此整个气流磨粉碎线需要由多台不同功能的设备组合起来才能工作，如图 2-35 所示。

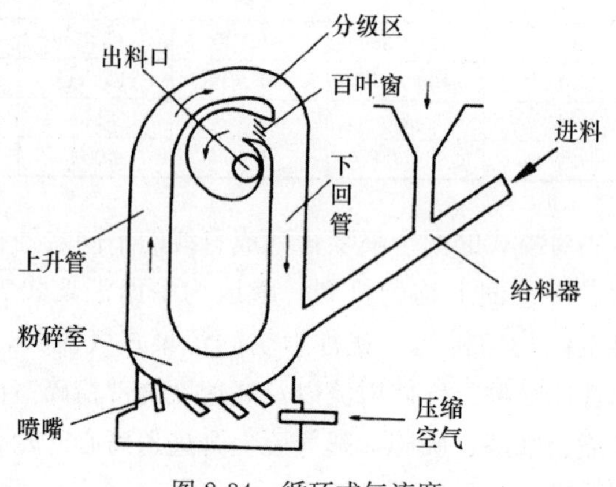

图 2-34　循环式气流磨

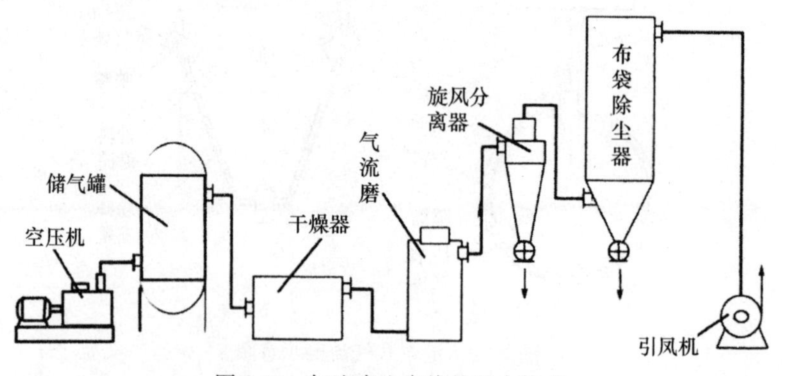

图 2-35　气流磨生产线的基本构成

2.3.3　粉料混合

大多数陶瓷材料需要用几种不同的原料混合配制，即使某些高纯陶瓷采用单一原料，通常也需要将粉料同结合剂等添加剂相混合以调整成型工艺性能。因此粉料的均匀混合或者粉料同添加剂的均匀混合是制造陶瓷材料的一个必需的工序。

从工艺原理上讲，有三种方式可实现均匀混合：①粉料在外力的推动下产生紊流运动，粉料中各个颗粒的相对位置不断地发生变化，无序程度逐渐增大，这种混合称为对流混合；②不断变更粉体的表面或界面，把原来处于粉体内部的颗粒带到新形成的表面或界面上，并在面上做微小的移动，使得各种组分的颗粒在局部范围内扩散开来，从而达到均匀分布，这称为扩散混合；③使粉料内不同层面的颗粒发生相对移动，也能造成颗粒之间的相对位置不断变化，从而无序度增大，这种方式称为剪切混合。在各种混合设备中，对流混合是主要的，其次是扩散混合和剪切混合。依靠旋转容器的重力式混合设备（如 V 型混合机）和风力混合机中的剪切混合作用很小。

不同类型的混合产物需用不同的混合设备来处理。对于颗粒状和粒度不太细小的粉料（不小于 0.1μm）的干混或增湿可采用螺旋锥型混合机（图 2-36）、V 型混合机（图 2-37）或三维运动混合机（图 2-38）等设备处理。

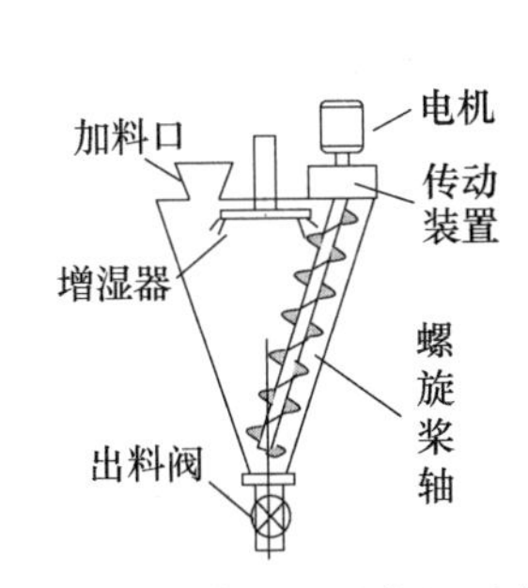

图 2-36　螺旋锥型混合机示意图

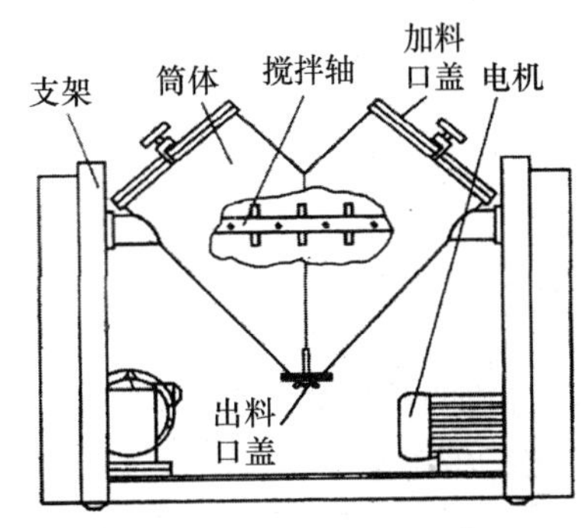

图 2-37　V 型混合机示意图

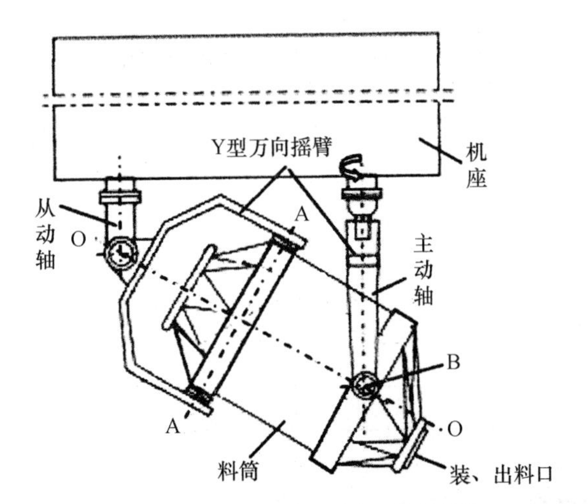

图 2-38　三维运动混合机示意图[26]

2.3.3.1　螺旋锥型混合机

螺旋锥型混合机有单螺旋、双螺旋、三螺旋等多种类型。图 2-36 显示的是单螺旋型，它由锥形筒体（其顶部安装有喷淋液体的增湿器）、螺旋桨轴、传动装置、电机等组成。待混合物料从加料口加入到锥形筒体内，通过螺旋桨轴的转动带动物料上下翻滚、互相混合。多螺旋类型的混料机的筒体内以中心轴对称地安装螺旋桨轴，各个螺旋桨轴除自己自转外，还能够围绕中心轴缓慢公转，加快物料的混合均匀。通过增湿器可以向正在进行混合的物料喷淋液体，同时进行固液混合。螺旋锥型混合机适用于粉料以及各组成密度差别不大的物料的干混和增湿混合，混合均匀程度较高，耗能低而生产能力较大。常用的螺旋锥型混合机的技术性能如表 2-84 所示。

表 2-84　常用的螺旋锥型混合机的技术性能[2]

型号	SLH-0.5	SLH-1	SLH-2	SLH-4	SLH-6
装载系数	0.5	0.6	0.6	0.5	0.5
物料细度/mm	0.036～0.8	0.036～0.8	0.036～0.8	0.036～0.8	0.036～0.8
电机功率/kW	3.0	4.0	5.5	11/1.5	15/1.5
混合时间/min	4～8	4～8	4～8	8～12	8～12
公转速度/（r/min）	5	5	5	2	2
自转速度/（r/min）	119	108	108	60	60
筒体体积/m^3	0.5	1.0	2.0	4.0	6.0

2.3.3.2　V 型混合机

V 型混合机的结构如图 2-37 所示，其筒体由两段圆柱形筒体以 60°或 90°的夹角焊接而成。通过 V 形筒体的回转，以及筒内搅拌轴的旋转，将筒内物料混合均匀。V 型混合机适用于粉料以及各组成密度差别不大的物料的干混。表 2-85 列举出了两种机型的主要技术指标。

表 2-85　两种 V 型混合机的技术性能[2]

型号	VI-100	VI-200
装载系数	0.5	0.4
最大装载量/kg	130	250
物料细度/mm	0.036～0.8	0.036～0.8
电机功率/kW	1.5/1.5	3/3
筒体转速/（r/min）	20	17
搅拌轴转速/（r/min）	600	500
设备质量/kg	400	700

2.3.3.3　三维运动混合机

三维运动混合机由机座、互相平行的主动轴和从动轴、万向摇臂机构、混料筒等组成，如图 2-38 所示。主动轴和从动轴的轴端各带有一个 Y 型万向摇臂机构，这两个万向摇臂在空间相互垂直，混料筒置于这两个 Y 型万向摇臂上，从而与主、从动轴相连接。

这种三维运动混合机的主体部分可看作是一个空间六连杆机构。主动轴和从动轴互相平行，其余相邻转动轴的轴线则相互正交，当主动轴以等速回转时，从动轴以变速朝相反方向旋转，从而使筒体同时做平移、自旋和翻转运动。

正是由于筒体的这种复杂的三维运动，使物料在无离心力作用下进行混合，筒体内的物料受到连续的交替脉动作用而产生沿筒体环向、径向和轴向的三向流转，使被混物料交替地处于相聚和扩散运动中，从而避免了不同密度的物料产生偏析和积聚现象，大大提高了混合均匀度，均匀度可达 99.9％以上，而装载系数可达 80％～90％，远高于普通混合机的 40％～60％。由于料筒需要做复杂的空间运动，因此单机的装载量不能太大，一般最大装载量只有几百千克，很少能超过 1t。

三维混合机不仅可均匀混合粉料、颗粒料等固态物料，也可混合液-固膏状物料、几种中高黏度液体或气体与低黏度液体。表 2-86 列出了一些三维混合机的技术性能指标。

表 2-86　三维混合机的技术性能指标

型号	料筒容积/L	最大装载容积/L	最大装载量/kg	主轴转速/（r/min）	电机功率/kW	设备质量/kg
SWH-5	5	4	5	24	0.37	150
SWH-100	100	80	80	15	2.2	500
SWH-200	200	150	150	12	3	750
SWH-400	400	300	200	10	4	1200
SWH-600	600	450	300	10	5.5	1500
SWH-800	800	600	400	10	7.2	1650
SWH-1000	1000	750	500	10	11	1800
SWH-1050	1500	1200	750	10	11	2500
20B	20	—	10	0.55	35	180
60B	60	—	30	0.75	0～21	350
100B	100	—	50	1.5	0～19	600
200B	200	—	100	2.2	0～17	1000
400B	400	—	200	4	0～16	1300
800B	800	—	400	7.5	0～13	1800
1000B	1000	—	500	11	0～12	2200

2.3.3.4　湿碾机

湿碾机实际上是一种粉碎设备，它的构造与轮碾机相似，但作为混合用途的湿碾机，其碾盘上无筛孔，碾轮较轻，有卸料机构。利用碾轮对置于碾盘上的物料的碾压和摩擦，可对含水（或含其他液体）物料进行捏合、混炼，在混合过程中既有搅拌作用又有挤压作用，能较好地排出物料颗粒间的空气，使所混合物料颗粒表面充分润湿、水分分布均匀，混练效果好，但对物料的粒度有一定的破坏作用。

湿碾机的结构如图 2-39 所示，主要部件有碾盘、碾轮、主轴和搅拌刀（刮刀）等。

电机驱动主轴旋转，带动碾轮绕主轴旋转（公转），同时在碾轮与碾盘（或物料）之间摩擦力的驱动下，碾轮绕自身的水平轴旋转（自转）。两个碾轮相对于主轴的距离是不相等的，一般 $R_1/R_2 \approx 1.2$，如图 2-39 所示，以增大碾轮在碾盘上的滚压面积。挂载碾轮的水平轴通过曲柄机构同主轴相连，这样碾轮与碾盘之间的距离可以随时自由调节，当遇到过厚料层碾轮时能够自动升起，而遇到过薄料层其可以自动下降，使得碾轮始终保持对料层的碾压，但又不会受力过大，损坏轮轴。有一些湿碾机的主轴不驱动碾轮公转，而是驱动碾盘旋转，碾轮在摩擦力的作用下做自转，称为转盘式湿碾机。

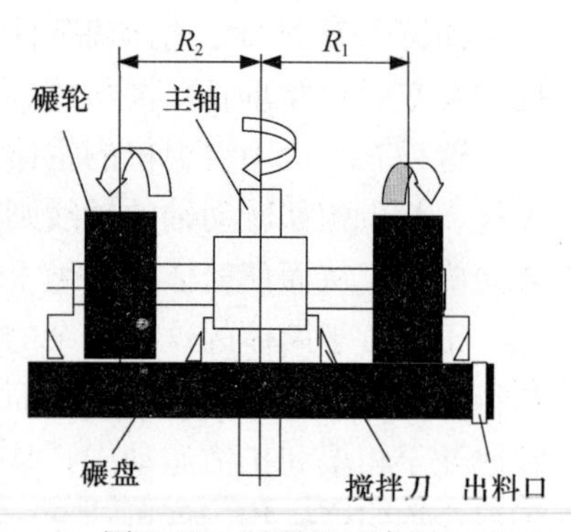

图 2-39　湿碾机示意图

湿碾机是制备压力成型料的常用设备。一些转轮式和转盘式湿碾机的技术规格列于表 2-87 中。

表 2-87　转轮式和转盘式湿碾机的技术规格

型号	XLH-3000	XLH-1600	XLH-500	XLH-30	ϕ2400	ϕ1600	SJH28-Ⅲ
碾盘直径/mm	3500	2700	1800	800	2400	2600	2800
碾盘深度/mm	500	450	300	100	500	—	550
碾盘容量/L	3000	1600	500	30	600	600 kg	700
搅拌时间/h	3～5	3～5	3～5	3～5	—	—	—
生产能力/（t/h）	36	20	6	—	—	—	—
刮刀数量（组×块）	2×4	2×4	2×3	2×3	—	—	—
一次投料量/kg	3000	1600	500	30	—	—	—
碾轮尺寸/mm	ϕ1000×300	ϕ900×280	ϕ570×220	ϕ220×90	ϕ1300×500	ϕ1600×400	ϕ1400×600
碾轮质量/kg	1200×2	1000×2	570×2	30×2	—	3380×2	3500×2
电机功率/kW	55	37	15	1.1	8.37	28	55
碾盘转速/（r/min）	—	—	—	—	12.5	22.5	10

2.3.4　粉料筛分

将固相颗粒按不同大小分选备用是陶瓷和耐火材料制备工艺中的一道重要工序，最常用的分选技术就是筛分。所谓筛分就是将固相颗粒状物料通过具有一定孔径的网眼或缝隙的筛面，从而分成不同粒度的粉料。筛面与物料颗粒之间的相对运动是进行筛分的必要条件，这种相对运动可分为垂直于筛面的运动和平行于筛面的运动两种类型，垂直于筛面的运动是颗粒通过筛孔的必要条件，而平行于筛面的运动可以疏通料层，使堵在筛孔上的大颗粒离开筛孔，增大较小的颗粒穿过筛孔的机会。

筛分设备主要有固定筛、回转筛、摇动筛和振动筛四种基本形式，如图 2-40 所示。固定筛就是一个倾斜安置的筛箱，如图 2-40（a）所示，待筛分物料洒落在被抬高的一端，在重力作用下物料沿倾斜的筛网面滑落，物料中小于筛孔的颗粒通过筛孔，落到筛箱之下，而大于筛孔的颗粒则滑落到筛箱的底端，经过该处的缺口，流出到筛箱之外。这种筛的筛分效率比较低。

回转筛有多种形状，如圆柱形、圆锥形、棱柱形、棱锥形等。柱形筛的筒体同水平面有一个 5°～11°的倾斜角，而锥形筛的筛面本来就与轴线成倾斜状态，因此筒体不需要倾斜。图 2-40（b）中的回转筛是一种六角棱锥筛，在电机的驱动下棱锥筒绕其中心轴旋转，转速 n（单位为 r/min）由棱锥体的中位半径 R（单位为 m）决定，大致为[28]：

$$n = \frac{8}{\sqrt{R}} \sim \frac{14}{\sqrt{R}} \tag{2-40}$$

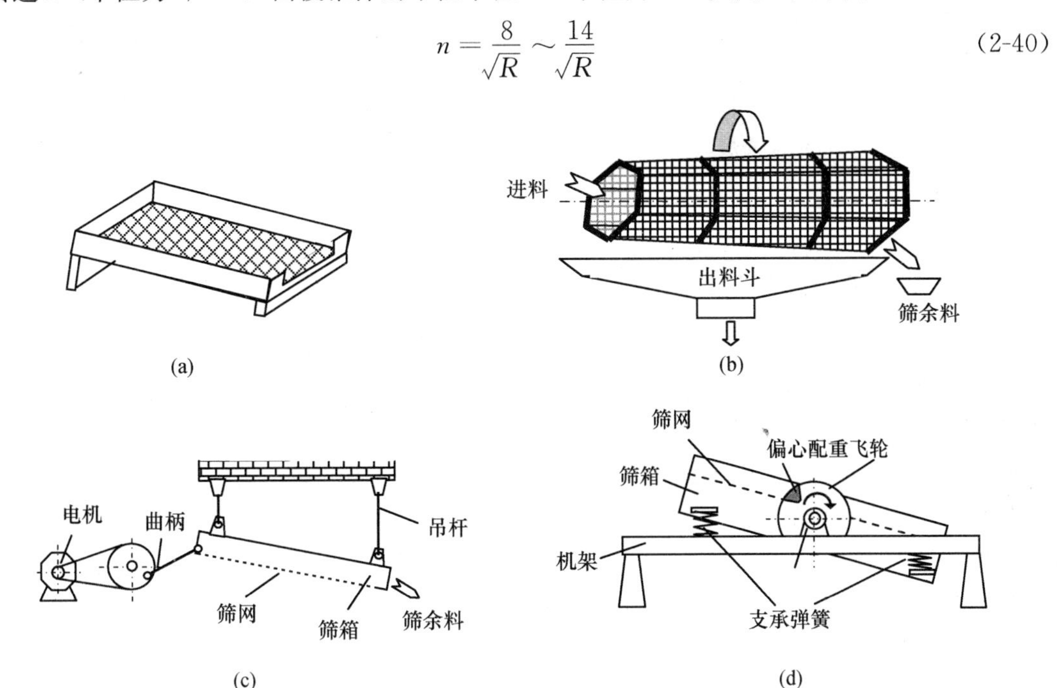

图 2-40　四种筛分设备的结构示意图

(a) 固定筛；(b) 回转筛；(c) 摇动筛；(d) 振动筛

物料从小端加入到棱锥筒内，在摩擦力的作用下物料随回转的锥筒被带到一定高度，然后在重力作用下回落，并沿倾斜的筛网面向前滚动，细颗粒通过筛孔落入出料斗然后排出，粗颗粒始终在筛面上滚动，滑向锥筒的大端排出。这种筛分设备的筛分效率也不高，而耗能高，只能用来筛分含水量小、颗粒较粗的物料。

摇动筛通过曲柄连杆机构使倾斜悬挂的筛箱做往复摆动，如图 2-40（c）所示，往复的频率大致为每分钟 250 次左右，箱内的待筛分物料与筛面产生相对运动，并以一定速度向卸料端移动，细颗粒通过筛孔下落，大颗粒则在卸料端排出筛箱。这种筛分设备的筛分效率比前两种高，但筛孔容易堵塞，运行时振动较大。

振动筛靠激振装置驱使筛箱产生高频振动，图 2-40（d）所示的振动筛的激振装置是一个偏心配重飞轮。物料在筛面上以近乎垂直于筛面的方向跳动，颗粒不容易堵塞筛孔，物料层被振动松散，颗粒的离析速度增大，细颗粒通过筛孔的概率很大，因此筛分效率高。表 2-88 给出了上述四种筛分设备的筛分效率比较。表 2-89 给出了几种振动筛的技术性能指标。

表 2-88　四种筛分设备的筛分效率[25]

设备类型	固定筛	回转筛	摇动筛	振动筛
筛分效率/%	50～60	60	70～80	> 90

表 2-89　振动筛的技术性能指标[3]

型号	筛面规格/mm	外形尺寸/mm	振动频率/(1/min)	产率/(t/h)	电机功率/kW	质量/kg
SF1400×700	1400×700	1640×1075×1150	—	3～5	1.1	500
SF1800×900	1800×900	2140×1210×1720	—	4～8	1.5	600
SZ-50 湿式	980×680，上 60 目，下 100 目	1060×780×520	2850	—	0.5	160
XT208	0.235m²，上 100 目，下 120 目	1220×760×1170	2850	8～12	1.1	97
NJS430	0.15m²，单层 15 目	960×660×500	2825	3～5	0.75	73
TCIS0.4×2	500×800，双层	980×720×720	2850	—	—	90
ϕ1000	ϕ1000，2～3 层，120 目	1000×1328	1400	10～12	1.5	410
ϕ630	ϕ630，3 层，150，180，200 目	815×1175	1400	5～7	1.5	350
TCIS/2	ϕ1200，2 层	1622×1316×1180	1400～1500	—	1.5	535
TCIS0.7/2	ϕ1000，2 层	1424×1176×1180	1400～1500	—	1.5	475
TCIS540	ϕ540，1 层，160～200 目	880×680×800	1428	—	2.2	170

筛孔大小在 12.5mm 以下的筛网一般用金属丝编织而成，筛孔大于 12.5mm 的筛网也可以用金属丝编制而成，但大多数采用金属板冲孔制造。筛孔呈正方形，筛网的孔径以方孔的平行边之间的距离表示。筛网的孔径从大到小成系列，同一系列内某筛孔与其相邻的较小筛孔的孔径比为一常数，称为筛比。根据国家标准 GB/T 5330—2003《工业用金属丝编织方孔筛网》规定工业筛网有三个系列：*R*10（筛比＝1.25，孔径范围：12.5～0.020mm）、*R*20（筛比＝1.12，孔径范围：16.0～0.020mm）、*R*40/3（筛比＝1.19，孔径范围：16.0～0.032mm）。而根据国家标准 GB/T 6003.1—2012《试验筛　技术要求和检验　第 1 部分：金属丝编织网试验筛》规定试验筛网有三个系列：*R*20/3（筛比＝1.40，孔径范围：125～0.020mm）、*R*20（筛比＝1.12，孔径范围：125～0.036mm）、*R*40/3（筛比＝1.19，孔径范围：125～0.038mm）。

2.3.5　粉料造粒

由于细粉原料中颗粒之间摩擦力极大，因而流动性很差，在进行干压成型时会造成粉料不能均匀地填充模具，并导致加压致密过程中压力传递不均匀和显著衰减。为了克服这些缺点，细粉料须先经过造粒，并且最好形成球形团聚颗粒，以减小粉料的内摩擦力、增大粉料的流动性。通过造粒形成的团聚颗粒应该具有一定强度，以便在搬运和加料过程中团聚颗粒不会被破坏，但强度也不能过高，以保证在成型的加压过程中团聚体能够被施加的压力破坏，在成型后的坯体内不能存在有团聚结构。

陶瓷粉料造粒有两种基本工艺：①直接用干粉料加入适当数量的胶粘剂（通常以溶液方式加入），在造粒设备内造粒；②先将粉料、胶粘剂和某种液体（通常是水）配制成泥浆，在通过喷雾造粒工艺制成球形颗粒。对于前一种工艺，从粉料到颗粒须经过如图 2-41 所示的几个过程：图 2-41（a）团聚核的形成——粉料中细小颗粒在结合剂溶液帮助下聚结成尺寸不大的核心；图 2-41（b）由于已经形成的团聚核表面被结合剂溶液润湿，团聚核在无规则碰撞过程中互相粘接在一起，形成大的团聚颗粒；图 2-41（c）有些颗粒在碰撞过程中破损，成为小的碎块和粉末，这些小碎块和粉末随后被结合到其他大颗粒表面；图 2-41（d）已形成的团聚颗粒互相摩擦，其中某些部分从颗粒表面脱落，并结合到别的团聚颗粒上，此过程称为磨蚀传递，这是一个随机过程，随着时间的延续团聚颗粒趋向球形、大小均匀；图 2-41（e）粉料中的细小颗粒直接粘接在团聚体的表面，称为层积过程，此过程实际上同图 2-41（b）、图 2-41（c）过程同时发生，直到粉料中所有细小颗粒消耗殆尽。

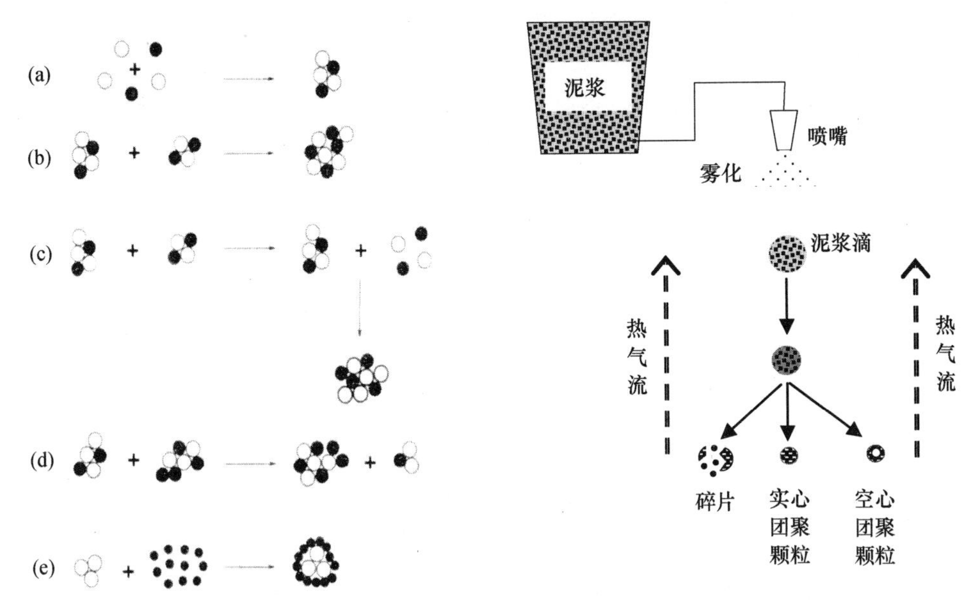

图 2-41　细小颗粒团聚成大颗粒的机理[27]

（a）成核；（b）聚合；（c）破碎；（d）磨蚀；（e）层积

图 2-42　泥浆造粒机理

通过泥浆造粒的机理如图 2-42 所示。首先需要将粉料、胶粘剂与液体（一般采用水）混合成均匀的浆料，然后从喷嘴中喷出，雾化成泥浆滴，用热气流对雾滴加热，使其中液体蒸发，最后形成固态的细小颗粒的团聚体。由于液体的表面张力作用，使得每个微小泥浆滴保持为球形。球形泥浆滴被加热后，随着其内部液体的蒸发、体积缩小但是形状仍旧保持球形，最后得到固体颗粒团聚体。如果泥浆滴内液体的蒸发与体积收缩始终保持同步，最终获得的是实心的团聚球体；若泥浆滴表面液体蒸发过快，以致其内部液体向表面输运来不及跟上表面蒸发，则在干燥的某一时刻泥浆滴的表面层就全部由固相细颗粒组成，因为那里不再有液体，从而表面层停止收缩，泥浆滴的体积从此刻起也就不再缩小，但是其内部的液体继续受热蒸发，此时汽化蒸发发生在表面层之下，蒸汽通过微小颗粒之间的缝隙排到外面。另一方面，随着不断蒸发，内部液体由内向外迁移，在液相中的细小颗粒跟着液体向球形体表层方向移动，最后就在球形体的中央留下没有固相颗粒的空缺部位，整个团聚体就成为中央空心，外壳由细小颗粒组成空心团聚球体。造粒泥浆中液相含量过多，而造粒过程中加热过猛、热气流温度过高，就容易形成空心团聚体。如果泥浆滴内部尚存在大量液体，而其外表层不但已经完全干燥，而且其中细颗粒在胶粘剂帮助下排列十分致密，阻碍泥浆滴内部液体蒸发产生的蒸汽向表面之外排出，导致内部的蒸气压升高，当气压超过表层的抗压强度，则整个尚未完全干燥的泥浆滴发生爆裂，形成大小、形状不一的碎片。泥浆中溶解的胶粘剂的饱和浓度不高，特别是胶粘剂的熔点不高，就有可能在泥浆滴表面形成致密的胶粘剂膜，阻碍蒸汽的排出，从而导致爆裂。

喷雾造粒的工艺流程如图 2-43 所示，存放在料浆桶内泥浆经泥浆泵送到喷雾干燥器的雾化器中，被雾化成泥浆滴落入干燥塔内。另一方面，鼓风机把空气（也可以是其他气体，如氮气）鼓入加热器，被加热后送入干燥塔，逆流而上对泥浆滴加热，将其中水分蒸发出来，形成球形团聚体落到干燥塔的底部。富含水蒸气的废气被抽风机送至旋风集尘器，除去废气内的细小颗粒后排到大气中。

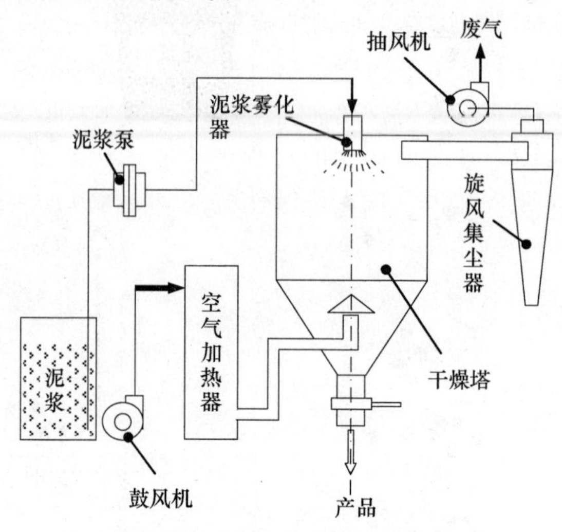

图 2-43　喷雾造粒的工艺流程

把泥浆形成球形液滴的关键设备就是泥浆雾化器。主要有三种形式的雾化器：二流喷嘴、压力喷嘴和离心式雾化器，如图 2-44 所示。

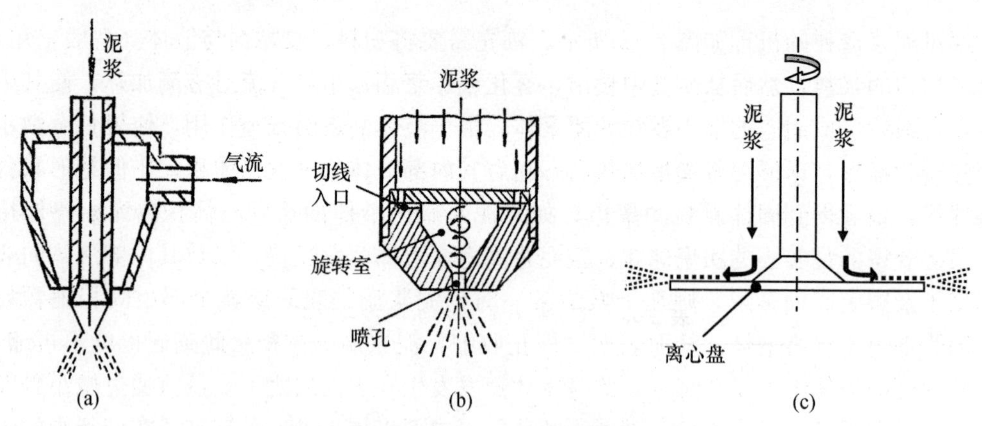

图 2-44　喷雾造粒设备中所用的几种雾化器

(a) 二流式；(b) 压力式；(c) 离心式

在二流式雾化器中泥浆从喷嘴的中央管中流出，气流从周围的环形缝隙中高速喷出。由于泥浆与气流的速度相差极大，当两者在喷口处相遇后在泥浆柱表面产生极大的负压，使泥浆向外膨胀，形成中空的泥浆锥体，同时高速气流对泥浆表面的剪切力作用将表面泥浆分裂成碎片，并在表面张力的作用下收缩成球体。泥浆滴的平均直径 D 可由下式计算[27]：

$$D=\frac{585\sqrt{\sigma}}{v_{\mathrm{r}}\sqrt{\rho_{\mathrm{L}}}}+597\left(\frac{10\mu_{\mathrm{L}}}{\sqrt{\rho_{\mathrm{L}}\sigma}}\right)^{0.45}\left(\frac{1000Q_{\mathrm{L}}}{Q_{\mathrm{a}}}\right)^{1.5} \tag{2-41}$$

式中　σ——泥浆的表面张力（dyn/cm）；

v_r——气流与泥浆之间的相对速度（m/s）；

ρ_L——泥浆的密度（g/cm^3）；

μ_L——泥浆的黏度（Pa·s）；

Q_L，Q_a——分别为泥浆和气流的体积流量。

用二流式雾化器造粒所获得的球形团聚体直径较小，一般在 30～100μm 之间。

在压力式雾化器中泥浆通过高压泵以很高的压力（20～200 MPa）首先进入喷嘴的上部，然后通过该处连通旋转室的切向孔道进入旋转室，泥浆在旋转室内快速旋转并从喷口旋转喷出。由于涡流作用，在喷孔的中央形成一个低压气旋，泥浆被铺洒在气旋的周围，形成泥浆膜，在向前运动的过程中不断被拉伸变薄，最后破碎成碎片，在表面张力的作用下收缩成球体。球形泥浆滴的平均直径 D（单位为 μm）可由下式计算[29]：

$$D=86.48d^{1.52}W_L^{-0.6}\sigma^{0.6}\mu_L^{0.32} \tag{2-42}$$

式中　d——喷口的直径（mm）；

W_L——泥浆的质量流量（g/s）。

压力式雾化器造粒所获得的球形团聚体直径较大，通常可达数百微米。

离心式雾化器为一个由电动机或被压缩空气推动的涡轮驱动的旋转盘，泥浆被引流至高速旋转（圆周速度可达 90～150m/s）的盘面上，在离心力作用下沿盘面铺成泥浆膜，并被甩出盘的边缘，又碎裂成球形泥浆滴，其平均直径（单位为 μm）可由下式计算[30]：

$$D=\frac{2.34W_L}{\rho_L\left[(1000\mu_L/\rho_L)^{0.25}(\sigma W_L)^{0.66}+2.96\times10^{-7}(nd_P)^2\right]^{0.5}} \tag{2-43}$$

式中　n——盘的转速（r/min）；

d_P——盘的直径（cm）。

离心式雾化器造粒所获得的球形团聚体直径较小，通常在 20～80μm。

喷雾造粒工艺所获得的团聚颗粒尺寸比较均匀，形状接近球形，因此造粒后粉料的流动性很好，但是该工艺耗能较大，在造粒过程中一部分极细的颗粒很难完全收集，被排出到室外，不仅浪费物料，而且容易带来对环境的污染。表 2-90、表 2-91 和表 2-92 分别给出了离心式、二流式以及压力式喷雾造粒机的技术参数。

表 2-90　离心式喷雾造粒机的技术参数

项目/型号	LPG-5	LPG-25	LPG-50	LPG-100	LPG-150	LPG-200	LPG-500	LPG-800	LPG-1000	LPG-2000	LPG-3000	LPG-4500	LPG-6500
入口温度/℃	140～350 自控												
出口温度/℃	80～90												
喷雾形式	高速离心雾化器（机械传动或无级变频调速可供选择）												
对水分蒸发量/(kg/h)	5	25	50	100	150	200	500	800	1000	2000	3000	4500	6500

续表

项目/型号	LPG-5	LPG-25	LPG-50	LPG-100	LPG-150	LPG-200	LPG-500	LPG-800	LPG-1000	LPG-2000	LPG-3000	LPG-4500	LPG-6500
雾化器转速/(r/min)	25000	22000	21500	18000		16000		12000～13000		11000～12000			
雾化盘直径/mm	60		120		150			180～210		根据工艺要求确定			
电加热最大功率/kW	8	31.5	60	81	99	配用其他热源							
干粉回收率/%	约95												
占地长度/m	1.6	4	4.5	5.2	7	7.5	12.5	13.5	14.5	根据工艺流程、场地条件及用户要求确定			
占地宽度/m	1.1	2.7	2.8	3.5	5.5	6	8	12	14				
塔体高度/m	1.75	4.5	5.5	6.7	7.2	8	10	11	15				
喷头吊装高度/m	—	2.5	2.5	3.2	3.2	3.2	3.2	3.2	3.2				

表 2-91　二流式喷雾造粒机的技术参数

型号		QPG-5	QPG-25	QPG-50	QPG-100	QPG-150	QPG-200
蒸发量/(kg/h)	Δt=150～90℃	1.5	7.5	15	30	45	60
	Δt=200～100℃	2.5	12.5	25	50	75	100
	Δt=250～100℃	3.75	18.75	37.5	75	112.5	150
	Δt=300～100℃	5	25	50	100	150	200
	Δt=350～110℃	6	30	60	120	200	240
压缩空气流量/(m^3/min)		0.3	0.4	0.6	1.5	2.7	3.4
压缩空气气压/MPa		0.4	0.6		0.7		
热源方式		电、电+蒸汽、燃煤（油）热风炉					
供热量/(kcal/h)		1	5	10	20	30	40
风机功率/kW		0.75	2.2	4	7.5	11	15

表 2-92　压力式喷雾造粒机的技术参数[3]

型号	100	300	500	1000	1500	2000	3200	4000
水蒸发量/(kg/h)	100	300	500	1000	1500	2000	3200	4000
燃油最大耗量/(kg/h)	8.63	29.8	48	91	134	177	280	350
所需泥浆流量/(m^3/h)	0.148～0.225	0.45～0.58	0.74～0.98	1.05～1.95	2.23～3.0	3～4	0.25～4.74	1.2～3.6
泥浆压力/MPa	1.5～2							
喷嘴数目	1	3	4	8	12	16	24	21～24
内径×塔高/mm	2×6	3.5×6.5	4.2×6.6	5.5×7	6×7	6.5×7	7.5×7.25	7.8×8.27
热功率/(kcal/h)	8.6×10^4	3.0×10^5	4.8×10^5	9.1×10^5	1.3×10^6	1.8×10^6	2.8×10^6	3.5×10^6
蒸发1kg水热耗/kcal	850～900	850～900	800～850	800～850	800～850	800～850	800～850	877

直接用干粉料加入适量结合剂溶液的造粒有多种工艺，在陶瓷工业中常用搅拌造粒工艺，图2-45是一种典型的搅拌造粒机的结构示意图。其机身是一个水平安置的金属圆筒，

其中央有一根装有许多螺旋形排列的圆柱棒或细杆的转轴，在进料口的下方环状对称安置一定数量的喷嘴，结合剂溶液经过这些喷嘴，被雾化同粉料混合。喷嘴也可以安放在靠近进料端的圆筒的端面上。混有结合剂的粉料首先进入混合区，在此通过搅拌使粉料与结合剂液滴充分混合；然后进入造粒区，被湿润的颗粒组成大量的团聚核心，继而长大成尺寸均匀的团聚颗粒；最后来到密实区，团聚颗粒通过磨蚀作用，形成致密、尺寸均匀的球形颗粒，从卸料口排出造粒机。表 2-93 给出了一些搅拌造粒机的具体性能参数。

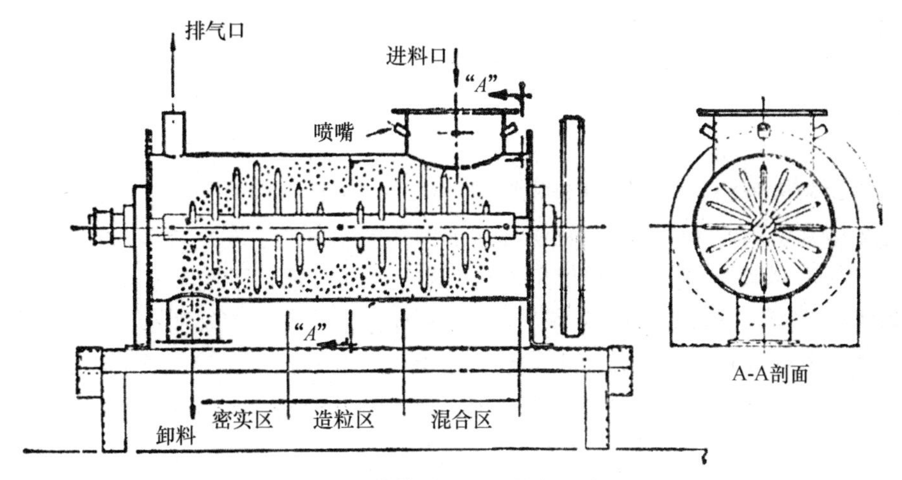

图 2-45　搅拌造粒机的结构示意图

表 2-93　搅拌造粒机的性能参数[3]

型号	圆筒直径/mm	圆筒长度/mm	增湿率/%	功率/kW	产量/（t/h）	设备质量/kg
TAG300/15	300	1500	—	10+7	0.5～1.5	800
TAG400/15	400	1500	—	18+10	1.8～2.5	1100
TAG600/15	600	1500	—	37+20	4～5	1300
TAG600/23	600	2300	—	55+40	10～12	1800
TAG800/125	850	2500	—	75+40	13～16	3000
GZ25A	—	—	⩽8	10.2	2～3	2000
GZ25	—	—	⩽8	9.3	2～3	2000
WZ25	—	—	⩽8	7.5	2～2.8	1500

2.3.6　泥浆制备

陶瓷泥浆要求在具有良好的流动性的前提下尽量提高泥浆中固相颗粒的含量，通常要求泥浆内固相颗粒的体积浓度大于 50%。胶体理论指出：在液体中的固相颗粒表面带电，将液相内的异性离子和溶剂分子吸附在其周围，在离表面最近处紧密地吸附了一层异性离子，形成吸附层，在该层之外面有许多被颗粒电场极化的液体介质分子以及带反电荷的离子松散地包围着该颗粒，形成扩散层，这就是所谓的双电层结构，双电层厚度可表达为[22]：

$$\chi=\sqrt{\frac{\varepsilon k_{\mathrm{B}}T}{F^{2}\sum N_{i}Z_{i}^{2}}} \tag{2-44}$$

式中 F——法拉第常数；

N_i和Z_i——分别为液相中第 i 种离子的浓度和电价数；

ε——分散介质（液相）的介电常数；

k_B——波尔兹曼常数；

T——温度。

同时，带电颗粒周围的静电场（ψ）从颗粒表面逐渐向外衰减，在远离该颗粒的液相深处降至零：

$$\psi = \psi_o \exp(-x/\chi) \tag{2-45}$$

式中 ψ_o——颗粒表面的电位；

x——距颗粒表面的距离。

颗粒可以带着吸附层以及一部分扩散层的粒子，包括一些液相分子，相对于泥浆中其余颗粒发生滑移，因此可以将滑移面看作运动中颗粒的表面。发生滑移的界面上的电位称为 ζ 电位。如 $\zeta \neq 0$，则两个相邻的颗粒因静电斥力而不能互相靠近接触；如 $\zeta = 0$，则相邻的颗粒失去了防止靠近的静电斥力，在热运动作用下，它们能够互相靠在一起，并通过分子间引力而紧密连接在一起，成为一个大团聚体，从而增大泥浆的黏度。因此泥浆的 ζ 电位对于泥浆的稳定性和流动性有决定作用。通过调节泥浆 pH 值使泥浆颗粒的 ζ 电位远离零电点（IEP），以保证泥浆的稳定性和流动性。表 2-94 列出了一些氧化物-水体系中达到 IEP 时的 pH 值。

表 2-94 水基体系中氧化物达到 IEP 时的 pH 值[22]

物质	化学式	IEP 下的 pH 值
石英	SiO_2	2
钠钙玻璃	$Na_2O \cdot 0.58CaO \cdot 3.70SiO_2$	2～3
钾长石	$K_2O \cdot Al_2O_3 \cdot 6SiO_2$	3～5
氧化锆	ZrO_2	4～6
磷灰石	$10CaO \cdot 6PO_2 \cdot 2H_2O$	4～6
氧化锡	SnO	4～5
氧化钛	TiO_2	4～6
高岭石（边缘部分）	$Al_2O_3 \cdot SiO_2 \cdot 2H_2O$	5～7
莫来石	$3Al_2O_3 \cdot 2SiO_2$	6～8
氧化铬	Cr_2O_3	6～7
赤铁矿	Fe_2O_3	8～9
氧化锌	ZnO	9
拜尔法氧化铝	Al_2O_3	8～9
碳酸钙	$CaCO_3$	9～10
氧化镁	MgO	12

根据式（2-45）可知双电层厚度 χ 减小，会导致 ψ 迅速降至零，这样也使得泥浆内颗粒失去静电斥力的作用而引起胶体颗粒凝聚，泥浆黏度增高。从式（2-44）可知泥浆中高价离子的存在会使双电层厚度减小，而且离子的价数越高，作用越显著。因此为了获得高

浓度、流动性好的泥浆，要求泥浆中不存在可溶性高价离子。可以通过净化所用的陶瓷粉料，以避免引入高价离子，或在泥浆内加入少量高价离子沉淀剂用以除去已经溶解在泥浆内的高价离子。此外，从式（2-44）可见液相的介电常数越大，越有利于增大双电层厚度，由于水的 ε 大于许多有机液体，因此选用水作分散介质对陶瓷泥浆是有利的。然而，一般陶瓷工厂用的水中常含有微量的高价金属离子（如 Ca^{2+} 和 Mg^{2+}），因此在传统的硅酸盐泥浆中常常将碳酸钠、磷酸钠或水玻璃（硅酸钠）作为一种分散剂加到泥浆内，这些盐类的酸根可与泥浆内的高价金属离子结合，形成不溶于水的盐类从水中分离出来。

另外，在泥浆中添加表面活性剂是获得流动性良好的稳定泥浆的有效方法。表面活性剂一般都是有机大分子，特别是一些具有长链结构的有机聚合物。在泥浆中加入有机大分子后，分子内的交联基团被固相颗粒表面吸附，其亲液部分同液体发生溶剂化作用，并向液相伸展，在颗粒表面形成一定厚度的空间阻挡层，如图 2-46 所示。如果颗粒互相靠近，两者表面吸附的有机分子的一部分发生重叠，该处的分子密度就增高，导致构型熵减小而自由能增大，即增高颗粒间的排斥势垒，从而防止颗粒的靠近。要获得空间位阻作用需满足两个条件：首先，有机分子被固相颗粒表面吸附要有足够的强度，以免颗粒在液相内做热运动时，特别是在与另外一个颗粒发生碰撞时，有机分子从表面脱落；其次，有机分子在泥浆内的浓度要恰当。浓度太低，没有足够的表面活性剂分子包裹所有的固相颗粒，或不能完整地包裹住每一个颗粒，就起不到阻挡作用。而如果浓度太高，大量游离在液相中的有机分子会同被颗粒表面吸附的有机分子伸向液相的部分发生桥联作用，以致将大量颗粒纠集在一起，使泥浆发生凝聚。以非极性有机液体为分散介质的泥浆（如流延成型泥浆）通常需要加入位阻型分散剂来促进固相颗粒在液相中的均匀分散。有机活性剂的加入量随活性剂成分而异，也同固相颗粒的比表面积大小有关，通常在泥浆内的浓度不超过泥浆中粉体质量的 1%。陶瓷泥浆所用的分散剂已在 2.2.3 节中论述。

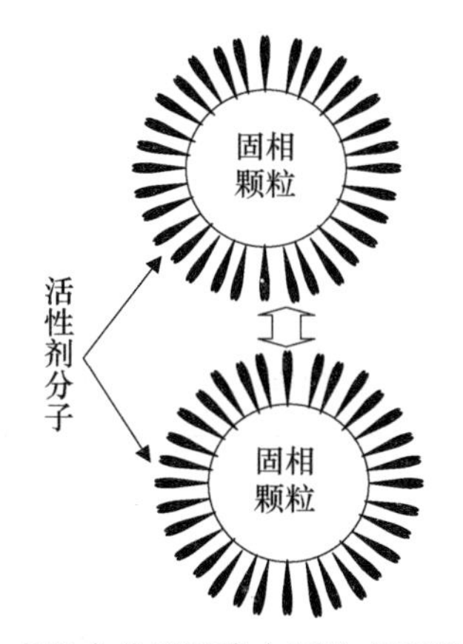

图 2-46　有机大分子吸附在颗粒表面形成位阻层

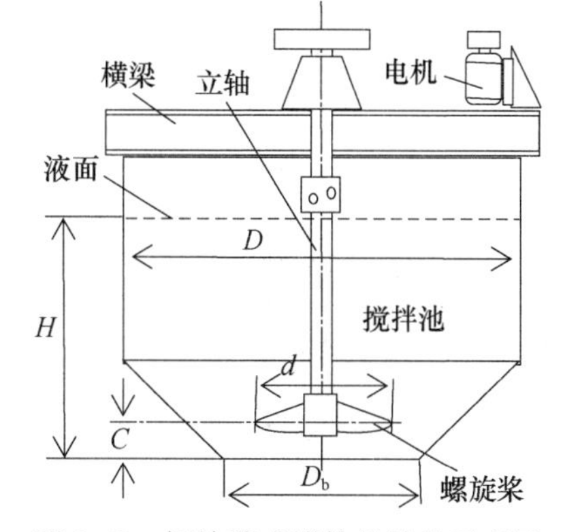

图 2-47　螺旋桨式搅拌机结构示意图

用来把各种陶瓷原料粉料、分散剂、胶粘剂和分散介质混合均匀的最常用设备为球磨机。球磨机不仅能把各种成分同液体分散介质混合均匀，而且还可以破碎原料粉末中的团聚体。出于混合目的投入到球磨机内的磨球与物料的质量比应该小于用于粉碎研磨的球料比，混合时间视具体情况而定，一般为 10～30h，混合时间过长会引起泥浆中细颗粒的重新团聚。除球磨机之外，搅拌磨也可以用来混合泥浆，特别是带有搅拌池的循环式搅拌磨，物料可以被充分混合均匀。没有搅拌池的简单的立式搅拌磨，可能会有搅拌不充分的死角，泥浆的均匀性就比较差。

如原料粉体中团聚程度轻或易分散的粉料也可以用桨叶式搅拌机混合。螺旋桨式搅拌机是一种被广泛使用的搅拌机，其结构如图 2-47 所示，2～4 片不锈钢螺旋桨叶，安装在不锈钢立轴的末端。搅拌池用不锈钢制成，若对泥浆的化学成分控制要求不高，也可用混凝土做成埋地式。搅拌池的俯视断面形状应该为多角形，以便在搅拌时产生涡流、提高搅拌效率。池的有效深度（H）与直径（D）可保持 $H=(1\sim0.67)D$。由于池底四周流速较小，容易形成死角，因此池的底部通常做成倒棱锥体，并保持 D_b/D 在 0.5 左右。螺旋桨直径（d）须同搅拌池直径相匹配，通常 $D=(3\sim4)d$，如果泥浆的表观黏度超过 1.5Pa·s，或固相是纤维状物料，则上述关系不成立，最好通过试验来确定。搅拌轮与池底的距离（C）同液面高度（H）之比 C/H 影响搅拌时液流的流型和颗粒的悬浮状态：若 $C/H>1/5$，则泥浆形成上下两股循环液流、叶轮下部的池底有颗粒堆积；若 $C/H\leqslant1/7$，从叶轮泵出的液流直接向下扫过池底，在池壁处垂直向上，产生强力的轴向流动，有利于固体颗粒的悬浮，因此通常取 $C/H=1/7$[27]。螺旋桨转速（n）与 d 大致有以下关系：

$$n=125/d+80 \tag{2-46}$$

式中，螺旋桨直径 d 的单位为 m，转速 n 的单位为 r/min。

表 2-95 列出了陶瓷工业用的一些螺旋桨式搅拌机的性能规格。

表 2-95 陶瓷工业用螺旋桨式搅拌机的性能规格[3]

型号	桨叶直径/mm	轴转速/（r/min）	桨叶数	电机功率/kW	搅拌池容积/m³	搅拌池尺寸/mm
TCEJ-150	150	326	3	0，25	0.07	—
TCJJ-20	200	270	3	0.75	0.3	—
TCJJ-30	300	200	3	1.1	1.0	—
TCJJ-63	630	165	3	5，5	5.0	—
TCJJ-85	850	253	3	15	15	—
LJ-300	300	270	3	1.1	1.0	1200×1000
LJ-600	600	350	3	4	5，5	2300×1900
LJ-750	750	260	3	7.5	12.5	3200×2080
TCIJ-630	630	160/315	3	5.5	5.0	2300×1700
TCIJ-700	700	200/400	3	5.5/7.5	9.2	2800×1925

2.3.7 可塑性泥料制备

可塑性泥料中也需要加入液相作为固相颗粒的分散介质，并使得陶瓷粉料与液相的混合体具有一定的塑性。可塑性泥料具有宾汉（Bingham）型流体的流变特性，其表观黏度 η_a 与剪切应力 τ、剪切应变速率 $\dot{\gamma}$ 三者之间的关系可表达为：

$$\tau-\tau_y=\eta_a\dot{\gamma} \tag{2-47}$$

式中 τ_y——屈服剪切应力。

黏土类矿物加一定量的水后即具有良好的塑性。但许多环保陶瓷内不含有黏土原料，或所加数量有限，因此仅仅加水不能形成良好的塑性，而需要加入含有长链型高分子有机物的水溶液或有机液体溶液以获得足够的塑性。完整的塑性泥料添加剂包括分散介质液体、结合剂、增塑剂和润滑剂，在有些配方中还加入凝聚剂，以增大固相颗粒间的凝聚作用。分散介质和结合剂在前面的章节中讨论过，表 2-96 列出了制备可塑性泥料常用的一些增塑剂和润滑剂以及相应的分散介质，在这些添加剂中分散介质通常占整个泥料体积的 20%甚至更多。表 2-97 给出了几种水基可塑性泥料的具体配方。

表 2-96　用于塑性成型的添加剂

分散介质	结合剂	增塑剂	凝聚剂	润滑剂
水	甲基纤维素 羟乙基纤维素 聚乙烯醇 聚丙烯酰胺 水溶性树胶 糊精	甘油 乙二醇 丙二醇	$CaCl_2$ $MgCl_2$ $MgSO_4$ $AlCl_3$ $CaCO_3$	硬脂酸盐 硅酮 煤油 胶态滑石 胶态石墨
甲苯/乙醇	聚醋酸乙烯酯	甘油	—	—
酮类	聚乙烯醇缩丁醛	邻苯二甲酸二丁酯	—	—

表 2-97　可塑性陶瓷泥料的具体配方（表内数字为加入量的质量分数）

种类	陶瓷粉料	分散介质	胶粘剂/塑性剂	其他添加剂
氧化铝瓷	α-氧化铝（<20μm）　79	水　17.5	羟乙基纤维素　3.5	$AlCl_3$ 外加 0.2
	75 氧化铝瓷配料　100	水　18	聚乙烯醇　12	甘油 0.17，乙醇 0.23
金红石瓷	TiO_2（金红石型）　100	水　28	聚乙烯醇　5	甘油 4
	TiO_2（金红石型）　69	水　20	糊精　7	桐油 4
氧化铍瓷	BeO　72.5	水　15	糊精　10	甘油 2.5
低压绝缘瓷管	石英（<44μm）　21.9 长石（<44μm）　21.5 2 号苏州土　21.5	水　18.6	水曲柳　16.5	$CaCl_2$ 外加 0.3

制备可塑性泥料需要将陶瓷粉料同各种添加剂以及分散介质充分混合均匀，并需要尽量排除泥料中混入的空气。混合可塑性泥料的设备主要是真空练泥机。图 2-48 所显示的是一种双轴卧式真空练泥机，分为上下两层，上层为搅泥仓，其内部有搅泥轴（又称上轴），下层为挤泥仓和泥料出口，内部有挤泥螺旋轴。通过真空室将上、下两层相连。物料由加料口投入，在上轴的搅拌桨作用下，被粉碎、混合、揉练，并在螺旋送料器的推动下通过筛板，被切割成泥条进入真空室，在此再被铰刀打碎成小块以增大脱气表面积。附着或包含在小泥块中的气体在真空室的负压下（通常压力为 50～80kPa）从泥块内逸出并被抽走。经真空脱气处理的泥料落入下层，在挤泥螺旋作用下，泥料被进一步揉练、挤压，并最后被强力推挤、输送到机头，成为泥段从出口排出。

真空练泥机也可以制造成单层形式，即搅泥轴与挤泥轴在同一直线上，成为单轴机，真空室在两者之间。此外也有三轴机：搅泥仓中安装有两根互相平行的搅泥轴，而挤泥仓中有一根螺旋挤泥轴。如果挤泥轴垂直安装，泥料出口垂直向下，这种机器称为立式练泥机。也有不带真空处理装置的练泥机，这种机器仅用于陶土的混炼和匣钵泥的制备。表 2-98 给出了国内一些真空练泥机的规格和技术性能。

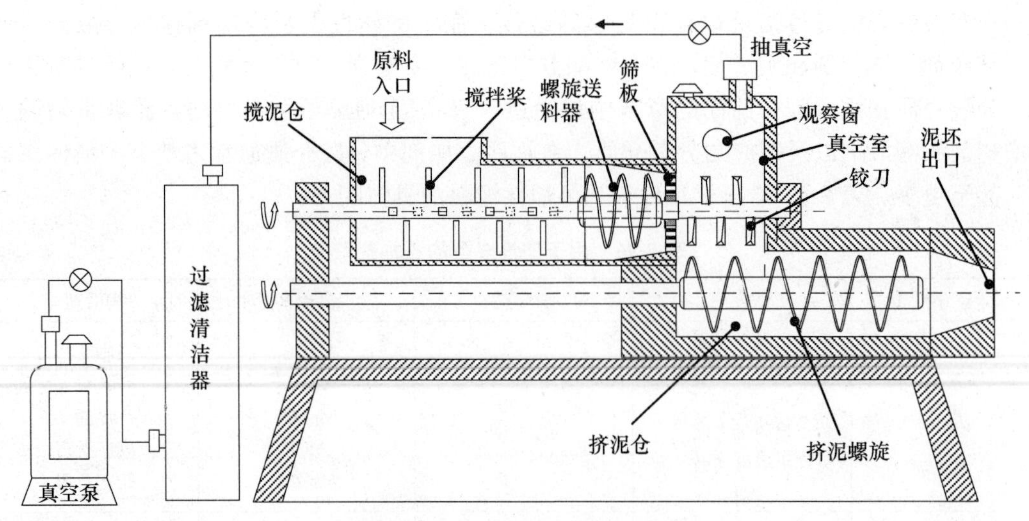

图 2-48　真空练泥机结构示意图

表 2-98　真空练泥机的规格和技术性能

型号	TY-8220	TY8317	ϕ250	ϕ260	ϕ500	TY8030
形式	双轴双层	叁轴双层	双轴双层	双轴双层		无真空练泥机
挤泥螺旋直径/mm	200	170	250	260	500	296
生产能力/（t/h）	1	0.7～0.9	2～5	2～3	—	3～5
搅泥轴转速/（r/min）	20	18	25	22	11	—
挤泥轴转速/（r/min）	23	20	32	24.7	9	30
电机功率/kW	7.5	4	30	22	20（上），40（下）	11
外形尺寸/mm	2312×620×790	2989×996×664	3584×865×1230	4092×1420×1250	—	2740×9400×1700
总质量/kg	1000	0.9	2550	4000	—	1650

参考文献

[1] 浙江大学．硅酸盐物理化学［M］．北京：中国建筑工业出版社，1980.
[2] 李红霞．耐火材料手册［M］．北京：冶金工业出版社，2007.
[3] 盛厚兴，同继锋．现代建筑卫生陶瓷工程师手册［M］．北京：中国建筑工业出版社，1989.
[4] 黄成彦，刘师成，程兆第，等．中国湖相化石硅藻图集［M］．北京：海洋出版社，1998.
[5] 马鸿文．工业矿物与岩石（第二版）［M］．北京：化学工业出版社，2005.
[6] 韩行禄．不定形耐火材料［M］．北京：冶金工业出版社，1994.
[7] 陈树江，田凤仁，李国华，等．相图分析及应用［M］．北京：冶金工业出版社，2007.
[8] 李懋强．热学陶瓷 ——性能、测试、工艺［M］．北京：中国建材工业出版社，2013.
[9] 周翠红，常欣．煤矸石综合利用技术综述［J］．选煤技术，2007（2）：61-64.
[10] 李懋强，胡敦忠．从不同铝盐制得的氧化铝粉料的性能［J］．硅酸盐通报，1987，6（5）：79-84.
[11] V. S. Stubican and J. R. Hellman. Phase Equilibria in Some Zirconia Systems［C］. Advances in Ceramics vol. 3：Science and Technology of Zirconia，Am. Ceram. Soc.，1981：25.

[12] C. F. Grain. Phase Relations in the ZrO_2-MgO System [J] . J. Am. Ceram. Soc., 1967, 50 (6): 288-290.

[13] R. A. Miller, R. G. Smialek. Phase Stability in Plasma Sprayed Partially Stabilized Zirconia-Yttria [C] . Advances in Ceramics vol. 3: Science and Technology of Zirconia, Am. Ceram. Soc., 1981: 241.

[14] Н. А. Торопов, В. П. Барзаковский, В. В. Лапин, Н. Н. Курцева. *Диаграммы Состояния Силикатных Систем Справочник* [M], Изд. Наука, Москва, 1965: 307.

[15] 钦征骑，钱杏南，贺盘发．新型陶瓷材料手册 [M]．南京：江苏科学技术出版社，1996.

[16] 王华，戴永年．用稻壳制备氮化硅超微粉的研究 [M]．昆明：云南科技出版社，1997.

[17] 杜海清．陶瓷原料与配方 [M]．北京：轻工业出版社，1986.

[18] 王礼云．磷酸盐耐高温胶凝材料 [M]．北京：中国工业出版社，1965.

[19] Б. М. Барыкин, Д. А. Высоцкий, и Ю. И. Чубаров, Исследовние огнеупорных бетонов для изолирующих стенок МГД-генератра [C], из. Материалы Для Канала МГД-генератра, изд. Наука, 1969.

[20] 严瑞瑄．水溶性高分子 [M]．北京：化学工业出版社，1998.

[21] S. L. Bassner and E. H. Klingeberg. Using Poly (Vinyl Alcohol) as a Binder [J] . Am. Cer. Soc. Bull., 1998, 77 (6): 71-75.

[22] J. Reed. Introduction to the Principles of Ceramic Processing [M] . John Wiley & Sons, Inc., 1988.

[23] H. M. 巴龙 (H. M. Барон)．周振华，译．物理化学数据简明手册 [M]．上海：上海科学技术出版社，1964.

[24] 卢寿慈．粉体技术手册 [M]．北京：化学工业出版社，2004.

[25] 张庆今．硅酸盐工业机械及设备 [M]．广州：华南理工大学出版社，1992.

[26] 平东涛．XPD型三维运动混合机运动原理及性能 [J]．轻金属，2005 (1): 49-52.

[27] 郭宜祜，王喜忠．喷雾干燥 [M]．北京：化学工业出版社，1983.

[28] 罗秉江，郭新有．粉体工程学 [M]．武汉：武汉工业大学出版社，1991.

[29] 化学工程手册编辑委员会（傅焴街等）．化学工程手册第5篇——搅拌与混合 [M]．北京：化学工业出版社，1985.

[30] 华南工学院等．陶瓷工业机械设备 [M]．广州：华南工学院出版社，1981.

第3章　环保陶瓷制备工艺技术

3.1　概述

当前应用较多的环保陶瓷材料主要以气体、水、固体颗粒过滤分离材料、催化剂及载体、传感器、节能环保、新能源用陶瓷材料等为主。这类材料包括具有多孔结构、蜂窝结构的陶瓷材料、致密陶瓷材料、陶瓷多孔膜、陶瓷涂层、陶瓷基复合材料等。因此本章介绍的环保陶瓷的制备工艺技术主要涵盖以上材料的典型制造工艺，以及近年来新发展出来的先进制造工艺。

环保陶瓷材料制造工艺主要包括坯体成型、干燥、烧成等工艺，其中成型工艺种类繁多，实际生产过程中需要根据所制备材料的结构及应用特性，而选择合适的工艺。环保陶瓷中大量的多孔陶瓷制品是以管式、蜂窝式、板式结构为主，因此在成型上多采用干压成型、挤出成型、注浆成型等工艺；对于致密陶瓷材料主要以干压成型、等静压成型为主；对于尺寸较小、结构复杂的传感器等陶瓷材料，则主要采用热压铸、注塑、流延等成型技术；对于大尺寸复杂异构制品主要采用注浆、凝胶注模等成型技术；在陶瓷涂层和陶瓷膜制备方面，主要采用溶胶-凝胶法、浸渍法、电泳沉积、化学镀等成型工艺进行制造。干燥工艺除了传统的控温控湿干燥外，目前红外干燥、微波干燥等先进技术也在环保陶瓷的工业化生产中得到了广泛应用。烧结工艺除空气气氛下的液相烧结外，还包括真空烧结、气氛烧结、热压烧结、热等静压烧结等。

3.2　环保陶瓷的成型

3.2.1　干压成型

干压成型（Dry Pressing or Die Pressing）是陶瓷粉体成型的一种常用工艺，通常采用金属模具，对陶瓷干粉坯料施以压力使其成为具有一定致密度的坯体。干压成型工艺通常用于成型外形较为简单的陶瓷制品，具有工艺简便、可自动化连续生产、生产效率高等特点。而对于复杂外形及结构的制品，由于难以设计压制模具、难以实现均匀加压等问题而较少采用干压成型工艺制备。

3.2.1.1　干压成型原理

陶瓷制品干压成型的原理是利用压机向金属模具提供压力，通过金属模具的压头将压力单方向或多方向传递到模具内的粉体坯料上。在金属压头压力的作用下，位于表面的粉体坯料颗粒发生位移与相邻颗粒靠近，并进一步将压力传递给模具内部颗粒，从而使粉体坯料颗粒间的气体排出，颗粒间形成紧密堆积，坯体密度大幅提高，形成具有一定形状的致密坯体的过程。

干压过程中，相邻颗粒与颗粒间借内摩擦力牢固结合，在李世普编写的《特种陶瓷工艺学》中介绍了干压成型颗粒间作用力的产生原理[1]。如图 3-1 所示，无论是球形颗粒还是不规则形状的颗粒间接触，在颗粒外围结合剂薄层接触面上，都会形成颗粒接触区域投影半径 R_1，大于颗粒接触缝隙曲率半径 R_2 的情况，这样由于微孔压的作用，会形成“粘着力”将各颗粒拉紧。

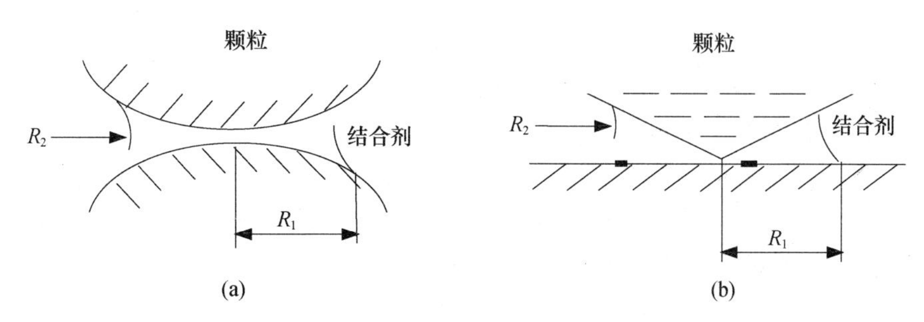

图 3-1　干压成型粉体颗粒加压后接触情况[1]

(a) 球形颗粒接触；(b) 颗粒尖角接触

3.2.1.2　干压成型过程影响因素

1. 物料含水率

干压成型物料采用的是含有一定水分的造粒物料。通常干压成型所用陶瓷粉体坯料的含水率较低，而且根据物料性质不同，含水率变化较大。干压成型陶瓷粉体含水率在 3%～7%之间[2]，半干压成型陶瓷粉料含水率则在 8%～15%之间。如果含水率过低，则粉体流动性较差、不易压实、坯体机械强度较低；当含水率高时，在较低的压力下粉体坯料容易得到较高的生坯密度和压缩比[3]。

2. 坯体受力及密度分布

在干压成型过程中存在三种力的作用：

1) 金属压头提供的压力

根据压头施加压力的方向，可以将干压成型分为单面加压和双面加压。单面加压指模具中有一个可滑动压头，从而实现从一个方向对坯料粉体进行压制的成型方法。双面加压指模具中上下两个压头均可滑动，从而实现从两个方向对坯料进行压制的成型方法。其具体的压制成型过程及压制后坯体的密度分布特征如图 3-2 所示。

2) 陶瓷坯料粉体与金属模框之间的摩擦力

与金属模框接触部位的陶瓷坯料粉体颗粒，与模框间存在摩擦力。这种摩擦力会影响坯体边部颗粒的移动，从而造成坯体内部密度的不均匀。解决方法是在金属模框表面涂覆润滑剂和脱模剂，以减小摩擦力，并便于成型后的坯体脱模。

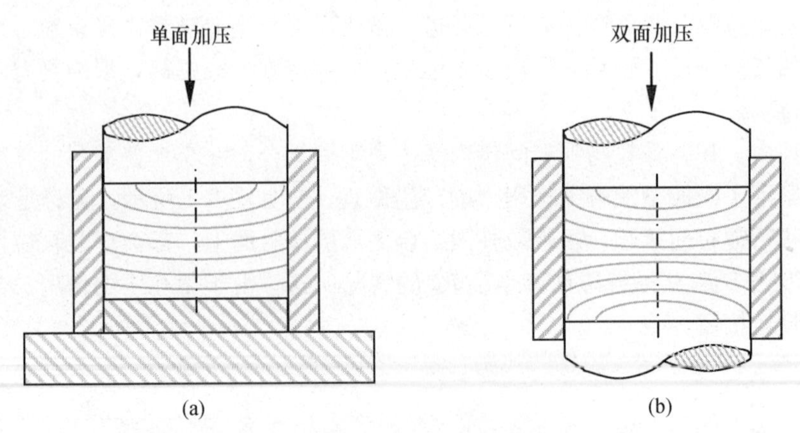

图 3-2　加压方式对坯体密度的影响

(a) 单面加压；(b) 双面加压

3）陶瓷坯料粉体颗粒间的相互作用

陶瓷坯料粉体颗粒间通过互相接触，传递压头提供的压力，这种颗粒之间的相互作用力包括颗粒间的阻力、推力和摩擦力。相互作用力的大小受到颗粒粒度、颗粒球形度、颗粒表面光洁度、粉体颗粒流动性等因素的影响，会直接影响到干压坯体的均匀性和致密度。粉体颗粒间传递压力随着颗粒距离压头的距离增大而减小。

3. 加压制度

采用合适的加压制度可以优化坯体致密化过程，使粉体颗粒间的空气更好地排出，在坯体中获得较为均匀的密度分布，同时避免分层、开裂等现象的产生。加压制度包括施压方式、加压速率、卸压速率和保压时间等。

对于薄坯制品，可采用较快的加压、卸压速率和较短的保压时间。而对于厚坯制品，由于压力传递路程长，坯体内部颗粒位移和空气排出路径复杂，因此极易出现内部密度偏低和坯体分层现象，因此需要采用慢速加压方式，延长保压时间，同时缓慢卸压，以确保坯体质量。

对于厚坯制品，还可以采用分步加压方式。首先进行预压，采用较小的压力，使粉体颗粒产生的位移，坯体预致密化，同时粉体颗粒间大部分气体排出；预压后的制品卸压后再次施加较大压力，压制过程中，坯体进一步致密化，气体充分排出；这时可再次施加更大压力，并适当保压，得到致密无分层的制品。

3.2.1.3　干压成型机械设备

干压成型用机械设备为各种类型的压力机。根据工作原理的不同，陶瓷压机可以分为摩擦压机和液压机。两种压力机的示意图分别如图 3-3、图 3-4 所示。

1. 摩擦压机

摩擦压机是采用摩擦驱动方式的压机，也叫螺旋压力机。它利用飞轮与摩擦盘的接触传动，带动螺杆运动，给压头施加压力。摩擦压机结构简单、价格低廉，但传动效率低、压力较小，加压、卸压速度快、保压时间较短，因此不适合压制厚坯。且主要依靠人工操作，劳动强度大，目前已逐渐被液压机取代。

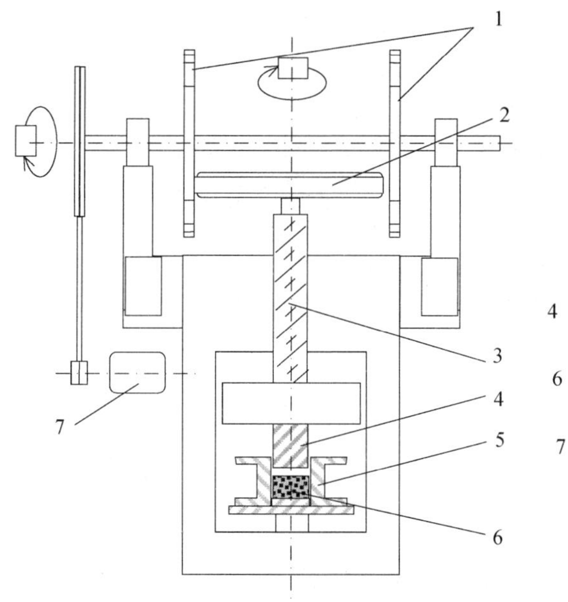

1—摩擦盘；2—飞轮、皮带；3— 螺杆；4—压头；5— 模框；6— 粉体坯料；7— 电机

图 3-3　摩擦式压力机示意图

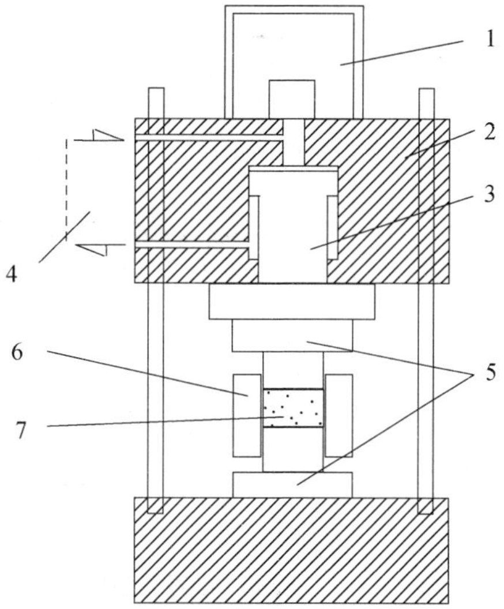

1—油池；2— 主机；3— 活塞；4—液压系统压头；5—压头；6—模框；7—粉体坯料

图 3-4　液压式压力机示意图

2. 液压机

液压机是以液体（油和水）为工作介质，用泵为液体提供压力，并通过阀门将高压液体工作介质分配、输送，利用高压液体工作介质传递压力的压机。液压机由主机、液压动力系统、液压控制系统等几部分组成。液压机可提供较大压力，且加压速率、保压时间可以很好控制，因此是目前应用最广泛的陶瓷干压成型设备。

3.2.2　挤出成型

挤出成型也叫做挤压成型，它是利用泥料可塑性的特点，用陶瓷挤出机使真空炼制过的泥料通过挤出模具成型为一定形状制品的过程。主要用于制备具有等截面的陶瓷制品，适于管状、棒状、板状、蜂窝状等陶瓷材料的生产。具有可连续化生产、工艺过程简单、成本较低、结合剂用量少等特点。被广泛用于陶瓷滤芯、蜂窝蓄热体、无机陶瓷膜支撑体、蜂窝式三元催化剂载体、蜂窝式脱硝催化剂等环保陶瓷制品的制造。

3.2.2.1　挤出成型原理

挤出成型利用挤出机绞龙（螺旋叶片）或者液压油缸提供机械外力，将由料斗加入挤出筒内的可塑性陶瓷泥料向前输送，进入挤出机前端连接的模具，通过模具进料口进行物料分布，然后经过模具出料口的芯块缝隙挤出，从而成为具有不同结构的棒状、管状、平板状、蜂窝状等陶瓷制品[4,5]。其工艺原理如图 3-5 所示。

3.2.2.2　挤出成型工艺特点

1. 挤出成型物料塑性

挤出成型的陶瓷泥料需要有良好的塑性。可以通过添加黏土类物料，优化泥料塑性，

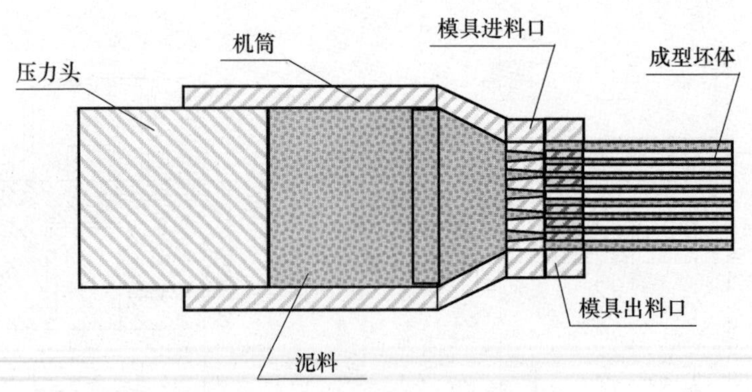

图 3-5 挤出成型工艺原理图

也可以添加有机塑化剂，用以提高瘠性物料塑性。常用的塑化剂包括：黏土（以膨润土为最好）、聚乙烯醇、聚乙二醇、纤维素、油酸、甘油等物质。表 3-1 列出了不同类型塑化剂的应用。

表 3-1 不同类型塑化剂在挤出成型环保陶瓷制品中的应用

塑化剂名称		用途
无机塑化剂	黏土（膨润土、苏州土、紫木节等）	胶粘剂
有机塑化剂	聚乙烯醇 聚乙二醇 甲基纤维素 羧甲基纤维素钠 油酸 桐油	胶粘剂
	甘油	增塑剂

颗粒形貌是影响挤出泥料塑性的关键因素。圆形颗粒制成泥料的塑性更高，颗粒越细，比表面积越大，其表面积吸附能力越大，通常表现出较强的可塑性，但同时所需水分也越多。此外，颗粒越细，堆积形成的毛细管半径越小，产生的毛细管力越大，陶瓷泥料塑性也可以提高。[5]

影响挤出成型泥料塑性的另一关键因素是水含量。泥料水含量根据陶瓷原料种类、粉体颗粒粒径、颗粒形貌等因素而有较大变化。通常具有良好球形形貌及分散性能的粉体颗粒所制泥料的水含量较低，约 10%～13%；而纳米粉体所制泥料的水含量则很高，如挤出蜂窝脱硝催化剂的泥料，其水含量可高达 28%～32%之间。水含量不仅影响泥料的挤出性能，同时还影响挤出坯体干燥收缩率以及变形情况。

2. 挤出速率分布与坯体应力

挤出成型时，泥料受力包括：①向前旋转运动的绞龙或液压驱动的活塞提供的推力；②泥料与机筒壁之间的摩擦力；③挤出模具的阻力；④泥料与挤出模具通孔壁面的摩擦力；⑤泥料与模具定型段壁面的摩擦力。

泥料与壁面的摩擦力是造成轴向速率在径向位置分布不均的原因。通常挤出坯料在靠近中心轴线部位的轴向速率较高，而靠近边壁的轴向速率较低，这种泥料运动速率的差异，会导致成型坯体的密度在轴向和径向上都存在分布不均，从而造成坯体变形甚至开裂，如图 3-6 所示。

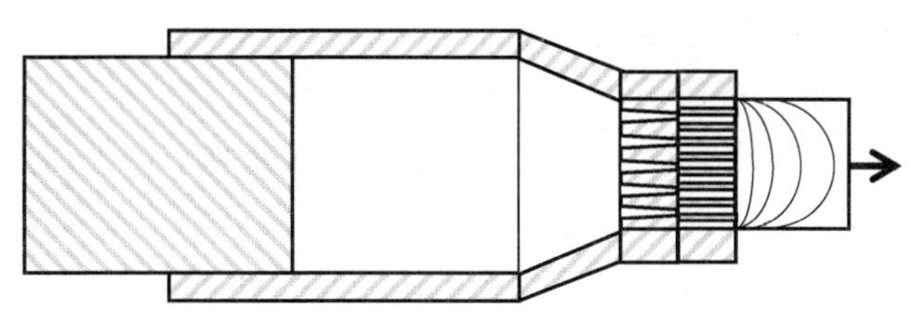

图 3-6　挤出成型坯料轴向速率分布示意图

挤出模具为通孔结构，其中进料端采用有序排布的圆形或其他形状通孔进行物料均布，出料端设计则需满足最终制品的结构要求。设计良好的模具可以对泥料出料速率进行调节。可以通过控制挤压口的长度、锥度，定型段长度，以及模具的进料、出料结构排布方法[6,7]，尽可能降低中心与边壁的轴向速率差。以往优化计算通常靠经验进行。现在则可采用 Ansys 等软件进行模拟分析，对模具进行优化设计。

3.2.2.3　挤出成型机械设备

挤出成型设备以各类挤出机为主，还包括成型模具，以及配套的牵引、切割设备等。

1. 挤出机

挤出机按照工作原理不同可分为螺旋式挤出机和柱塞式（液压式）挤出机。按照其挤出方向的不同，可以分为卧式和立式两种。

1）螺旋式挤出机

螺旋式挤出机的工作机理是依靠螺杆旋转所产生的压力及剪切力，使物料在机筒内部可以充分进行塑化、均匀混合，并通过机口的挤出模具成型。所以挤出机不仅可以实现成型，有时还可同时完成泥料的混合、塑化，从而实现连续生产，螺旋式挤出机可分为单螺旋挤出机和双螺旋挤出机，目前用于陶瓷材料挤出成型的多为双螺旋挤出机。螺旋式挤出机主要由机座、机筒、料斗、绞龙（螺旋叶片）、传动装置、机头连接器等组成。卧式螺旋挤出机的结构如图 3-7 所示。

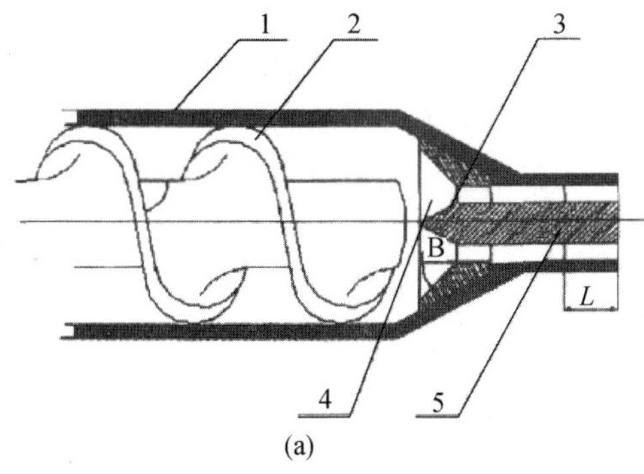

1—挤压筒；2—搅笼；3—挤出模具；4—梯形导流环；5—模芯

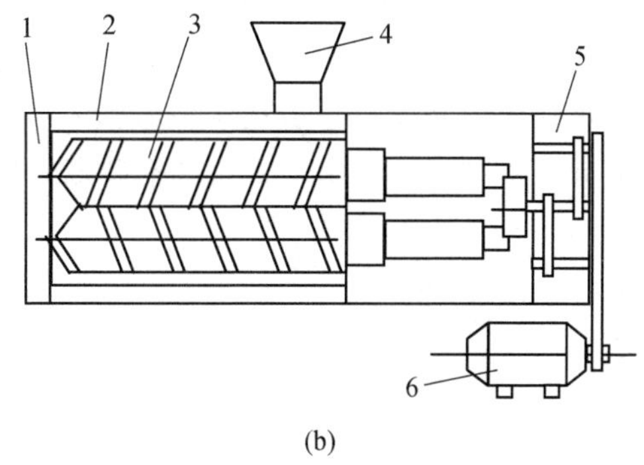

1—机头连接器；2—机筒；3— 绞龙；4—加料口；5—减速箱；6—电机

图 3-7　卧式螺旋挤出机示意图

（a）单螺旋挤出机[5]；（b）双螺旋挤出机

螺旋式挤出机的优点是可实现连续化生产，缺点是通常挤出压力较小。在压力不高的情况下，真空练泥机也可以作为螺旋挤出机使用。

2）柱塞式挤出机

柱塞式挤出机的工作机理是借助柱塞压力，将事先塑化好的泥料从口模挤出成型。挤压筒内的泥料挤完之后，柱塞会退回，等到添加新一轮塑化物料后再接着进行下一轮操作，这种生产工艺无法实现连续生产。并且需要配套使用真空练泥机预先练制泥段备用。柱塞式挤出机采用油缸等液压装置提供挤出力，常为立式结构。柱塞式挤出机的结构如图 3-8 所示。

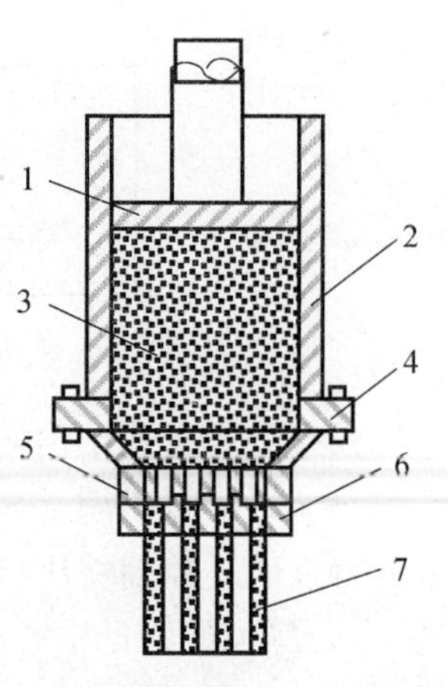

1—活塞；2—挤压筒；3—泥料；4—机头连接器；5—模具进料端；6—模具出料端；6—成型坯体

图 3-8　立式柱塞式挤出机

2. 挤出模具

挤出模具是挤出成型工艺的关键配件，多采用 45 号钢或模具钢制成。挤出模具分为模套和模芯两部分。模芯通常分为两层，第一层为进料层，第二层为出料层。挤出模具设计加工精度要求高，通常采用线切割或电火花加工制造。典型的挤出成型模具如图 3-9 所示。其中进料端为按规律有序排列的圆形孔，出料端则为按照最终制品结构要求加工的芯块阵列。挤出成型模具设计原则是既要保证各部位进料的均匀和平衡，又要使泥料进入出料通道后扩散稳定和顺利粘连[8]。

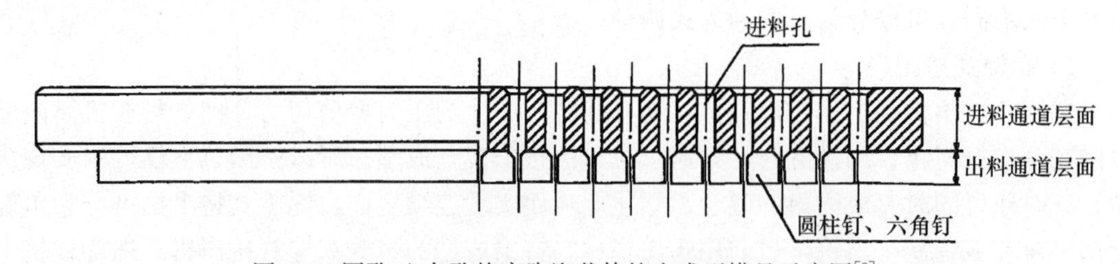

图 3-9　圆孔-六角孔蜂窝陶瓷载体挤出成型模具示意图[8]

其中的关键是挤嘴的设计。挤嘴的结构如图 3-10 所示。挤出成型的阻力主要决定于挤嘴的锥角 θ。θ 角越大，挤出阻力越大，但成型坯体经过挤嘴后结构越均匀致密。挤嘴前端有一个定型带（长度为 L）。定型带的长度与挤嘴出口直径 d 相关。定型带过长时挤出坯体内应力较大，易造成纵向裂纹；定型带过短时，坯体会产生的截面方向的弹性膨胀，导致横向裂纹的出现。通常定型带的长度 L，为挤嘴直径 d 的 2～2.5 倍。

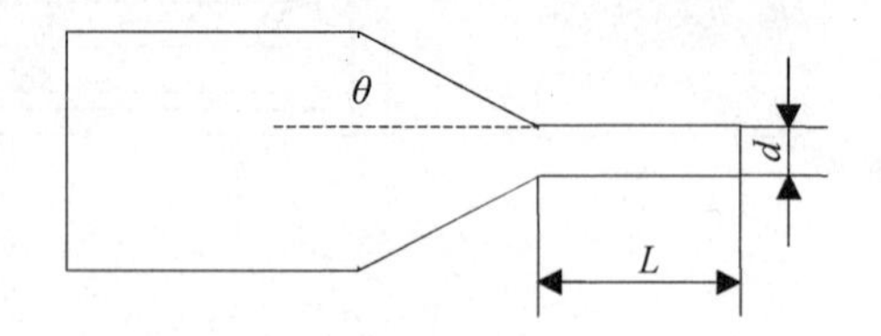

图 3-10　挤出成型挤嘴结构示意图

3. 牵引及切割设备

对于连续生产的螺旋式挤出机，在坯体挤出后，需要牵引设备进行引导，并起到承托坯体的作用，同时牵引设备还是挤出机与切割设备之间的衔接工具。牵引设备的结构简单，主要由机架、辊棒、传动装置、皮带等构成。

传统的切割设备为钢丝上下运动式切割，但由于连续生产时，成型坯料不断前进，导致切口呈斜面。目前先进的旋切设备，如图3-11所示，在切割时钢丝不仅上下运动，同时以与坯体相同的速率向前运动，从而保证切割断面垂直于坯体。采用旋切机不仅提高了坯体精度，减少了物料浪费，也大大降低了坯体后期加工量。

图3-11 WDQ-150型自动切割机

3.2.3 注浆成型

3.2.3.1 注浆成型原理

注浆成型是利用石膏模具可快速吸水的物理特性，将陶瓷粉料配制成具有良好流动性、悬浮性、稳定性的泥浆，然后注入石膏模模腔内；待泥浆中水分被模具吸收后便沿模具表面形成了具有一定厚度的均匀泥层，之后经干燥、脱模形成具有一定强度的坯体，这种成型方法被称为注浆成型。

注浆成型过程可分为三个阶段：①泥浆注入石膏模具后，水分在毛细管力的作用下被模具吸收；靠近模壁的泥浆中的水分首先被吸收，泥浆中的颗粒开始靠近，形成最初的薄泥层；②水分进一步被吸收，泥层内部水分在压力差和浓度差作用下向外部扩散，泥层逐渐变厚，直至达到最大厚度；③石膏模继续吸收水分，坯体开始收缩，同时表面的水分开始蒸发，待坯体干燥形成具有一定强度的生坯后，既可脱模完成注浆成型。

3.2.3.2 注浆成型的特点

注浆成型是一种古老、传统但又非常实用的成型方法，适用性强，不需复杂的机械设备，只要简单的石膏模就可成型。注浆成型能制出几乎任何复杂外形和大型的薄壁制品，而且成型技术容易掌握，生产成本低。

注浆成型的缺点是不适合连续化、自动化、机械化生产，仍需大量手工操作，劳动强度大，生产效率低。而且注浆成型干燥控制要求严格，生产周期长。坯体含水量高，密度小，收缩大，烧成时容易变形，难以制造精确尺寸的部件。

注浆成型可分为空心注浆和实心注浆，如图3-12所示。空心注浆时，将泥浆直接注入石膏模具中，模具从单面吃浆，泥层达到所需厚度后，将多余泥料空出。由于泥浆与石膏模型的接触面只有一面，因此也称为单面注浆。空心注浆的缺点是坯体厚度方面容易存在较大密度差，且内型面无法实现复杂结构。实心注浆采用拼合模具，模具由外模和模芯两部分组成，泥浆与外模和模芯的工作面两面接触，双面吃浆，因此也称为双面注浆。实心注浆时需要不断补充泥浆，缺点是坯体中心部位密度较低，甚至可能造成中心部位缺料。

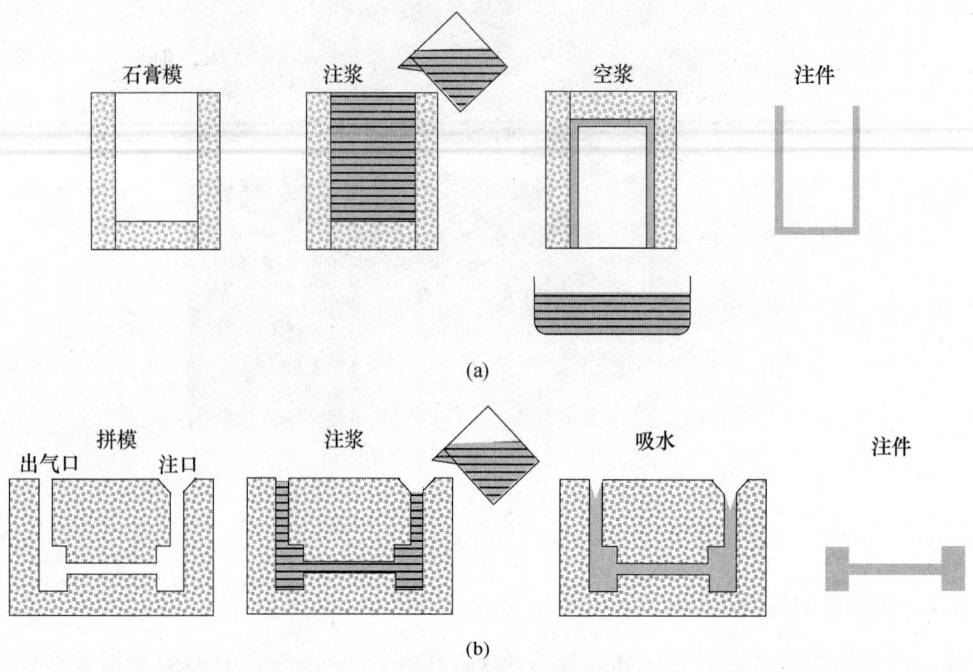

图 3-12 注浆方法示意图[2]

(a) 空心注浆；(b) 实心注浆

3.2.3.3 改进的注浆成型方法

1. 压力注浆

对于大型的制品来说，因为制品较大，注浆时间长，又因为注件壁厚，当石膏模吸水能力不够时，多余泥浆倒出后，有时注件内壁还很潮湿，注件容易损坏。为了加速水分扩散，加快吸浆速度，提高注件的致密度，缩短注浆时间，降低坯体含水量，并避免大型或异型注件发生缺料现象，可以采用加压方式，增大注浆过程推动力，加速水分的扩散和吸收。

压力注浆可分为高压注浆（压力>0.2MPa）、中压注浆（压力在 0.1～0.2MPa 之间）和微压注浆（压力<0.05MPa）。最简单的压力注浆方法是将注浆桶升高，利用泥浆位能，加大注浆压力。此外还可以采用压缩空气将泥浆压入模型。

注浆压力越大，坯体成型速率越快，生坯强度越高。压力注浆时，要考虑模具的承压能力。高压注浆通常选用高强度的多孔树脂或无机填料制造注浆模型。

压力注浆通常与真空注浆联合使用。真空注浆是利用负压自动吸浆原理，将石膏模置于真空室内浇注，可加速坯体形成，提高坯体致密度和强度。

2. 离心注浆

离心注浆是指陶瓷料浆经过高速离心运动，颗粒沉降而获得一定密度坯体的一种成型工艺。离心注浆方法结合了湿化学法粉体制备和无应力致密化技术的优点，可用来制备大体积、近净尺寸形状的陶瓷制品[9]。该工艺的优点是由于颗粒离心沉降，所以成型出来的坯体密度高，可减少胶粘剂添加量；但另一方面，由于离心力作用下不同尺寸的颗粒沉降的速率不同，导致制品密度不均匀，造成坯体分层。一种改善方法是提高料浆的固相含量，使料浆中的大小颗粒互相作用形成一个整体的网络结构，避免大颗粒先于小颗粒沉降。该工艺适合于成型截面为圆形的柱状、管状等制品。利用不同尺寸颗粒沉降速率不同的特点，通过离心注浆可以成型出孔径呈梯度分布的管状过滤膜载体，制备出的多孔管外层为大颗粒堆积形成的大孔，内层为小颗粒堆积形成的小孔，这样可以减小基体与膜材料孔径的差异[11]。但该工艺在复杂形状样品制备、坯体均匀性等方面仍有很多问题未能解决，因此尚未得到广泛应用。

3.2.4　等静压成型

等静压成型（Isostatic Pressing）是一种超高压液压先进技术，主要用于高致密度坯体的成型制备。按照温度高低，可以分为冷等静压和热等静压，本书主要介绍冷等静压技术。

3.2.4.1　等静压成型原理

等静压成型是一种利用流体介质（水或油）不可压缩和可以均匀传递压力的特性将粉体物料压制成型的方法。其工艺过程为：将造粒粉体置入柔性模具，密封后放入高压容器中，再通过压力泵将流体介质注入压力容器并施加压力。根据流体力学原理，液体受压时其压强大小不变且可均匀传递到各个方向，因此放置于高压液体中的模具在各个方向上受到均匀压力使粉体物料成型。

等静压成型的主要工艺设备为冷等静压机。设备原理图如图3-13所示。

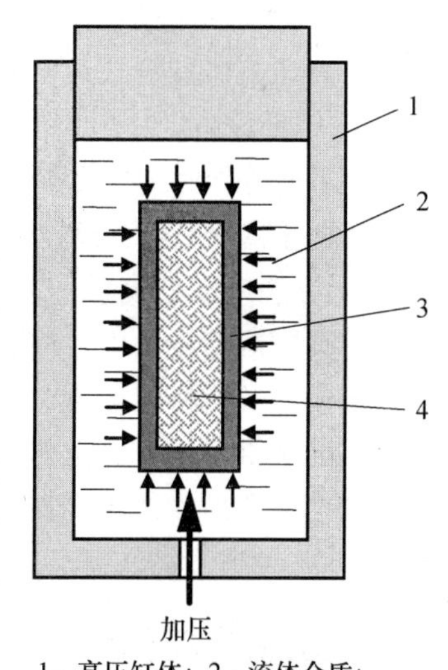

1—高压缸体；2—流体介质；3—橡胶模；4—粉体坯料

图3-13　等静压成型工艺原理示意图

3.2.4.2　等静压成型工艺特点

等静压成型的过程包括：(1) 将粉体装入具有柔性和弹性的模具（橡胶模）；(2) 将模具抽真空、密封；(3) 模具放入高压缸体内；(4) 缸体内注满液压介质（油或水）；(5) 通过高压泵给缸体内液体加压，从而进一步传递给模具，实现加压；(6) 卸压、脱模，取出制品。等静压成型的加压过程可分为三个阶段：(1) 初期成型压力较小时，粉体颗粒迁移和重堆积阶段；(2) 中期压力提高时，粉体局部流动和碎化阶段；(3) 后期压力最大时，粉体体积压缩，排出气孔，达到致密化阶段。

等静压技术作为一种成型工艺，与常规模压成型技术相比，具有以下特点：(1) 由于等静压工艺成型压力高，因此制品密度高，一般要比单向和双向模压成型高5%～15%。

热等静压制品相对密度可达99%以上；(2) 由于等静压流体介质所传递的压力在各方向相等，因此坯体密度均匀性好；(3) 制品长径比可不受限制，有利于生产棒状、管状等细长的产品；(4) 由于成型压力大，坯体致密度高，因此等静压成型工艺一般不需要在粉料中添加润滑剂，这样减少了对制品的污染；(5) 制品性能优异，生产周期短，应用范围广；(6) 等静压成型设备昂贵，生产工艺效率较低。

3.2.4.3 等静压成型设备

1. 等静压机

等静压机由超高压容器、超高压泵及液压系统和辅助设备构成。

1) 超高压容器

超高压容器是冷等静压技术的主要部件，作为放置弹性模具和加压的工作室，必须满足承压、高强度、可靠密封性等要求。容器缸体的结构常采用螺纹式结构和框架式缸体结构。

螺纹式结构：缸体是一个上端开口的坩埚状圆筒筒体，为了安全可靠，在外面常装加固钢箍（热套和钢筒），形成双层缸体结构。钢筒的上口用带螺纹的塞头连接和密封。这种结构制造起来较简单，但螺纹易损坏，安全可靠性较差，工作效率较低。为了操作方便，有的设计成开口螺纹结构，塞头装入后，旋转45°，上端另有液压压紧装置。

框架式缸体结构：缸体为一个圆筒，用高强度钢制成，或用高强度钢丝带绕制，筒体内的上、下塞是活动的，无螺纹连接。缸体的轴向力靠框架来承受，避免了螺纹结构的应力集中，工作安全可靠。对于缸体直径大、压力高的情况，更具有优越性，但投资较高。

2) 超高压泵及液压系统

超高压泵和液压系统的作用是向容器内注入高压液体。高压泵有柱塞高压泵（一般由电机皮带轮带动曲轴推动柱塞做往复式运动）、超高压倍增器（由大面积活塞缸推动小面积柱塞高压缸做往复式运动）等。液压系统则包括一系列管道、阀门及控制系统。

3) 辅助设备

为了使等静压机高效率地工作，必须配备辅助设备。自动冷等静压机的辅助设备主要有开、闭缸盖移动框架、模具装卸、粉末充填振动，压坯脱模、压力测量和操作系统等装置。

2. 等静压成型模具

等静压成型技术中，模具设计是保证坯体质量的关键。等静压成型模具由塑性型模、刚性芯模、端口密封装置、支撑装置等组成[10]。其中塑性型模（橡胶材质为主）是等静压成型的关键组件，它由包套、端塞、垫环等几部分组成，除了具有填装粉体的作用外，还起到传递压力的作用。在制备管状、桶状等空心制品时需要在中心放置刚性芯模（金属材质）。几种典型结构制品的等静压成型模具如图3-14所示。

3.2.5 片式材料成型

微孔渗透滤板、湿敏电阻等薄片式陶瓷材料（0.1～3mm）的成型方法主要有轧膜成型和流延成型两种。其中轧膜成型因其工艺简便、设备简单、生产效率高、薄片厚度均匀而广泛应用。流延成型具有制备速度快、自动化程度更高、产品质量好等优点，有逐步取代轧膜成型的趋势。

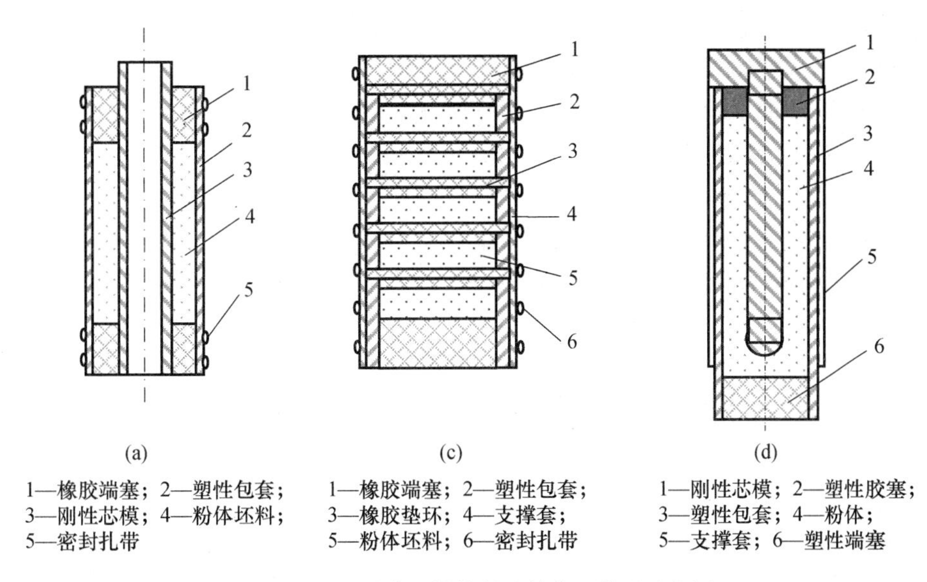

图 3-14　几种典型结构制品等静压模具示意图

(a) 管状制品；(b) 片状制品；(c) 一段封闭的长管状制品

3.2.5.1　轧膜成型

1. 轧膜成型原理

轧膜成型是一种制造薄片状制品的可塑成型工艺。可用于传感器陶瓷部件、微孔陶瓷滤板、电路基片等产品的制造。轧膜成型是用一对做逆向旋转运动的轧辊反复压延可塑泥料，使之不断变薄从而形成片状坯体，成型后的坯体可裁切或冲压成所需形状，然后通过烧结制成产品，如图 3-15 所示。轧膜成型方法工艺设备简单，生产效率较高，所形成产品的厚度均匀，工业应用较为广泛。

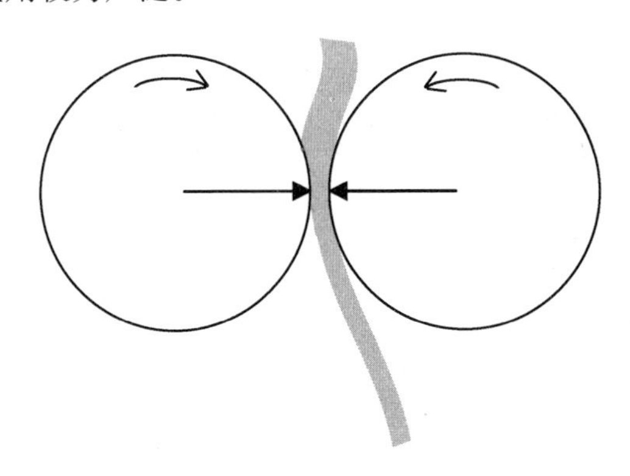

图 3-15　轧膜成型原理图

2. 轧膜成型工艺特点

轧膜成型具有以下特点：

1）练泥与成型同时进行

轧膜成型包括练泥和成型两个工序。首先将添加了塑化剂的可塑泥料进行粗轧。粗轧时轧辊间隙较大，泥料经反复多次挤压、折叠、轧练，将气泡排出使泥料混合均匀，之后逐渐缩小轧辊间隙，直到达到制品所需厚度。

2）轧膜坯体厚度均匀，精确可控

轧膜成型靠金属轧辊间隙控制轧膜坯体的厚度，轧辊间隙由调节装置精确控制，因此轧制的膜片厚度也可实现从几毫米至零点几毫米的精确控制。

3）坯体性能存在各向异性

轧膜过程中，可塑泥料受到向内相对旋转运动的辊棒的挤压力，主要沿长度方向延展变形，因此轧膜成型制品性能存在明显的各向异性。所以生产中，往往在轧膜前期采用多次折叠，长度和宽度方向反复倒向轧制的方式，尽量使泥料均匀，减少各向异性。

4）塑化剂含量高，干燥、烧结时收缩量较大

轧膜成型坯料多采用瘠性物料，其中塑化剂含量较高，因此干燥和烧结时收缩量都比较大。

3. 轧膜成型设备

轧膜成型的设备为轧膜机。轧膜机结构较为简单，如图 3-16 所示，主要包括机座、电机、减速器、联轴器、轧辊座、轧辊、轴承、轴承座、调节装置以及电控装置等部分。工作电机经减速器减速后通过联轴器带动主动轧辊转动，从动轧辊则通过齿轮实现与主动轧辊的逆向旋转，从而完成对坯料的压延成型。

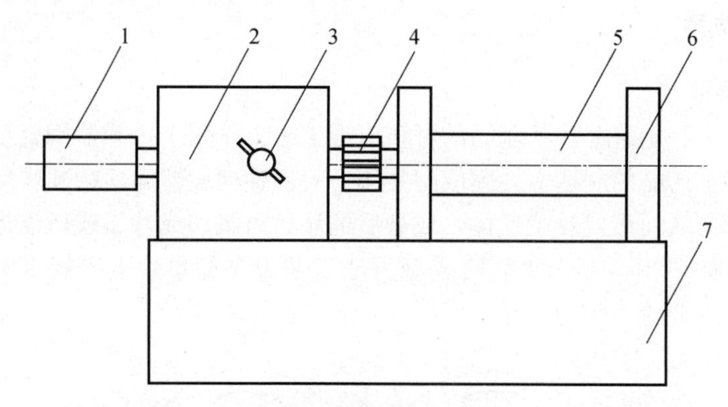

1—电机；2—传动装置（减速器、联轴器等）；3—调控装置；
4—联动齿轮；5—轧辊；6—轧辊座；7—机座

图 3-16　轧膜机结构示意图

3.2.5.2　流延成型

1. 流延成型原理

流延成型是一种陶瓷片材的专用成型技术。首先把粉碎好的粉料与有机塑化剂溶液按适当配比混合制成具有一定黏度的料浆。成型时，料浆从流延机料桶流下，被刮刀以一定厚度刮压涂敷在专用基带上；经干燥、固化后从基带上剥下成为薄片状的生坯带；然后根据成品的尺寸和形状对生坯带进行冲切、层合等加工处理，制成待烧结的毛坯成品。

2. 流延法成型工艺特点

流延法主要用于制备厚度在 0.2mm 以下的陶瓷薄膜，最小厚度可达到 0.05mm 以下，具有速度快、自动化程度高、效率高、组织结构均匀、产品质量好等诸多优势。

流延法要求原料粉体有良好的形貌和粒度，从而保证料浆既具有良好的流动性又能在基带上稳定堆积。颗粒粒度越细、粒形越圆润，则成型坯体质量越好。此外在厚度方向上，颗粒要有一定的堆积个数，因此越薄的坯体要求颗粒粒径越小。

3. 流延设备

流延机包括放卷系统、成型系统、干燥系统、基带收卷系统、基片收卷系统等，设备示意图如图 3-17 所示。其中成型系统包括料斗、刮刀等。料浆通过料斗供应到基带上，通过调整刮刀与基带之间的缝隙，控制膜片坯体的厚度。干燥炉用来对基带上堆积的料浆进行烘干、固化、定型，之后通过基带收卷系统收集成型的膜片。

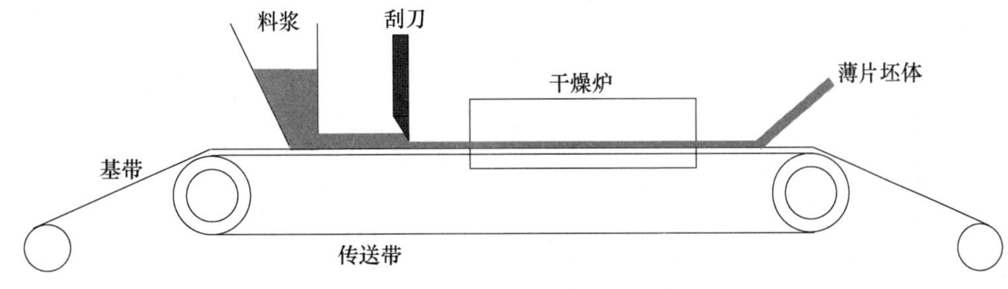

图 3-17　流延成型设备示意图

3.2.6　其他成型工艺

3.2.6.1　热压铸成型

热压铸成型又称热压注成型，是生产特种陶瓷的较为广泛的一种生产工艺，基本原理是利用石蜡受热熔化和遇冷凝固的特点，将无可塑性的瘠性陶瓷粉料与热石蜡液均匀混合形成可流动的浆料，在一定压力下注入金属模具中成型，冷却待蜡浆凝固后脱模取出成型好的坯体。坯体经适当修整，埋入吸附剂中加热进行脱蜡处理，然后再将脱蜡坯体烧结成最终制品。

这种方法成型的制品尺寸较准确，光洁度较高，结构紧密，主要适用于具有复杂结构的陶瓷制品的成型制造。热压注工艺采用热压注机，将含蜡坯料溶化后，利用压缩空气将蜡浆加压注入模具成型。由恒温浆桶、模具、压缩空气加压系统等部分组成。成型前，蜡浆放入浆桶中，通电加热使蜡浆达到要求的温度。浆桶外面是维持恒温的油浴桶，桶内插入节点温度计，接上继电器控制温度。成型时，将模具的进浆口对准注机出浆口，脚踏压缩机阀门，压浆装置的顶杆把模具压紧，同时压缩空气进入浆桶，把浆料压入模内。维持短时间后，停止进浆，排出压缩空气。把模具打开，将硬化的坯体取出，用小刀削去注浆口注料，修整后得到合格的生坯。

热压铸成型采用干粉料。一般说来，粉料愈细，比表面积愈大，则需用的石蜡量就愈多。细颗粒多，蜡浆的黏度也大，不利于浇注。若颗粒太大，则蜡浆易于沉淀，不稳定。因此，对于粉料来说最好要有一定的颗粒级配，在工艺上一般控制万孔筛的筛余不大于5%，并要全部通过 0.2mm 孔径的筛。试验证明，若能进一步减少大颗粒尺寸，使其不超过 60μm，并尽量减少 1～2μm 细颗粒，则能制成性能良好的蜡浆和产品。此外，粉料的含水量应控制在 0.2%以下。含水过多配成的蜡浆黏度大，甚至无法调成均匀的浆料。粉料在与石蜡混合前需在烘箱中烘至 60～80°。

在一定温度范围内（如 60～90°），浆温升高则浆料黏度减小，可使坯体颗粒排列致密，减少坯内的缩孔。浆温若过高，坯体体积收缩加大，表面容易出现凹坑。浆温与坯体大小、形状、厚度有关。形状复杂、大型的、薄壁的坯体要用温度高一些的浆料来压注，一般浆温控制在 65～80℃之间。

3.2.6.2　凝胶注模成型

20 世纪 80 年代末，美国橡树岭国家实验室提出了凝胶注模成型工艺。该技术首先被应用于非水系统，然后推广到含水系统[12,13]。其工艺过程是首先制备出含有有机单体和交联剂的高固相体积分数、低黏度的陶瓷悬浮体，然后在悬浮体中加入催化剂和引发剂，将悬浮体注入非孔模具中，一定条件下，由引发剂引发单体聚合实现悬浮体的原位凝固，从而得到一定形状的陶瓷坯体。最初用于凝浇注模的有机单体为丙烯酰胺，但丙烯酰胺对神经系统有较强的毒性。M. A. Janney 等对低毒性聚合体系进行了研究[13]。目前使用较多的聚合体系中单功能团单体主要有丙烯酰胺（AM）、甲基丙烯酰胺（MAM）、n-乙烯基吡咯烷酮（NVP）等；双功能团单体主要为 NN′-亚甲基双丙烯酰胺（MBAM）和 PEG（1000）DMA 等；使用的引发基体系主要有过硫酸铵/四甲基乙二氨（APS-TEMED）和偶氮二［2-(2-咪唑啉-2-基)］丙烷盐酸（AZIP）等[14]。

凝胶注模成型的优点是可以实现陶瓷的净尺寸成型；干燥后的坯体密度均匀，强度高；能生产复杂形状的陶瓷部件。不过由于有机聚合体系的聚合反应受很多因素控制，因此在某些陶瓷体系中聚合难以实现。目前使用较多的丙烯酰胺体系，用过硫酸铵/四甲基乙二胺引发聚合时，对于氧化铝、氮化硅、莫来石、碳化硅等粉体悬浮液都可以实现，但对于有炭黑存在的体系，则由于炭黑的阻聚作用，而使过硫酸铵/四甲基乙二胺引发体系无法实现可控聚合。采用偶氮类引发剂则可以较好地解决含炭黑料浆的凝胶注模成型[15]。同时凝胶注模成型的坯体由于成型和干燥过程的收缩，需要尽可能地提高陶瓷粉料悬浮体的固相体积分数，这受到注模要求的料浆流动性的限制。另外凝胶注模成型的坯体在干燥过程中有较大的收缩，因此需要在严格控制温度、湿度等条件的情况下，较长时间干燥，以避免坯体出现变形和开裂。这些都是凝浇注模成型需要克服的缺点。

3.2.6.3　注射成型

陶瓷注射成型（Injection Moulding）借助热塑性高分子聚合物在高温下熔融、低温下凝固的特性来获得具有一定形状和脱模强度的坯体，成型之后再将坯体中的高聚物排除[16-21]。注射成型技术源于 19 世纪，在陶瓷材料制备上得到大量应用是在 20 世纪 70 年代陶瓷发动机部件的制造上。到目前为止，注射成型已是一项较为成熟的陶瓷成型技术，适合于成型复杂形状的制品。它的优点是成型的坯体具有高的尺寸精度和均匀的显微结构。缺点是模具设计加工成本高，而且成型过程中添加大量的胶粘剂，在烧结前必须将有机胶粘剂排出，因此注射成型排胶过程非常缓慢，通常需要几天时间；另外，在烧成时有机添加物的氧化会产生大量的二氧化碳以及挥发性有机副产物。因此人们对注射成型提出了多种改进的措施，其中一种是水溶液注射成型或称为低压注射成型，它采用水溶性聚合物如琼脂、琼脂糖等作为胶粘剂，能够降低注射时的温度和压力。这类胶粘剂会在冷却到

40～42℃时凝胶化，使浆料固化成型[22]。另外还有浆料注射成型等改进的注射成型技术[23]，从某些方面克服了注射成型技术存在的缺点。

3.2.6.4　溶胶-凝胶法

溶胶-凝胶法是采用前驱体在溶剂中水解形成稳定的溶胶体系，再经过凝胶化过程，形成具有三维网络结构的凝胶，经干燥、烧结形成具有纳米微观结构的材料。目前溶胶-凝胶法主要用于各种氧化物和Ⅱ-Ⅵ族化合物材料的制备，如氧化硅、氧化铝、氧化钛等。溶胶-凝胶法使用的前驱体主要包括金属醇盐、酯类化合物等。金属醇盐的通式是 $M(OR)_n$，其中 M 为金属元素，主要有 Si、Al、Ti、B、Zr 等；R 为烷基，其通式为 $R=C_mH_{2m+1}$；n 是金属离子的价态。溶胶-凝胶法常用的金属醇盐如表 3-2 所示。

表 3-2　溶胶-凝胶法常用金属醇盐

阳离子	金属醇盐
Si	$Si(OC_2H_5)_4$、$Si(OCH_3)_4$
Al	$Al(OC_3H_7)_3$、$Al(OC_4H_9)_3$
Ti	$Ti(OC_4H_9)_4$、$Ti(OC_3H_7)_4$
Zr	$Zr(OC_4H_9)_4$、$Zr(OC_3H_7)_4$
B	$B(OCH_3)_3$

金属醇盐首先经水解缩合化学反应形成溶胶，其反应式如下：

水解反应：

$$M(OR)_n + xH_2O \longrightarrow M(OH)_x(OR)_{n-x} + xROH \tag{3-1}$$

缩合反应：

$$M—OH + M—OH \longrightarrow M—OH—OH—M \tag{3-2}$$

$$M—OH + OH—M \longrightarrow M—O—M + H_2O \tag{3-3}$$

或

$$M—OR + M—OH \longrightarrow M—O—M + ROH \tag{3-4}$$

之后胶团间继续缓慢聚合形成包含有大量溶剂分子的三维结构的凝胶。凝胶化过程是溶胶体系解稳的过程，由于胶粒表面带有电荷而具有良好的稳定性，因此通过调节溶液的离子强度，特别是 pH 值，可以降低胶粒间静电排斥力，促进凝胶化。凝胶化后的坯体经过干燥、烧结得到最终的材料。

溶胶-凝胶法可用于制备块体材料、粉体材料以及膜材料。

3.2.6.5　直接凝固注模成型（Direct Coagulation Casting）

直接凝固注模成型（DCC）是一项将生物酶技术、胶体化学、陶瓷工艺学融为一体的成型技术。该技术由瑞士联邦工学院的 Graule 和 Gauckler 等人提出[24]，在近年来引起人们广泛的重视。该工艺基于陶瓷悬浮体内部发生化学反应导致颗粒表面电荷减少而使悬浮体失稳聚沉的原理。由于在极性溶剂中（如水），粉料颗粒表面在酸性条件下带正电荷，而在碱性条件下带负电荷，如果颗粒表面带很多同号电荷，则相互间的斥力会使颗粒很好的分散形成稳定悬浮体。这时如果调整料浆 pH 值至等电点（IEP）或增加离子强度，都会使颗粒间斥力减小、引力增大，使颗粒聚沉，从而起到使悬浮体固化成型的作用。研究发现加入某种生物酶可以实现这一目的，这种酶的反应可以通过温度和浓度来控制。具体过程是在低温陶瓷悬浮体中预先加入生物酶和底物，这时由于料浆温度低于生物酶与底物反应的温度，所以料浆的性能不受影响；料浆注入模具后，升高料浆温度，使酶与底物发生作用，从而使料浆的pH值改变，或料浆中离子强度增加，这都会使料浆中的颗粒发生团聚，使料浆的黏度增加，从而实现原位凝固；得到的坯体具有一定的脱模强度，然后将脱模后的坯体干燥，得到成型后的陶瓷制品。可以使pH值由酸性向碱性变化的生物酶反应包括尿素酶使尿素水解的过程、酰胺酶对氨基化合物的分解以及葡萄糖氧化酶对葡萄糖的作用。

直接凝固注模工艺的优点是不需要或只需加入少量的有机添加剂，避免了长时间脱脂过程，同时不需长时间干燥，坯体密度均匀，成型过程坯体几乎没有收缩，可以制备大尺寸形状复杂的陶瓷部件。但由于该工艺完全依靠料浆聚沉来形成可以脱模的坯体，因此料浆的固相体积分数必须足够高（通常认为应当大于55%）才能使坯体具有足够的强度。所以制备高固相体积分数的陶瓷料浆是直接凝固注模工艺的技术关键。

3.2.7 新型增材制造成型方法

增材制造技术（Additive Manufacturing，简称AM），是一类和传统的机械加工等减材制造技术（Subtractive Manufacturing ）相反的技术，它是按照虚拟的三维模型，通过增加材料的方式来生成实体的技术[25]。该技术集中了计算机辅助设计（CAD）、计算机辅助制造（CAM）、计算机数控技术（CNC）、激光技术、材料科学等先进技术，是一项多学科交叉、多技术集成的先进制造技术。

该技术摒弃了传统的“去除”加工法，而采用全新的“增长”加工法，将复杂的三维加工分解成简单的二维加工的组合。因此，它不必采用传统的加工机床和工装模具，只需传统加工方法的10%～30%的工时和20%～35%的成本[26-29]，就能直接制造出任意复杂形状的产品。目前增材制造技术已经在汽车工业、航空航天、医疗、工业设计、艺术等领域获得了广泛的应用。

3.2.7.1 增材制造技术的特点

工程陶瓷材料是现代工业中一种重要的结构材料，具有优异的物理化学性能，如耐高温、耐磨损、抗氧化等，在各个领域都获得了广泛的应用[30]。

传统的陶瓷结构件的制备通常包括成型、坯体加工、排胶、烧结和后期的机械加工等过程。由于陶瓷材料具有硬而脆的特点，在这些环节中，对素坯及烧结体的机械加工（如研磨和抛光）成本占了整个陶瓷生产成本的约80%。

传统的陶瓷成型技术如注射成型（Ceramic Injection Molding）和凝胶注模成型（Gel Casting），需要使用量身定做的模具，只能成型简单的、中等复杂程度的陶瓷结构件，且在小批量订制复杂陶瓷结构件的生产领域不具有竞争优势；而增材制造技术以其无与伦比的设计自由度和灵活性，为小批量、多品种、复杂精细结构陶瓷结构件的低成本、快速、高效率制造提供了可能。

3.2.7.2 陶瓷材料的增材制造技术

相对于金属材料和高分子材料的增材制造技术，陶瓷材料的增材制造技术起步较晚，商业化应用也不成熟。目前用于制备陶瓷结构件的 AM 制造技术被学者分为直接增材制造技术、间接增材制造技术和阴模增材制造技术[31]。图 3-18 为常用的陶瓷材料增材制造技术。

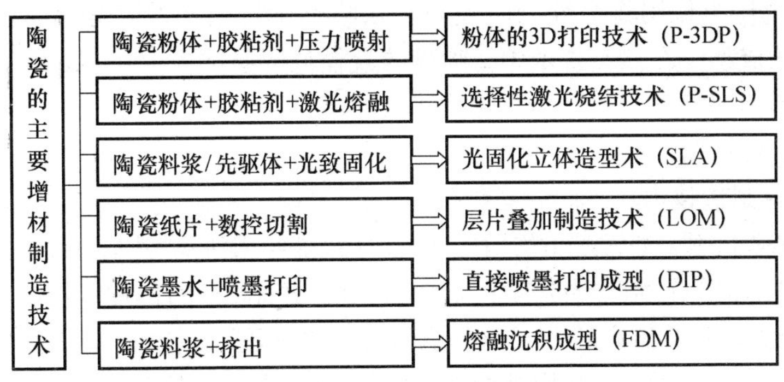

图 3-18 几种常用的陶瓷增材制造技术

表 3-3 为几种常用陶瓷增材制造技术的主要技术特征。

表 3-3 几种常用陶瓷增材制造技术的主要技术特征

序号	增材技术	典型原料状态	成型尺寸	表面质量	成型精度	原料成本
1	P-3DP	粉体	10mm～1m	中	100μm	低
2	P-SLS	粉体	10mm～0.1m	中	100μm	低
3	SLA	陶瓷料浆	100μm～10mm	高	<1μm	中高
4	LOM	片状陶瓷纸	10mm～0.1m	中	100μm	中
5	DIP	陶瓷料浆	1～10mm	中	10μm	高
6	FDM	陶瓷料浆	1～10mm	低	100μm	中

注：1. P-3DP：Powder-Based 3D Printing，基于陶瓷粉体的 3D 打印技术；
2. P-SLS：Powder-Based Selective Laser Sintering，基于陶瓷粉体的选择性激光烧结技术；
3. SLA：Stereolithography，基于陶瓷料浆的光固化立体造型术；
4. LOM：Laminated Object Manufactureing，层片叠加制造技术；
5. DIP：Direct Inkjet Printing，直接喷墨打印成型；
6. FDM：Fused Deposition Modeling，熔融沉积成型。

1. 直接增材制造技术

直接增材制造技术是指根据最终制品的结构，通过压力等将含有陶瓷颗粒的悬浮液直接打印成型，或将含有陶瓷颗粒的糊状物、料浆直接挤出堆积成型的技术。该技术主要有直接喷墨打印成型（Direct Inkjet Printing，简称 DIP）、自动注浆成型（Robocasting）、熔融沉积成型（Fused Deposition Modeling，简称 FDM）[31]。

1）直接喷墨打印成型技术

直接喷墨打印成型采用了一种特殊的陶瓷悬浮体，该悬浮体具有很好的稳定性和流动性，其分散介质可以是水或者有机物，通常其固相含量的体积分数小于 30%，通过添加分散剂等添加剂改善了悬浮体的黏度、表面张力，并能够控制喷墨打印过程中墨滴的喷洒和干燥过程[31,32]。此外，为了保证悬浮体能够稳定而持续地通过打印头，陶瓷粉体还应具有亚微米的尺寸和较窄的颗粒粒径分布[33]，因为采用了亚微米的陶瓷粉体，能够实现颗粒的致密堆积，即陶瓷素坯具有较高的密度和易于烧结的特点。该技术可以用于制备机械性能优异的氧化物陶瓷和非氧化物陶瓷[34-36]。

2）自动注浆成型和熔融沉积成型技术

自动注浆成型（Robocasting）、熔融沉积成型（Fused Deposition Modeling，简称FDM）均为通过压力作用将黏性的陶瓷浆料从喷嘴中挤出，按照分解的截面轮廓，以线条状的形式堆积成型。在该类技术中，喷嘴的直径范围通常为100～1000μm，为了防止线条状的陶瓷浆料堵塞喷嘴，控制黏性陶瓷浆料的流变性能是至关重要的。制备的陶瓷素坯的密度可以达到理论密度的60%[37,38]。

2. 间接增材制造技术

间接增材制造技术，通常是指均匀地铺上一层原料，随后增材制造设备按照设计的模型在该层原料上"镌刻"上所需要的轮廓，如此不断重复直至所有的原料层堆积完成。最后需要去除多余的原料，释放出产品[31]。这种原料层的"镌刻"工艺可以通过多种途径实现。

目前较为成熟的用于制备陶瓷结构件的间接AM技术主要有基于陶瓷粉体的3D打印技术（Powder-Based 3D Printing，简称P-3DP）、基于陶瓷粉体的选择性激光烧结技术（Powder-Based Selective Laser sintering，简称PSLS）、基于陶瓷料浆的光固化立体造型术（Stereolithography，简称SL）以及层片叠加制造技术（Laminated Object Manufactureing，简称LOM）。

1）3D打印成型技术

基于陶瓷粉体的3D打印技术通常采用流动性好的陶瓷粉体原料，先均匀地沉积一层粉体层，随后按照模型，通过打印头将某种液态胶粘剂有选择性地、均匀地喷洒在粉体层上，将粉体层中某一区域的粉体固化在一起，通过不断重复上述步骤，最终得到所需要的陶瓷坯体[39-41]。

基于陶瓷粉体的3D打印技术（Powder-Based 3D Printing，简称P-3DP）非常适用于制备多孔陶瓷结构件，但在制备致密的单块陶瓷结构件时具有一定局限性，通常颗粒的堆积密度低于理论密度的25%，为了使粉体具有良好的流动性，颗粒尺寸通常>20μm，但粗颗粒又不易烧结致密化。为了让陶瓷坯体能够致密烧结，通常要采用颗粒尺寸小的陶瓷粉体，但颗粒尺寸小的陶瓷粉体的流动性差，且容易团聚和带静电[42,43]。

2）基于陶瓷粉体的选择性激光烧结技术

基于陶瓷粉体的选择性激光烧结技术（Powder-Based Slective Laser Sintering，简称P-SLS）是利用激光的能量有选择性地烧结陶瓷粉体或熔化陶瓷粉体层中的有机成分而使颗粒固化在一起的技术。该技术需要克服两个问题，首先是在激光选择性烧结过程中，因温度梯度的存在而导致的热应力，容易导致坯体热震开裂；其次是陶瓷粉体的扩散系数低，难以烧结致密化。基于陶瓷粉体的选择性激光烧结技术是目前唯一的一种制备所需陶瓷结构件的方法[44,45]。

3）光固化快速成型技术

光固化快速成型技术（Stereolithography，SL）建立在含有陶瓷颗粒的光固化液态树脂的光致聚合反应的基础上，类似于其他非直接的AM技术，经过一层一层的固化来获得所需要的结构件。关于这种料浆的典型组成是包含了单体溶液、一种光引发剂，以及一种分散陶瓷粉体的添加剂，可以制备陶瓷固相含量体积分数为40%～60%的陶瓷料浆[46-48]。

该工艺由于使用了大量的有机添加剂，需要进行脱脂处理，在脱脂过程中很有可能产生裂纹、孔洞等缺陷；且在光固化过程中会放出大量的热，恐引起陶瓷层的翘曲和变形。这些都是要考虑的问题。但和其他陶瓷材料的AM技术相比，采用该工艺可以获得极高的尺寸精度和表面质量。

4）层片叠加制造技术

层片叠加制造技术（Laminated Object Manufactureing，LOM），一般也被认为是层状复合制造技术（Layered Iaminated Manufacturing）。这个技术的主要优势是可以直接叠加成型，以挤出成型、流延成型或者陶瓷坯体预制纸制备的素坯的流延片为原料。和传统的制造技术相比，如注射成型、挤出成型等，LOM技术制备的结构件拥有适中的抗弯强度和较高的孔隙率[49-53]。这种技术的主要缺点是，在大多数的叠层技术中，存在层片之间界面质量差、界面之间有孔隙等缺陷，还存在层间的不均匀收缩而导致的变形问题。

3. 复制阴模增材制造技术

复制阴模法（Negativereplica Methods），即先通过热塑性高分子材料的增材技术制备出聚合物模具（Sacrificial Polymeric Mold），再将陶瓷料浆浇注到该模具，通过降解、烧除或者溶解的方式将聚合物模具去除，再经过烧结，最终得到具有一定形状和尺寸的陶瓷坯体[54]。

3.3　环保陶瓷坯体干燥

成型后的陶瓷生坯中通常含有2%～30%的水分，除干压、等静压工艺成型的陶瓷坯体含水量较少外，其他工艺成型的生坯都需要经过干燥排出多余的水分或有机溶剂，从而得到干燥后的坯体。由于液体表面张力和毛细管力的作用，坯体干燥过程大都伴随着体积收缩，产生应力，甚至出现变形、开裂。因此选择合适的坯体干燥工艺及干燥制度，是陶瓷材料制造的关键技术之一。环保陶瓷按照制品外观、微观结构、材质的不同可采用不同的干燥工艺，目前常用的干燥工艺包括控温控湿干燥、蒸汽干燥、红外干燥、微波干燥等，此外超临界干燥等工艺也用于制备具有纳米微观结构的产品。

3.3.1　坯体干燥机理及干燥控制

3.3.1.1　坯体干燥机理

陶瓷坯体干燥过程中，生坯表面与干燥介质（如空气）接触，因此表面的水分首先汽化挥发，然后生坯内部的水分在水分压差的作用下通过扩散向表面迁移、汽化，使坯体内部的水分逐渐减少；直至生坯表面水蒸气分压与干燥介质中水蒸气分压达到动态平衡，使坯体不再失水，干燥过程结束。

陶瓷坯体中的水分可分为物理水和化合水两部分，其中物理水可分为吸附水和自由水。自由水指的是存在于大孔隙、粗毛细孔里的水，与坯体结合很弱，是最易失去的水，干燥过程中主要排出的是自由水。

陶瓷坯体干燥过程主要受水分在表面的汽化速率和内部的扩散速率控制。当汽化速率大于扩散速率时，极易由于坯体表面始终处于较为干燥的状态，而出现表面层收缩过快现象，导致坯体内产生应力，发生变形，当应力大于坯体的干燥强度时会发生开裂。干燥中，坯体的传热过程也是影响坯体干燥的重要因素，由于常规的干燥加热坯体都是从表面开始升温，逐渐传热到内部，当坯体传热速率较慢时，坯体表面汽化速率高，而内部的扩散速率低，容易造成坯体干燥开裂。因此坯体干燥工艺的重点是控制坯体表面水分汽化速率和内部水分扩散速率，以及坯体传热过程。

坯体干燥过程通常不是匀速失水，而是表现出不同的干燥失水及收缩速率，其规律如下：

1. 升速干燥阶段

升速干燥阶段也叫做加热阶段。坯体受热升温并由表面向内部传热。这一阶段由于坯体中存在较多水分，需要首先将多余水分蒸发，因此这一过程坯体几乎不产生收缩变形。

2. 等速干燥阶段

当多余水分蒸发之后，坯体吸收的热量与蒸发水分所消耗的热量达到动态平衡，干燥过程进入等速干燥阶段。这时坯体内部毛细孔内水形成凹液面使其表面张力增加，坯体开始收缩。等速干燥阶段，水分由坯体内部迁移到表面的内扩散速度与表面水分蒸发扩散到周围介质中去的外扩散速度相等，坯体干燥速率和传热速率保持恒定不变，其干燥速率主要取决于干燥介质的条件（温度、相对湿度）。

坯体的大部分干燥收缩都发生在等速干燥阶段。

3. 降速干燥阶段

当坯体中的自由水大部分排除时，干燥速度开始降低，由等速阶段过渡至降速阶段。等速阶段到降速阶段的坯体含水量称为临界含水量。不同坯体的临界含水量不同，同时坯体表层与中心达到临界含水量的时间也不相同。

到达临界含水量以后，坯体的干燥过程排出的不再是自由水，而是细毛细管中的水分和含水矿物中的物理吸附水。因此降速干燥阶段坯体几乎不再收缩，干燥过程进入相对安全状态。降速干燥阶段，坯体吸收的热量大于蒸发水分所消耗的热量，因此坯体的温度将逐渐升高。

虽然从理论上讲，降速干燥阶段坯体内不再产生干燥收缩的应力，但实际上，由于坯体表层和中心达到临界含水量的时间不同，坯体表面层结束等速干燥，收缩达到最大值时，中心层仍然含有较多的水分，使得坯体表层与潮湿核心会产生应力，表面受张应力，内部受压应力，从而容易产生坯体的变形、开裂。

4. 平衡阶段

当坯体表面水分达到平衡水分时，表面干燥速度降为零。此时水分在坯体表面的蒸发与吸附达到动态平衡，平衡水分的多少取决于坯体的性质和周围介质的温度与湿度。

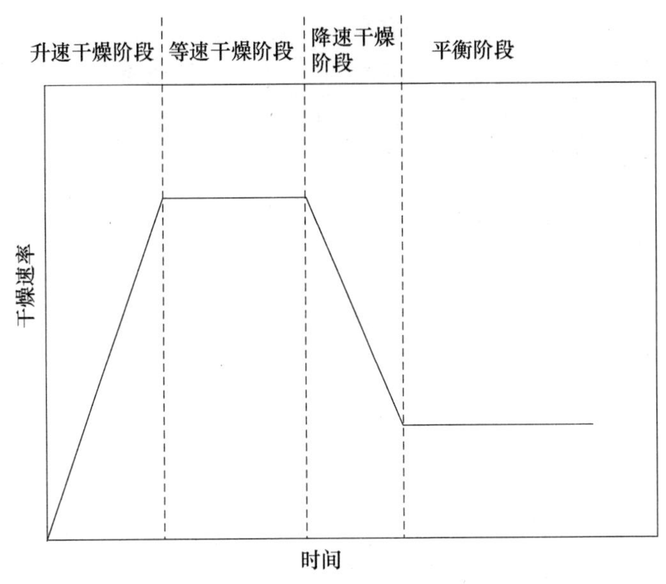

图 3-19　典型的坯体干燥过程曲线

3.3.1.2　坯体干燥控制

为获得无缺陷的干燥坯体，需要对坯体干燥的传热和传质过程进行精确控制，即通过选择合适的干燥介质温度、相对湿度，以及坯体加热方式来控制坯体的传热速率、表面水分汽化速率和内部水分扩散速率，使坯体干燥收缩产生的应力小于坯体干燥强度，避免变形开裂的产生。

控制干燥介质（空气）的温度和相对湿度是坯体干燥的关键。通常利用水的饱和蒸气压与温度之间的关系，采用恒温恒湿箱，严格调控干燥室的温度与湿度，确保坯体内部水分的扩散速度与表面层的汽化速率相匹配，以减少坯体干燥变形及缺陷。因此需要制定合适的干燥制度。

干燥制度是指达到一定干燥速度各干燥阶段应选用的干燥参数。最佳干燥制度是指在最短时间内获得无干燥缺陷坯体的制度。影响干燥制度的因素包括：

1. 坯体的内扩散速率

影响坯体内扩散速率的因素包括坯体的组成、结构以及坯体温度等。

坯体的组成与结构影响坯体内水分的内扩散。瘠性物料有助于减少成型水分，减少干燥收缩，加强水分内扩散；粗颗粒有助于形成较粗的毛细管，内扩散阻力小，也利于提高水分的内扩散速度；多孔坯体具有较小的内扩散阻力。因此可在保证生坯强度的前提下，增加粗颗粒比例，使坯体中形成有利于内扩散的七孔结构，提高水分的内扩散速率。

生坯温度高时，水的黏度降低，毛细管中水的表面张力也降低，因此可以提高水分在坯体内部的内扩散速率，有助于加快坯体的干燥速率。

生坯内部温度梯度越小，坯体内扩散速率与表面汽化速率越接近，将更有利于坯体的无缺陷干燥。因此通过某种方式（微波、远红外等）为坯体提供热量，使坯体内部与外部温度接近，当温度梯度方向与湿度梯度方向一致时，可显著加快水分内扩散速率。

2. 坯体的外扩散速率

坯体的外扩散速率主要受干燥介质的温度、相对湿度、流速、坯体表面蒸汽分压等因素影响，如图 3-20 所示。提高干燥介质温度，降低蒸汽分压，增大气流速度，有助于提高水分的外扩散速率。

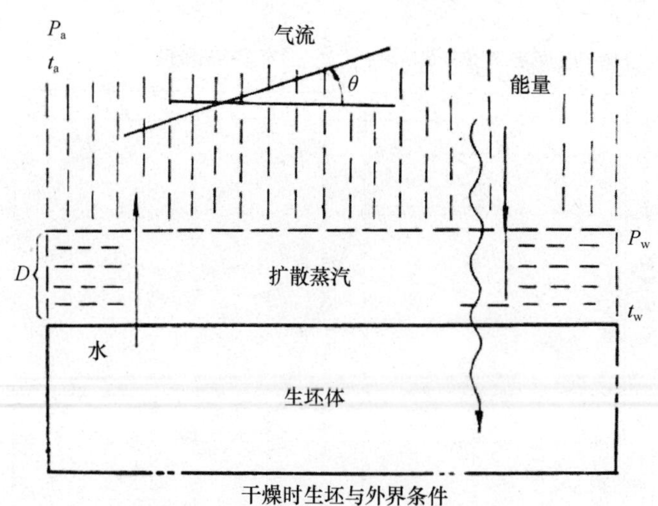

图 3-20　干燥时生坯与外界条件[2]

3.3.2　常用的陶瓷坯体干燥工艺

3.3.2.1　热空气干燥

热空气干燥是一种传统的干燥方法，采用热空气作为干燥介质，利用热空气对流传热作用，将热量传给坯体，实现坯体水分蒸发干燥。这种干燥方法具有设备简单、温度和流速易于调节控制的特点。一般的热空气干燥，干燥介质流速小，小于 1m/s。因此，对流传热阻力大，传热较慢，影响了干燥速度。而快速对流干燥（如高速定位热空气喷射）则可使气流速度达到 10～30m/s，可大大提高干燥速度。环保陶瓷产品热空气干燥器主要以室式干燥器（图 3-21）和隧道式干燥器（图 3-22）为主。

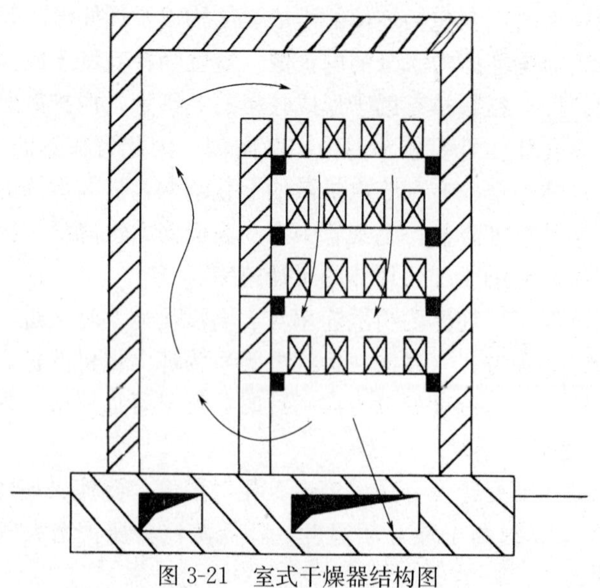

图 3-21　室式干燥器结构图

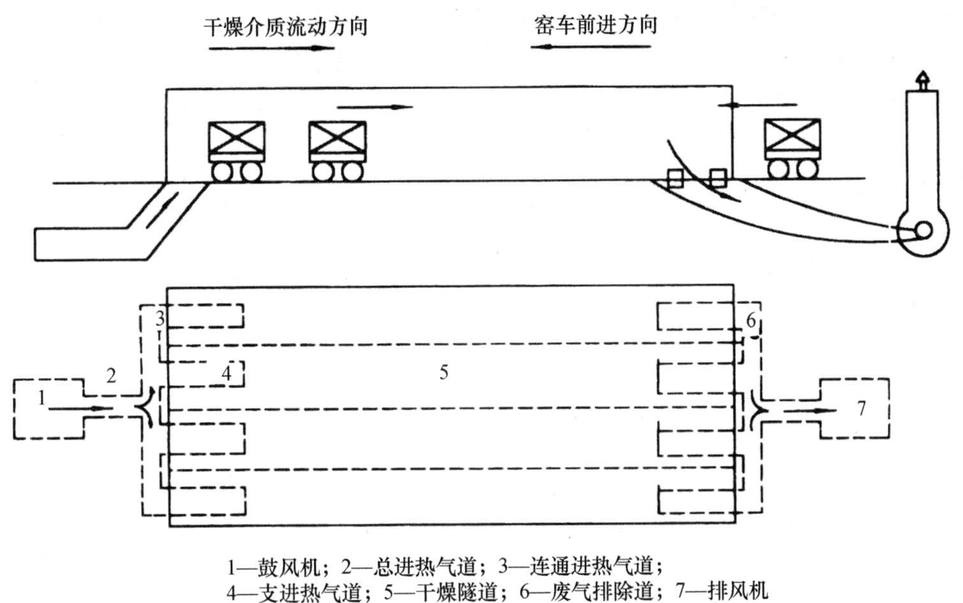

1—鼓风机；2—总进热气道；3—连通进热气道；
4—支进热气道；5—干燥隧道；6—废气排除道；7—排风机

图 3-22　隧道式干燥器结构图

3.3.2.2　过热蒸汽干燥

过热蒸汽干燥技术以过热蒸汽作为干燥介质，在坯体出模后，将坯体置入封闭的干燥室中，然后将蒸汽沿干燥室顶部的管道直接通入密封干燥室，蒸汽在密室中膨胀降压，形成过热蒸汽。过热蒸汽与坯体表面接触，通过对流及在坯体表面的冷凝将蒸汽热量及凝结潜热传递给坯体，使坯体迅速升温、内部水分汽化蒸发。典型的过热蒸汽干燥示意图如图3-23所示。湿蒸汽再由干燥室底部的管道排出进行回收利用。过热蒸汽干燥技术的优点是传热传质效率高、节能效果好、干燥坯体品质好，缺点是坯体表面易产生结露现象，坯体平衡水分较高。

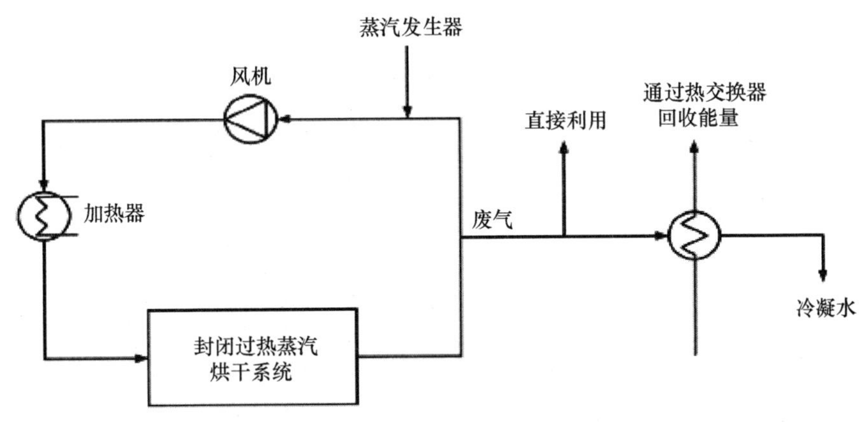

图 3-23　典型的过热蒸汽干燥示意图

3.3.2.3　远红外干燥

远红外干燥技术是一种内热源加热技术。它利用红外辐射元件发出红外线，坯体内部分子在经过红外线辐射作用后，吸收了红外线辐射能量并将其直接转变为热能，从而实现坯体的加热干燥。坯体中的水是红外敏感物质，在红外线的作用下水分子的键长和键角振动，偶极矩反复改变，吸收的能量与偶极矩变化的平方成正比，因此可以大量吸收辐射能，加热效率很高。同时坯体中的陶瓷物料也吸收红外线，特别是在远红外区有较强的吸收峰。而且远红外线对被照物体的穿透深度比近、中红外深，因此采用远红外干燥陶瓷更合理。

远红外干燥具有干燥速度快、生产效率高、节约能源、使用方便、干燥均匀、占地面积小等优点。

3.3.2.4 微波干燥

微波干燥的原理是采用微波加热技术实现坯体的加热干燥。

微波加热与传统加热技术不同，它不需要外部热源，不需任何热传导过程，而是向被加热材料内部辐射微波电磁场，通过被加热体内部偶极分子的高频往复运动，产生内摩擦热，使微波场能转化为热能，从而实现被加热材料的加热、升温、干燥。微波加热具有材料内外部同时加热、升温，加热速度快且均匀的优点。

微波干燥设备示意图如图 3-24 所示。

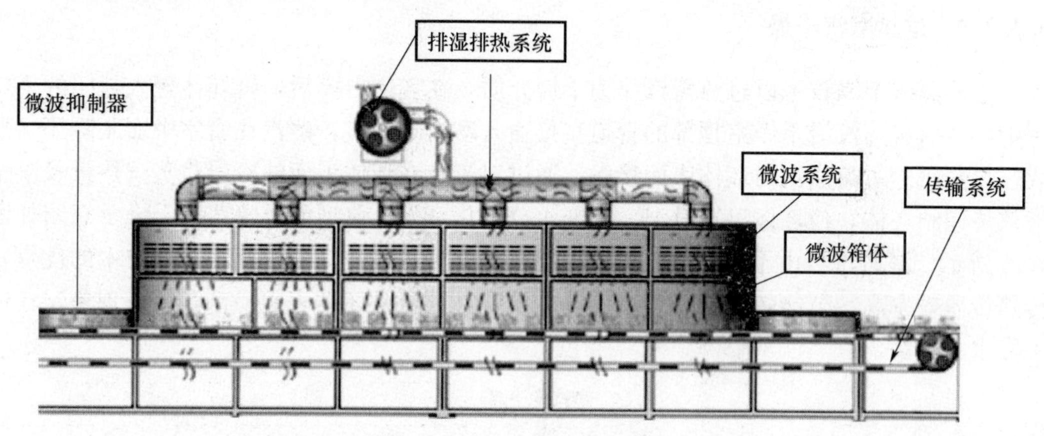

图 3-24　微波干燥设备示意图

采用微波加热实现陶瓷干燥可有效避免由于坯体表面与内部温度差造成的蒸发、扩散速率不一致而导致的应力、变形、开裂等问题。同时由于微波干燥水分排出速率高，因此可用于坯体的干燥定型。目前微波干燥技术已成功用于蜂窝陶瓷、多孔陶瓷制品的定型、干燥。

微波加热具有选择性的特点，这是由于物质吸收微波能的能力取决于自身的介电特性。通常介电常数大的介质很容易用微波加热，介电常数太小的介质难以采用微波加热。

3.4 环保陶瓷烧成

陶瓷烧成是将干燥后的坯体在一定条件下进行热处理，使制品实现陶瓷化的过程。陶瓷烧成决定最终制品的物相组成、显微结构以及材料性能。环保陶瓷的烧结技术主要包括空气气氛下的常压烧结技术、真空烧结技术、气体保护下的气氛烧结和气氛压力烧结技术等。陶瓷烧成包括烧结技术选择和烧成制度的确定。

3.4.1　烧结机理

陶瓷烧结是指陶瓷坯体在高温下致密化的过程和现象的总称。随着温度升高和时间的延长，陶瓷坯体中具有高表面能的固体颗粒，力图向降低表面能的方向变化，颗粒迁移，相互之间发生键联，晶粒长大，空隙和晶界渐趋减少，气孔逐步排除，产生收缩，使坯体成为具有一定强度的致密的瓷体，如图 3-25 所示。

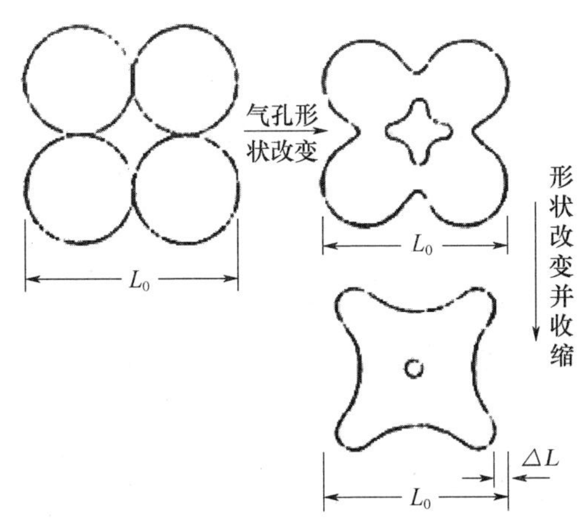

图 3-25　烧结现象示意图[1]

陶瓷烧结过程的驱动力是总界面能减少。按照烧结机理，陶瓷烧结可分为液相烧结、固相烧结，其特征如表 3-4 所示。

表 3-4　陶瓷烧结分类

分类	特点	物质传递	机理
液相烧结	烧结过程中有液相生成	液相传质	溶解-沉淀、 黏性流动、 塑性流动
固相烧结	烧结过程中没有液相生成	固相传质 气相传质	扩散、 蒸发-凝聚

3.4.1.1　液相烧结

液相烧结是指烧结温度下，部分物质形成液相的烧结过程。通常多组分物系在烧结温度下常有液相出现。当烧结温度高于烧结体中低熔成分或低熔共晶的熔点时，液相出现。由于物质的液相迁移比固相扩散要快得多，因此液相烧结过程烧结体的致密化速度和最终密度均可大大提高。陶瓷烧结过程中，为实现液相烧结，通常加入一些添加物作助熔剂，以降低烧结温度和液相黏度，促进烧结。

液相烧结的传质主要通过流动或溶解-沉淀完成。

1. 黏性流动

当烧结过程中形成的液相含量高，且液相黏度较低时，液相表现为牛顿性流体，这时高温下的粉体颗粒也具有较好的流动性质。烧结过程中，首先相邻颗粒中心互相逼近，接触面积不断扩大，然后发生粘合，形成封闭气孔。随着烧结的进行，封闭气孔不断被压缩，材料逐渐密实化。

2. 塑性流动

当烧结过程中形成的液相含量相对较少而黏度较高时，整个体系表现为塑性流动的流体，体系中固相颗粒移动的阻力较大，因此为实现良好的致密化，应尽可能选择较小的颗粒，以获得较大的表面能。

3. 溶解-沉淀

液相烧结过程中，当固相颗粒在液相中具有一定的溶解度时，会发生溶解-沉淀作用。即分散于液相中的固相颗粒，其中细小颗粒的表面凸起部分会发生溶解进入液相，并通过液相转移至溶解度较低的粗颗粒表面，在此处沉淀下来，实现传质。这一传质过程导致颗粒长大，并促进坯体进一步致密化。

3.4.1.2 固相烧结

固相烧结是指在烧结温度下基本上无液相出现的烧结过程。通常高纯氧化物、碳化物、氮化物之间的烧结过程多属于固相烧结。固相烧结的传质主要通过扩散或蒸发-凝聚完成。

1. 扩散

在高温下挥发性小的陶瓷原料，物质主要通过扩散进行传递。扩散传质过程的动力是颗粒表面上的空位浓度与内部浓度之差，可表示为：

$$\Delta C = \frac{\gamma\delta^3}{\rho RT}C_0 \tag{3-5}$$

式中 γ——表面张力（mN/m）；

δ——颗粒间液膜的厚度（mm）；

ρ——材料密度（g/cm^3）；

R——常数；

T——温度（℃）；

C_0——固相在液相中的溶解度［g/100g 水］。

当晶体的晶格中空位浓度存在差异时，物质就会由缺陷浓度高的部位定向扩散到浓度低的部位。由于在颈部、晶界表面和晶粒间存在空位浓度梯度，烧结过程中空位在体内移动，则物质通过体扩散、表面扩散和晶界扩散向颈部作定向传递，实现传质过程。扩散传质是一种固相传质。

2. 蒸发-凝聚

蒸发-凝聚传质过程的动力是颗粒表面不同位置的蒸气压差。由表面张力作用产生的压力差可表示为：

$$\Delta P = \frac{2\gamma}{r} \tag{3-6}$$

或

$$\Delta P = \gamma\left(\frac{1}{r_1} + \frac{1}{r_2}\right) \tag{3-7}$$

式中　ΔP——曲面蒸汽压的压差（kPa）；

r、r_1、r_2——球形颗粒表面的曲率半径（mm）；

γ——表面张力（mN/m）。

烧结过程中，颗粒表面不同位置以及颗粒间颈部位置的表面曲率存在差异，造成各部分蒸气压不同，物质会从蒸气压较高的凸表面蒸发，通过气相传递，在蒸气压较低的凹表面（颗粒间颈部区域）发生凝聚，如图 3-26 所示，从而使颗粒间形成紧密结合，坯体逐步致密化。蒸发-凝聚是一种气相传质过程。

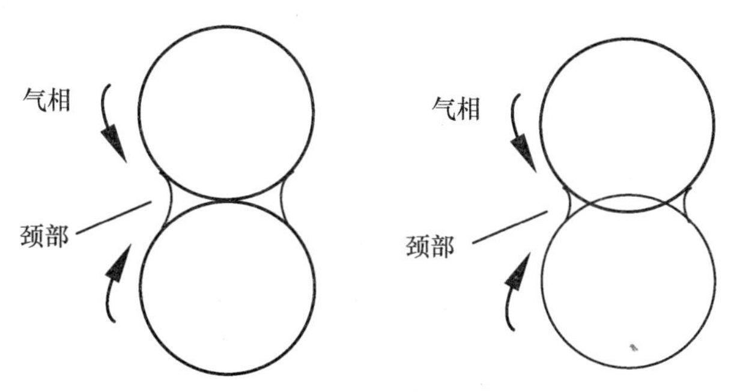

图 3-26　蒸发-凝聚机理示意图

3.4.2　烧成制度

烧成制度包括温度制度、压力制度、气氛制度。其中温度制度是指烧成各阶段的升温速率、降温速率、最高烧成温度和保温时间等；压力制度是指烧成各阶段窑炉内的压力参数控制；气氛制度是指窑炉内的气氛要求，如氧化、中性、还原、惰性气氛等。选择合理的烧成制度并加以精确控制，是获得制品良好性能和完整结构的关键。

3.4.2.1　温度制度

烧成过程温度变化主要分为以下几个阶段，如表 3-5 所示。

表 3-5　烧成过程温度变化阶段

温度变化阶段	温度范围	主要变化	
		制品结构及性能变化	发生的物理-化学变化
低温阶段	室温～300℃	质量减小、气孔率增大	排除机械水、吸附水
氧化分解或热解阶段	300～950℃	质量急剧减小； 气孔率进一步增大； 硬度和机械强度增加； 体积稍有变化	结晶水排除； 盐类分解； 有机物氧化； 碳素氧化； 有机物热解； 晶型转变等
高温阶段	950℃～最高烧成温度	强度增加； 气孔率降低； 体积收缩、密度增大	继续氧化、分解，或热解； 形成液相； 固相发生熔融； 形成新结晶相等

续表

温度变化阶段	温度范围	主要变化	
		制品结构及性能变化	发生的物理-化学变化
保温阶段	最高烧成温度	坯体结构进一步均匀致密	液相量增多； 晶界移动、晶粒长大； 发生扩散、蒸发-凝聚等反应
冷却阶段	最高烧成温度～室温	硬度、机械强度增大； 出现应力	晶界移动； 液相结晶； 液相过冷

因此需要根据各阶段不同的变化，制定合理的温度制度。

1. 升降温速率

在有大量水分或气体排出以及出现相变和晶型转变的阶段，需降低升温速率，以避免物化反应过于激烈，导致坯体开裂；在相对较为稳定的高温阶段，则可以适当提高升温速率，抑制晶粒长大；而在冷却的初始阶段，则需采用较低的降温速率，以减少应力产生。

2. 最高烧成温度

提高最高烧成温度有助于提高颗粒表面蒸气压、空位扩散速率，降低液相黏度，有助于烧结过程进行。但过高的烧成温度则易导致液相量过多、黏度过低，使坯体产生较大变形，同时还可能促进二次再结晶，使制品性能恶化。

3. 保温时间

保温时间一方面决定了物理化学反应的程度，使制品组织结构更趋均一，同时也是控制晶粒尺寸的关键。适当延长保温时间会不同程度上促进烧结的进行，但在液相量较多时，保温时间过长会造成晶粒在液相中溶解，不易形成坚强的骨架，导致材料机械性能降低；同时也可能出现二次再结晶，无法得到致密的制品。

3.4.2.2　气氛制度

烧结气氛可分为氧化气氛、中性气氛、还原气氛、惰性气氛等几类。其中常压烧结的烧结气氛如表 3-6 所示。而惰性气氛则以氮气、氩气等作为保护气体。

表 3-6　陶瓷常压烧结过程的烧结气氛

烧结气氛	氧含量/%
强氧化气氛	8～10
普通氧化气氛	4～5
中性气氛	1～1.5
弱还原气氛	<1，CO=2～7
还原气氛	CO=2～7
强还原气氛	CO=3～7

为了获得不同的组分、微观结构、外观等性质，需要选择不同的烧结气氛。而且在烧成的不同阶段，窑炉内气氛也不尽相同。

3.4.3 常用烧结技术

3.4.3.1 常压烧结

常压烧结是最普通的陶瓷烧结方法，指不加压而在大气压力下对陶瓷材料进行烧结的技术，包括在空气条件下的常压烧结和惰性气氛条件下的常压烧结（也称为无压烧结）。

1. 常压烧结技术

本节主要介绍空气条件下的常压烧结技术，即在自然大气条件下，将坯体置于空气气氛窑炉中，在热能作用下，实现坯体烧结的工艺，它是烧结工艺中最传统、最简便、最广泛使用的一种技术。

2. 常压烧结设备

常压烧结的窑炉有箱式炉、梭式窑、隧道窑、辊道窑等。其中箱式炉由于炉内空间有限，主要用于实验室。环保陶瓷的工业生产则以梭式窑、隧道窑、辊道窑、网带窑等为主。

1）梭式窑

梭式窑是陶瓷烧结常用的一种间歇烧结窑炉，其主体结构包括由窑墙、窑顶构成的矩形窑室、可打开的窑门、可通过轨道推入拉出的窑车，如图 3-27 所示。工作时，装有陶瓷制品的窑车推进窑内，升温烧成，烧成结束后，再将窑车拉出，卸下烧好的制品。由于窑车如同梭子，因此被称为梭式窑，也叫作抽屉窑。

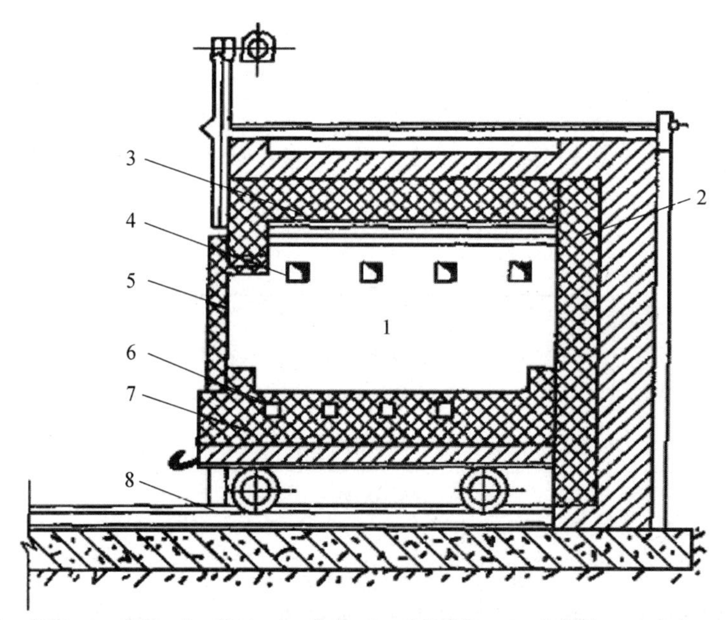

1—窑室；2—窑墙；3—窑顶；4—烧嘴；5—升降窑门；6—支烟道；7—窑车；8—轨道

图 3-27 梭式窑结构示意图

梭式窑的生产系统由燃料供给及燃烧设备、燃烧风机、烟气-空气换热器、调温风机和排烟风机等几部分组成。梭式窑的供热可采用燃油、燃气或电热提供。

燃油或燃气的梭式窑，烧嘴安设在两侧窑墙上，并视窑的高矮设置一层或数层烧嘴。燃料通过烧嘴燃烧产生的高温热烟气从窑车两侧与窑墙之间的缝隙流到窑车的顶部以后，在烟囱抽力的作用下再通过窑车上坯体之间的缝隙向下流动，自上而下加热坯体。当热烟气完成传热后变为废气，最后从排烟系统和烟囱排向大气。由于梭式窑内热烟气从上向下流动，所以窑内的温度比较均匀，这是梭式窑的一大优点。

梭式窑具有以下特点：

①烧成制品适应性强，能适应不同尺寸、形状和材质制品的烧成。特别适合小批量多品种产品的生产，可满足多样化的需求；

②既可作主要的烧成设备，又可作为辅助烧成设备，例如产品的重烧和新产品的试生产使用；

③结构紧凑，占地面积小，投资相对较少；

④由于是间歇烧成，窑的蓄热损失和散热损失大，烟气温度高，热耗量较高。

2）隧道窑

隧道窑是现代化的连续式烧成的热工设备，是目前陶瓷生产中使用最普遍的一种窑型，因其窑体外形像一条隧道而得名。广义的隧道窑包括窑车式隧道窑、辊道窑、推板窑等。狭义的隧道窑则仅指窑车式隧道窑。

窑车式隧道窑由窑体、窑内输送设备（窑车）、燃烧设备和通风设备等几部分组成。隧道窑的主体是一条长度为几十米的直线形隧道，在其两侧及顶部有固定的墙壁及拱顶，底部铺有轨道，装载陶瓷制品的窑车可沿轨道由窑头端向窑尾端运行；燃烧设备设在隧道窑的中部两侧，供热热源包括燃煤、燃油、燃气、电热等，构成了高温带——烧成带；燃烧设备产生的高温烟气在隧道窑前端烟囱或引风机的作用下，沿着隧道向窑头方向流动，同时逐步地预热进入窑内的制品，这一段构成了隧道窑的预热带；在隧道窑的窑尾鼓入冷风，冷却隧道窑内后一段的制品，鼓入的冷风流经制品而被加热后，再抽出送入干燥器作为干燥生坯的热源，这一段便构成了隧道窑的冷却带，如图 3-28 所示。

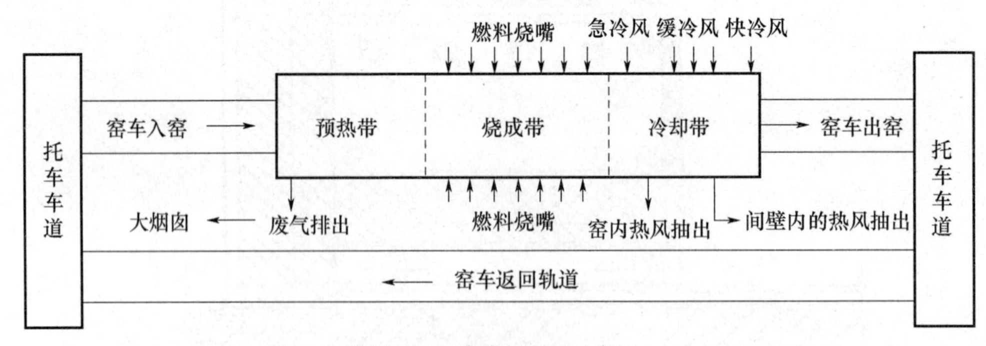

图 3-28　隧道窑流程示意图

采用隧道窑烧成，陶瓷制品被装入匣钵放置在窑车上，连续地由预热带的入口慢慢地推入。烧成后的制品，则由冷却带的出口逐渐被推出。

隧道窑具有以下特点：①可实现连续生产，周期短、产量高；②热能得到充分利用；③烧成时间短；④操作简便，节省劳力；⑤烧成制度可以精确控制，产品质量好，成品率高；⑥窑内不受急冷急热的影响；⑦窑车、窑具使用寿命长。

3）辊道窑

辊道窑是以转动的辊棒作为坯体运载工具的隧道窑。陶瓷制品直接或间接放置在许多根间隔很密的水平耐火辊棒上，靠辊子的转动使制品从窑头向窑尾传送，因此被称为辊道窑。

辊道窑结构与隧道窑类似。但制品运输系统由辊棒和传动系统组成，每根辊子的端部都有小链轮，由链条带动自转，为传动平稳、安全、常将链条分若干组传动。陶瓷辊道窑实物图如图3-29所示。低温辊棒用可耐热的镍铬合金钢制成，而高温辊棒则用耐高温的陶瓷辊棒（如刚玉瓷辊棒、石英陶瓷辊棒、碳化硅辊棒等）作为辊子。辊子长度可达到2.5m，要求尺寸准确。

图3-29　陶瓷辊道窑

辊道窑的供热方式有燃气（发生炉煤气、天然气）、燃油（重油、柴油、煤油等）、电热等。辊道窑燃烧室在辊子的下方，燃烧室与辊道之间，有耐火材料隔离，火焰不直接接触被烧制的产品。电热时，为保护发热体或使温度更均匀，也需将发热体和制品隔开。

辊道窑相比于隧道窑具有以下特点：

①温差小。辊道窑的辊子的上下可同时加热，制品裸烧，同时由于煤油窑车，因此窑内上下温度均匀。

②节能。由于辊道窑没有窑车和匣钵，无曲封、车封、砂封等空隙，窑体密封性好，因此相对于隧道窑而言，热能利用率更高。

③烧结制品高度小。辊道窑的空间截面为扁平形，适合于烧制板式或截面高度较小的制品。

4）网带窑

网带窑也是隧道窑的一种，采用金属网作为制品的运载工具，因此通常用于低温焙烧。由于温度较低，网带窑多采用电热供热。如SCR脱硝催化剂、三元催化剂等材料可采用网带窑，在600℃左右的温度下进行焙烧。SCR催化剂生产用网带窑如图3-30所示。

3.4.3.2　气氛烧结

对于在空气中易发生氧化或很难烧结的制品，如非氧化物陶瓷或透光体等，为减少气

图 3-30 SCR 催化剂生产用网带窑

孔或防止其氧化，通常采用气氛烧结方法。即在炉膛内通入某种气体，形成所要求的气氛，在此气氛下进行烧结。常用气氛烧结的材料主要有：

（1）非氧化物陶瓷

以 Si_3N_4、SiC 等为主，为避免非氧化物陶瓷在高温下氧化，这类材料需要在氮气或氩气等惰性气体保护下进行烧结。

（2）透明陶瓷

透明 Al_2O_3 陶瓷为获得良好的透光性，必须严格控制纯度、晶粒尺寸、晶界、气孔、杂质等，因此需要在真空或氢气气氛中进行烧结。

气氛烧结包括真空烧结、无压烧结、气氛压力烧结、热压烧结、热等静压烧结等工艺。

1. 真空烧结

真空烧结是指在一定真空度情况下的烧结。通常先将炉体内抽真空，然后通入保护性气体，在一定负压下进行烧结。

由于真空烧结过程中，烧结炉内通过真空系统达到较高的真空度，对于坯体中含有的不易从气孔逸出的气体（水蒸气、氢、氧、氮、一氧化碳、二氧化碳等）具有较好的脱气作用，因此材料的气孔率降低，烧结致密度较高。

真空烧结在真空烧结炉里进行，真空烧结炉结构主要包括炉体、加热系统、真空系统、控温系统、水冷系统、电控系统等。炉体主要由带水冷套的金属壳体、保温层、烧结室组成。加热系统主要由变压器、调压器、电极、发热体等组成。真空系统主要由真空泵组、真空管道、阀门、真空计、密封系统组成。控温系统包括控温热偶、测温热偶等。水冷系统包括水冷套、进水回水管路、阀门、水压表、水泵、冷却塔等。

真空烧结炉靠电加热提供热源。根据烧结温度的不同，可采用电阻加热、感应加热、微波加热等加热方式。采用石墨发热体的真空烧结炉，其最高使用温度通常在 2200℃以下，采用感应加热，炉内温度可达到 2600℃。

卧式真空烧结炉如图 3-31 所示。

2. 无压烧结

无压烧结也叫常压烧结，本章节所提无压烧结特指在保护气氛条件下的常压烧结，主

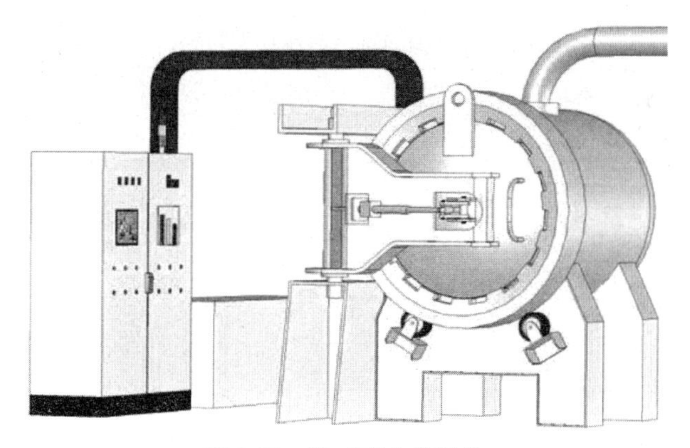

图 3-31　卧式真空烧结炉

要用于非氧化物陶瓷材料的烧结制备。由于非氧化物多为难烧结物质，因此采用无压烧结的坯体往往加有烧结助剂，使高温时形成液相，实现液相烧结。

无压烧结设备为气氛烧结炉，结构与真空烧结炉类似，只需在真空烧结炉的基础上增加可实现微正压条件的供气系统。

3. 压力烧结

压力烧结是指在加热粉体的同时进行加压。通常用于降低难烧结材料的烧成温度。由于在压力的作用下，烧结不再是扩散传质，而是通过塑性流动传质，因此与常压烧结相比，烧结温度可大大降低，同时烧结体的致密性更高，并且由于抑制了晶粒的生长，可以使烧结体晶粒细小、强度更高。压力烧结包括气氛压力烧结、热压烧结、热等静压烧结等技术。

压力烧结设备也都采用电热供热方式，按照温度高低可采用石墨电阻加热、工频感应加热、中频感应加热、高频感应加热等方式。

1）气氛压力烧结

气氛压力烧结是一种采用气体作为加压介质的烧结方式。烧结时炉内压力通常在 10MPa 以下。气氛压力烧结可有效地降低难烧结物质（如氮化硅、Sialon 陶瓷等）的烧结温度。采用气氛压力烧结制备氮化硅，在压力下可实现在 1700℃获得致密的氮化硅材料。

气氛压力烧结炉主要由主机系统、加热系统、液压系统、真空压力系统、冷却系统、电气系统等构成。

2）热压烧结

热压烧结也称为一般热压法，是将难烧结的粉体或生坯放入模具内同时加压升温的工艺。可以在整个升温过程施加预定压力，也可以在高温阶段施加压力。其工艺如图 3-32 所示。

热压工艺中最重要的是模型材料的选择。热压烧结选用的模型材料如表 3-7 所示。其中性能最好、使用最广泛的模型材料是石墨。

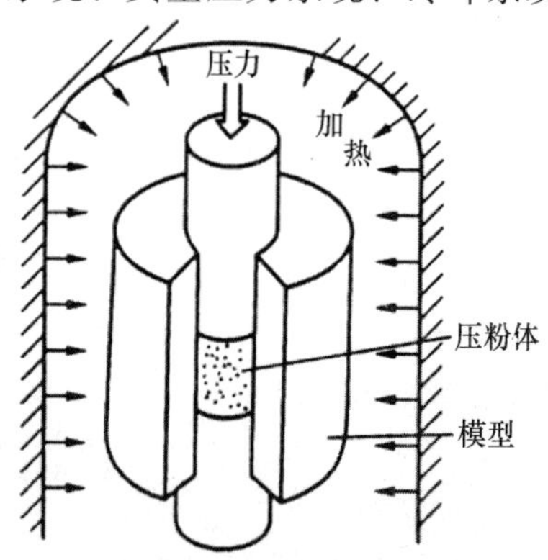

图 3-32　热压工艺示意图

表 3-7 单轴加压的热压模型材料[1]

模型材料	最高使用温度/℃	最高使用压力/MPa	备注
石墨	2500	70	中性气氛
氧化铝	1200	210	机械加工困难，抗热冲击性弱，易产生蠕变
氧化锆	1180	—	
氧化铍	1000	105	
氧化硅	1500	280	机械加工困难，有反应性，价格高
碳化钽	1200	56	
碳化钨、碳化钛	1400	70	
二硼化钛	1200	105	机械加工困难，价格高，易氧化，易产生蠕变
钨	1500	245	
钼	1100	21	
耐腐蚀高温镍	1100	—	易产生蠕变
合金不锈钢	—	—	—

3）热等静压烧结

热等静压烧结是将成型与烧结同步完成，其原理与冷等静压相似，所不同的是加入了加热系统，如图 3-33 所示。同时采用气体代替液体作为加压介质。热等静压采用了高温可塑性变形的包套材料，如玻璃体材料、金属材料等，也可将材料预烧成一定形状，不用包套材料而直接在气体压力下烧结。

热等静压一般在 100～300MPa 压力下，在几百度至 2000℃温度下进行烧结。热等静压工艺中物料所受压力为各向同性，材料性能较好；同时烧结压力较大，因此可有效降低烧结温度，或实现常压不能烧结材料的制备。

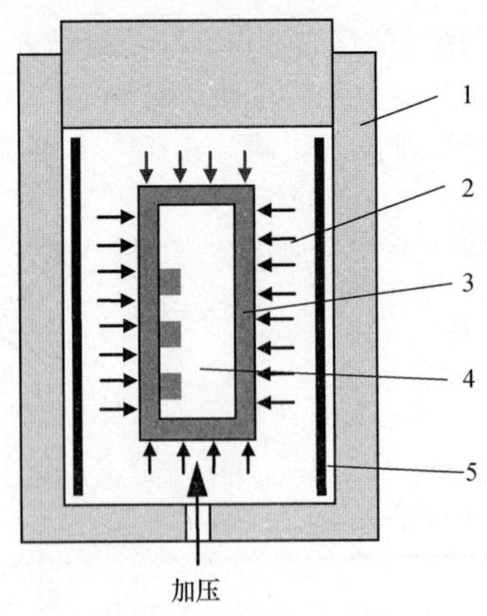

1—高压缸体；2—气体介质；3—包套材料；
4—粉体坯料；5—发热体

图 3-33 热等静压工艺示意图

参考文献

[1] 李世普．特种陶瓷工艺学［M］．武汉：武汉工业大学出版社，1990.

[2] 刘康时．陶瓷工艺原理［M］．广州：华南理工大学出版社，1990.

[3] 初小葵．含水率对以聚乙烯醇为粘接剂的氧化铝喷雾造粒颗粒压制过程的影响［J］．陶瓷科学与艺术，2003（02）：16-18.

[4] 唐竹兴．陶瓷部件挤出成型工艺［J］．现代技术陶瓷，1995（04）：34-39.

[5] 付伟峰，唐竹兴，王计选．挤出成型多孔陶瓷的性能及应用［J］．现代技术陶瓷，2007（01）：16-19.

[6] 何明腾，李国富，黄晓珍，等．陶瓷泥料挤出成型工具几何参数的优化研究［J］．兵器材料科学与工程，2014（05）：51-54.

[7] 何明腾，李国富，黄晓珍，等．陶瓷泥料挤出成型过程挤出参数优化研究［J］．硅酸盐通报，2014（03）：526-530.

[8] 周美虎．圆孔、六角孔蜂窝陶瓷载体挤压成形模具［J］．陶瓷，2005（07）：28-29.

[9] 江崇经．冷等静压成型包套和模具的设计［J］．电瓷避雷器，1994（06）：19-23.

[10] W. Huisman，T. Graule，L. J. Gauckler. Centrifugal Slip Casting of Zirconia［J］. Eur. Ceram. Soc. 1994，(13)：33-39.

[11] Jennifer A. Lewis. Colloidal Processing of Cereamics［J］. Am. Ceram. Sci.，2000，83［10］：2341-2359.

[12] O. O. Omamete，M. A. Janney，R. A. Strehlow. Gelcasting- A New Ceramic Forming Process［J］. Am. Ceram. Soc. Bull.，1991，70［10］：1641-1649.

[13] M. A. Janney，O. O. Omatete，C. A. Walls，et al. Development of Low-Toxicity Gelcasting Systems［J］. Am. Ceram. Soc.，1998，81［3］：581-591.

[14] 杨金龙．陶瓷胶态成型工艺及其原位凝固机制的研究［D］．北京：清华大学，1996.

[15] 陈玉峰．碳化硅/炭黑水基料浆凝胶注模成型的研究［D］．北京：中国建筑材料科学研究总院，2003.

[16] Z. S. Rak. Advanced Forming Techniques in Ceramics［J］. Polish Ceramics，2000，5.

[17] 颜鲁婷，司文捷，苗赫濯．陶瓷成型技术的新进展［J］．中国建材报，2002. 7.

[18] A. J. Fanelli，R. D. Silvers，W. S. Frei，J. V. Burlev，etal. New Aqueous Injection Molding Process for Ceramic Powders［J］. Am. Ceram. Soc.，1989，72：1833-1836.

[19] T. Zhang，S. Blackburn，J. Bridgwater. Properties of Ceramic Suspensions for Injection Moulding Based on Agar Binder［J］. Br. Ceramic Trans.，1994，93：229-233.

[20] A. J. Millan，R. Moreno，M. I. Nieto. Rheological Studies of Aqueous Silicon Nitride Slips for Low Pressure Injection Moulding［J］. Br. Ceramic Proceed，1999，60：67-68.

[21] A. Salomoni，E. Rastelli，I. Stamenkovic. Colloidal Shaping：A Comparison Between Pressure Casting and Injection Moulding of Aqueous Suspensions［J］. Br. Ceramic Proceed，1999，60：215-216.

[22] T. J. Graule，L. J. Gauckler，F. H. Baader. Direct Coagulation Casting- A New Shape Technique［J］. Ind. Ceramics，1996，16：31-40.

[23] Near-Net-Shape Forming (TIF)［J］. Am. Ceram. Soc. Bull.，1999，78：20.

[24] M. E. Bowden，K. Machen，I. W. M. Brown. Ceramic Fabrication by Gel-Bonding［J］. Br. Ceram. Trans.，1999，60：217-218.

[25] R. Moremo，B. Ferrari. Advanced Ceramics via EPD of Aqueous Slurries［J］. Am. Ceram Soc.

Bull., 2000, 79 (1) 44-48.

[26] ASTM Standard F2792, Standard Terminology for Additive Manufacturing Technologies. ASTM International, West Conshohocken, Pennsylvania, 2012.

[27] 胡庆夕，周克平，吴懋亮．快速制造技术的发展与应用［J］．机电一体化，2003（5）：6-11.

[28] 王广春，赵国群．快速成型与快速模具制造技术及其应用［M］．北京：北京机械工业出版社，2003.

[29] 崔国起，陈光辉，张庆华，等．快速成型技术及其发展概况［J］．计算机复制设计与制造，2000（9）：3-5.

[30] P. Everitt, I. Doggett. Advanced Ceramics in Demands [J]. Ceramic Industry Report, 2009.

[31] B. Y. Tay, J. R. G. Evans, M. J. Edirisinghe. Solid Freeform Fabrication of Ceramics [J]. Int. Mater. Rev., 2003, 48 (6): 341-370.

[32] E. Ozkol, J. Ebert, R. Telle. An Experimental Analysis of the Influenceof the Ink Properties on the Drop Formation for Direct Thermal InkjetPrinting of HighSolid Content Aqueous 3Y-TZP Suspensions [J]. J. Eur. Ceram. Soc., 2010, 30 (7): 1669-1678.

[33] W. D. Teng, M. J. Edirisinghe. Development of Ceramic Inks for Direct Continuous Jet Printing [J]. J. Am. Ceram. Soc., 1998, 81 (4): 1033-1036.

[34] A. M. Watjen, P. Gingter, M. Kramer, et al.. Novel Prospectsand Possibilities in Additive Manufacturing of Ceramics by Means of Direct Inkjet Printing [J]. Adv. Mech. Eng., 2014.

[35] E. Ozkol, W. Zhang, J. Ebert, et al.. Potentials of the 'Direct Inkjet Printing' Method for Manufacturing 3Y-TZP Based Dental Restorations [J]. J. Eur. Ceram. Soc., 2012, 32 (10): 2193-2201.

[36] R. I. Tomov, et al. Direct Ceramic Inkjet Printing of Yttria-StabilizedZirconia Electrolyte Layers for Anode-Supported Solid Oxide Fuel Cells [J]. J. Power Sources, 2010, 195 (21): 7160-7067.

[37] B. Cappi, E. Ozkol, J. Ebert, et al., Direct Inkjet Printing of Si_3N_4: Characterization of Ink, Green Bodies and Microstructure [J] Eur. Ceram. Soc., 2008, 28 (13): 2625-2628.

[38] N. Stuecker, J. Cesarano III, D. A. Hirschfeld. Control of theViscous Behavior of Highly Concentrated Mullite Suspensions for Robocasting [J] J. Mater. Process. Technol., 2003, 142 (2): 318-325.

[39] P. Miranda, A. Pajares, E. Saiz, A. P. Tomsia, et al. Fracture Modes Under Uniaxial Compression in Hydroxyapatite Scaffolds Fabricated by Robocasting [J]. J. Biomed. Mater. Res. A, 2007, 83A (3): 646-655.

[40] A. Butscher, M. Bohner, N. Doebelin, et al. Moisture Based Three-Dimensional Printing of Calcium Phosphate Structures for Scaffold Engineering [J]. Acta Biomater., 2013, 9 (2): 5369-5378.

[41] G. Cesaretti, E. Dini, X. De Kestelier, et al. Building Components for an Outpost on the Lunar Soil by Means of a Novel 3D Printing Technology [J]. Acta Astronaut., 2014, 93: 430-450.

[42] R. Chumnanklang, T. Panyathanmaporn, K. Sitthiseripratip, et al. 3D Printing of Hydroxyapatite: Effect of Binder Concentration in Pre-Coated Particle on Part Strength [J]. Mater. Sci. Eng., C, 2007, 27 (4): 914-921.

[43] G. A. Fielding, A. Bandyopadhyay, S. Bose. Effects of Silica and Zinc Oxide Doping on Mechanical and Biological Properties of 3D Printed Tricalcium Phosphate Tissue Engineering Scaffolds [J]. Dent. Mater., 2012, 28 (2) 1: 13-122.

[44] Z. Fu, L. Schlier, N. Travitzky, etal. Three-Dimensional Printingof SiSiC Lattice Truss Structures [J]. Mater. Sci. Eng., A, 2013, 560: 851-856.

[45] F.-H. Liu, Y.-K. Shen, J.-L. Lee. Selective Laser Sintering of a Hydroxyapatite-Silica Scaffold on Cul-

tured MG63 Osteoblasts In Vitro [J] . Int. J. Precis. Eng. Manuf., 2012, 13 (3): 439-444.

[46] J. Wilkes, Y.-C. Hagedorn, W. Meiners, et al. Additive Manufacturing of ZrO_2-Al_2O_3 Ceramic Components by Selective Laser Melting [J] . Rapid Prototyp. J., 2013, 19 (1): 51-57.

[47] J. Homa, M. Schwentenwein. A Novel Additive Manufacturing Technology for High-Performance Ceramics [J] . Ceramic Engineering and Science Proceedings, 2014, 35 (6): 33-40.

[48] T. Chartier, et al. Fabrication of Millimeter Wave Components Via Ceramic Stereoand Microstereolithography Processes [J] . J. Am. Ceram. Soc., 2008, 91 (8): 2469-2474.

[49] S. Kirihara. Creation of Functional Ceramics Structures by Using Stereolitographic3D Printing [J]. Trans. JWRI, 2014, 43 (1): 5-10.

[50] Martin Schwentenwein, Johannes Homa. Additive Manufacturing of Dense Alumina Ceramics [J] . Int. J. Appl. Ceram. Technol., 2015, 12 (1): 1-7.

[51] L. Weisensel, N. Travitzky, H. Sieber, et al. Laminated Object Manufacturing (LOM) of SiSiC Composites [J] . Adv. Eng. Mater., 2004, 6 (11): 899- 903.

[52] H. Windsheimer, N. Travitzky, A. Hofenauer, et al. Laminated Object Manufacturing of Preceramic-Paper-Derived SiSiC Composites [J] . Adv. Mater., 2007, 19 (24): 4515-4519.

[53] Components by Aqueous Tape Casting in Combination with Laminated Object Manufacturing [J]. Mater. Des., 2015, 66, Part A, 331-335.

[54] R. Detsch, F. Uhl, U. Deisinger, et al. 3D-Cultivation of Bone Marrow Stromal Cells on Hydroxyapatite Scaffolds Fabricated by Dispense-Plotting and Negative Mould Technique [J] . J. Mater. Sci. Mater. Med., 2008, 19 (4): 1491-1496.

第4章 水质净化及污水处理用陶瓷过滤器

作为一种重要的过滤分离材料，微孔陶瓷材料具有微孔结构好、过滤精度高、自洁性好、无二次污染、使用寿命长等优点，从20世纪50年代就开始在上、下水净化领域中开发应用。从最早的陶土质水净化用陶质滤芯到目前发展的各种陶瓷超滤膜、MBR水处理用平板陶瓷膜材料等，经过70多年的发展，产品制备工艺、产品性能有了质的飞跃，产品应用领域也得到了极大的拓展。

4.1 水处理陶瓷过滤材料分类

目前已发展的水处理领域应用的陶瓷过滤材料种类较多，产品规格形状、性能指标、应用领域差异较大，分类也较复杂。可以按如下进行分类：

（1）按产品形状分为单通道管式、多通道管式、蜂窝状、板式四种主要结构形式。

（2）按产品材质分为以活性白土为主要原料的陶土质过滤材料、以硅藻土为主要原材料的硅藻土滤芯、以氧化铝为主要原材料的氧化铝质微孔陶瓷材料或陶瓷膜材料以及碳化硅质陶瓷膜材料等。

（3）按过滤材料孔径及过滤精度分为微滤膜材料、超滤膜材料和纳滤膜材料。

（4）按孔结构分为以过滤、吸附为主的均质孔陶瓷过滤材料和以过滤、浓缩为主的具有孔梯度结构的陶瓷膜过滤材料等。

4.2 陶瓷过滤器结构及组成

4.2.1 陶瓷过滤元件结构

目前国内外开发的水处理用陶瓷过滤元件结构主要有管状结构和板状结构两种。管状结构过滤元件又可分为单通道陶瓷过滤材料、多通道陶瓷过滤材料及烛型过滤材料等。

图4-1所示为一种单通道管式陶瓷过滤材料，包括均孔陶瓷过滤材料和孔梯度陶瓷膜过滤材料。其过滤原理主要为终端过滤，即未处理水在一定压力驱动下，通过陶瓷过滤元件外表面向内表面渗透，或从内表面向外表面渗透，通过膜层或管壁进行截留或吸附过滤，杂质被截留在管外壁（或内壁）、净化后水通过管内壁流出，如图4-2所示。

图 4-1　管式陶瓷膜过滤材料

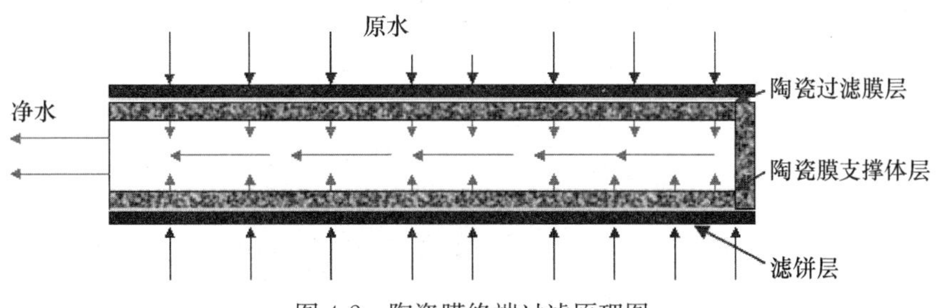

图 4-2　陶瓷膜终端过滤原理图

另外，还有一种为多通道陶瓷膜过滤材料，它通常是由多通道陶瓷膜支撑体和内表面超滤、纳滤膜层构成。这种多通道陶瓷膜材料支撑体通常为氧化铝质、碳化硅质，膜层一般是由氧化铝、氧化锆、二氧化硅、二氧化钛等材料构成。按照通道多少，陶瓷膜材料又可分为 7 通道、19 通道、37 通道等多种通道陶瓷膜过滤材料，如图 4-3 所示。与绝大多数单通道陶瓷膜过滤材料工作原理不同，这种多通道陶瓷膜过滤材料采用十字交叉流或错流过滤工作原理，如图 4-4 所示。

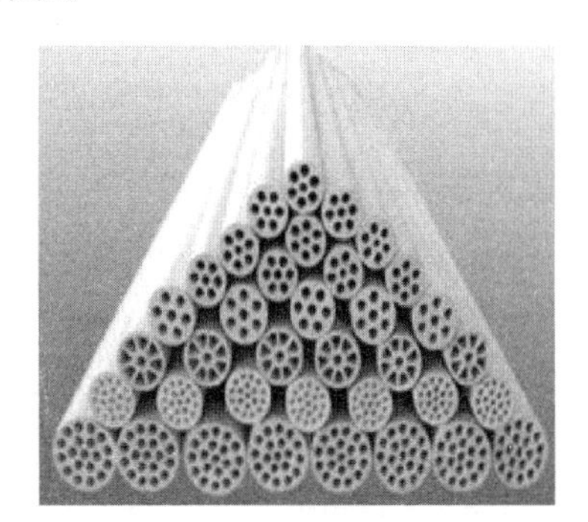

图 4-3　多通道陶瓷膜材料

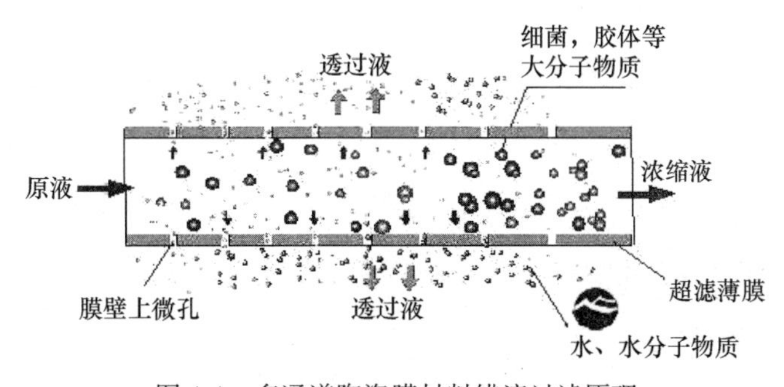

图 4-4　多通道陶瓷膜材料错流过滤原理

板状陶瓷过滤材料具有三明治面包状结构，如图 4-5 所示，其中间层为水可以自由渗透的支撑体层，两面为陶瓷过滤层，这种结构不仅保证了滤盘的刚度和强度，而且由于两面过滤层均较薄（一般小于 3mm），过滤阻力较小，提高了滤盘的透水性能。由于微孔陶瓷材料是一种亲水性过滤材料，可以看作是由无数毛细管组成，这种毛细管既允许水通过，也允许空气通过。根据拉普拉斯定律，毛细管内能保持有水柱存在的最大允许外差 P_{max} 与毛细管直径有关，当压力差 $P<P_{max}$ 时，毛细管内仍有水存在，使得空气不能通过。用于实际过滤的微孔陶瓷滤盘毛细管孔径一般为 1～3μm，这样的微孔能产生强烈的毛细作用，在真空泵的作用下，只有液体通过微孔成为滤液，而固体和气体被阻隔在滤板表面成为滤饼，在耗气量较少的前提下即可实现固液高效分离。

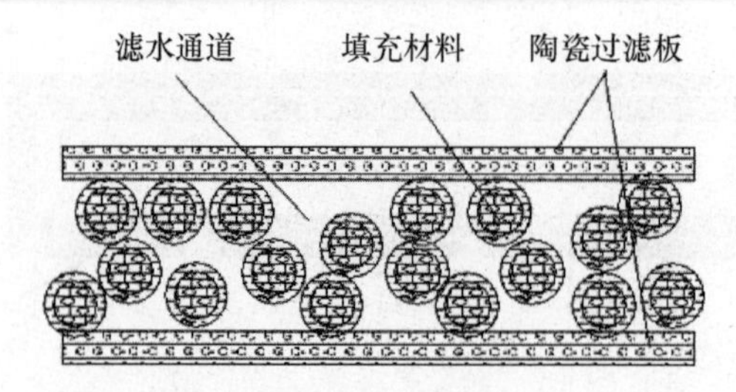

图 4-5　三明治式陶瓷滤盘结构

膜生物反应器是一种由膜分离单元与生物处理单元相结合的新型水处理技术，简称 MBR。在 21 世纪，随着 MBR 水处理技术的发展，日本明电舍、德国 ITN 等公司开发了一种具有蜂窝状的平板陶瓷膜材料，如图 4-6 所示，这种陶瓷膜材料具有薄壁、膜表面孔径小（0.05～0.5μm）、透水阻力小等优点，被用于代替有机膜材料在 MBR 水处理技术中广泛应用。其工作原理为：具有非对称孔结构的平板陶瓷膜过滤材料，在过滤过程中，完全浸没在水中，在一定负压驱动下，液体由外向内进行过滤，颗粒杂质及悬浮物阻截在膜外表面，净化水通过膜内部通道汇集流出，如图 4-7 所示。由于这种膜材料孔径非常小（0.1μm），过滤精度非常高，且可以长时间运行，已开始代替有机膜材料，在 MBR 水处理技术中获得应用。

图 4-6　MBR 平板陶瓷膜材料

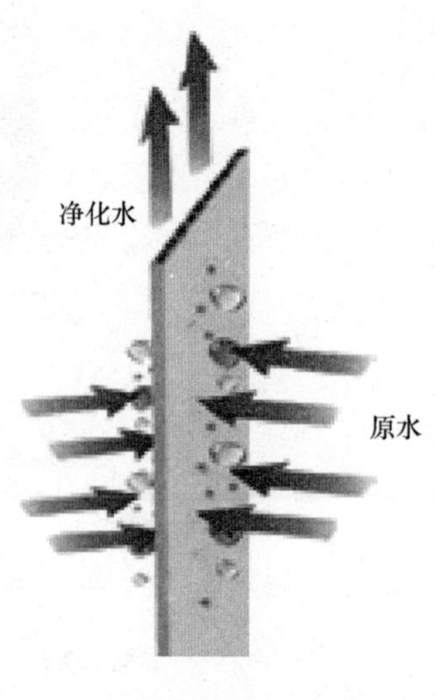

图 4-7　平板陶瓷膜材料工作原理

还有一种类似面包状或棒状的陶瓷过滤材料，这种过滤材料通常是以硅藻土、活性白土、海贝壳等为原料，辅助以低温黏土烧结制成的一种微孔陶瓷过滤材料。由于使用的原材料——硅藻土本身具有大量微细气孔，这种陶瓷材料通常气孔率较高、微孔吸附性能较好、机械强度相对较低、易于表面擦洗。因此，这种结构的陶瓷滤芯通常被用于家用净水器或家用矿泉壶水过滤、净化。各种形状饮用水净化陶瓷滤芯如图 4-8 所示。另外，通过在陶瓷材料内部或表面渗银处理可以实现其杀菌功能。硅藻土陶瓷滤芯净水一方面是靠材料本身微孔过滤阻截作用，另一方面靠硅藻土等原料本身微孔吸附作用来实现水中细菌、大肠菌、颗粒杂质物及部分重金属离子的去除，达到饮用水指标。

图 4-8　各种形状饮用水净化陶瓷滤芯

4.2.2　陶瓷过滤器结构

陶瓷过滤器通常是由陶瓷膜过滤元件、过滤器壳体、阀门、管道系统和控制系统构成，其中陶瓷过滤元件是水处理用陶瓷膜过滤器的核心部件。过滤器壳体一般采用金属材料，根据过滤介质化学腐蚀性差异，壳体材料可选用碳钢、碳钢衬塑、不锈钢、玻璃钢等材料。依据过滤材料结构不同、工作原理不同、应用领域不同，过滤器结构形式主要有如下几种。

4.2.2.1　花板式过滤器结构

花板式过滤器结构通常是指很多陶瓷过滤元件固定在一个管板上，管板将过滤器分为进水区和出水区，原水由进水管进入进水区。在压力驱动下颗粒杂质、悬浮物、油类等截留在过滤元件外表面，经陶瓷过滤元件净化后的水经管板开孔处汇到出水区，并随出水管排出。过滤一定时间后，过滤元件表面堵塞、过滤阻力增大，需要进行反洗，反洗时，反洗水或气从反洗管进行由内及外的反向清洗，以实现过滤器的再生。花板式过滤器主要结构形式如图 4-9 所示。

图 4-9（a）结构形式为常用过滤器结构，过滤元件采用壁厚穿孔的钢管做拉杆固定在金属花板上，采用间歇反吹的方式，这种过滤器结构通常适用于处理量较小、过滤面积不大的水处理用陶瓷膜过滤器，结构相对简单。图 4-9（b）结构为分区反吹陶瓷过滤器结构，即过滤元件固定排列在一个大金属花板上，花板将过滤器分为过滤区和净水区，采用管板将净水区分为几个单独封闭区域，过滤器反洗时，可以依次对每个区进行单独反洗，以提高反洗效果。该种过滤器适合于处理水量较大、过滤元件难以清洗的过滤器设计。

图 4-9 (c)结构目前主要用于焦化废水、含油废水处理用过滤器设计，其中陶瓷过滤元件固定安装在过滤器两个管板之间，未净化水通过进水口经过过滤元件由内及外过滤，水中杂质、油类堵截在过滤元件内表面，大量浮油聚集在过滤器顶部，通过浓缩液出口排出。反洗时，通过高温蒸汽、反洗水等由过滤元件外壁进入内表面，并随反洗排污口排出。这种结构过滤元件安装相对较复杂，过滤面积较小，过滤器占地面积相对较大。

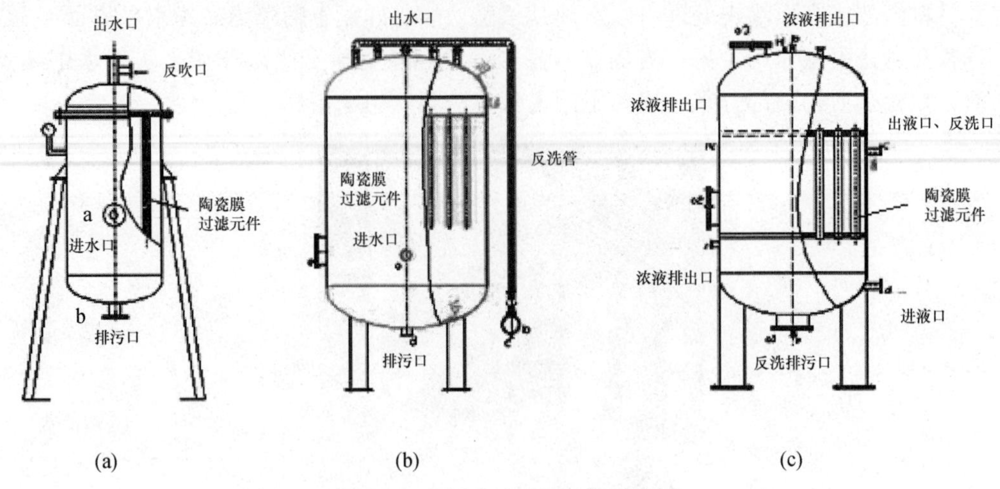

图 4-9　花板式过滤器结构示意图

4.2.2.2　排管式过滤器结构

排管式过滤器结构通常是指多个陶瓷膜过滤元件固定在一个单独管板上，形成一个单独过滤室，多个过滤室共同固定在一个较大过滤容器内，这样每个过滤室都可以进行单独过滤或反洗。这种过滤器结构特点是过滤元件安装较简单、分组反洗效果较好。但管板要求加工技术难度大，过滤器加工成本相对较高。图 4-10 为排管式过滤器结构示意图。

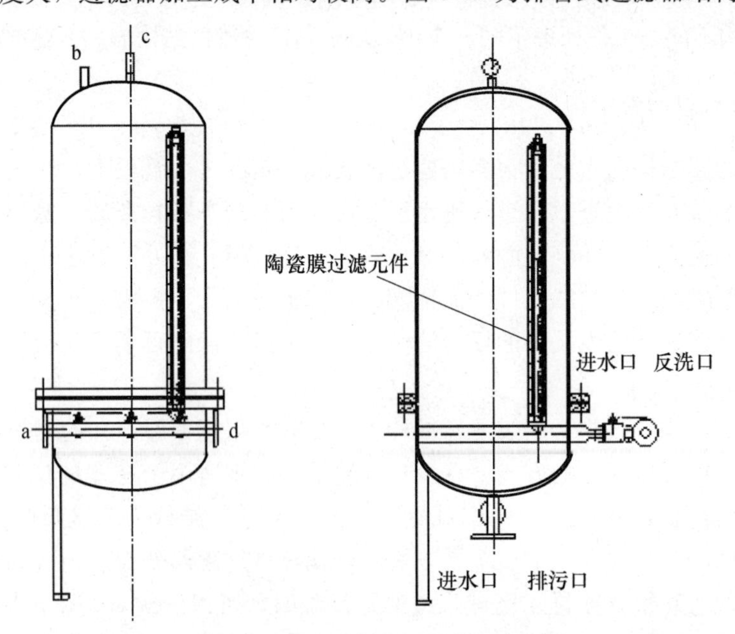

图 4-10　排管式过滤器结构示意图

4.2.2.3　错流式膜过滤器结构

错流式膜过滤器也可以叫做十字交叉流过滤器或浓缩过滤器，通常是由陶瓷膜管、O型密封圈、膜壳、阀门管路和控制系统等构成。错流式结构陶瓷膜过滤器一般采用多通道陶瓷膜元件，根据过滤面积大小及过滤流速不同，每一个膜壳内可以装有不同数量的陶瓷过滤元件，称为一个膜组件。膜组件通常由膜壳、陶瓷膜管、密封圈和压板构成，如图4-11 所示，根据膜壳直径大小，一个膜组件一般可以装 5 支、7 支、13 支、19 支、37 支、49 支等不等陶瓷膜元件，膜壳材料一般为 304 或 316L 不锈钢材料。

图 4-12 为一个陶瓷膜过滤器原理结构图。原水通过膜过滤器进水口，进入膜元件内部，在一定压力（0.2～0.6MPa）驱动下，部分水由内向外渗透，通过净水口排除，成为净化水。截留的颗粒物、油类等随部分未净化水以一定的流速通过过滤器回流口进入另一组膜过滤器，或通过循环泵进一步打回原过滤器进行进一步净化，以实现循环净化的效果。错流式膜过滤器的工作原理如图 4-13 所示。当过滤元件内表面堵塞、过滤阻力增加或流速下降时可以通过反洗口采用高压反洗水实现过滤器在线清洗再生。由于陶瓷膜过滤器采用动态过滤原理、过滤元件表面在高速水流作用下不断冲刷，过滤元件不宜堵塞，因此过滤周期长、过滤效率稳定，可以实现连续过滤，这种错流式陶瓷膜过滤器目前在含油废水处理方面已有广泛应用[1-2]。

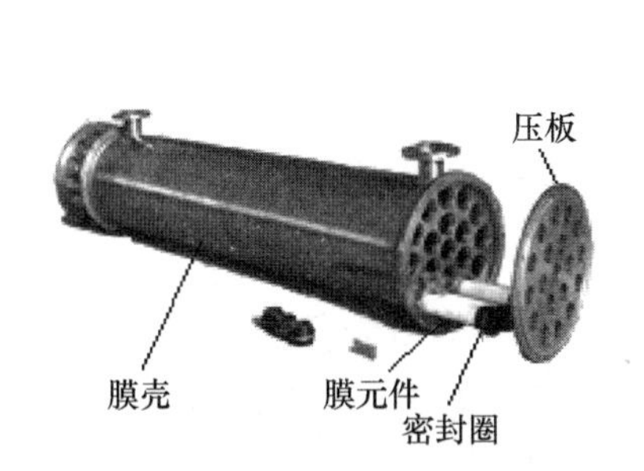

图 4-11　膜组件结构示意图

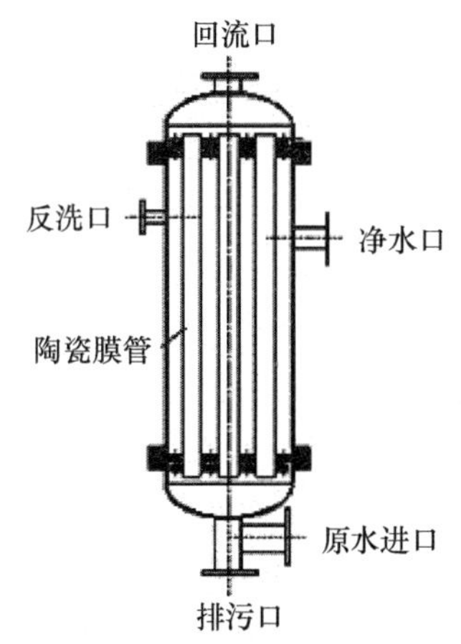

图 4-12　膜过滤器原理结构图

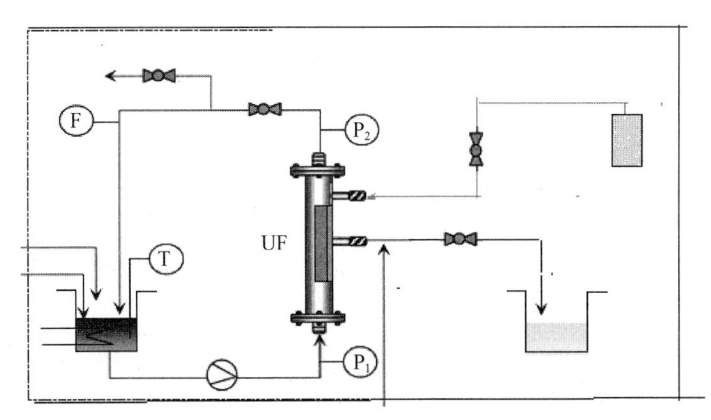

图 4-13　错流式膜过滤器系统原理图

4.2.2.4　真空圆盘式陶瓷膜过滤机

真空圆盘式陶瓷膜过滤机是以微孔陶瓷滤盘作为核心过滤介质的一种集过滤、干燥、洗涤为一体的高性能陶瓷膜过滤设备，其最初由芬兰 Va/metor 公司研制成功，后来芬兰 Kumpu Mintec 公司购置陶瓷过滤机陶瓷片专利，开始推出 CC 系列真空陶瓷圆盘式陶瓷膜过滤机。圆盘式陶瓷膜过滤机及工作原理如图 4-14 所示。圆盘式陶瓷膜过滤机的工作流程分滤饼形成、滤饼脱水、剥离及冲洗四个阶段。

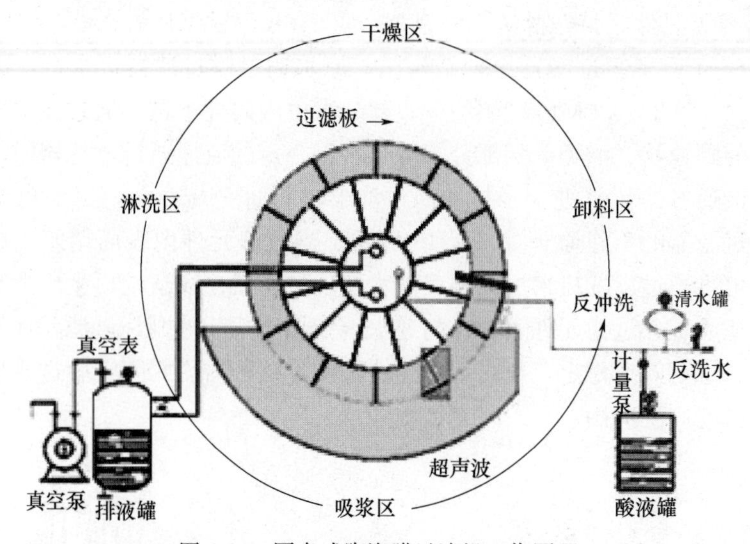

图 4-14　圆盘式陶瓷膜过滤机工作原理

(1) 滤饼形成：在主轴转动下，陶瓷滤板进入矿浆区，在无外力作用下，毛细作用立即开始出现。在真空泵能形成几乎绝对真空（0.09～0.098MPa）条件下，吸入的液体通过滤板进入转子内部的滤液通道，固体迅速堆积在陶瓷滤板的外侧，而陶瓷滤板的特有结构使固体和空气无法透过其表面。

(2) 滤饼脱水：在滤饼形成阶段结束以后，带有物料的陶瓷滤板离开矿浆进入脱水区，这时毛细作用仍然存在，在 0.09～0.098MPa 的负压吸附作用下，堆积在陶瓷滤板上的物料中仍有残余液体不断地渗透并进入水管路，最终到达滤液桶内，滤饼脱水作业完成。

(3) 滤饼剥离：滤饼经过脱水区后，就进入卸料区。卸料是靠两块刮刀完成的，在每组陶瓷滤板的两侧装有两块陶瓷刮刀，通过固定在筒体上的陶瓷滤板的自转，将两面的物料自动刮下。

(4) 反冲洗：滤饼剥离后，陶瓷滤盘表面仍有残余的物料以及部分微孔被堵塞，需采用反冲洗方法以除去表面残余物质和疏通微孔，保持下一过滤循环的工作效率，反冲洗是让滤泵泵出的压力水（0.1～0.12MPa）通过管道、分配阀进入陶瓷片内腔，经过毛细管向外流动，于是达到清洗滤板的残留物质并疏通陶瓷微孔的目的。一个过滤周期大约为 1.5～2min，一般抽滤时间不超过 40s。完成一个过滤周期后，过滤机自动进入下一个循环工作，循环往复、实现连续生产。

4.2.2.5　平板式陶瓷膜过滤器结构

为了满足 MBR 膜生物反应器技术处理废水需要，日本明电舍、德国 ITN 水处理公司相继以平板陶瓷膜材料为核心过滤元件开发了 MBR 平板式陶瓷膜过滤器，用于水的深度处理。这种膜过滤器（或组件）主要由平板膜元件、集水管、膜架、曝气系统和抽滤泵等构成，如图 4-15 所示。膜元件一端封闭固定在膜架上、另一端通过集水槽与膜架上主集水管相连，膜架通常由不锈钢材料或工程塑料制成，如图 4-16 所示。一个膜架上可以安装 5～200 片膜元件，过滤面积为 0.5～100m^2。

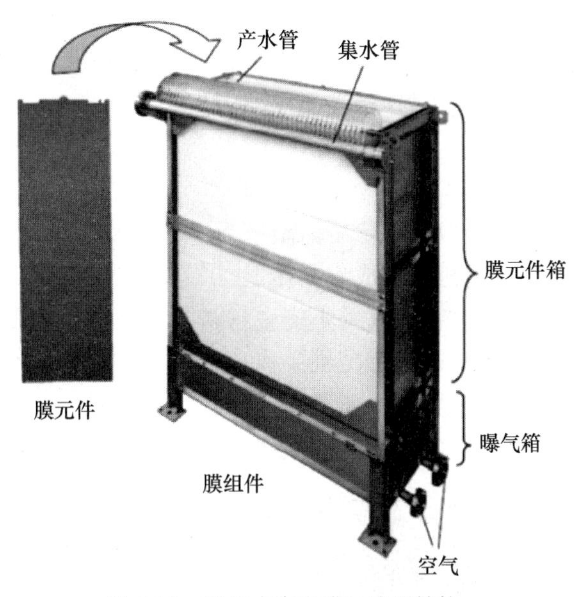

图 4-15　平板式陶瓷膜过滤器结构

图 4-16　平板陶瓷膜组件

平板式陶瓷膜过滤器过滤原理为：膜过滤器完全淹没在待处理水中，通过抽吸泵在陶瓷板内部形成一定负压（0.03～0.08 MPa），在抽力作用下，净化后水由陶瓷膜板外表面进入内表面，通过内部通道、集水槽汇集到集水管内排除，截留的微细颗粒杂质附在膜板外表面，在曝气气流不断冲刷和定期反冲洗下，停留在原水中，定期排出。由于膜管孔径非常小（0.05～0.2μm），表面微孔不宜堵塞，平板膜过滤器过滤周期长，过滤效率非常稳定。

4.3 陶瓷滤芯及滤板材质、性能

可用于水处理领域的陶瓷过滤材料种类较多，已开发应用的包括硅藻土质陶瓷滤芯、硅酸铝质、石英质、碳化硅质、氧化铝质、氧化铝/氧化锆质陶瓷过滤材料等。表征这些陶瓷材料的主要性能指标包括微孔直径（D）、气孔率（%）、渗透率、弯曲强度、透水阻力、耐酸碱性能等。其中微孔直径（D）通常是指微孔过滤材料中最大孔道直径（μm），也是陶瓷滤芯主要控制的指标之一，陶瓷材料的微孔直径可以通过气泡法或流速法进行测定。作为一个好的水处理用陶瓷过滤材料，要求其具有适宜孔径、较高气孔率、较低的透水阻力、较高的机械强度和耐酸碱腐蚀性能。

4.3.1 硅藻土质陶瓷滤芯

硅藻土质陶瓷滤芯主要是以煅烧优质硅藻土为主要原料，通过与低温黏土、长石类低温结合剂混合，采用注浆或挤出工艺成型，在1000℃左右温度下低温烧结的一种高孔隙率微孔陶瓷过滤材料（图 4-17）。由于硅藻土陶瓷材料具有非常高的孔隙结构（高达 60%以上）、良好的吸附性能，是用于水处理特别是饮用水净化的最理想材料，可以有效去除水中 0.2μm 以上的颗粒杂质、微生物和细菌，达到应用水标准。硅藻土质滤芯的特点是气孔率高、透水性好，但机械强度、耐酸碱腐蚀性较差，不适宜较大压力下的水过滤。

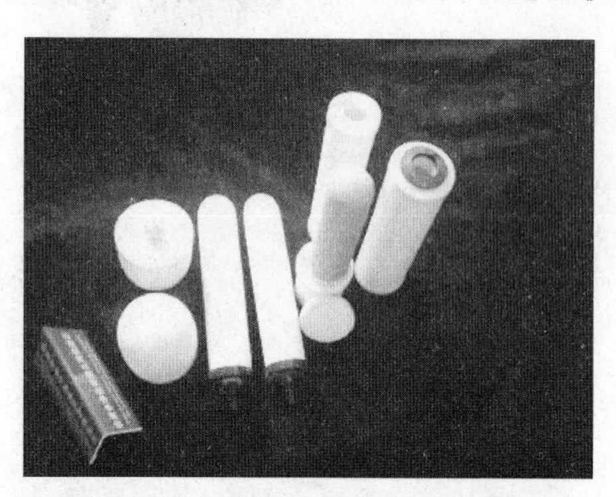

图 4-17　硅藻土质陶瓷净水器滤芯

国内从 20 世纪 70 年代就开始硅藻土质陶瓷滤芯的生产应用，先后有天津过滤器厂以马兰峪矸、紫木节黏土为原料生产陶质阻菌滤水器，苏州日用瓷厂以苏州土和糠灰为原料生产陶土质砂芯滤水器。20 世纪 80 年代后期，以硅藻土为主要原料的硅藻土质陶瓷滤芯在国内外得到较快发展，其中，英国道尔顿公司以优质硅藻土为原料开发家用净水器陶瓷滤芯，韩国高丽公司以硅藻土、贝壳为原料生产家用矿泉壶陶瓷滤芯等产品，在净水性能方面均有了明显提高。国内来说，山东工业陶瓷研究设计院 20 世纪 90 年代中期也用煅烧优质硅藻土、海贝壳等作为主要原材料，采用注浆工艺开发了系列饮用水净化用微孔陶瓷滤芯。滤芯化学组成如表 4-1 所示：其中 A 系列为净水器用陶瓷滤芯化学组成，B 系列为家用矿泉壶用陶瓷滤芯化学组成。表 4-2 所示为国内外主要生产的硅藻土质陶瓷滤芯性能比较。

表 4-1　微孔陶瓷滤芯化学组成　　单位:%

化学组成	SiO_2	Al_2O_3	Fe_2O_3	CaO	MgO	TiO_2
A 系列	65.36	22.17	0.89	6.43	2.31	0.24
B 系列	44.81	22.48	0.88	25.63	2.03	0.24

表 4-2　国内外硅藻土质陶瓷滤芯性能[3]

公司名称		韩国高丽		英国道尔顿	山东工陶院		苏州滤棒	唐山滤棒	景德镇瓷厂
产品形状		棒状	半球状	棒状	棒状	半球状	管状	棒状	棒状
产品规格/mm	外径	50	95	48	74	95	75	78	65
	壁厚	8	8	8	8～10	8	8～10	8～10	8
	高度	178	85	250	230	85	300	300	160
孔径/μm		6.2	6.2	4.5	4.3	6.3	5～8	2～3	3～7
气孔率/%		68	68	62	61	68	51	54	64
透水性/(mL/min)	$\Delta P=200mmH_2O$	22	30	—	—	28	—	—	—
	$\Delta P=0.1MPa$	—	—	1500	2300	—	2000～3000	1000～1500	1600
表观密度/(g/cm^3)		0.71	0.71	0.84	0.86	0.78	0.92	1.01	0.74
抗折强度/MPa		5.5	5.5	6.8	7.5	6.2	—	—	2.6
外观颜色		白	白	白	白	白	微黄	微红	微红
应用		矿泉壶		净水器		矿泉壶	净水器		

4.3.2　铝硅酸盐质陶瓷过滤材料

铝硅酸盐质陶瓷过滤材料通常是指以铝矾土、焦宝石、废瓷料等为主要原料，以低温黏土、长石类作为低温结合剂，采用捣打或挤出工艺成型，经 1100～1300℃高温烧成的一种微孔陶瓷过滤材料。铝硅酸盐质陶瓷过滤管如图 4-18 所示。通过控制原料颗粒大小及增孔剂大小，可以获得 5～100μm 不同孔径的陶瓷过滤材料。其产品主要技术指标如表 4-3 所示。

图 4-18　铝硅酸盐质陶瓷过滤管

表 4-3　铝硅酸盐制陶瓷过滤材料主要性能指标

性能指标＼产品规格（mm）	直径 60、80、100、150、200，壁厚 10～30，长度 500、1000		
制品表观密度/（kg/m^3）	1480	抗折强度/MPa	5.3
孔径/μm	30～100	抗压强度/MPa	14
孔隙率/%	30～43	耐酸度/%	98
透水率/［m^3/（m^2·h·kg/cm^2）］	2.5～10	耐碱度/%	74～82
透气率/［m^3/（m^2·h·Pa）］	1.8～5.0	工作压力/MPa	≤0.6
吸水率/%	23.3	工作温度/℃	≤150

4.3.3　石英质陶瓷过滤材料

石英质陶瓷过滤材料通常是以 40～200 目石英砂为原料，采用玻璃粉作高温结合剂，木炭等作为增孔剂，石蜡等作为成型助剂，采用压制或热浇注工艺成型，在 1100℃左右低温烧成。

通过控制石英砂粒度及粒度分布，可以获得孔径 30～150μm、气孔率 30%～42%的微孔陶瓷制品。石英质陶瓷过滤材料具有原料来源广、烧成温度低、生产成本低、微孔性能好、耐酸性能优良、密度小、透水性好等优点。但产品烧成范围窄、机械强度较低、热稳定性较差，不适于压力较高（0.6MPa 以上）或温度较高（150℃以上）的应用领域。石英质陶瓷过滤材料 2000 年以前在国内还大量生产应用，后来由于其他过滤材料开发，石英陶瓷过滤材料在水处理领域的应用愈来愈少。常用石英质陶瓷过滤材料性能指标如表 4-4 所示。

表 4-4　石英质陶瓷过滤材料性能指标[4]

编号	产品规格/mm	孔径/μm	气孔率/%	抗压强度/MPa	抗弯强度/MPa	耐酸性/%	耐碱性/%	透水性/［m^3/（m^2·h·kg/cm^2）］
SL-1	ϕ60×40×1000	70～80	36.5	33.2	14.8	99.5	97.6	20～25
SL-2	ϕ70×40×1000	30～35	39.4	35.6	13.2	99.2	97.5	6～8
SL-3	ϕ120×90×1000	40～45	38.6	33.8	13.8	98.8	97.2	8～10
SL-4	ϕ150×114×1000	30～35	39.4	35.6	13.2	98.2	97.5	4.5～5

4.3.4　刚玉质陶瓷过滤材料

刚玉质陶瓷过滤材料主要是以电熔棕刚玉砂（或白刚玉砂）或高温氧化铝为原料，以黏土、长石等作为结合剂原料，采用热浇注、挤出或等静压工艺成型，1200～1300℃烧结的一种较高机械强度陶瓷过滤材料。刚玉质陶瓷膜过滤管如图 4-19 所示。

刚玉质陶瓷过滤材料具有产品孔径易于控制、机械强度高、化学性能优良等优点，是目前国内应用较多的一种水处理材料。依据过滤方式不同，刚玉质陶瓷膜材料可分为内滤膜材料和外滤膜材料，一般外滤膜材料居多。刚玉质陶瓷膜材料最高使用压力可以达到

1.6MPa，使用温度200℃以下。常用刚玉质陶瓷膜过滤材料技术指标如表4-5所示。

图4-19　刚玉质陶瓷膜过滤管

表4-5　刚玉质陶瓷膜过滤材料主要技术指标

编号	产品规格/mm	孔径/μm	气孔率/%	抗压强度/MPa	抗弯强度/MPa	耐酸性/%	耐碱性/%	透水性/[m³/(m²·h·kg/cm²)]
GL-1	ϕ50×34×1000	70～80	34.5	68.4	26.7	98.5	98.6	30～35
GL-2	ϕ60×40×1000	35～40	35.4	82.2	32.1	99.2	97.5	10～12.5
GL-3	ϕ60×40×1000	70～80	34.5	84.4.	26.5	98.5	99.2	25～30
GL-4	ϕ70×40×1000	70～80	34.5	78.4	26.7	98.5	99.2	20～22
GL-5	ϕ150×124×1000	70～80	34.5	73.3	25.8	98.5	99.2	13～15
GM-1	ϕ60×40×1000	0.5/70	35.4	44.6	17.1	98.2	98.5	0.5～0.8
GM-2	ϕ60×40×1000	2.0/70	35.4	44.6	17.1	98.5	98.6	1.5～1.8
GM-3	ϕ60×40×1000	5.0/70	35.4	44.6	17.1	99.2	98.7	8～10
GM-4	ϕ70×40×1000	5.0/70	34.5	78.4	26.7	98.5	99.2	5～6

注：GL代表刚玉质陶瓷过滤元件，GM代表刚玉陶瓷膜过滤元件，0.5/70中0.5代表膜层孔径，70代表支撑体孔径。

4.3.5　氧化铝质多通道陶瓷膜材料

氧化铝质多通道陶瓷膜材料是国外20世纪70年代后期逐渐发展起来的一种具有非对称孔结构的膜分离材料，呈多通道状，即在一个圆截面上分布着多个通道，一般通道数为7、19和37或更多通道。多通道陶瓷膜材料一般由支撑体层、中间膜过渡层和膜分离层构成，在每个通道上通过采用粒子烧结法或溶胶-凝胶工艺形成一层或多层分离膜层，膜材料通常包括Al_2O_3、ZrO_2、TiO_2和SiO_2或其复合膜，如图4-20所示。目前国内外开发的多通道陶瓷膜材料主要有孔径为2～50nm的陶瓷超滤膜和50nm～1μm的陶瓷微滤膜材料。

多通道陶瓷膜过滤原理为：在操作压差的作用下，料液在膜管内高速（2～3m/s）错流流动，小于膜孔径的部分通过膜孔进入渗透侧成为滤液，而大于孔径的物质被膜截流而成为浓缩液，从而达到物质的分离、浓缩和提纯的目的，因此可以说多通道陶瓷膜材料一般应用于循环过滤或浓缩过滤，其过滤机理属于表面过滤（图4-21）。

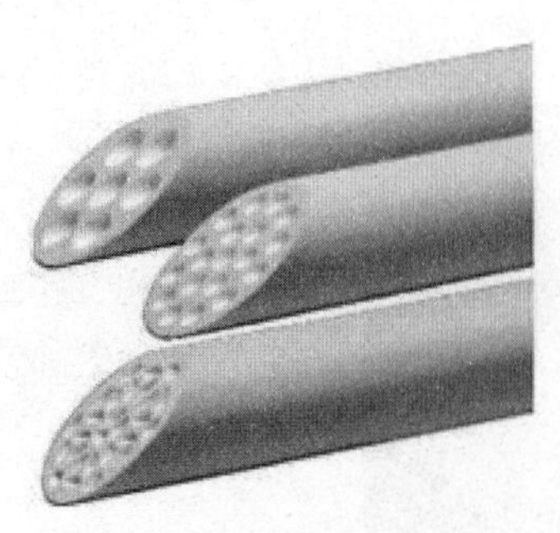

图 4-20　多通道陶瓷膜结构图

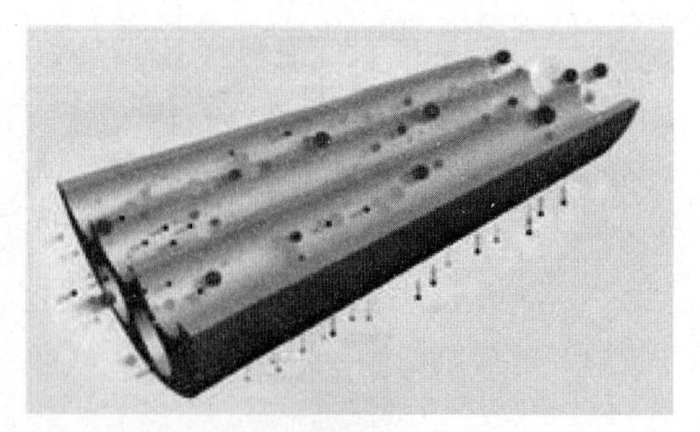

图 4-21　多通道陶瓷膜材料流动机理

氧化铝质多通道陶瓷膜元件的主要规格尺寸和主要性能指标分别如表 4-6 和表4-7 所示。

表 4-6　氧化铝质多通道陶瓷膜元件的主要规格尺寸

通道数	形状	膜管直径/mm	长度/mm	孔道直径/mm	孔道数量	过滤面积/m^2	结构示意图
单通道		10	1025	7.5	1	0.022	7.5mm 10mm
19 通道		25	1025	3.3	19	0.200	3.3mm 25mm
37 通道		25	1025	2.0	37	0.232	2.0mm 25mm
7 通道		30	1025	6.0	7	0.132	6.0mm 30mm
19 通道		30	1025	4.0	19	0.232	4.0mm 30mm
19 通道		40	1025	6.0	19	0.338	6.0mm 40mm
37 通道		40	1025	3.6	37	0.418	3.6mm 40mm

表 4-7　氧化铝质多通道陶瓷膜材料主要性能指标

产品规格	直径 10mm、25mm、30mm、40mm，长度 800～1025mm
通道数	单通道，7 通道，19 通道，37 通道，47 通道
支撑体	≥99%高纯氧化铝，孔径 3～7μm，气孔率≥35%
膜分离层	3μm、0.8μm、0.5μm、0.2μm 氧化铝膜，0.1μm、0.05μm、0.02μm 氧化锆膜或二氧化钛膜
工作条件	温度≤95℃，压力≤1.0MPa，反洗压力≤0.8MPa，使用 pH 值范围 1～14
机械强度	抗弯强度≥10kN
透水性	0.05～10.0m^3/（m^2·h·kg/cm^2）

日本 NGK 从 1989 年就致力于自来水厂净化用陶瓷膜系统的开发，于 1996 年开发出第一套蜂窝状陶瓷膜水处理系统。全球三大水务集团之一的法国威尔雅水务公司也相继推出了一种大尺寸蜂窝状水处理用陶瓷膜元件，如图 4-22 所示。这种蜂窝状陶瓷膜结构，进一步增加了膜过滤面积，并且通过结构内部设置多个平行出水通道，大大减少了通道内流体渗透路径，提高了出水通量。这种蜂窝状陶瓷膜材料目前最大规格为直径 180mm，长度可达 1000mm，结构内部有数千个通道，膜支撑体材料包括氧化铝质和碳化硅质两种，膜层材料为 ZrO_2 或 Al_2O_3 质，膜孔径 50～500nm，单支膜元件过滤面积可达 $15m^2$ 以上，最大跨膜压力可以达到 1.0MPa，具有非常高的净水效率。

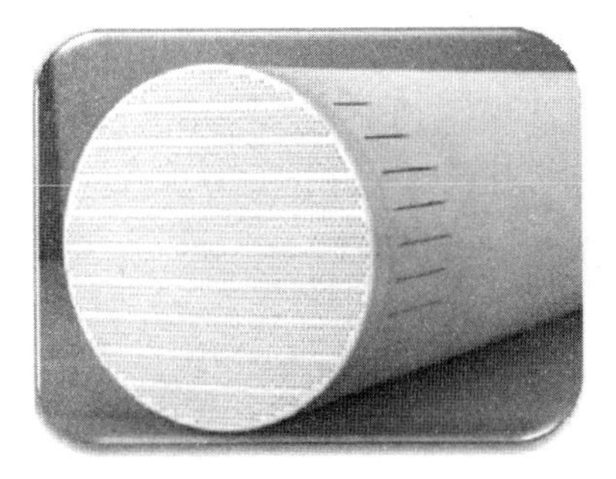

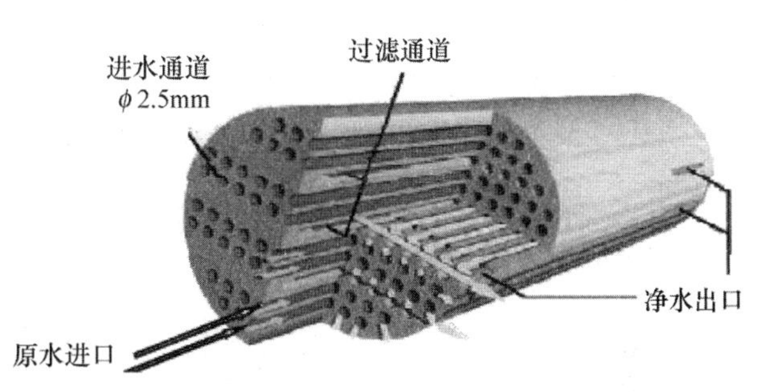

图 4-22　蜂窝状陶瓷膜过滤材料结构

多通道陶瓷膜过滤材料具有耐高温、化学稳定性好，耐酸、耐碱、耐有机介质溶剂，机械强度高，抗微生物能力强，可清洗性强，孔径分布窄、渗透量大、膜通量高等特点，在水处理领域应用广泛，如用于饮用水净化，油田采出水处理，冷轧乳化液废水、金属脱脂液、切削液、焦化废水、碱炼洗涤废水处理，电泳漆废水处理等。

4.4　陶瓷过滤器在水处理领域的典型应用

精密过滤与膜分离技术是提高上水净化效果与废水深度处理的重要途径，陶瓷膜材料具有良好的微孔过滤性能和亲水性能，过滤范围广，过滤效率高。采用不同孔径的陶瓷膜材料可以分别去除水中溶解性盐类、胶体离子、病毒、细菌悬浮性固体粒子等，以实现高效水净化的目的，如图 4-23 所示。

陶瓷过滤材料用于水处理最早始于 20 世纪 50 年代，最早的陶瓷过滤材料主要用于居民饮用水净化，后来随着陶瓷过滤材料发展、特别是高性能陶瓷膜材料的发展，其在水处理领域应用逐渐扩展到了自来水厂净化、工业污水处理、中水回用和城市生活废水深度处理等领域。长期以来，围绕这些领域的应用，世界各国在陶瓷膜材料发展及水处理技术应用方面都做了大量的研发工作。经过几十年的发展，目前陶瓷过滤材料已在饮用水净化、矿山物料脱水、含油废水处理、高浓度有机废水、工业和城市废水处理方面大面积推广应用[3-5]。如英国道尔顿公司开发的饮用水净化用 Doulton 微孔陶瓷材料已在世界 150 多个国家推广应用。日本株式会社已大量采用微孔陶瓷膜产品进行生活给排水处理、中水和下水处理、各种工业废水处理及游泳池水净化等。德国 Westfa 水研究中心从 1989 年开始发展大尺寸陶瓷膜元件，其商品化的陶瓷膜从 1998 年开始一直在小规模水处理厂推广应用。围绕这些技术发展和应用需求，世界各国也相继开发了各种微滤、超滤管式陶瓷过滤器，用于高浓度废水处理的动态旋转膜片式过滤器，用于矿山物料脱水、洗涤的真空毛细管陶瓷圆盘式过滤机以及用于废水深度处理的 MBR 陶瓷平板膜水处理装置等，这些材料及装备的发展对于促进世界各国水处理技术提高起了重要作用。

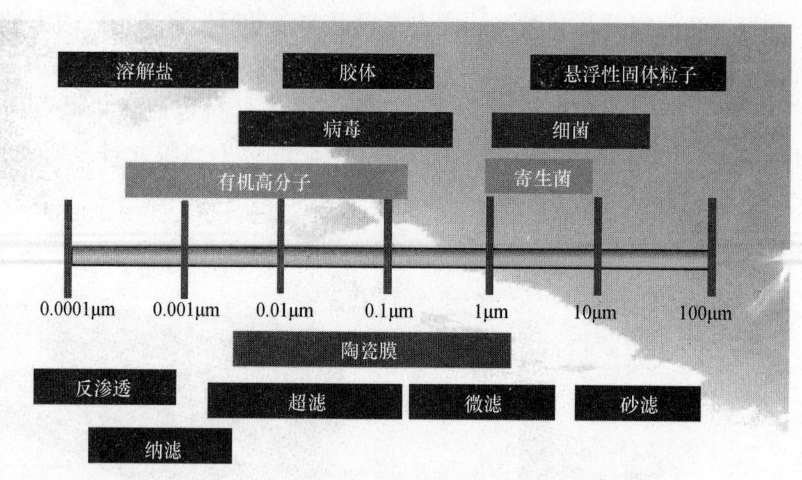

图 4-23　不同孔径陶瓷膜材料过滤水效果

4.4.1　陶瓷过滤材料在饮用水净化领域的应用

微孔陶瓷材料用于饮用水净化，发达国家几乎从现代工业一开始就使用了。但以前生产的微孔陶瓷过滤材料，由于孔隙率低、透水量小，不能满足家庭饮用水净化需要，直到 20 世纪 80 年代后期，用于饮用水净化的陶瓷膜材料才有了较大发展。

同中空纤维、活性炭等过滤材料相比，微孔陶瓷材料尤其是以硅藻土为主的硅藻土质陶瓷过滤材料除具有过滤精度高、透水阻力小等优点外，还具有清洗再生方便、使用寿命长、无二次污染、价格低等优点，随着近年来家庭饮用水净化装置的不断开发和普及，微孔陶瓷得到了更加广泛的应用。

目前，国内外推广使用范围最广的饮用水净化用微孔陶瓷滤芯为英国道尔顿公司生产的 Doulton 硅藻土质微孔陶瓷滤芯。这种陶瓷滤芯具有微孔结构能精密控制、对 0.9μm 颗粒具有 99.99%以上绝对过滤效果，可以有效除去水中亚微米粒子及致病菌。这种微孔陶瓷材料与活性炭、离子交换树脂等复合使用，还可以有效去除水中氯离子和重金属离子（如铅离子）等。

饮用水净化滤芯包含压力过滤（净水器）和重力过滤（矿泉壶）两种过滤方式。英国道尔顿公司生产的 Doulton 陶瓷过滤器主要用于压滤净水器，主要技术指标如表 4-8 所示。

表 4-8　Doulton 陶瓷过滤器主要性能指标

产品规格	直径 49mm，长度 177mm，壁厚 8～10mm
绝对过滤精度	0.9μm 微粒 99.99%去除，0.5～0.8μm 微粒 99.9%以上去除
工作条件	最小工作压力 0.1MPa，最大工作压力 1.0MPa，工作温度 5～30℃，使用 pH 值范围 5.5～9.5，清洗周期 15～30d
使用寿命	12 个月
水处理能力	过滤流速（0.3MPa）5L/min，总处理能力 10000L
去除效果	浊度去除率≥98%，细菌去除率≥99.99%，大肠杆菌去除率≥99.99%，微量有机物去除率≥75%，余氯去除率≥50%

20 世纪 90 年代，随着家用矿泉壶兴起，也开辟了微孔陶瓷滤芯在家庭饮用水净化方面的应用。这种家用矿泉壶主要模拟地层岩层结构，依靠重力过滤原理，水自然通过陶瓷滤芯，依靠过滤与吸附，将水中颗粒悬浮物、细菌、大肠菌等有效去除，使出水水质达到饮用水标准。当表面微孔堵塞后，可以很容易采用毛刷等进行表面清洗，图 4-24 为家用矿泉壶照片，表 4-9 为国内研制开发矿泉壶用硅藻土质陶瓷滤芯的主要性能指标。

图 4-24　家用矿泉壶

表 4-9　家用矿泉壶用陶瓷滤芯主要技术指标

产品规格	直径 95mm，高度 85mm，壁厚 8～10mm
绝对过滤精度	0.5μm，微粒 99.99%去除
工作条件	工作压力 100～300Pa　工作温度 5～40℃，使用 pH 值范围 5.5～9.5
使用寿命	≥24 个月，清洗周期 7～15d
水处理能力	过滤流速（ΔP=200Pa）25mL/min
净水效果	出水 pH=7.4，细菌去除率≥99.99%，大肠杆菌去除率≥99%，出水浊度≤1，色度≤1，肉眼可见物无

4.4.2　真空陶瓷圆盘式过滤机在物料脱水方面的应用

物料脱水设备已成为各种采矿业、选煤及无机盐加工工业中的关键生产设备。随着矿产资源日益枯竭和所开采矿物的细化、杂化，从而使“细、泥、黏”类难以过滤物料脱水问题愈来愈复杂化。只有发展高分离效率、高分离精度、高运行效率的过滤分离设备，才能促进现代选矿业的高速发展。

以前，矿山精矿脱水通常采用真空过滤机，国内生产真空过滤机主要以滤布作为过滤介质，普遍存在耗气量高、能耗高、真空度低、滤饼含水量高、产量低、滤液不清澈、二次污染严重、滤布磨损快、维修频繁等缺点。真空毛细管陶瓷过滤机是国外 20 世纪 80 年代后期发展起来一种用于黏细物料过滤脱水高效节能设备，它是一种采用微孔陶瓷滤盘代替传统滤板和滤布做过滤介质，采用真空毛细管作用原理的高效节能脱水装置。由于微孔陶瓷滤盘具有较好的亲水性能、耐化学腐蚀性能和高效过滤性能，相对于其他物料脱水设备具有更高过滤速度、更长使用寿命和更高运行效率。通过应用证明，这种真空圆盘式陶瓷过滤机整机能耗约为其他真空过滤机的1/10，处理成本约为板框式过滤机的50%，滤饼水分低，含水量低，滤液清澈，滤板寿命长，可减少大量设备维修维护费用（图4-25）。

图4-25　真空陶瓷圆盘式过滤机

自1995年我国广东凡口铅锌矿从芬兰引进一台CC-45型圆盘式陶瓷过滤机后，国内一些单位就相继开展了这种高效节能的陶瓷圆盘式过滤机的开发与市场应用推广工作。经过长期发展和过滤设备的不断更新，真空圆盘式陶瓷过滤机在国内选矿业物料脱水领域应用愈来愈广泛，目前已在铅锌矿、硫金矿、铁矿、煤浮选行业得到大量推广应用[10]。

表4-10和表4-11为国内某公司开发的陶瓷过滤机技术规格及行业应用指标。

表4-10　YG系列精密陶瓷真空过滤机技术参数表

型号 参数	滤盘 /圈	滤板 数量	槽体容积 /m^3	装机功率 /kW	设备质量 /t	运动功率 /kW	主机长度 /m	主机宽度 /m	主机高度 /m
YG-4	2	24	1.0	7.0	2.0	3.0	2.4	2.5	2.1
YG-6	2	24	1.2	7.0	3.0	6.0	2.4	2.9	2.5
YG-9	3	36	1.7	9	3.5	7.0	2.7	2.9	2.5
YG-12	4	48	2.2	11	4.0	7.5	3.0	2.9	2.5
YG-15	5	60	2.7	11.5	4.5	8.0	3.3	3.0	2.5
YG-21	7	84	4.0	13.5	9	9	4.6	3.0	2.6
YG-24	8	96	4.5	16.5	9.5	10.5	4.9	3.0	2.6
YG-27	9	108	5.0	17	10	11	5.2	3.0	2.6
YG-30	10	120	5.5	17.5	10.5	11.5	5.5	3.0	2.6
YG-36	12	144	7.0	23	11.5	16	6.6	3.0	2.6
YG-45	15	180	8.5	25	13	19	7.5	3.0	2.6
YG-60	15	180	12.5	33	17	22	7.5	3.3	3.0
YG-80	20	240	16.2	40	19	24	9.0	3.3	3.0
YG-100	20	240	18.5	53	25.0	35	11.0	3.6	3.3
YG-120	24	288	22.0	60	30.0	40	12.2	3.6	3.3

表 4-11　陶瓷过滤机应用技术指标

矿物原料	颗粒细度/目	喂料浓度/%	处理量/ [kg/ (m²·h)]	滤饼含水量/%
硫金矿	200～325	50～60	900～1500	6.5～11.5
金矿	200～400	45～60	400～600	13～16
黄铜矿	200～325	45～60	600～900	6.5～12
铁矿	200～325	40～60	850～1500	6～10
锌矿	200～325	50～65	350～550	12～16
铅锌矿	200～400	50～65	650～800	10～12
矾土矿	200～325	50～60	350～450	10.5～12
镍精矿	200～325	55～60	300～600	10～12
煤矿	小于 200 目占 80%	50～65	550～930	18～20

采用真空陶瓷圆盘式过滤机代替传统滤布真空过滤机，在相同过滤面积下，对矿山物料的过滤产能可以提高 1～2 倍、滤饼含水率可以降低 3%～5%，单机装机功率约为布袋真空过滤机的 1/3～1/4，电耗约为其 1/3 左右，吨物料处理成本约为传统真空过滤机 1/2 左右。同时过滤后滤液杂质含量在 $2mg/m^3$ 以下，可以直接回用或排放。

4.4.3　陶瓷膜过滤器在循环冷却水处理方面的应用

钢铁连铸过程中设备冷却、石化设备冷却都需要消耗大量冷却水，这些循环冷却水中通常含有大量的铁皮氧化物颗粒、油类和钙、镁碳酸盐类等，如不净化，可能会堵塞冷却喷嘴，最终影响冷却效果。原有冷却水处理工艺主要是通过除油沟、絮凝、沉淀、多介质过滤器来完成，由于多介质过滤器占地面积大、过滤精度不高、反洗再生困难，因此传统的过滤工艺并不能完全达到冷却水处理效果。微孔陶瓷材料具有过滤精度高、过滤阻力小、清洗再生方便、使用寿命长等优点，代替传统砂滤用于钢厂等循环冷却水过滤具有很多优点（图 4-26）。

图 4-26　冷却水处理用陶瓷膜过滤器

陶瓷膜过滤器用于连铸浊循环水处理的工艺流程为：

用户回水→铁皮沟→旋流池或一次铁皮坑→平流沉淀池（带撇油装置）或化学除油沉淀器→热水池→陶瓷膜过滤器→冷却塔→冷水池→回水至用户

陶瓷膜过滤器工作原理为：废水从进液口进入集油室，将所携带的油全部聚集在集油室顶层，积集到一定量时，由排油口定期排出。废水在外压的作用下，经陶瓷膜过滤管微孔渗透到过滤室，经出液口排出，同时将杂质截留下来并沉积在沉渣室，积集一定量时经排污口排出送下道工序。设备运行一段时间后，在水流的运行过程中，部分机械杂质会附着在陶瓷膜过滤管表面上且会降低流量，使压差增大，此时应进行反冲洗，以提高陶瓷膜过滤管的过滤效果。

用于钢铁浊环水过滤陶瓷过滤器通常可分为内过滤和外过滤两种方式，目前采用较多的为内过滤方式，即原水在外压作用下由陶瓷管内部向外部渗透，杂质堵截在管内壁，过滤管安装在过滤器的上下两个管板之间。过滤器分三个室，上层为集油室，中层为过滤室、下层为沉渣室，在集油室设进液口和集油排出口，在过滤室设净液排出口，在沉渣室设有清污口和排污口。过滤器运行可采用全自动或手动运行，每台过滤器的过滤面积从几十平方米到数百平方米，过滤精度为1～3μm，每台套过滤器处理水量最高可达500m^3/h，过滤压力为0.25～0.6MPa，阻力降≤0.1MPa。

与多介质过滤器相比，陶瓷膜过滤器具有过滤面积大、过滤管耐油性好、不容易板结、使用寿命长、过滤精度高（出水含油量≤2mg/L，SS≤10mg/L）、容污量大（30kg/m^3）、过滤流速大（1.5～3m/h）、反洗周期长、反洗水量小（约为砂滤的1/3）等优点。但从实际使用来进行分析，陶瓷膜过滤器却又有着以下缺点：陶瓷膜过滤器对其进水中悬浮物含量、油的含量也有着严格的要求，进水中油含量超过50mg/L时，陶瓷膜过滤器容易堵塞；陶瓷膜过滤器设备本体的价格也远远大于传统高速过滤器。其次，要进一步探索陶瓷膜过滤器的内部结构，优化内部结构，使有效的空间内能够设置更多的陶瓷膜过滤管，使单套陶瓷膜过滤器的处理水量大幅度增加，才能与传统高速过滤器相比更有优势。另外，过滤器进水压力、反洗水压力、反洗水强度、反洗周期等指标也决定了过滤器的性能，要在这些方面再加以优化。总之，陶瓷膜过滤器要大规模在浊环水系统上推广应用，还需要做大量的技术改进工作。表4-12为应用于冷却水、钢铁浊环水过滤用陶瓷膜过滤器的常用规格及技术指标。

表4-12 陶瓷膜过滤器主要技术指标

过滤器直径/mm	过滤器面积/m^2	过滤器容积/m^3	处理能力/（t/h）	工作压差/MPa	除油率/%	处理后悬浮物浓度/（mg/L）
3200	80	36.6	100～125	0.02～0.06	90	1～20
3400	100	47.3	125～150	0.02～0.06	90	1～20
3600	120	53.7	150～190	0.02～0.06	90	1～20
4000	160	72	200～250	0.02～0.06	90	1～20
4200	190	77	240～300	0.02～0.06	90	1～20
4400	210	90	270～330	0.02～0.06	90	1～20
5000	320	125	400～500	0.02～0.06	90	1～20

4.4.4 陶瓷膜过滤器在焦化行业富氨水除油工艺中的应用

伴随着焦化工业发展，焦化废水处理问题日益突出。焦化污水中含有大量有毒物质，直接外排将会造成严重的水体污染。煤气净化过程中产生的污水占整个焦化行业的 80%以上，剩余氨水处理是焦化炉气净化的重要工序。剩余氨水中含有煤焦油、酚类、氨、氰化物和硫化物，是焦化工业污水的主要来源。焦化工业污水处理前要进行预处理，其中剩余氨水除油是关键。焦油类物质含量较高，易造成废水处理设备堵塞，增加处理成本。否则，剩余氨水中大量焦油类物质进入生物池后，会抑制微生物活性，直接影响废水处理效果，导致废水很难达标排放，因此在焦化废水处理系统中增加除油装置是非常必要的。

微孔陶瓷过滤材料具有过滤效果好、水通量高、结构稳定、耐高温、耐微生物腐蚀、清洗再生性能好、疏油性强、除油效果好等特点，被广泛应用于焦化富氨水除油工艺中。图 4-27 为剩余氨水处理工艺流程。用于剩余氨水过滤的陶瓷膜过滤器采用陶瓷过滤元件一般为直径 150mm、长 1000mm 的刚玉质陶瓷过滤管，过滤元件孔径 60～90μm，过滤精度 1μm，清水透过率 8～10m^3/（m^2 · h）。陶瓷膜过滤器直径一般设计为 2～3m，过滤面积 50～100m^2，单台套过滤器废水处理能力为 30～40m^3/h。

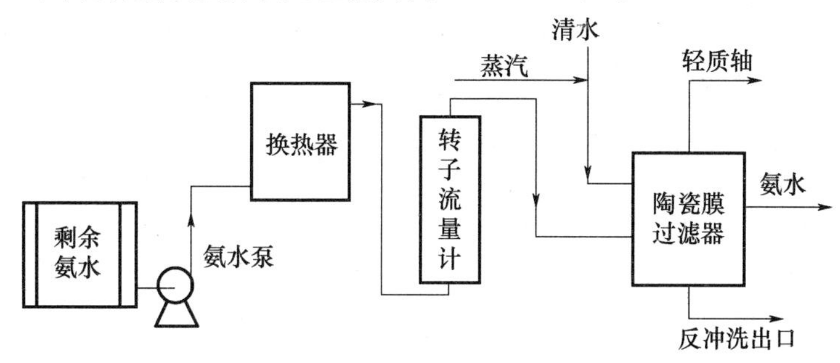

图 4-27　剩余氨水处理工艺流程

过滤器主要技术指标：过滤器进口剩余氨水温度≤80℃，焦油浓度 300～700mg/L，工作压力 0.7～1.0MPa，进出口压降≤0.08MPa，除油效率 70%～90%，过滤后剩余氨水焦油含量在 50～120mg/L。随着过滤的进行，过滤阻力增大，当压差达到 0.06MPa 时，过滤器需要进行反洗再生，一个反冲周期大约 7～10d，反冲洗时间 30min，反冲洗介质为剩余氨水和蒸汽，反冲洗压力 0.3～0.4MPa。

在用于焦化行业废水除油用陶瓷膜过滤器最佳操作工艺方面，郑州大学的冯海军等人曾做过较详细的试验研究工作[11]，认为在废水温度为 60℃、焦油浓度为 200mg/L、过滤流速为 1m/h、压差为 0.2MPa、反洗时间为 20min 的最佳操作条件下，陶瓷膜过滤器除油效率大于 75%，可以达到 50mg/L 以下（图 4-28）。

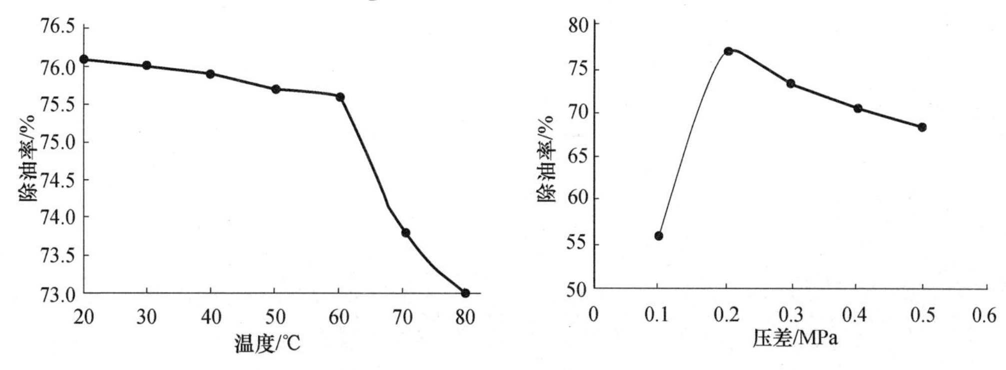

图 4-28　操作条件对过滤器脱油效率影响

目前陶瓷膜过滤器用于剩余氨水除油，也面临两个需要不断改进和提高的问题，一是采取有效措施，解决过滤元件清洗再生问题，防止过滤元件过滤效率衰减过快；另一方面是解决过滤元件机械强度和热震性问题，防止过滤元件在高压过滤、蒸汽清洗时过滤元件破裂导致过滤器失效的问题。

4.4.5 陶瓷膜过滤器在乳化油废水处理中的应用

机械加工行业的废水，如金属清洗液、金属切削液、润滑液等通常成分都比较复杂，主要为油脂、表面活性剂、悬浮杂质和水，污染严重且处理困难。此类废水的特点是：COD、磷、油等污染物的含量都较高，且油处于乳化状态，油滴直径在 1μm 以下。对普通的含油废水，目前采用气浮方法，除油率可达 70%，油水分离器除油率可达 80%，而对含有大量表面活性剂的金属切削液常规处理工艺难以达到理想的处理效果。目前，国内对这种含有乳化油废水采用的处理技术主要为化学破乳法和膜过滤法，化学破乳法出水含油量高，有的甚至高达 800～1000mg/m^3，达不到环保要求。膜分离技术是解决切削液、脱脂液等含油乳化液废水处理难题的最佳途径之一。

膜分离处理工艺中，采用有机膜材料存在膜材料不耐高温、机械强度低、孔径分布宽、衰减快、易水解、耐油性差、pH 值适用范围小等缺点，而采用进口有机膜处理含油乳化液废水存在着投资成本高、清洗和维护成本高等缺点。相反，无机陶瓷膜材料化学稳定性好，耐酸、碱和有机溶剂化学侵蚀，有良好的耐磨、耐冲刷性能，孔径分布窄，分离效率高，亲水耐油，可反复清洗，使用寿命长，在乳化油处理领域技术优势明显。陶瓷膜具有很强的亲水疏油性，不需破乳即可直接实现油水分离，油的透过浓度非常低。大量实验研究表明：孔径为 50nm 的陶瓷超滤膜透过液中油的浓度通常低于 10mg/L，废水中油的去除率可达 99.5%以上。采用无机陶瓷膜处理乳化油废水具有以下几个方面优点：

（1）油截留率高，出水含油量在 10mg/m^3 以下，达到环保要求。

（2）膜通量高于有机膜，通量在 50～150L/（m^2·h）。

（3）膜管使用寿命长，设备投资少，膜运行周期长、清洗时间短，清洗可使用有机膜所不能承受的较高浓度和较高温度的酸、碱溶液，以使得清洗通量恢复效果好且稳定。

（4）处理流程简单，易于实现自动化控制，运行能耗大大低于有机膜设备。

（5）设备全部采用不锈钢制造，易损件少，设备维护简单，维修费用低。

陶瓷膜处理乳化油废水主要是采用以多通道陶瓷膜元件作分离介质的动态浓缩过滤原理，图 4-29 为陶瓷膜处理乳化油废水的工艺流程。乳化油废水进入原水池，经过适当预处理后，由泵输送到一级循环槽和二级循环槽中，由供料泵送给。

陶瓷膜过滤器的操作方式采用内外循环式流动方式，由循环泵提供膜面流速，由供料泵提供系统操作压力，通过供料泵流量来调节系统的浓缩倍数。膜过滤器处理后的浓液回到循环槽，渗透液作为生活杂用水送到指定点。循环槽中固含量达到一定程度后回到原水池，由刮油器收集废油，由刮泥机去除污泥。

关于陶瓷膜材料在乳化油废水处理方面的应用，国内外先后有多人对乳化油废水处理用陶瓷膜特性进行了研究分析[6-7]。国内从 20 世纪末就开始在攀枝花钢厂和上海宝钢采用无机陶瓷膜处理冷轧乳化油废水，久吾公司等研发的陶瓷膜产品目前已在宝钢、攀枝花钢厂、武钢、鞍钢等多个钢厂推广应用。南京化工大学膜科学技术研究所与武汉钢铁集团公

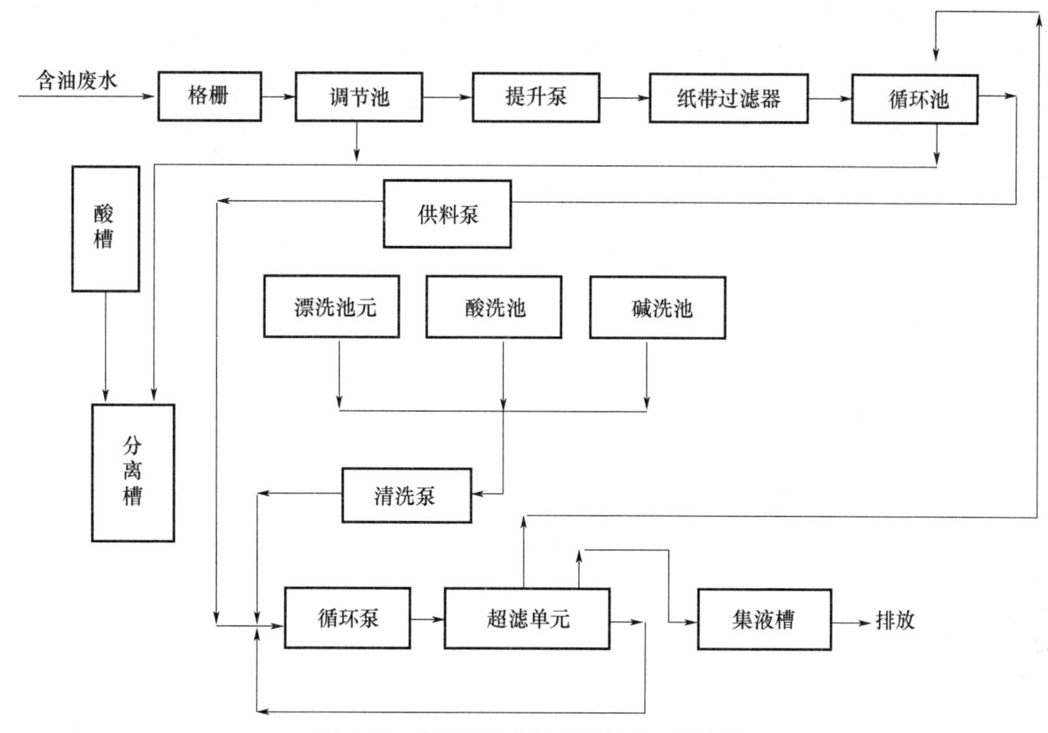

图 4-29　陶瓷膜乳化油废水处理工艺流程

司能源总厂供水厂合作，采用江苏省久吾高科技发展有限公司生产的 0.2μm 陶瓷微滤膜，对武钢冷轧乳化液废水的处理进行了中试研究，取得了良好的效果，平均膜通量可长期稳定在 80L/（m^2 • h）左右，出水油含量小于 10mg/L。合肥摩科新材料科技有限公司采用无机陶瓷膜分离技术对某制造厂乳化油废水进行处理，处理后的油去除率达到 98%以上（原乳化液含油量 4030mg/L，透过液中油含量低至 2mg/L，截流率为 99.95%）。董相声[8]采用 ZrO_2 陶瓷超滤膜处理轧钢乳化油废水，结果表明，当膜面流速为 3.5m/s、跨膜压差为 0.15MPa、料液温度为 30～65℃时，陶瓷膜通量是有机超滤膜的 1.6 倍，乳化油截留率为 99%，CODcr 去除率为 98%，可见陶瓷膜处理冷轧含油乳化液废水是切实可行的。刘巍等人采用无机陶瓷膜超滤技术处理鞍钢冷轧硅钢工程中乳化油废水，设计膜通量为 96L/（m^2 • h），运行一段时间后，油等污垢会堵塞膜管，导致膜通量大幅度衰减，由于无机膜优异的化学稳定性和机械强度，冲洗时间可长达 10min，渗透液中油浓度≤10mg/L，CODcr 截留率≥90%，达到国家二级排放标准。张明智设计无机陶瓷膜设备并对攀钢冷轧乳化液废水进行了工业性应用试验研究，结果表明，该设备能够较好地实现油水分离，出水水质稳定，渗透液油浓度为 4.1mg/L，低于 10mg/L 的国家排放标准。

关于膜的选择方面，久吾公司曾分别采用 0.2μm 的氧化铝和 0.2μm 氧化锆膜进行实验。操作条件为：温度为 12℃，操作压差为 0.1MPa，膜面速度为 7m/s，膜通量结果如图 4-30 所示。由图中可以看出，氧化锆膜通量明显高于氧化铝膜，这是因为氧化锆表面强极性的作用，使油对膜的粘附功小，油滴不易吸附在膜的表面，减少了膜孔的堵塞及膜表面油滴的吸附，从而改善了膜的污染情况，使得氧化锆膜较氧化铝膜的渗透通量高。许多研究者发现在膜过滤的过程中，过滤的机理并不是单纯的由孔径控制，如膜表面与颗粒的亲合力、膜表面对颗粒的吸附等因素，在过滤中也起着重要的作用。对于渗透液油含量的分析结果，两种膜过滤的渗透液油含量均小于10mg/L，达到国家排放标准。由此可见，0.2μm的氧化锆膜无论是初始过滤通量还是稳定过滤通量均高于氧化铝膜，且渗透液的含油量达到国家排放标准。因此采用0.2μm的氧化锆微滤膜对冷轧乳化液废水处理较为优越。氧化锆膜处理乳化油废水平均通量可以达到100L/（m^2·h）以上，约为有机膜3倍以上，正常操作条件下，滤出液中含油量小于10mg/L，截油率98%以上。

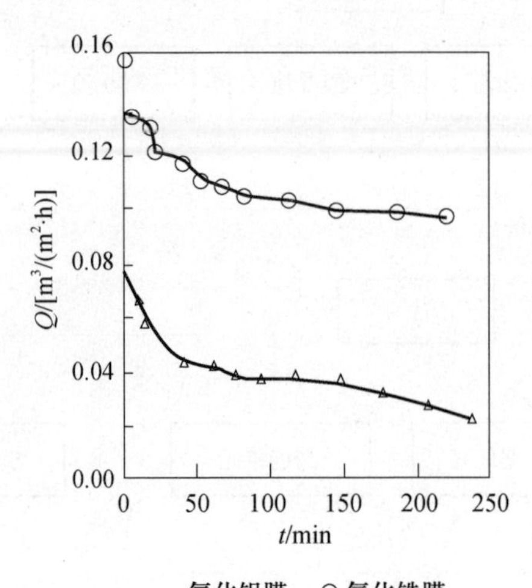

△ 氧化铝膜 ○ 氧化锆膜

图4-30 膜材质对膜通量影响

陶瓷膜处理冷轧乳化液废水设备与国外进口有机膜处理设备的处理效果基本相当，而进口有机膜设备价格约为国产陶瓷膜设备的4倍，进口有机膜处理设备的运行能耗为陶瓷膜设备的10倍以上，正常的设备维修和药剂费用也大大高于国产陶瓷膜设备。加之考虑设备使用寿命，处理每吨冷轧乳化液废水的综合成本是国产陶瓷膜设备的6倍左右。因此，采用陶瓷膜处理冷轧乳化液废水在我国具有较大的技术经济优势。表4-13是国产陶瓷膜与进口陶瓷膜处理1t冷轧乳化液废水费用的比较。

表4-13 国产陶瓷膜与进口有机膜成本比较[9]

项目	国产陶瓷膜	进口有机膜
设备费用/元	3.04	13.66
能耗费用/元	1.0	13.3
人工费用/元	0.61	0.61
维修及清洗剂费用/元	0.61	4.0
总费用/元	5.26	31.57

4.4.6 陶瓷膜分离技术在油田采出水处理系统中的应用

油田采出水是指油田采出含水原油进入原油集输系统的脱水转油站，进行脱水和脱盐处理后，脱出水即为油田采出水。油田采出水水处理是原油生产中的重要环节之一，是基于生产的需要而提出来的，一方面，为维持采油地层压力，需要向地层注水；另一方面，油田地面生产过程产生大量污水（采出液脱出水，洗井水等）。最初，油田地面生产过程产生的污水不能满足地层注水的需求量，大量补充注入地面水或地下水，而随着采出液含水率的大幅上升，超过需求的污水只得排放。也有不少油田地层渗透率低，污水处理达不到注水水质要求，不得不排放。为保证在确定的水压和流量下，注入水能自由流经地层而不导致油层孔隙堵塞，对注入水水质要求极高，由于油田污水中含有大量油类、颗粒悬浮物、有机物等，传统的沉淀、砂滤工艺已不能满足油田回注水指标要求，油田采出水回注达标处理成为关键。

膜分离技术用于油田采出水处理在近二十多年得到了广泛研究和应用[10-12]。尤其是陶瓷分离膜技术，具有亲水增油性，有利于防止有机类物质污染，可以利用各种酸、碱介质进行膜清洗，膜通量稳定，处理效果好，使用寿命长。美国早在1991年就开始采用一种微孔陶瓷膜材料用于海上及陆上油田污水处理实验，美国铝业公司（Alcoa）采用0.2～0.8μm陶瓷膜在墨西哥湾采油平台上进行了试验，在保持膜面流速2～3m/s的过滤条件下，进口含油量从每升几百毫克降到几毫克以下，悬浮物含量从80～300mg/L降到1mg/L，稳定流速保持在160L/（m^2·h）左右。采用0.8μm陶瓷膜进行加拿大西部稠油污水处理，在膜面流速1～4m/s的操作条件下，过滤速率保持在50～200L/（m^2·h）之间，运转周期270h以上，滤出液中含油量稳定在20mg/L以下。

国内哈尔滨工业大学的徐俊[13]等人采用0.8μm陶瓷膜对大庆油田采出水进行处理，结果表明：陶瓷膜过滤器对原水中浊度、含油量、悬浮物的去除率分别达到97%、98%和94%以上，滤出液中油含量小于1mg/L、悬浮物浓度小于1mg/L。江苏石油勘探局王怀林[14]等人在实验室对不同操作条件下的陶瓷膜处理含油废水进行系统试验，其中包括温度、压力、膜表面流速以及膜孔径等对油田采出水过滤特性的影响试验，针对膜处理技术中最关键的膜污染问题进行分析，确定了较好的清洗方案。最终确定的操作参数为：膜面流速在1m/s以上，工作温度30～60℃，压差0.1～0.15MPa，过滤流速160L/h，原水悬浮物含量为20～30mg/L、油含量为20～500mg/L时，滤出液中悬浮物含量小于2～3mg/L、油含量小于3mg/L。

陶瓷膜对油田采出水中悬浮物、含油量去除率都大于90%以上，目前这一技术已在国内许多油田进行了试验和开发应用。但基于陶瓷膜材料成本、油田水质情况较复杂、膜通量长期稳定性及膜抗污染能力提高等需要解决的问题，目前陶瓷膜过滤技术并没有在油田采出水处理方面得到大面积推广应用。

4.4.7 陶瓷膜材料在印染废水处理中的应用

印染是我国的重点污染行业之一。高含量有机污染物的去除和脱色处理是印染废水处理中的两大技术难点。印染加工中的漂炼、染色、印花、整理等工序产生大量含有机污染物的废水。废水量大、有机污染物含量高、色泽深、碱性大、水质变化大等特点，属难处理的工业废水之一。我国的印染废水处理普遍采用生化加物化处理工艺，但出水水质一般不能达到废水回用要求，需进一步深度处理后才能回用。目前在水处理实际工程应用中，除了原有技术改进外，作为深度处理和回用的技术主要有：生物滤池、活性炭吸附和膜分离技术等，其中膜分离技术是当前最具前景的技术之一，陶瓷膜分离技术在这方面有着独特的优势。

采用陶瓷膜技术处理印染废水的一般工艺流程为：对染色废水进行清浊分流，制订相应的管路分置方案，通过预处理设备，去除废水中部分悬浮物，达到陶瓷膜净水要求。预处理后的染色废水通过纳滤单元的泵加压，进行纳滤分离浓缩，过滤后清水直接回用，浓缩后废水进入水解酸性池进行进一步处理。工艺流程如图 4-31 所示。

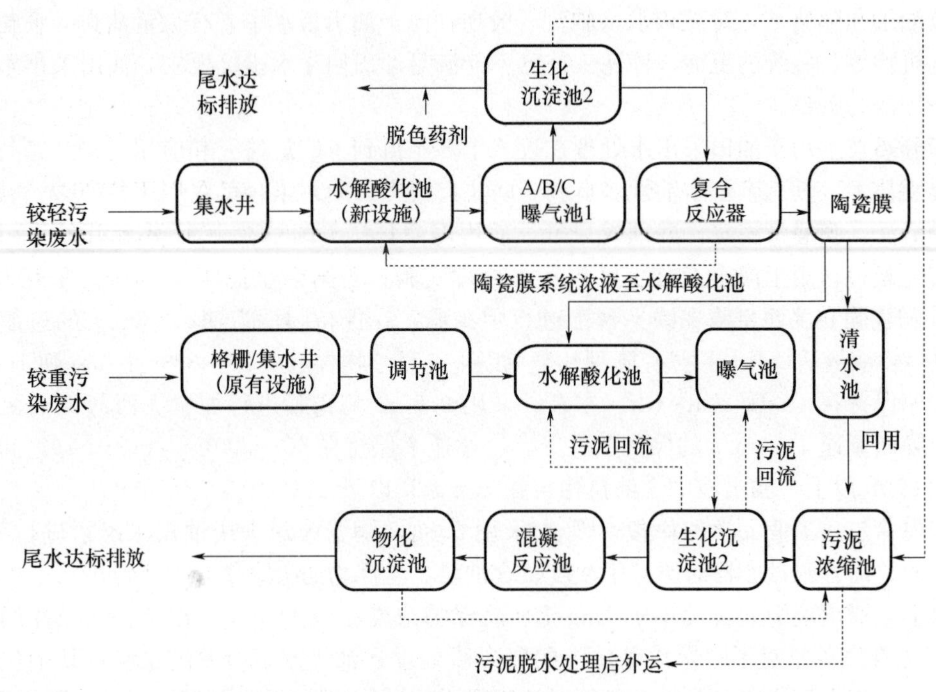

图 4-31　陶瓷膜印染废水处理工艺流程

关于陶瓷膜用于印染废水处理工艺研究，国内许多单位都进行过试验研究工作。盐城工学院吴俊和南京工业大学的邢卫红教授分别采用膜孔径为 50nm、200nm、800nm 的陶瓷膜开展印染废水处理试验[15]。试验表明，用膜孔径为 200nm 的氧化铝膜管处理染料废水效果较好。在膜面流速为 4.2m/s、操作压力为 0.2 MPa、温度为 30℃的操作条件下，陶瓷膜管渗透通量可达到 100 L/（m^2·h）以上，COD 的截留率为 65%，色度去除率为 90%。选择 0.5 mol/L 的硝酸溶液为洗涤剂，清洗 20 min 后，通量恢复到原来的 81%。南京工业大学的范苏等人在研制开发多通道 TiO_2 陶瓷超滤膜制备基础上，也采用 200nm TiO_2 陶瓷膜进行了印料废水中染料及 PVA 的回收试验工作。试验表明：采用 200nm TiO_2 陶瓷膜用于直接黑 OB 染料进行错流过滤处理，在过滤初期，对直接黑 OB 截留效率就达到 99.8%，经过长期运行后，通量也一直稳定在 60～70L/（m^2·h）之间，对浓度为 1g/L 的 PVA 进行错流过滤，截留效率也达到 99%以上，稳定通量在 35～40L/（m^2·h）。

淮阴师范学院的赵宜江教授提出氢氧化镁吸附与陶瓷膜微滤相结合进行活性染料废水脱色的新技术。通过氢氧化镁吸附和 1.0μm Al_2O_3 陶瓷膜微滤相结合进行活性染料废水脱色处理，在镁盐添加量为 600～800 mg/L、pH 值为 11～12、操作压力为 0.15 MPa、错流速度为 3～5 m/s 的条件下，脱色率可达 98%以上，通量在 150 L/（m^2·h）左右。这种新技术可实现一体化分离，出水澄清透明，可实现废水的回收再利用。东华大学张毅等人对动态陶瓷膜处理 PVA 退浆废水的工艺进行了研究。采用孔径 2μm 陶瓷管涂抹 1μm ZrO_2 粉末的陶瓷膜。实验表明，废水经过处理（操作条件：压力 20kPa，错流速度 0.25m/s，温度 40℃）后，滤出液的 COD 值小于 180mg/L，达到国家有关纺织染整工业污染物的二级排放标准。

鲁泰纺织从2005年开始，就与东华大学联合成立研究中心，投巨资购入陶瓷膜过滤回收设备，通过研究膜有效截留污染物的设备工艺参数，最终达到回用及标准排放的目的。他们通过研究回用方式以及单独用、分质使用、混合使用的各种不同比例，使生产车间的印染废水回用率达到60%以上（总回用率45%以上），退浆废水中PVA的回收率达到85%，丝光淡碱回收率达到90%，吨纤维耗水量下降20%以上，废水达到染整废水二级排放标准。

陶瓷膜处理印染废水有很多技术方面的优势，但同时也存在以下需解决的问题：(1) 目前国内陶瓷膜开发成本较高，膜设备一次性投资大。(2) 膜材料通水量相对较低、运行能耗较高。要实现陶瓷膜技术在印染废水处理领域的大面积推广，需进一步开发技术稳定、价格适宜的膜材料和膜处理技术，并将其和常规处理技术组合，进一步研究回用水水质标准，达到产品质量要求。

4.4.8　平板陶瓷膜材料在MBR水处理技术中的应用

膜生物反应器（MBR）技术是一种将高效膜分离作用和生物反应器的生物降解作用集于一体的水处理技术，使用膜组件替代传统活性污泥法中的沉淀池实现泥水分离。膜生物反应器（MBR）技术通过膜分离技术增强生物反应器功能，具有工艺出水水质稳定、安全性高、出水中细菌和病菌去除率高、无污泥膨胀、占地面积小、运行管理简单、运营成本低、自动化程度高等诸多优势优点，可有效实现市政污水回收和工业污水处理、解决城市缺水问题，是当今水处理领域最具发展前景的关键技术之一。膜组件是MBR的核心，MBR中所用的膜组件分为有机膜组件和无机陶瓷膜组件。相比而言，无机陶瓷膜比有机膜具有耐高温、耐有机溶剂、耐酸碱、抗微生物腐蚀、刚性及机械强度好、孔径均匀、不老化、寿命长、可再生等优点，在水处理特别是介质苛刻的工业废水处理领域中，无机陶瓷膜组件具有更广泛的应用前景。从产品结构形状上来讲，用于MBR的膜组件主要有管状膜组件和平板膜组件，如图4-32所示，管状膜组件具有制作成本高、设备投资高、动

图4-32　平板陶瓷膜组件

力消耗大等缺点，从投资成本和运行成本方面来讲，很难在 MBR 水处理工艺中大面积推广。而平板陶瓷膜材料以其制作成本低、膜组件构成成本低、过滤面积大、运行稳定等优点在水处理领域被广泛研究开发和应用[16-17]。表 4-14 为各种 MBR 工艺的比较。

表 4-14　MBR 工艺的对比

MBR 工艺	优点	缺点
平板陶瓷膜	化学稳定性好，使用寿命长，机械强度高，易于清洗再生	初期投资成本较高
中空纤维帘式膜	初期投资低、运行能耗低，目前应用最为广泛	膜材料易断，易堵，寿命短（3～6 个月），膜不耐酸碱清洗
中空纤维柱式膜	价格便宜，能耗低，便于操作	易堵，难清洗，寿命短
有机平板膜	价格便宜、能耗低	易裂，运行麻烦，可靠性差

平板陶瓷膜材料开发应用始于 21 世纪初，全球第一个 MBR 平板陶瓷膜小规模测试工作，由德国 ITN Nanovation 于 2006 年完成，并于 2012 年在德国塔莱斯希魏莱尔建立了一个日处理量为 1400t 的 MBR 污水处理厂，其工艺流程如图 4-33 所示。采用平板陶瓷膜生物反应器技术处理污水，具有过滤精度高、运行稳定等特点，与传统的二次沉降、污泥脱水工艺相比，减少了大量絮凝药品数量，处理后污水可直接排放。表 4-15 为污水处理的前后指标。

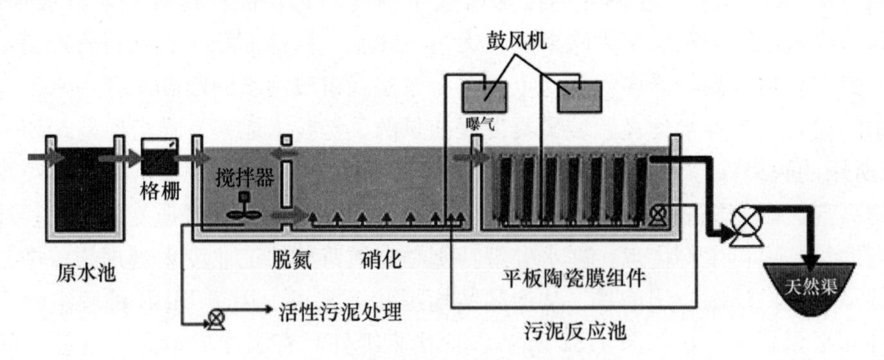

图 4-33　MBR 污水处理工艺流程图

表 4-15　德国塔莱斯希魏莱尔污水处理厂水质净化指标

项目	单位	原水指标	净水指标	最大净水指标
处理能力	m^3/d	1344		
COD	mg/m^3	816	16	80
BOD	mg/m^3	550	≤2	20
NH4-N	mg/m^3	74	0.06	
有机物	mg/m^3	75	12	20
磷含量	mg/m^3	14	2	2
动力消耗	kWh/m^3	0.6～1.0		

日本明电舍 2010 年开始平板陶瓷膜 MBR 的研究开发工作，其产品于 2013 年投入市场，实现商业化应用，目前已在工业污水、生活污水和海水淡化等领域推广应用。日本明电舍开发平板陶瓷膜尺寸为 1000mm×250mm×6mm，孔径 0.1μm，清水透过率 1.2～

$1.5m^3/(m^2 \cdot h)$，一个膜组件通常分 $25m^2$、$50m^2$、$100m^2$，水处理能力为 $0.8 \sim 1.0m^3/d$。表 4-16 是采用日本明电舍平板陶瓷膜处理污水前后的指标对比情况。

表 4-16　平板陶瓷膜水处理指标

指标	原水	净水
大肠菌/（CFU/100mL）	—	≤10
TSS/（mg/L）	145	0
TOC/（mg/L）	22.3	5.2
BOD/（mg/L）	198	2
COD_{Mn}/（mg/L）	311	11
COD_{Cr}/（mg/L）	106	5
T-N/（mg/L）	23.1	7.3
T-P/（mg/L）	2.5	1.4

新加坡 Ceraflo 公司于 2013 年也成功开发了 110mm×500mm×3mm 的平板陶瓷膜元件及组件，并在我国设立了办事处。2014 年 3 月，Ceraflo 公司在新加坡裕廊供水回收厂建成了首个平板陶瓷膜 MBR 工业用后水处理与循环示范厂，实现了高品质水的循环使用，该工程每天可处理和循环 100 万加仑（相当于 3700t）工业用后水，该项目开启了平板陶瓷膜 MBR 处理工业用后水的新篇章，并为日后建造大型后水处理及循环工程提供了参考。

我国清华大学深圳研究生院的范小江等人采用 70～80nm 平板陶瓷膜，以东江水务第二水厂为依托，对东江原水进行过滤试验[18]。研究了不同渗透通量、原水浊度、原水有机物浓度下陶瓷膜对浊度和有机物的去除效果，以及陶瓷膜跨膜压差的变化情况。结果表明：渗透通量、原水浊度和有机物浓度的升高都会引起跨膜压差的升高，其中有机物浓度的影响大于浊度的影响；在跨膜压差为－0.004～－0.026MPa，浊度在 50NTU 左右的原水过滤条件下，膜出水水质浊度均稳定在 0.1NTU 以下，各项指标（除氨氮外）都满足新的国家饮用水水质标准；陶瓷膜过滤能将病原微生物有效去除，从而提高水体的微生物安全保障水平；陶瓷膜能显著去除水中分子量大于 2000 的有机物，但对小分子有机物和无机离子基本没有去除效果。膜清洗试验表明，使用单种化学清洗剂时，NaOH 溶液的清洗效果最好。表 4-17 为采用氧化铝平板陶瓷膜处理东江原水过滤前后的水质变化情况。

表 4-17　膜过滤前后水质变化

项目	原水	过滤水	国家标准
浊度/（NTU）	46.3	0.058	≤1
COD/（mg/L）	1.27	1.05	≤3
TOC/（mg/L）	1.53	1.26	—
氨氮/（mg/L）	0.85	0.84	≤0.5
NO_2/（mg/L）	0.076	0.074	≤1
细菌总数/（CFU/mL）	7700	0	≤100
大肠菌群/（CFU/100mL）	385	0	不得检出

国内自2012年引进日本明电舍的平板陶瓷膜产品后，也开始在垃圾渗滤液处理、高浓度化工废水处理、含油废水及地下水处理等方面开展试验开发工作，建立了示范工程，国内在平板陶瓷膜组件的研制开发方面也迈出了重要一步。但平板陶瓷膜要真正在水处理领域中进行大面积推广应用，膜材料成本、抗污染性能与再生性能提高等方面的问题还需要引起足够的重视。

参考文献

[1] D. Vasanth. Performance of Low Cost Ceramic Microfiltration Membranes for the Treatment of Oil-in-water Emulsions [J] . Separation Science and Technology，2013，6（48）.

[2] B. K. Nandi，R. Uppaluri，M. K. Purkai. Treatment of Oily Waste Water Using Low-Cost Ceramic Membrane：Flux Decline Mechanism and Economic Feasibility [J] . Separation Science and Technology，2009，12（44）：2840-2869.

[3] 崔佳，王鹤立，龙佳．无机陶瓷膜在水处理中的研究进展 [J]．工业水处理，2011，(02)：13-16.

[4] 秦伟伟，宋永会，肖书虎，等．陶瓷膜在水处理中的发展与应用 [J]．工业水处理，2011，(10)：15-19.

[5] 李祥锋，戴长虹，孙海生．陶瓷膜材料在水处理领域的应用 [J]．过滤与分离，2006，(01)：8-10.

[6] Gyula N. Vatai，Darko M. Krstic. Ultrafiltration of oil-in-water emulsion：Comparison of ceramic and polymeric membranes [J] . Desalination and Water Treatmen，2009，1-3（3）：162-168.

[7] Sang H. Hyun，Gye T. Kim. Synthesis of Ceramic Microfiltration Membranes for Oil/Water Separation [J] . Separation Science and Technology，1997，18（32）：2927-2943.

[8] 董相声．无机陶瓷膜处理轧钢乳化液废水的研究 [J]．工业水处理，2003，(10)：27-30.

[9] 王沛，刘义恩，许蔚良，等．陶瓷膜处理轧钢乳化液废水操作条件优化及技术经济比较 [J]．工业水处理，1999，(02)：16-17+47.

[10] Shams Ashaghi K.，M. Ebrahimi，P. Czermak. Ceramic Ultra- andNanofiltration Membranes for Oilfield Produced Water Treatment- A MiniReview [J] . Open Env J 2007，1：1-8.

[11] Czermak P，Ebrahimi M，Mund P，et al. Efficient oilfield water treatment- investigations on the use of ceramic ultra- andnanofiltration membranes [J] . 5th IWA Specialized Conference on Assessment and Control of Micropollutants/Hazardous Substances in Water，2007，Frankfurt，Germany.

[12] Farnand BA，Krug TA. Oil removal from oilfield produced water by cross flow ultrafiltration [J]. Can Pet Technol，1989，28：18-24.

[13] 徐俊，于水利，梁红莹，等．陶瓷膜处理油田采出水用于回注的试验研究 [J]．中国环境科学，2008，(09)：856-860.

[14] 王怀林，王忆川，姜建胜，等．陶瓷微滤膜用于油田采出水处理的研究 [J]．膜科学与技术，1998，(02)：61-66.

[15] 吴俊，邢卫红，徐南平．无机陶瓷膜处理印染废水实验研究 [J]．染料与染色，2004，41（4）：241-243.

[16] Hasan，Md. Mahmudul. Application of a Low Cost Ceramic Filter to a Membrane Bioreactor for Greywater Treatment [J] . Water Environment Research，2015，3（87）.

[17] P. K. Tewari，R. K. Singh，V. S. Batra，et al. Membrane bioreactor（MBR）for wastewater treatment：Filtration performance evaluation of low cost polymeric and ceramic membranes [J]. Separation and Purification Technology，2010，2（71）：200 - 204.

[18] 范小江，盛德洋，张建国，等．采用浸没式平板陶瓷膜处理东江原水的应用试验 [J]．净水技术，2012，(05)：15-19+24.

第 5 章　高温陶瓷膜材料及高温气体过滤器

多孔陶瓷及陶瓷膜材料具有耐高温、耐高压、耐化学介质腐蚀、耐磨损、过滤精度高、使用寿命长等优点，可广泛用于各类气体尤其是高温、高压气体的净化过滤。用于高温、高压气体净化过滤的陶瓷材料被称为高温陶瓷膜。高温陶瓷膜材料是一种以优质耐火陶瓷骨料（刚玉、碳化硅、堇青石、莫来石等）、陶瓷纤维及高温陶瓷结合剂为原料，经成型、烧结而成的一种具有高气孔率、可控孔径和良好机械、化学和热性能的陶瓷过滤材料。具有良好的微孔过滤性能和高温抗热震能力，适宜于各种高温、高压气体的净化过滤，最高使用温度可以达到 1000℃以上。20 世纪 70 年代，国外就开始开展高温陶瓷膜材料的研究，之后随着 IGCC 和 PFBC 先进燃煤发电技术的发展，高温陶瓷膜过滤材料的研发得到了进一步的推动。经过五十多年发展，目前国内外已开发了多种系列的高温陶瓷膜材料及产品，在高温烟尘净化、高温、高压热气体净化等领域得到了广泛的推广应用。本章主要介绍高温陶瓷膜过滤机理、过滤材料研究进展、高温过滤器结构设计及应用等。

5.1　高温陶瓷膜过滤机理及过滤方式

5.1.1　高温陶瓷膜过滤机理

高温陶瓷膜过滤材料的过滤机理主要为表面截留、惯性冲撞、扩散三种。示意图如图 5-1 所示。

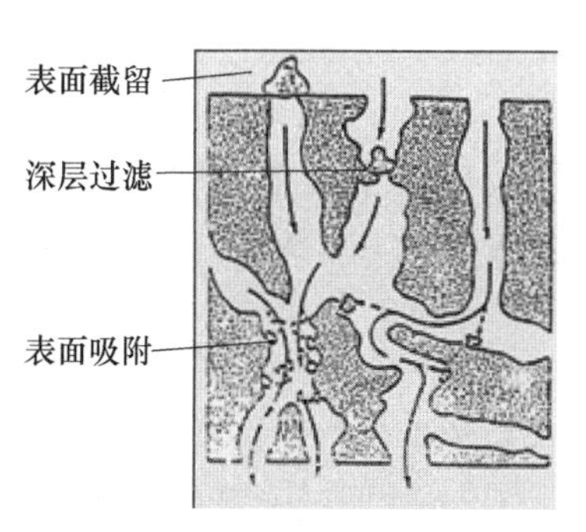

图 5-1　高温陶瓷膜材料过滤机理

（1）表面截留：高温气体在过滤过程中，大于膜材料表面微孔孔道（孔径）的杂质颗粒会被直接捕捉，称为表面截留。表面截留又可以叫做表面过滤。表面截留效率只与杂质颗粒大小、表面孔道直径有关，而与气体流速、温度、压力和流体黏度没有关系。

（2）惯性冲撞：气体流经多孔陶瓷材料微孔孔道时，流体中的杂质颗粒，由于惯性与微孔孔道壁接触碰撞而被捕获。惯性冲撞捕捉颗粒的效率与杂质颗粒直径的平方成正比，与流速及流体黏度成反比。

（3）扩散：气体介质中杂质颗粒由于布朗运动而离开流线和微孔孔道壁接触，从而被捕捉。扩散捕捉的效率与流体黏度、杂质颗粒直径成反比。

当流体流经多孔陶瓷材料时，大于多孔陶瓷表面孔径的颗粒被截留在多孔陶瓷的表面形成滤饼层；小于多孔陶瓷孔径的颗粒，由于受惯性碰撞和布朗运动影响，仍有部分颗粒被截留在表面或沉积在多孔陶瓷孔道内。由于多孔陶瓷微孔孔道迂回曲折，加上流体介质在多孔陶瓷表面形成的架桥效应及惯性冲撞和布朗运动的作用，因此过滤气体时，其过滤精度要比本身的孔径高得多。

当多孔陶瓷元件运行一定时间后，由于过滤元件内部孔道被流体介质中微细颗粒杂质堵塞，且表面滤饼层增厚，导致过滤阻力增大，因此需要进行气体反吹。通过反吹，进入陶瓷孔道内部的杂质及表面形成的滤饼层，在高压反吹气体的作用下，就会脱离多孔陶瓷，从而使陶瓷膜材料基本恢复到初始的状态。其过程如图 5-2 所示。

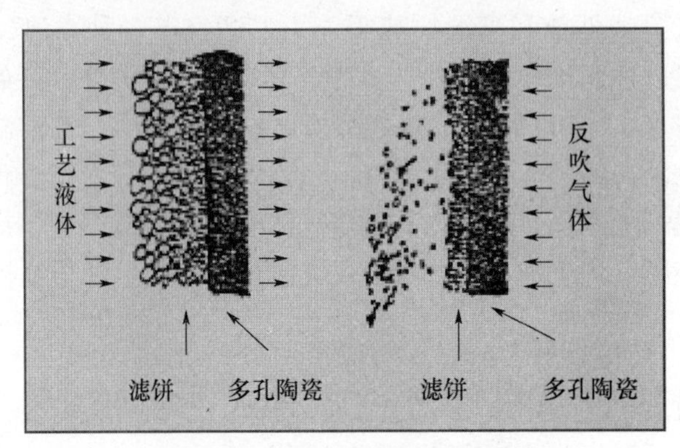

图 5-2　多孔陶瓷材料再生机理

5.1.2　高温陶瓷膜过滤方式

按照颗粒被捕获的方式不同，高温陶瓷膜有三种不同的过滤方式：表面过滤、深层过滤、滤饼过滤。实际应用中往往是其中两种或三种方式的组合。

1. 表面过滤

表面过滤技术，是指杂质颗粒在陶瓷过滤元件的表面进行截留，而没有进入微孔内部。表面过滤技术具有截留效率效率高、过滤元件不宜堵塞、清洗再生性能好等优点。要实现表面过滤，要求陶瓷过滤元件具有非常小的表面微孔孔径，同时又具有较小的流体阻力，因此高温气体过滤多采用大孔径、高强度支撑体支撑的具有高分离精度膜层的孔梯度陶瓷膜材料。过滤时，气体中颗粒较大的杂质被截留在膜元件表面，颗粒较小的杂质会穿过较薄（200μm 以下）的膜过滤层，进入到大孔道支撑体内部，随气流进入到下游气体中。通过控制膜层孔径大小，表面过滤技术的杂质截留效率可达到 99.5%以上。表面过滤的效率与膜层孔径大小、气孔率、膜层厚度及支撑体孔径大小透气性有关。

2. 深层过滤

深层过滤是指由于过滤元件内部小孔径对颗粒的截留及内部微孔表面对细小、黏性颗粒的吸附作用，实现气体的过滤。深层过滤过程中，会有大量微细颗粒杂质进入弯曲孔道内部，微孔内部会逐渐堵塞，气体过滤阻力也会愈来愈大，不仅造成反吹周期缩短，同时由于反吹路径较长，还会导致反吹困难，甚至失效。实验表明，在过滤过程中，如果大量颗粒杂质堵塞在过滤元件孔道内部 1.5mm 处，则会造成反吹压力增大，反吹困难。如果大量颗粒杂质渗透到过滤元件孔道内部 3mm 处，基本上无法通过气体反吹来实现再生。深层过滤运行效率除与膜元件孔径、气孔率和壁厚有关外，还与过滤气体的工作压力、工作温度、流体黏度及杂质粒子性质有关。通常过滤表面元件孔径愈大，过滤介质中颗粒杂质粒径愈小，工作压力愈大，则初始粒子穿透能力愈强，粒子去除效率会愈低，过滤元件堵塞的可能性也愈大，甚至会造成清洗困难或无法再生。

3. 滤饼过滤（图 5-3）

滤饼过滤是指由于过滤材料表面截留所形成的滤饼层实现对颗粒的过滤和捕获。滤饼过滤主要适用于含固量较大的高温气体的过滤。滤饼过滤方式过滤高温气体效率除与过滤元件本身孔道大小、透气性有关外，还与构成滤饼层的杂质颗粒形状大小、杂质性质、过滤气体压力、黏度有关。滤饼过滤方式在一个过滤周期内，随着过滤时间延长，滤饼层厚度加厚，过滤精度会逐渐提高，但过滤阻力也会逐渐加大。每次反吹后，都会在过滤元件表面存在一个厚度小于 0.5mm 的永久滤饼层，起到后续过滤的效果。

由于各种高温烟尘及高温气体中杂质含量一般较高 [0.1～100g/（N · m^3）]，杂质颗粒较小（一般 1μm 以下颗粒占 10%以上）。为提高过滤精度和过滤效率，通常采用表面过滤和滤饼过滤相结合的高温陶瓷膜过滤方式。

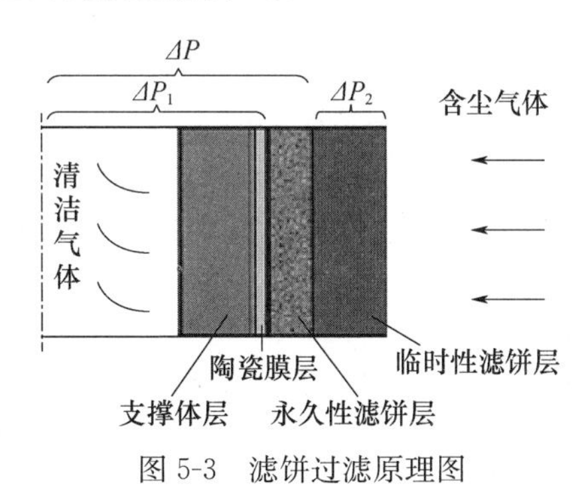

图 5-3　滤饼过滤原理图

5.2　高温陶瓷膜过滤材料

高温陶瓷膜过滤材料必须满足耐高温、高压等复杂工况的要求，此外，在各种高压、高温含尘（烟尘）气体中，通常还含有大量的氧化性和还原性组分（如 N_2、SO_2、CO_2、CO、H_2、CH_2 等）、酸性和碱性组分、低熔点金属化合物等，这些介质对高温陶瓷过滤材料都具有一定的腐蚀能力，因此高温陶瓷膜过滤材料还需具有良好的化学稳定性。而对于过滤材料制成的过滤元件，则要在性能和结构方面满足以下要求：①高的机械强度、耐高温和介质腐蚀性能；②高的过滤精度、过滤气速和低的压力降；③易于反吹、操作稳定、过滤效率高；④具有良好的热稳定性能，能够承受频繁的高压脉冲冷气体反吹造成的热冲击等一系列性能指标。

目前国内外已研制开发的高温陶瓷过滤材料主要包括：氧化物陶瓷材料（氧化铝/莫来石、堇青石等）、非氧化物陶瓷材料（反应结合碳化硅、黏土结合碳化硅、热压烧结氮化硅等）和陶瓷纤维过滤材料三种，产品最高使用温度可以达到 1000℃以上，最高工作压力可达 4MPa 以上，过滤精度可达 0.2μm，除尘效率可达 99.9%以上。表 5-1 和表 5-2 列出了几种典型高温陶瓷过滤材料的综合性能对比。

表 5-1　高温陶瓷过滤材料的基本性能

材料名称	化学组成	热膨胀系数 $\times10^{-6}$/℃	抗热震能力	适宜操作温度/℃	抗氧化能力	机械强度
氧化铝	Al_2O_3	8.8	低	≤350	较好	较高
莫来石	$3Al_2O_3 \cdot 2SiO_2$	3.5	较好	≤800	较好	较高
堇青石	$2Al_2O_3 \cdot 5SiO_2 \cdot 2MgO$	1.8	较好	≤750	较好	一般
硅酸铝纤维	$3Al_2O_3 \cdot 2SiO_2$	—	好	≤800	较好	差
碳化硅	SiC	4.7	较好	≤950	差	高

表 5-2　高温陶瓷过滤材料抗介质腐蚀性能

材料名称	高温气体介质特性		
	碱金属	蒸汽	煤气
莫来石/氧化铝	高	高	高
堇青石	中	高	高
硅酸铝纤维	低	高	高
碳化硅	低	中/低	中

5.2.1　氧化物基高温陶瓷膜过滤材料

氧化物基高温陶瓷膜过滤材料以氧化铝、莫来石、堇青石、红柱石等耐火材料为主要构成原料，这类材料具有抗高温氧化、过滤效率高等特点。

5.2.1.1　氧化铝质高温陶瓷膜过滤材料

氧化铝质高温陶瓷膜过滤材料是以电熔刚玉为主要原料，采用黏土、长石、莫来石等高温结合剂，通过热浇注、挤出或等静压工艺成型，在 1300～1450℃下高温烧结而成。制品主晶相为刚玉、莫来石和玻璃相。氧化铝质高温陶瓷膜材料优点是机械强度高、抗氧化、耐介质腐蚀、微孔性能好，缺点是产品体积密度大、热膨胀系数大、高温热稳定性不好。因此，氧化铝质高温陶瓷膜过滤材料适宜在温度不高（350℃以下）、压力较大的工况条件下应用。常见氧化铝质高温陶瓷膜过滤元件如图 5-4 和图 5-5 所示。

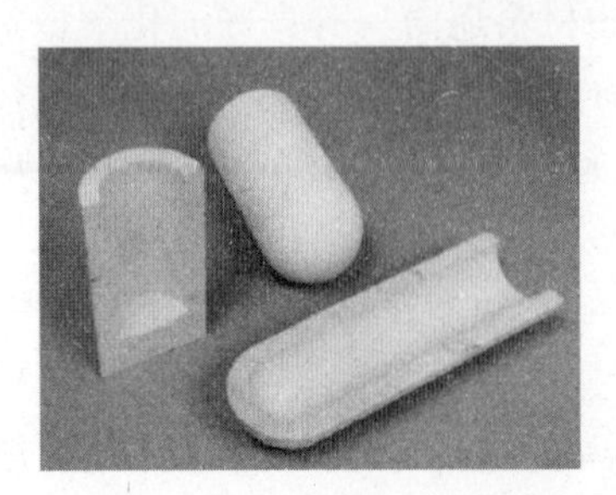
图 5-4　Coors 陶瓷过滤元件

图 5-5　刚玉质陶瓷膜材料元件

1980年，英国Coors陶瓷公司以刚玉为原料，采用莫来石高温结合方式最早研发出莫来石结合的氧化铝质高温陶瓷膜过滤材料。这种莫来石结合氧化铝高温陶瓷过滤材料主要技术指标如下：体积密度1.8g/cm^3、孔径45～60μm、气孔率38%、弯曲强度25.8MPa、热膨胀系数（25～1000℃）为5.34×10^{-6}/℃。由于这种陶瓷过滤元件具有相对高的热膨胀系数，高温下热稳定性较差，在高温使用过程中时有过滤元件破裂现象发生。

1990年国内开始开展氧化铝质高温陶瓷膜过滤材料的研制开发工作。山东工业陶瓷研究设计院最早开发的氧化铝质陶瓷过滤元件主要是以刚玉砂为原料，黏土-钾长石-滑石为高温结合剂，采用热浇注成型工艺成型，1250℃高温烧结制成的一种均质管状多孔陶瓷材料。过滤元件孔径40～60μm，气孔率35%，抗折强度35MPa，渗透率0.075m/（s·kPa）。

为了进一步提高氧化铝质陶瓷膜材料的过滤精度、提高过滤元件的反吹再生效果，可以采用复合结构的高温陶瓷膜过滤材料，也称为陶瓷复合膜过滤材料。这种材料是在氧化铝质多孔陶瓷的基础上被覆一层耐高温的刚玉-硅酸铝纤维陶瓷滤膜，由两层结构构成，内层为支撑体层，是以40～60号刚玉砂为原料，采用热浇注或挤出工艺成型，1300℃高温烧结而成，孔径通常在100μm以上，气孔率在35%以上，具有非常高的抗弯强度和低流体透过阻力；外层为分离膜层，是以280号刚玉砂、短切的硅酸铝纤维、黏土类结合剂为原料，通过料浆制备、真空抽滤或喷涂工艺成型，高温烧结而成，膜层孔径10～30μm、气孔率≥40%，膜层厚度一般小于0.2mm。陶瓷复合膜过滤材料可以有效提高高温含尘气体的净化效率，降低阻力，改善反吹再生效果。

5.2.1.2　堇青石质高温陶瓷膜过滤材料

堇青石（$2MgO \cdot 2Al_2O_3 \cdot 5SiO_2$）具有体积密度小、热膨胀系数低等优良特性，因此常用作各种低膨胀陶瓷材料的制造，如汽车尾气净化用蜂窝陶瓷载体、热交换器等。采用堇青石作骨料制备的堇青石高温陶瓷过滤材料具有微孔性能好、质量轻、耐温高、热稳定性能好、抗热冲击性强等特点，是一种非常理想的高温气体净化材料。

最早开展堇青石质高温陶瓷过滤材料研发的是日本旭硝子株式会社，其于20世纪80年代开发的长管状多孔堇青石陶瓷过滤元件，主要是以粗堇青石原料作骨料，以β-锂辉石、黏土、细堇青石粉作为高温结合剂，石油焦作为成孔助剂，采用90～100MPa等静压机压制成型，于1350℃以上高温烧成。这种堇青石质高温过滤元件具有直径40～60μm的气孔和连接这些气孔的1～2μm的通道，同时具有极好的耐热性能，可以用于800℃以上的高温气体净化操作。表5-3所示为其主要性能指标。

表5-3　LOTEC-M材料主要性能指标[1]

性能 \ 型号		C	CF
体积密度/（g/cm^3）		2.2	1.94
气孔率/%		18.5	21.5
抗压强度/MPa	室温	100	100
	1000℃	80	80

续表

性能 \ 型号		C	CF
弯曲强度/MPa	室温	18	15
	1000℃	18	15
热膨胀率/%	500℃	0.05	0.06
	1000℃	0.14	0.18
过滤阻力/Pa（滤速 5cm/s）		900	800

为进一步提高堇青石质陶瓷过滤材料的过滤性能，降低过滤阻力，可采用具有孔梯度结构的堇青石陶瓷纤维复合膜材料。山东工业陶瓷研究设计院开发的堇青石陶瓷纤维复合材料主要是由堇青石质多孔陶瓷为支撑体，以刚玉砂、硅酸铝纤维为主要原料的陶瓷纤维分离膜层。支撑体孔径在 100～150μm 之间，膜分离层孔径 10～30μm。表 5-4 列出几种典型的堇青石质高温陶瓷纤维复合膜材料性能指标。

表 5-4　堇青石质陶瓷纤维复合膜材料性能指标

性能 \ 型号		TGXM-1	TGXM-2
支撑体孔径/μm		110	110
支撑体气孔率/%		35.8	35.8
膜层孔径/μm		25～30	15～20
膜层气孔率/%		63.5	58.6
抗压强度/MPa		28	28
弯曲强度/MPa	室温	8.7	8.7
	900℃	6.3	6.3
热膨胀率系数（室温～1000℃）/℃		3.8×10^{-6}	3.8×10^{-6}
急热急冷性能（900℃～室温）		10 次不裂	10 次不裂
过滤阻力/Pa（滤速 5cm/s）		380	600

堇青石陶瓷膜过滤元件或支撑体可采用热浇注、等静压、挤出等成型工艺。采用热压注工艺的缺点是成型制品尺寸受到一定限制，尤其对于长径比大的制品成型较困难，另外产品需要埋烧，烧成周期较长，生产成本较高。膜分离层主要采用自动喷膜工艺。目前采用等静压工艺或挤出工艺制造的堇青石陶瓷膜产品长度可达 2000mm 以上。主要工艺路线为：以一定粒度（0.2～0.5mm）的堇青石原料作骨料，以锂辉石、黏土类原料作结合剂，以核桃壳粉、木炭等作成孔助剂，采用热固性树脂作黏合剂，通过混合、造粒，在 70～80MPa 压力下等静压成型，脱模后经 1300℃左右高温烧成，获得孔径 100～130μm、气孔率 35%以上的高透气性陶瓷膜支撑体。在堇青石陶瓷膜支撑体基础上，以刚玉砂、短切含

锆硅酸铝纤维为原料、采用黏土类结合剂，通过料浆制备，控制料浆浓度和黏度、喷膜压力和时间，在自动旋转喷膜机上成型一层较薄的分离膜层，然后干燥、1200℃左右温度高温烧成。分离膜层厚度一般控制在 0.3mm 以下，膜层孔径分别为 15～20μm 和 25～30μm 几种，膜层气孔率大于 60%。产品形状、规格尺寸与主要技术指标分别如图 5-6 和表 5-5 所示。

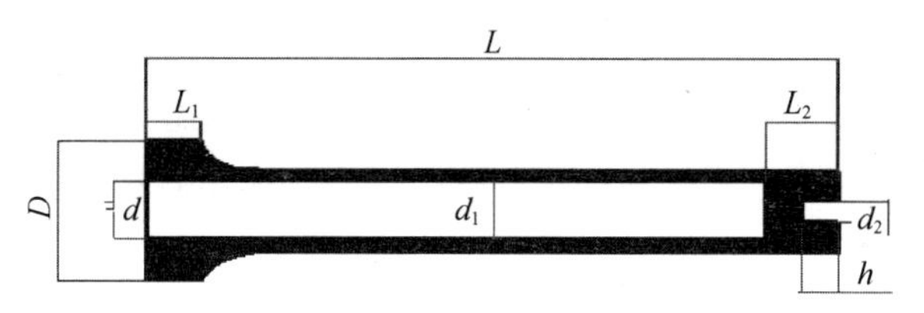

规格	外径 d	内径 d_1	总长度 L	法兰直径 D	定位孔直径 d_2	法兰长度 L_1	盲端长度 L_2	定位孔深度 h	过滤面积 s
60×40×1000	60	40	1000	74	20	15	40	25~30	0.186
60×40×1500	60	40	1520	74	20	15	40	25~30	0.280
70×44×1500	70	44	1520	84	20	15	40	25~30	0.33
70×44×2000	70	44	2020	84	20	15	40	25~30	0.44

图 5-6　堇青石高温陶瓷膜材料规格尺寸

表 5-5　堇青石高温陶瓷膜过滤元件主要技术指标

性能 \ 型号	GS-10	GS-20
支撑体材质	堇青石	堇青石
膜层材质	陶瓷纤维复合	陶瓷纤维复合
体积密度/（g/cm^3）	1.42	1.42
气孔率/%	38	38
膜层孔径/μm	15～20	25～30
过滤精度/μm	1	3
初始阻力/Pa（风速 1m/min ）	150～200	100～120
弯曲强度/MPa	6～8	6～8
热膨胀系数$\times 10^{-6}$/℃	3.4	3.4
耐酸性/%	≥99	≥99
耐碱性/%	≥98	≥98
工作温度/℃	≤650	≤650
工作压力/MPa	≤0.2	≤0.2

堇青石质陶瓷纤维复合膜过滤材料与其他过滤材料相比，不仅体积密度小、质量轻、热稳定性好，而且具有过滤阻力小、透气性好等特点，尤其适用于一些高温烟尘净化等。

目前已在有色冶炼炉、尾气焚烧炉、燃煤锅炉等高温烟尘净化领域推广应用。经验证，这种具有梯度孔结构的堇青石质高温陶瓷复合膜过滤元件可以在600℃以下温度长期安全使用，正常过滤风速一般为2.5～5cm/s，过滤阻力1000～3000Pa，净化后气体含尘浓度可达20mg/Nm^3以下。

5.2.2 非氧化物基高温陶瓷膜过滤材料

非氧化物基高温陶瓷膜过滤材料主要包括碳化硅质、氮化硅质、氮化硅结合碳化硅质等几种。碳化硅质高温陶瓷膜过滤材料由于具有耐温高、抗热震性能好等特点，在高温气体净化领域得到了广泛研究开发和应用。

碳化硅质高温陶瓷膜材料发展基于先进煤化工及PFBC（增压流化床燃烧技术）和IGCC（整体煤气化联合循环发电技术）等燃煤发电技术对高效高温粒子过滤的需求[2]。由于煤气化过程中会产生大量微细颗粒杂质（10μm以下占50%左右），为了满足后续工艺气体要求，以及减少尘粒子对增压流化床等燃煤发电涡轮系统的磨损，提高涡轮机的使用寿命，这些颗粒杂质应尽最大可能除去。由于这些气体温度、压力都较高，如PFBC燃煤发电系统涡轮机管道内气体温度高达800℃以上，气体压力接近1.0MPa，在这个过滤系统中，要求过滤元件必须具有耐高温、耐高压、耐各种介质腐蚀、使用寿命长等特点，因此耐热、耐腐蚀性的碳化硅质高温陶瓷过滤材料成为首选。

碳化硅质高温陶瓷膜材料，通常是以优质的碳化硅原料作骨料，采用压制、挤出、等静压工艺成型，经高温烧结的一种具有可控孔径的耐高温陶瓷过滤材料。同时为了提高过滤元件的过滤精度、降低流通阻力、提高清洗再生效果，碳化硅陶瓷膜材料通常设计成一种具有孔梯度结构的陶瓷膜材料，即在一般碳化硅多孔陶瓷支撑体表面采用喷涂工艺形成一种由莫来石、碳化硅、陶瓷纤维等制成的陶瓷膜或陶瓷纤维复合膜。

碳化硅高温陶瓷膜材料可分为黏土结合碳化硅、反应结合碳化硅和氮化硅结合碳化硅等多种。其中目前开发应用的主要为黏土结合碳化硅质高温陶瓷膜过滤材料。

最早的碳化硅质陶瓷膜材料为德国舒马赫公司20世纪80年代开发的黏土结合碳化硅陶瓷过滤材料（F40），主要是以优质碳化硅原料作骨料，制成一种具有较高强度的陶瓷膜支撑体材料，然后在支撑体材料表面通过喷涂等方式制成一层由碳化硅颗粒和莫来石纤维组成的厚度为100～200μm的过滤膜层。过滤膜层孔径20μm。之后通过改进，发展出性能更加稳定的碳化硅陶瓷膜过滤材料（FT20）。这种材料在原有F40基础上，一方面提高了高温抗蠕变性能和高温热稳定性能；另一方面在碳化硅过滤陶瓷材料表面涂覆有一层由氧化铝纤维和细碳化硅颗粒组成的孔径为10μm的陶瓷纤维复合膜过滤层，膜层厚度小于100μm。FT20过滤材料由于具有更小的表面孔径，而且膜表面光滑，其过滤效率和膜元件清洗再生效率都更加优良。1997年，Pall舒马赫公司开发了Dia-Schumalith 10～20陶瓷膜过滤元件，将膜表面孔径由15μm降低到10μm，提高了表面光洁度，提高了对微细粒子（0.3μm）的过滤效率。同时膜支撑体厚度由15mm减少到10mm，使气体过滤阻力有所降低，长期过滤反洗后初始压降也有所降低。表5-6为Dia-Schumalith系列碳化硅陶瓷元件的主要性能指标。

表 5-6　Dia-Schumalith 系列 SiC 陶瓷过滤元件的性能指标 [3]

性能＼型号	05-20	10-20	FT20	F40
过滤精度/μm	0.3	0.3	0.5	0.5
支撑体材料	碳化硅	碳化硅	碳化硅	碳化硅
孔径/μm	60	60	60	60
气孔率/%	35	35	35	35
膜层材料	莫来石	莫来石	氧化铝纤维/碳化硅	氧化铝纤维/碳化硅
体积密度/g/cm^3	1.86	1.86	1.86	1.86
抗弯强度/MPa	≥20	≥20	≥20	≥15
渗透性/m^2	150×10^{-13}	25×10^{-13}	55×10^{-13}	110×10^{-13}
最高使用温度/℃	1000	1000	1000	1000
氧化气氛	750	750	750	750
还原气氛	600	600	600	600
热膨胀系数（25～1000℃）/K	5.1×10^{-6}	5.1×10^{-6}	5.1×10^{-6}	5.1×10^{-6}
产品尺寸：外径 60mm，内径 30mm、40mm，长度 1000mm、1500mm、2000mm				

国内山东工业陶瓷研究设计院采用等静压成型工艺制备的 SiC-5、SiC-10、SiC-20 系列产品，性能指标如表 5-7 所示。这种碳化硅质陶瓷纤维复合膜过滤元件主要由高强度碳化硅质多孔陶瓷支撑体和由莫来石纤维、刚玉颗粒组成陶瓷纤维分离膜层构成。其中支撑体层采用 180～240μm 的近球形 H 型碳化硅原料作骨料，以黏土、氧化铝、碳酸钙等作高温结合剂，以核桃粉作增孔剂，热固性树脂作黏合剂，经混料、造粒、80～100MPa 压力等静压成型和 1400℃以上高温烧结而成。膜分离层则是在碳化硅多孔陶瓷支撑体基础上，以短切莫来石纤维、白刚玉砂等为原料，采用黏土、长石类高温结合剂，经混料、制浆，采用喷涂方式在支撑体表面喷涂一层薄的陶瓷纤维复合膜分离层，膜层经干燥、1200℃以上高温烧结而成，膜层厚度小于 200μm、孔径为 5～20μm，如图 5-7、图 5-8 所示。图 5-9 为碳化硅质高温陶瓷膜产品的结构及主要规格型号。

图 5-7　SiC 陶瓷膜过滤元件

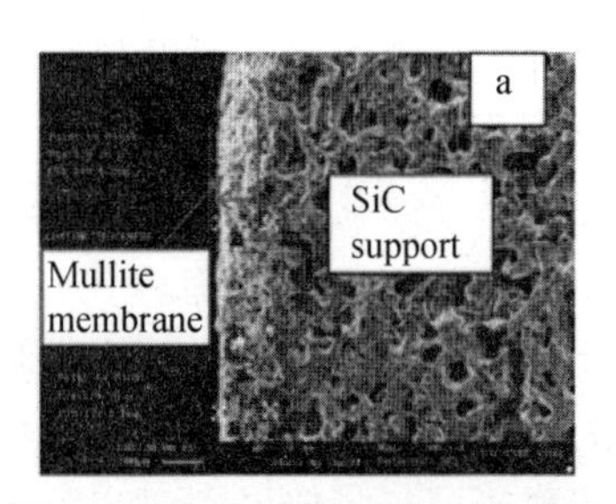

图 5-8　碳化硅陶瓷膜材料显微结构

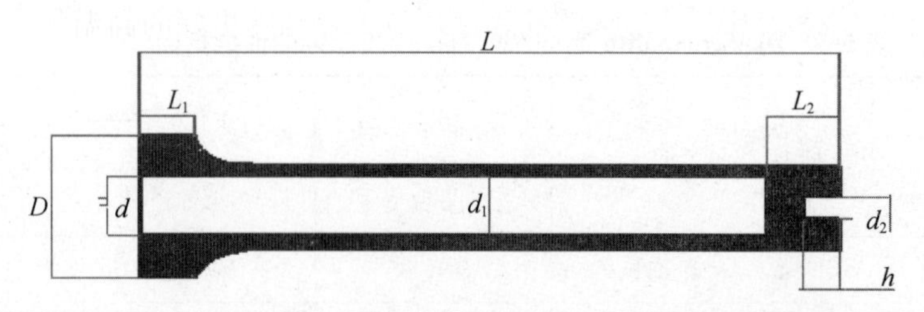

规格	外径 d	内径 d_1	总长度 L	法兰直径 D	定位孔直径 d_2	法兰长度 L_1	盲端长度 L_2	定位孔深度 h	过滤面积 s
60×40×1000	60	40	1000	74	20	15	40	25~30	0.186
60×40×1500	60	40	1520	74	20	15	40	25~30	0.280
60×40×2000	60	40	1520	74	20	15	40	25~30	0.372
70×44×1500	70	44	1520	84	20	15	40	25~30	0.33
70×44×2000	70	44	2020	84	20	15	40	25~30	0.44

图 5-9　碳化硅质高温陶瓷膜元件主要规格尺寸

表 5-7　碳化硅陶瓷膜主要技术指标

性能 \ 型号	SiC-5	SiC-10	SiC-20
支撑体材质	碳化硅	碳化硅	碳化硅
膜层材质	莫来石陶瓷纤维	莫来石陶瓷纤维	莫来石陶瓷纤维
体积密度/（g/cm³）	1.96	1.96	1.96
气孔率/%	35	35	35
膜层孔径/μm	5～10	10～15	15～20
过滤精度/μm	0.2	0.3	0.5～1
初始阻力/Pa	1000～1300	700～800	500～700
弯曲强度/MPa	18～20	18～20	18～20
热膨胀系数/℃×10^{-6}	5.6	5.6	5.6
耐酸性/%	≥99	≥99	≥99
耐碱性/%	≥98	≥98	≥98
工作温度/℃	≤800	≤800	≤800
工作压力/MPa	≤4.0	≤4.0	≤4.0

碳化硅质高温陶瓷膜过滤材料以其优异的耐高温及良好的热稳定性能，在许多热气体净化领域都能够得到应用。但碳化硅质陶瓷膜材料用于热气体净化时，也存在一些缺点。尤其是黏土结合碳化硅质高温陶瓷膜过滤材料在高温应用时，会产生高温蠕变。研究表明，在 1000℃下，黏土结合碳化硅陶瓷膜产品具有较好的抗高温蠕变性能。此外采用黏土结合碳化硅陶瓷材料用于 IGCC 和 PFBC 热气体过滤时，高温下（870 ℃）由于水蒸气和气态钠的影响造成黏合剂的结晶化和 SiC 的氧化，降低了机械强度[4]。同时富硅层的蔓延可能会造成膜层与颗粒层剥离或脱落，持续氧化和扩散最终会造成坯体结构中 SiO_2、无定形硅和复合铝硅酸盐形成。持续氧化和沉积会导致过滤材料内部大量 SiO_2 形成，降低材料热稳定性能，最终导致过滤元件高温强度降低、裂纹产生等，影响使用寿命。相比较而

言，采用微晶碳化硅结合的反应自烧结碳化硅材料将可能具有更好的高温强度、抗氧化性能和高温过滤性能。

碳化硅质陶瓷膜材料在使用过程中，由于微细颗粒表面堵塞、低熔点物质表面结晶、氧化反应、焦油类物质析出等，运行一定时间后（6～12 个月），过滤元件的过滤阻力就会迅速升高、过滤效率下降。导致滤芯堵塞的主要原因是没有完全气化的微细煤粉、焦油类以及煤灰中氧化硅、氧化铝、氧化钙等金属氧化物在滤芯的微孔中沉积。造成孔道阻塞后，透气性降低。可采用低温焙烧去除煤灰焦油，酸洗去除金属氧化物，再通过超声波清洗的方式进行再生。

5.2.3　陶瓷纤维基高温过滤材料

陶瓷纤维基高温过滤材料是指以耐热性能优良的陶瓷纤维为主要原料，采用高温结合剂结合的一种具有高孔隙率、低流体阻力的陶瓷过滤材料。陶瓷纤维过滤材料具有透气性高、过滤阻力小、质量轻、热稳定性能好等特点，与刚性过滤材料相比，更适合用于高温气体过滤。陶瓷纤维过滤材料的孔结构特征主要是由纤维交叉形成的网络孔隙决定，其孔径大小、气孔率高低主要取决于纤维直径、纤维长径比等。通常纤维直径愈大、长径比愈大，则制得的纤维材料孔径愈大，反之愈小。纤维长径比愈大，则交叉形成的网络结构愈疏松，孔隙率愈大。有时为了增加纤维过滤材料的刚性和强度，也可将一定比例的陶瓷骨料加入到纤维料浆中，骨料粒度、加入量对最终的纤维制品的机械强度和微孔性能都有重要影响。陶瓷纤维过滤材料可分为采用真空抽滤成型制备的短纤维高温陶瓷过滤材料和采用缠绕、编制工艺制备的连续纤维复合高温陶瓷过滤材料。

5.2.3.1　短纤维基高温陶瓷过滤材料

短纤维基高温陶瓷过滤材料通常以硅酸铝纤维、氧化铝陶瓷纤维、莫来石陶瓷纤维等为主要原料，经短切分散后与高温结合剂（如黏土类结合剂、硅酸钠、铝溶胶、硅溶胶等）一起充分混合制备纤维料浆，然后采用多孔模具抽滤成型，再经干燥、在 1000℃左右温度下烧结而成，典型微观结构如图 5-10 所示。

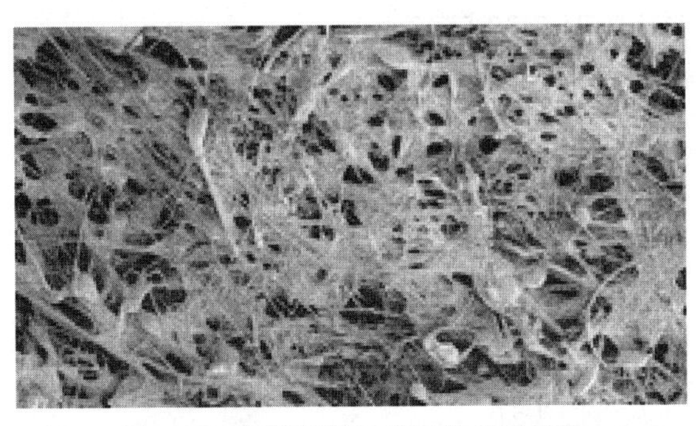

图 5-10　陶瓷纤维过滤元件显微结构

国外开发的短纤维真空抽滤成型陶瓷纤维过滤元件主要有英国 Clado 工程公司、TENMAT 公司及 Glosfume 有限公司开发的陶瓷纤维高温过滤元件，德国 BWF 环境技术公司开发的 Pyrotex（R）陶瓷过滤元件及美国 Tri-Mer 公司的陶瓷纤维过滤元件等。

图 5-11 为英国 Clado 工程公司 20 世纪 90 年代开发的一种陶瓷纤维过滤元件。该陶瓷过滤元件是以直径为 2.5μm 的硅酸铝纤维经过短切、制浆、抽滤成型、二次浸渍、高温烧结、表面精细加工而成的一种烛型结构元件。元件标准直径 60mm，长度 1000mm，壁厚 10mm。材料化学组成中 Al_2O_3 含量占 35%左右，SiO_2 含量占 60%左右，产品主要性能指标如表 5-8 所示。

图 5-11　Caldo 陶瓷纤维过滤元件

表 5-8　Caldo 陶瓷纤维过滤元件主要技术指标

材质	体积密度/（g/cm^3）	气孔率/%	最高使用温度/℃	耐腐蚀性	过滤面积/mm^2	质量/kg	过滤阻力/Pa（风速 3cm/s）
硅酸铝	300～400	87～91	900	除 HF	0.18	0.75	250

Caldo 陶瓷纤维过滤元件由于气孔率较高，强度相对较低，在实际安装使用时，为了防止安装及使用过程中长期受力造成过滤元件断裂，陶瓷纤维过滤元件常使用如图 5-12 所示的安装固定结构。陶瓷纤维过滤元件下面垫一个有陶瓷纤维纸、板或特制 10mm 厚陶瓷纤维垫片，为了能保证过滤元件密封，通常纤维垫圈要压缩至 2.5mm 左右，为了防止过滤元件法兰部分被压碎，中间可以加一个比过滤元件法兰高度多出 2.5mm 高度，由低碳钢或不锈钢制成的间隔环，上面采用压板压紧即可。

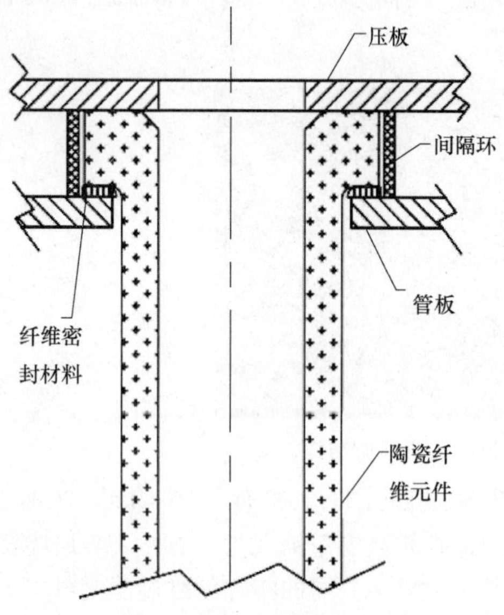

图 5-12　纤维过滤元件固定密封结构

图 5-13　Pyrotex（R）KE85 陶瓷纤维元件

英国Glosfume技术公司采用真空抽滤成型技术也开发了系列陶瓷纤维过滤元件，这种元件最高使用温度可达1000℃，过滤元件直径分别为60mm、120mm、125mm、155mm几种，长度从500～3000mm不等。Glosfume开发的陶瓷纤维过滤元件采用局部增强技术，比其他低密度陶瓷纤维材料具有更高的高温强度，过滤元件过滤效率一般达99.9%以上，在过滤风速为3cm/s情况下过滤阻力为250Pa。图5-13为德国BWF环境技术有限公司以硅酸铝短纤维材料制成的一种Pyrotex（R）KE85陶瓷纤维过滤元件。这种过滤元件是以一种直径为3～4μm的耐火纤维为主要原料，经短切、分散与高温结合剂混合，采用抽滤工艺成型、高温烧结的一种气孔率极高的纤维质过滤材料。材料组成为SiO_2含量为60%～70%、CaO/MgO含量为30%%～40%，体积密度0.18g/cm^3，气孔率高达90%以上，耐温850℃（短时耐温1000℃）。Pyrotex（R）KE85陶瓷纤维过滤元件优点是耐高温、过滤阻力小、高孔隙率、体积密度小、高温振动时不会开裂、过滤精度高，具有极低的气体排放浓度。BWF公司开发的这种陶瓷纤维过滤元件按法兰形状分T型和V型两种，最大尺寸外径可以达到190mm，长度最长可以达到3000mm，主要技术指标如表5-9所示。Pyrotex（R）KE85陶瓷纤维过滤元件结构及安装方式如图5-14所示。

表5-9　Pyrotex（R）KE85陶瓷纤维元件主要性能指标

参数＼类型	KE85 60×950	KE85 60×1.515	KE85 150×1.530	KE85 150×1.820	KE85 150×2.000	KE85 150×2.200	KE85 200×1.100
外径 ϕ_a/mm	60	60	150	150	150	150	200
内径 ϕ_i/mm	42	42	110	110	110	110	160
元件长度 L/mm	950	1515	1530	1820	2000	2200	100
端口长度 L_1/mm	10	10	130	100	100	80	100
端口形状	T	T	V	V	V	V	V
克重/（g/m^2）	1.600	1.600	3.500	3.500	3.500	3.500	3.500
元件质量/g	300	450	2.600	2.800	3.000	3.200	2.600
厚度/mm	9	9	20	20	20	20	20
密度/（g/cm^3）	0.18	0.18	0.18	0.18	0.18	0.18	0.18
透气量/（1/dm^2/min@200 Pa）	150	150	120	120	120	120	120
孔隙率/%	93	93	93	93	93	93	93
元件过滤面积/m^2	0.18	0.28	0.66	0.81	0.90	0.99	0.60

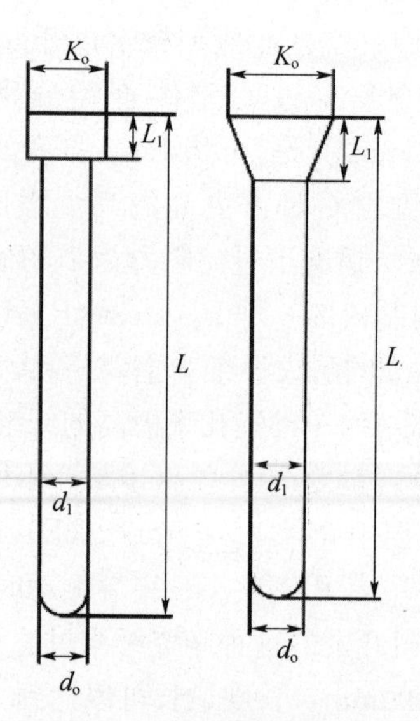

图 5-14　Pyrotex（R）KE85 陶瓷纤维过滤元件结构及安装

BWF 公司开发的陶瓷纤维过滤元件主要应用于有色冶炼、垃圾焚烧、生物质气化等多个领域。其典型应用参数为：工作温度 300～450℃，过滤风速 1～1.8m/min，出口气体杂质浓度≤5mg/m^3，稳定运行时间 1～3 年。

英国 TENMAT 公司采用一种特种耐火纤维制成的高孔隙率纤维过滤材料，在 500℃时强度为普通陶瓷纤维材料的 3 倍以上，最高使用温度可以达到 1000℃以上，材料具有非常好的耐酸碱腐蚀性能和过滤性能。这种纤维过滤元件过滤管孔径为 40～50μm，在 2cm/s 的风速下，过滤阻力小于 250Pa，过滤净化后气体杂质浓度可以达到 1mg/m^3 以下。纤维过滤元件呈烛形，为自支撑结构，管直径 60～150mm，长度 1000～3000mm。具体产品尺寸如表 5-10 所示。英国 TENMAT 开发的陶瓷纤维过滤元件主要用于垃圾焚烧、有色冶炼、生物质汽化、玻璃、水泥行业，至今已有超过 30 万支过滤元件在不同领域推广应用。TENMAT 陶瓷纤维过滤元件规格尺寸如表 5-10 所示。

表 5-10　TENMAT 陶瓷纤维过滤元件规格尺寸

	烛型				大管型				
外径/mm	60	60	60	60	125	125	150	150	150
长度/mm	650	1000	1250	1500	1800	2400	1800	2400	3000
法兰直径/mm	80	80	80	80	155	155	190	190	190
过滤面积/mm^2	0.12	0.19	0.23	0.28	0.69	0.93	0.83	1.11	1.40

英国 Unifrax 有限公司以硅酸铝纤维、碱土硅酸盐纤维为原料，采用真空抽滤成型制造了一种短切纤维过滤元件，如图 5-15 所示。材料体积密度为 0.3～0.35g/cm^3，气孔率接近 90％，最高使用温度可以达到 1100℃，过滤速度最高可以达到 3m/min，净化后气体杂质浓度可以达到 1mg/m^3 以下。材料具体规格尺寸如表 5-11 和图 5-16 所示。

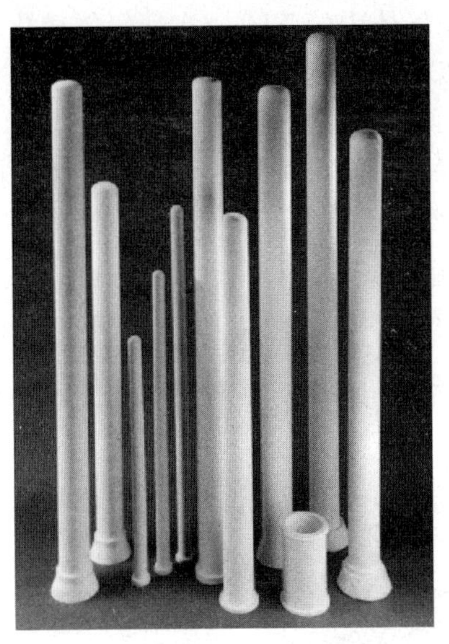

图 5-15　Unifrax 纤维过滤元件

表 5-11　Unifrax 纤维过滤元件规格尺寸

尺寸/mm	面积/m^2	长度/mm	法兰直径 E /mm	法兰高度 H /mm	锥形内径 D_1 /mm	壁厚 S/mm
60×1000	0.17	1000	80	20	40	10
60×1250	0.21	1250	80	20	40	10
60×1500	0.28	1500	80	20	40	10
125×1500	0.55	1500	160	15	105	10
125×2000	0.74	2000	160	15	105	10
130×2000	0.77	2000	160	30	110	10
155×1500	0.69	1500	193	35	135	10
150×3000	1.35	3000	195	30	110	20

美国 Tri-Mer 公司采用耐火陶瓷纤维（氧化铝纤维）为原料，用真空抽滤成型工艺制造的轻质烛形陶瓷纤维过滤元件，具有 80%～90%气孔率，体积密度为 0.3～0.4g/cm^3，自支撑结构。过滤管直径最大可以到 150mm，长度最长可以达到 3000mm。其尺寸图如图 5-16 所示。在陶瓷纤维过滤元件的基础上，该公司还开发了一种具有催化功能的陶瓷膜材料[5]，这种陶瓷膜材料具有过滤除尘与催化脱硝等多种功能，被成功用于玻璃窑炉、垃圾焚烧炉等高温气体过滤器。图 5-17 为这种具有除尘与脱硝等催化功能一体化的陶瓷纤维过滤元件结构示意图。通过沉积或渗滤工艺在陶瓷纤维内孔表面形成一层纳米脱硝催化剂过滤层。过滤时，杂质气体通过过滤元件外表面向内表面过滤，气体中颗粒杂质、脱硫剂等截留在过滤元件表面，氨气通过过滤元件外表面进入内表面，在脱硝

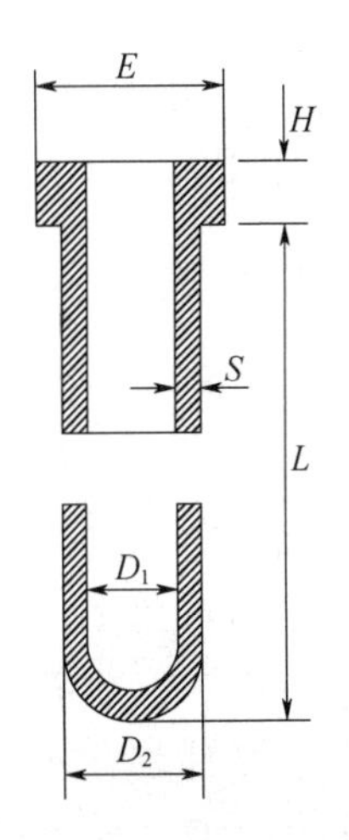

图 5-16　Unifax 纤维过滤元件尺寸图

催化剂的作用下，反应脱除气体中的NO_x，实现气体净化。由于这种具有催化功能的陶瓷纤维过滤材料可以直接实现气体在高温状态下的除尘和脱硝功能，不仅除尘、脱硝效率高（90%以上），而且可以最大极限地延长脱硝催化剂等的使用寿命，防止催化剂中毒或磨损，在许多应用领域，尤其是在垃圾焚烧气体净化领域有广阔的应用市场。图 5-18 为采用催化功能陶瓷纤维过滤元件处理气体工艺流程图。

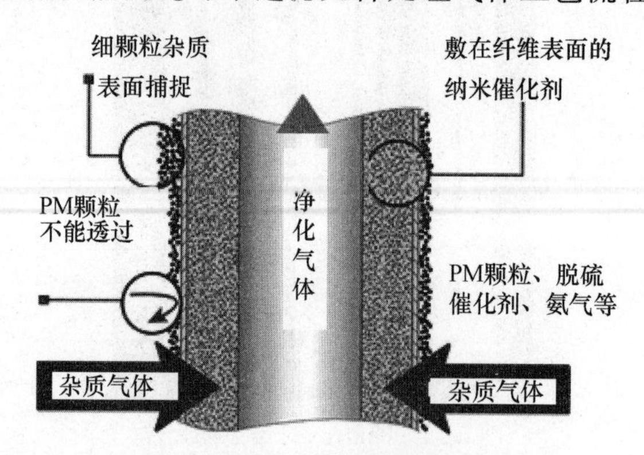

图 5-17　催化脱硝纤维过滤元件结构

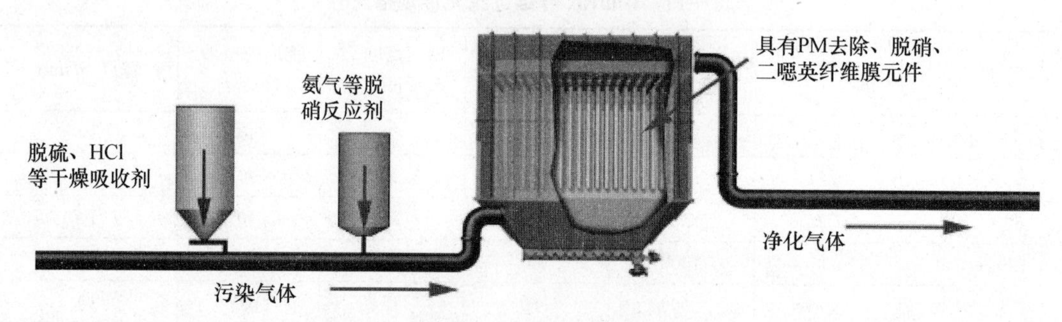

图 5-18　陶瓷纤维过滤器气体净化流程图

短纤维高温陶瓷过滤材料以其极低的过滤阻力、极高的热稳定性能、低的成本造价引起国内外广泛重视，在许多领域也开始推广应用。但短纤维高温陶瓷过滤材料存在机械强度较低、耐磨损性差等缺点。如何提高机械强度和使用寿命，提高过滤效率稳定性和清洗性能，提高纤维膜表面硬度，则是今后短纤维抽滤工艺成型陶瓷纤维过滤元件需要进一步解决的问题。

5.2.3.2　连续纤维复合高温陶瓷过滤材料

连续纤维复合高温陶瓷过滤材料是采用连续陶瓷纤维材料为原料，通过编织、缠绕、渗滤或化学气相渗积技术制备的高性能陶瓷纤维复合材料。

编织法是以长纤维为原料将纤维编织成布，然后叠加而成，或者直接采用三维编织技术将纤维编织成一定形状的多孔材料制品。采用三维编织法制成的纤维多孔材料具有气孔率、气孔孔径、孔径分布可控等优点，且轻质、不分层、高比表面积、高比模量、基体损伤小、抗高温性能优良。但三维编织法制备纤维过滤材料目前存在两大问题，一是连续高性能陶瓷纤维国内外开发较少、成本较高；二是对编织技术要求较高，目前应用较少。

缠绕法制备陶瓷纤维过滤材料是指以连续陶瓷纤维如硅酸铝纤维、氧化铝纤维、碳化硅纤维为原料，以硅溶胶、铝溶胶、磷酸盐、黏土等为高温结合剂，采用单向或多向缠绕工艺成型，再经高温热处理而成的一种纤维多孔材料。图5-19为一种最常用的陶瓷纤维元件缠绕工艺流程图。该工艺流程为：将类似于陶瓷纤维元件形状的金属模具固定在缠绕机转轴上，以一定速度旋转，连续陶瓷纤维经过纤维张力器，通过放有硅溶胶、铝溶胶或其他高温结合剂的浸浆槽中，经过后面刮浆板刮去多余料浆，然后在多孔模具上按一定方向缠绕，直到所需厚度。成型后坯体经干燥、脱模，在1000～1100℃温度下烧成。其成型后体积密度、气孔率大小、孔径大小及分布主要取决于缠绕时的工艺参数（如缠绕方向、缠绕速度、步进距离、张力大小等）和料浆槽中高温结合剂的料浆浓度等。

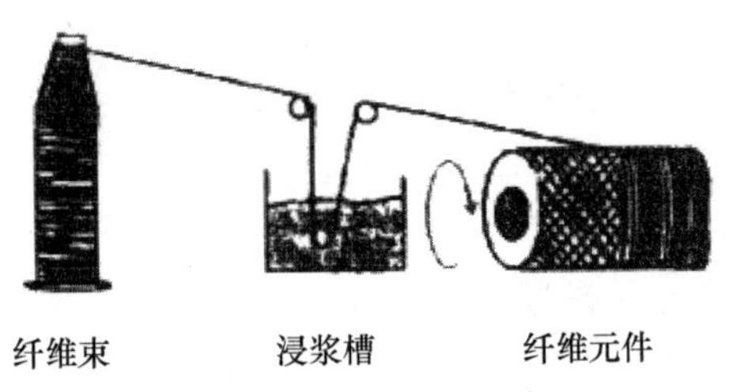

图5-19　纤维缠绕工艺

美国人希尔·查尔斯等发明了一种陶瓷纤维元件缠绕方法（图5-20）。其工作原理为：将多孔金属模具固定在缠绕机转轴上，并放置在装有高温结合剂、短切碎陶瓷纤维的浆料槽中，浆料槽设置有机械搅拌或超声波搅拌装置，以防浆料沉淀。连续陶瓷纤维经过张力器以一定角度缠绕在多孔模具上，在缠绕过程中，同时对多孔模具施加一定真空，将含有高温结合剂的短切纤维料浆吸附在缠绕层表面，这样可以制成采用短纤维增强的连续陶瓷纤维过滤材料。同样道理，这种工艺制成纤维陶瓷过滤材料的机械强、体积密度、气孔率和孔结构大小与缠绕工艺参数、短纤维直径与长径比、浆料浓度等有关。

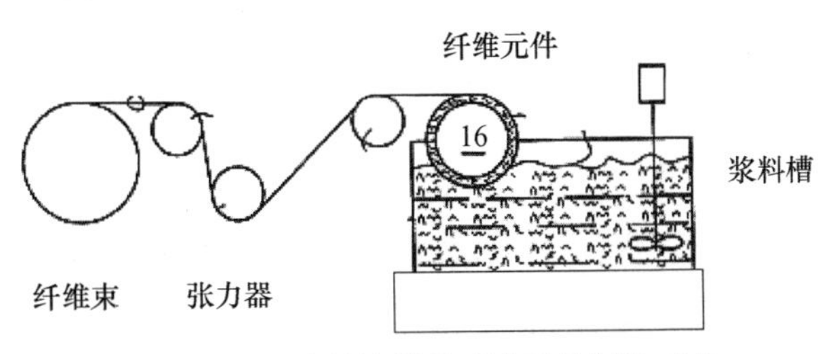

图5-20　连续纤维增强过滤元件制备工艺

杜邦公司采用化学组成（质量分数）：SiO_2 为65.2%、Al_2O_3 为23.8%、MgO为10.0%的玻璃纤维束作原材料（康宁公司生产150丝/束），以10～15nm发烟氧化铝粉和2～3μm α-氧化铝作为高温结合剂，纤维束经过一个张力拉伸装置后经过由发烟氧化铝、α-氧化铝、甘油等制成的悬浮性料浆溶液中，多余料浆通过一个刮浆板除掉，带有料浆的纤维按一定角度在缠绕机固定的模具上缠绕至所需厚度，形成多孔陶瓷纤维支撑体坯体。坯体中纤维含量为40%～50%。在坯体表面，通过缠绕1～2层纤维布，然后用平均粒径为0.45μm的氧化铝料浆进行表面刷涂形成一层过滤膜层，经过干燥后脱模。脱模后坯体首先在700℃左右预烧除去有机挥发分，然后用含有2～3μm α-氧化铝的料浆浸渍陶瓷纤维复合元件坯体的法兰部位和底部封口部位，以起到局部增强目的，最终产品在1400℃左右高温烧成。产品在烧成过程中，纤维表面涂覆的氧化铝会和纤维组分中的 SiO_2、MgO 等反应形成主晶相为莫来石、堇青石、刚玉和方石英等的陶瓷纤维过滤材料。这种复合纤维膜材料稳定使用温度可以达到 1200℃，膜层气孔率可以达到 40%左右，孔径可以小到 0.5μm。这种纤维复合膜材料的膜孔径、气孔率、机械强度主要取决于包覆在支撑体表面的纤维布编制密度、加入高温氧化铝结合剂的比例以及烧成温度高低。

图 5-21 为美国杜邦公司开发的型号为 PRD-66 的陶瓷纤维过滤元件，它是以直径小于 200μm（单丝直径 7～17μm）的玻璃纤维束为原料，以富氧化铝原料等为高温结合剂，采用纤维缠绕工艺成型的一种烛型过滤元件。这种纤维过滤材料需要在 1400℃高温烧成，烧结过程中纤维表面涂覆的氧化铝会和纤维组分中的 SiO_2、MgO 等反应形成主晶相为莫来石（质量分数约 50%）、堇青石（质量分数约 30%）、刚玉和方石英等的陶瓷纤维过滤材料。过滤元件壁厚 7～10mm，膜层孔径 10.5μm 左右，室温抗压强度 8.2MPa。高温抗压强度（800℃）达到 11MPa 以上，材料最高使用温度可以达到 1200℃。杜邦公司还开发了另一种 PRD-66C 陶瓷纤维过滤元件，这种元件膜孔径约为 25μm，阻力约为 PRD-66 陶瓷纤维过滤元件的一半。图 5-22 为 PRD-66 纤维过滤元件孔径分布及过滤阻力曲线。表 5-12 为不同温度下 PDR-66 陶瓷纤维过滤元件机械强度对比。

图 5-21　PDR-66 陶瓷纤维过滤元件

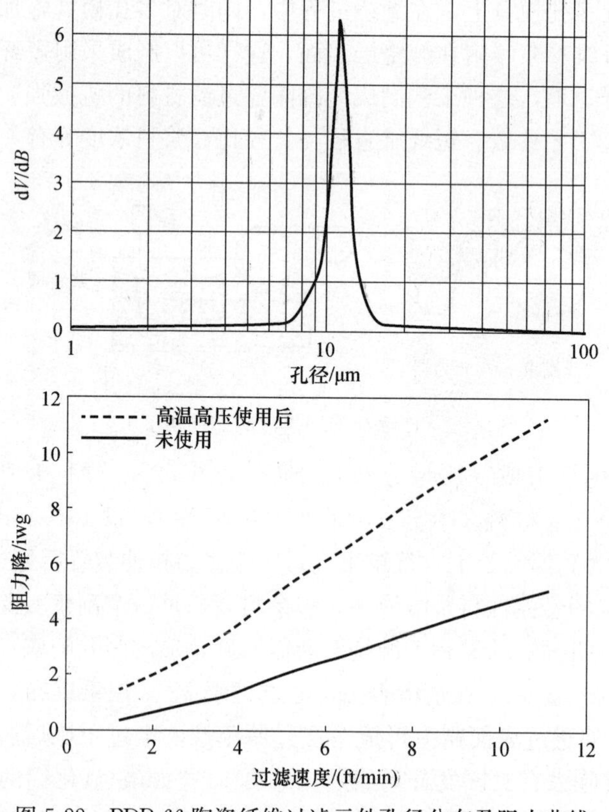

图 5-22　PDR-66 陶瓷纤维过滤元件孔径分布及阻力曲线

表 5-12 陶瓷纤维过滤元件机械强度

温度/℃	C形压缩环/psi	C形向张力环/pis	O形压缩环/psi
25	876±151	874±79	990±77
200	914±138	955±184	990±138
400	881±119	911±153	1004±70
600	733±49	826±133	1069±69
800	1009±118	831±130	1205±60
900	1086±178	878±143	1171±97
1000	1092±65	963±168	1251±49

美国McDermott公司20世纪90年代中期也开发了一种连续陶瓷纤维复合材料（CFCC），如图5-23所示，这种材料采用长纤维缠绕和短纤维抽滤工艺。其中长纤维采用3M公司的Nextel™ 610纤维（30%～40%莫来石、60%～70%α-氧化铝），纤维直径10～12μm，短纤维采用Saffil氧化铝纤维（Al_2O_3含量94%～95%，其余为SiO_2）。采用连续纤维形成一个壁厚约5mm的纤维支撑体层，然后短切氧化铝纤维及结合剂渗透到长纤维形成孔隙中，通过与长纤维高温结合，形成过滤层，连续纤维与短纤维比例一般在（1%～2%）：1，高温结合剂（铝溶胶、硅溶胶）加入量一般在15%～20%。这种纤维过滤材料尺寸通常为直径60mm、长度1000～1500mm，在3cm/s过滤风速下过滤阻力在80mm水柱左右，室温抗压强度在6.0MPa以上。相比于一些传统高温陶瓷膜过滤材料，这种连续纤维复合陶瓷过滤材料具有更好的高温韧性和抗断裂性能，可长期在300～950℃温度范围内使用。其阻力曲线如图5-24所示。美国西门子西屋电力研究院曾对这种纤维过滤元件进行长时间实验观察，发现高温下经过10000h长期暴露后，材料压缩强度基本没有变化。

图5-23 CFCC陶瓷纤维过滤元件

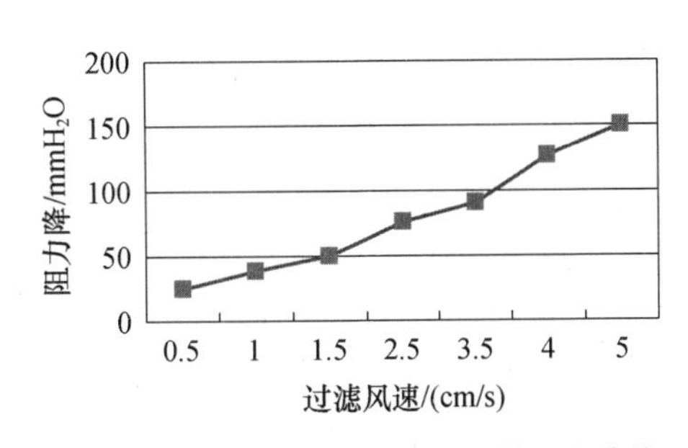

图5-24 CFCC陶瓷过滤元件阻力曲线

由美国3M公司生产的CVI-SiC复合型纤维过滤元件[6]是由Nextel™ 610纤维缠绕层和化学气相渗积SiC构成，由3层结构组成：外层过滤层、中间纤维层和构成过滤器支撑基体的纤维内层。在外层过滤层和中间纤维层内部沉积着约1～2 μm厚的碳化硅颗粒层，而在内层纤维层沉积有约100μm厚的碳化硅颗粒层。这种陶瓷纤维复合过滤元件具有非常低的透气阻力，在过滤风速5cm/s条件下，气体过滤阻力仅300Pa左右。同时具有优异的耐高温性能，可满足1000℃以上高温气体净化，被认为是PFBC和IGCC先进燃煤发电系统高温高压粒子净化用的最先进过滤材料之一。

CVI-SiC高温过滤材料也有一些缺点，经过在820℃的PFBC电厂和850℃的PCFBC电厂使用一段周期后表明，在纤维表面沉积的2μm碳化硅层表面也会形成一层SiO_2膜，长时间SiO_2富集，也会造成坯体膨胀系数增大，裂纹产生，导致高温下长期使用时过滤元件破裂。根据美国西屋实验结果，CVI-SiC复合纤维过滤材料在高温下环向抗拉强度和抗压强度都会有一定程度提高，但超过900℃时，则会有明显下降。长期暴露在850℃的PFBC环境条件下，由于蒸汽和碱金属化合物的侵蚀，材料机械强度也会有明显下降。可以说CVI-SiC材料表面涂层的稳定性能、Nextel纤维在高温氧化性环境中的应用稳定性能是关系纤维缠绕和纤维强化CVI-SiC纤维过滤元件能否长期使用的关键。

与3M的CVI-SiC复合过滤元件不同，杜邦公司开发的DuPont SiC-SiC烛型过滤元件为一种采用化学气相渗积工艺在碳化硅纤维前驱体基础上形成，预制体为直径小于5μm的Nicalon™纤维，沉积层为2～5μm的碳化硅层。这种材料主要由两层Nicalon™纤维毡制成一个长度约1.4m的管状制品，通过化学气相渗积法在Nicalon™纤维毡表面形成一层2～5μm碳化硅层，像结合剂一样将纤维预制体结合在一起，在沉积SiC层的纤维表面再采用细碳化硅颗粒制成一层10～15μm的膜过滤层。这种复合碳化硅层结构对于提高材料的高温抗氧化性能起到一定作用。

连续纤维复合过滤材料作为第二代先进的高温热气体净化材料，在近二十年有了较快发展，但基于高性能连续纤维材料的种类局限性、高的制造成本，其在热气体净化领域的应用并没有达到人们预期的普及程度，若真正大面积推广应用，还需要在低价连续纤维开发、复合膜层制备工艺优化、制品强度提高、高温抗氧化性能提高方面进一步做大量的研究工作。

5.3 高温陶瓷膜过滤元件结构

按照安装方式、过滤方式不同，高温陶瓷膜过滤元件可分为长管式、烛式、片式三种主要结构形式，如图5-25所示。

长管式结构为两头开口的管状结构。最早的长管式结构过滤元件是日本Asahi公司生产的β-堇青石质高温陶瓷过滤元件，产品直径140～175mm，壁厚15mm，长度1000～3000mm，实际使用时常为2～4支滤芯对接使用。长管式结构过滤元件一般适用于内过滤方式。这种结构的陶瓷过滤元件由于在高温下安装、固定与密封比较困难，且清灰后灰饼易在管内部架桥、不宜脱落，因此目前在高温气体净化领域已不再广泛使用。

烛式结构也叫做试管式结构，如图5-26所示。过滤元件为一端封闭、一端开口的圆筒形结构，典型尺寸是内径为40（或30）mm，外径为60（或70）mm，长度为1000～2000mm，管壁厚10～15mm。其中法兰直径75～85mm，法兰高度5～30mm，盲端厚度15～25mm。过滤元件安装一般采用悬吊式，即过滤元件法兰端固定在管板上，底部悬空或通过定位孔采用支撑架固定。过滤气体穿过微孔滤管壁由外向内流动而实现过滤，在滤管外表面形成粉尘层。过滤方式采用外过滤，反向清灰时，滤饼不宜架桥，灰饼容易脱

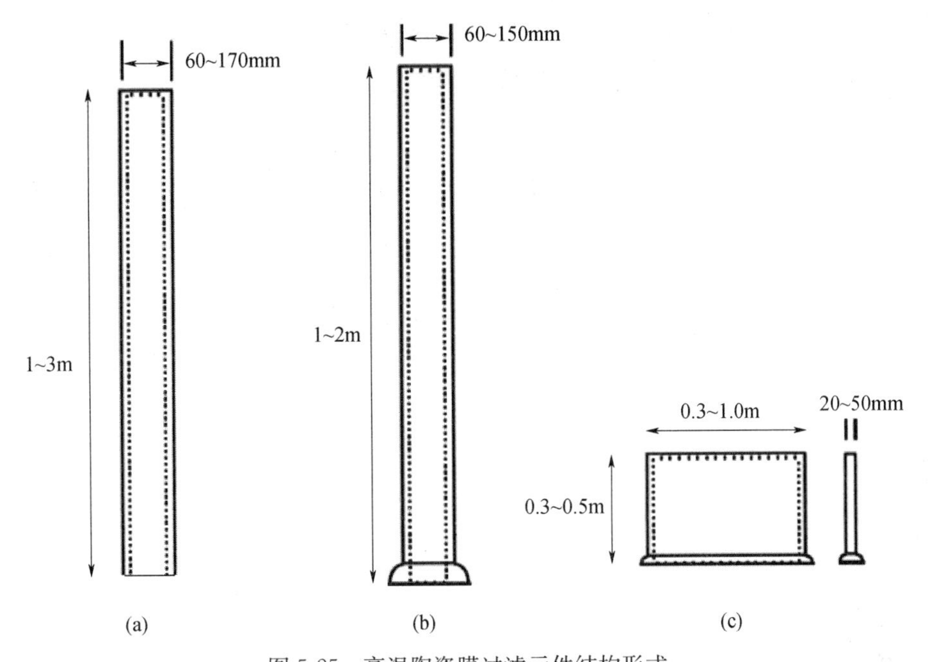

图 5-25　高温陶瓷膜过滤元件结构形式

(a) 长管式过滤元件；(b) 烛式过滤元件；(b) 片式过滤元件

落，清灰效果较好。早期的陶瓷滤管主要为单层结构，目前则更多采用双层结构，即孔梯度结构。内层为平均孔径较大的支撑体层，以保证滤管的强度，在支撑体的外表面涂覆一层孔径较小的薄陶瓷过滤膜层，以实现表面过滤。对于过滤膜层，除了平均孔径和孔隙率方面的要求外，膜厚度的均匀性非常重要。膜的厚度至少应为 10～20 倍晶粒直径，一般约 150～300μm，膜孔径愈小，要求膜层厚度越薄。目前德国 BWF 公司、英国 Industrial Filter&Pump 公司、芬兰 Foster Wheeler 公司、美国 pall 公司、国内山东工业陶瓷研究设计院等都开展了这种烛式过滤元件的研究工作。

片式结构陶瓷膜元件最早为 20 世纪 80 年代后期由美国西屋公司研发的一种中空板式高温陶瓷膜元件，如图 5-27 所示，滤板尺寸分别为 150×150×50（mm）和 300×300×50（mm）两种。这种片式陶瓷过滤元件在实际使用中虽然结构较紧凑、单位体积内安装过滤元件面积较大，但安装结构复杂，清灰效果不好，除试验应用外，也很难实现大规模化生产应用。

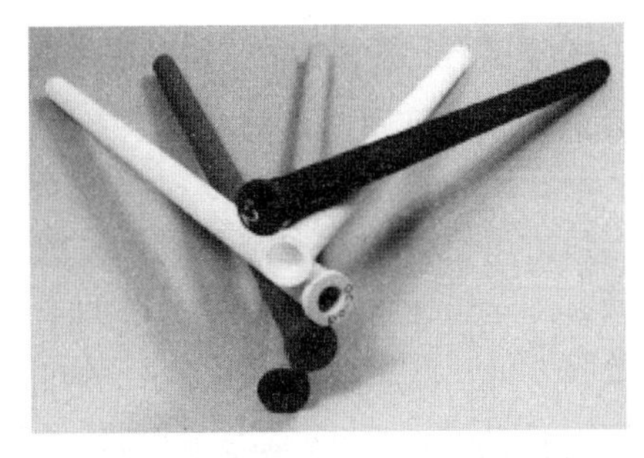

图 5-26　烛式陶瓷膜过滤元件结构

图 5-27　片式高温陶瓷膜元件

表5-13列出为目前国内外主要研制开发高温陶瓷膜元件结构形式。

表5-13 国内外高温陶瓷膜元件结构形式

单位	陶瓷烛式过滤元件	陶瓷纤维烛式过滤元件	长管式陶瓷过滤元件	陶瓷横断流
westinghouse	—	√	—	—
Schumacher	√	—	—	—
pall	—	—	—	—
IF&P	√	√	—	—
LLB	√	√	—	—
Refraction	√	—	—	—
Coors	√	—	—	√
3M	—	√	—	—
Caldo	—	√	—	—
Asahi	—	—	√	—
山东工陶院	√	—	—	—
宜兴化机	√	—	—	—

5.4 高温陶瓷膜过滤器结构

5.4.1 高温陶瓷膜过滤器结构原理

高温陶瓷过滤器通常是由高温陶瓷膜过滤元件、过滤器壳体、过滤元件密封系统、脉冲反吹清灰系统及自动控制系统构成。过滤器内通常设有一个管板，管板将过滤器分为上下两个室，上室为净化室，下室为过滤室和清灰室，陶瓷过滤元件悬吊在管板中并进行密封。过滤时，含尘高温气体经进口管进入过滤室，在压力或负压作用下，含尘气体经高温陶瓷膜元件外表面进入内表面，并通过净化室出口排出，粉尘颗粒被截留在过滤元件的外表面，实现气体过滤。当过滤器运行一段时间后，由于膜元件表面粉尘滤饼的堆积造成气体的流动阻力增大、过滤流速降低时，需要进行膜元件反吹再生。高温陶瓷膜过滤器再生通常采用在线高压脉冲气体反吹再生方式，通过压力控制或时间控制，自动开启脉冲反吹系统，通过高压气体脉冲清洗，清除粉尘滤饼，实现过滤器的再生。滤饼通过卸灰斗、卸灰阀定期排出（图5-28）。

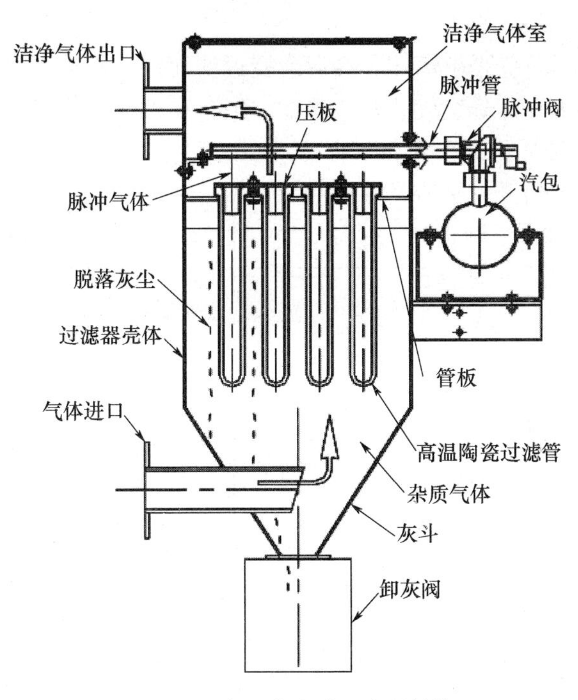

图 5-28　高温陶瓷膜过滤器结构

5.4.2　高温陶瓷膜过滤器结构分类

按照过滤元件在过滤器内组装排列方式，高温陶瓷膜过滤器从外形结构上可分为箱体式结构和罐体式结构，如图 5-29 所示。

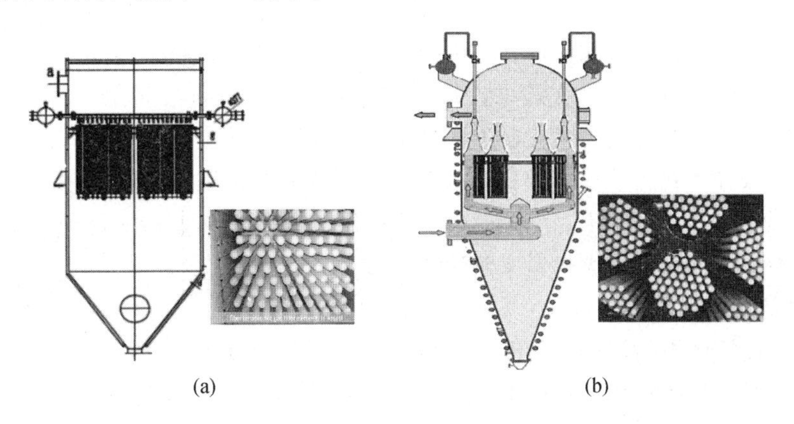

图 5-29　高温陶瓷膜过滤器结构形式

（a）箱体式过滤器结构；（b）罐体式过滤器结构

5.4.2.1　箱体式高温陶瓷膜过滤器

箱体式结构陶瓷过滤器类似于传统的布袋收尘器结构，外形呈箱体状。箱体式过滤器设计、加工简单，制造成本低，适用于高温烟尘净化。

1. 过滤器结构

箱体式陶瓷过滤器一般是由箱体、高温陶瓷过滤元件、管板及过滤元件密封系统、脉冲反吹系统和清灰系统等部分组成。其中箱体一般包括过滤室、净化室和灰斗三部分，如图 5-30 所示。

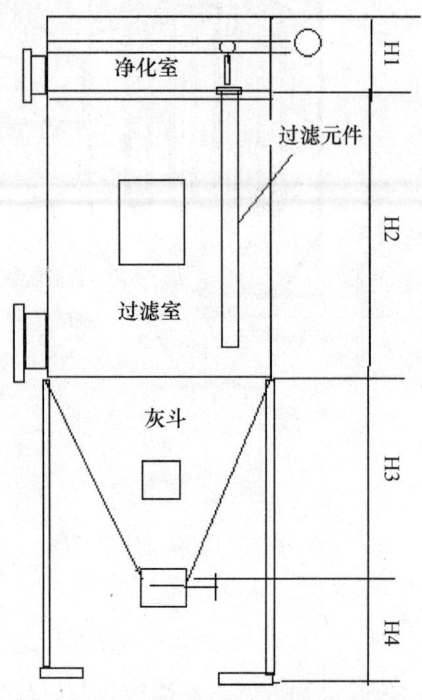

图 5-30　箱体式过滤器结构示意图

过滤器箱体尺寸大小一般是由过滤气体量的大小决定，或者说是由所需要安装过滤元件的面积或数量决定的。过滤元件在过滤器内呈方形排列，每一排过滤元件数量主要由喷吹气体量来决定，考虑脉冲喷吹效果，每一排安装的过滤元件数量最多不超过 30 支。每一列过滤元件的数量通常是由喷吹脉冲阀的数量及设备尺寸决定。箱体式陶瓷过滤器的上下箱体一般采取分体式法兰连接结构。材料可选用普通锅炉钢或高温不锈钢材料，对于一般烟气过滤，如果工作温度不高于 450℃，可采用普通锅炉钢材料。否则，应采用不锈钢材料或采用壳体内部镶嵌耐火材料来解决。

2. 过滤元件排列方式

过滤元件在箱体内的排列中心距主要取决于所安装的过滤元件尺寸及可能形成的滤饼厚度及清灰周期。目前箱体式过滤器结构使用的陶瓷过滤管外径通常在 60～70mm 之间，过滤元件在过滤器内排列的中心距 d 与电磁脉冲阀的最小中心距有关，一般可以选择 100～150mm。花板结构如图 5-31 所示。

陶瓷过滤元件的密封通常采用石棉绳、石棉垫片、柔性石墨或高温密封胶粘剂，采用机械固定方式固定在管板上，如图 5-32 所示。

为了防止过滤元件在过滤、反吹过程中滤芯长期摆动造成断裂，过滤元件安装时，通常每 4 支或多支过滤元件底部采用定位螺栓连接在一起，上部每 4 支过滤元件采用一个压板压紧。在操作温度过高的情况下，有时会在压板与陶瓷滤芯接触面加一个高温弹簧，以

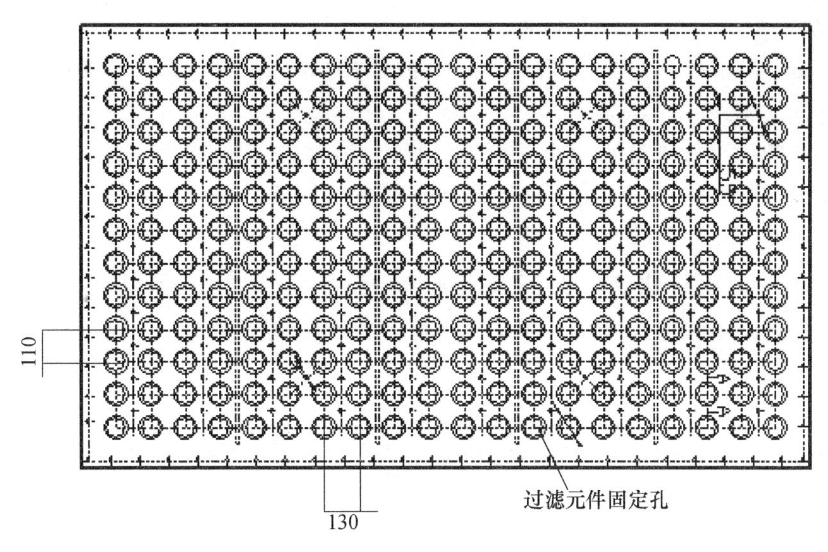

图 5-31　箱体式陶瓷过滤器花板结构图

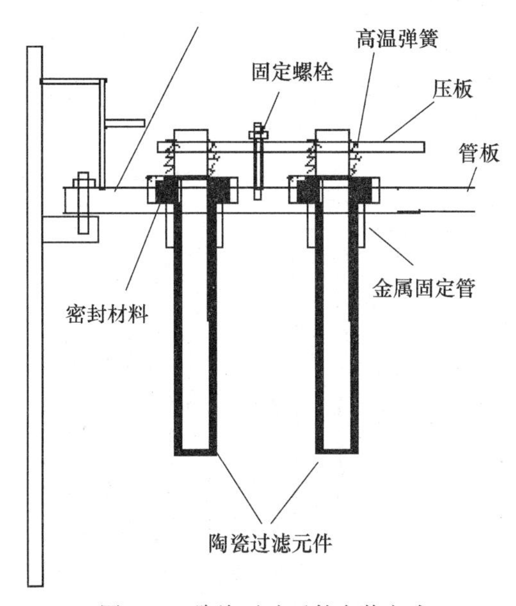

图 5-32　陶瓷过滤元件安装方式

减轻由于反复热膨胀导致压板对陶瓷过滤元件压紧力的变化，防止长期使用时，过滤元件松动，造成密封不好或断裂。另外对于一些长度较长（大于 1500mm）的陶瓷滤芯在安装和使用时，为防止滤芯底部摆动、在反复喷吹下造成滤芯断裂，通常底部采用托架方式进行固定，如图 5-33 所示。

图 5-33　陶瓷过滤元件固定方式

3. 过滤器脉冲反吹系统结构的设计

陶瓷过滤器脉冲反吹系统由高压气源、脉冲管道、脉冲阀、脉冲喷嘴和脉冲控制系统组成，如图 5-34 所示。

对于普通的高温气体过滤（如高温烟气等），通常采用压缩空气作为反吹气体，脉冲气体压力一般为 0.55～0.7MPa。而某些特殊气体的过滤，通常选择高压 N_2 或经过被压缩的净化气体作为反向脉冲高压气体。

高温陶瓷膜过滤器一般采用在线高压脉冲清灰技术，即要求能够用最小的气量，在最短的时间内在过滤器过滤元件内部形成较大的压力，以吹掉滤饼。高温陶瓷过滤元件的脉冲反吹性能除与过滤元件及滤饼层的性能有关外，主要取决于脉冲时的操作参数，即脉冲压力、脉冲速度和脉冲时间，而这些操作参数又与脉冲管道大小、脉冲阀及脉冲喷嘴的直径有关。脉冲反吹时除掉滤饼层的压力与脉冲速度及喷嘴的直径有关，用关系式表示为：

$$U_f = c + dP_0 \tag{5-1}$$

式中 U_f——气体喷吹速度；

c 和 d——与喷嘴直径有关的常数；

P_0——喷吹压力。

可以看出，脉冲速度愈大，过滤元件内部形成的反吹压力愈大，滤饼层愈易脱落。此外喷嘴直径也是影响脉冲效率的一个关键因素。

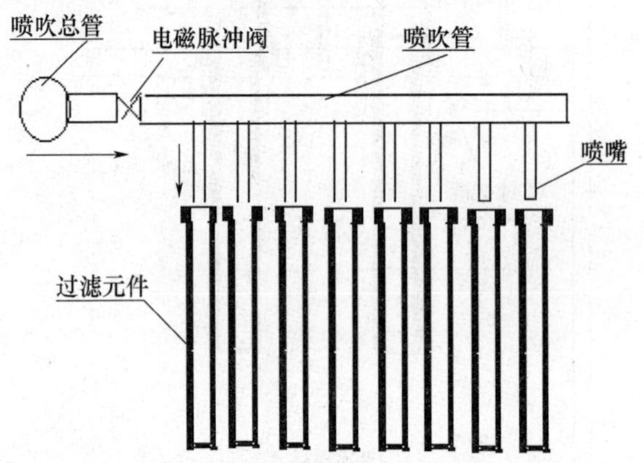

图 5-34 过滤器脉冲反吹系统

箱体式高温陶瓷膜过滤器一般采取分组反吹的方式，对于直径为 60～70mm、长度为 1000～2000mm 的陶瓷过滤元件来讲，每组反吹的过滤元件数量一般最多不超过 24 支。脉冲管道的直径及喷嘴的直径取决于脉冲气量的大小，脉冲管道的直径一般选取 1.5″～2″，视每组反吹的过滤元件的数量而定。反吹喷嘴一般采用文丘里喷嘴，喷嘴直径一般为 6～8mm。一定范围内，喷嘴直径的增大有利于增加气体的射出量和从周围空间的引射量，从而增加射入过滤管内的气体的动量，提高了过滤管内的动态压力。但对于渗透率较高的滤管，其管内动态压力图的正压峰值在脉冲反吹开始后需要一段时间才能达到，故喷嘴的直径超过一定值后，由于气量消耗太大，在脉冲反吹时，储气罐内压力衰减较为严重，使后续进入滤管内的气流动量降低，最终使滤管内压力减小。

5.4.2.2 罐体式高温陶瓷膜过滤器

罐体式结构陶瓷膜过滤器一般由高温陶瓷膜过滤元件和圆形过滤器壳体等部分构成，

如图 5-29（b）所示，由于圆形容器耐内压能力较强，这种高温陶瓷过滤器通常用于一些有压力环境下的高温气体净化操作。

1. 过滤器结构

罐体式高温陶瓷膜过滤器过滤元件可分为普通单管板式结构和分室排列的多风室结构。

普通单管板式结构类似于箱体式结构，全部过滤元件按照一定间距以类似于前面所述箱体式排列、固定方式，安装在罐体内同一块管板上，采用排管式分组脉冲清灰方式或整体脉冲清灰方式，如图 5-35 所示。安装过滤元件数量取决于过滤风量大小，过滤器直径又取决于过滤元件数量的多少。这种过滤器过滤元件安装结构简单、过滤器造价低，但由于受管板尺寸限制、管板热膨胀系数及清灰方式的影响，过滤器过滤面积相对较小，单台气体处理能力较小。

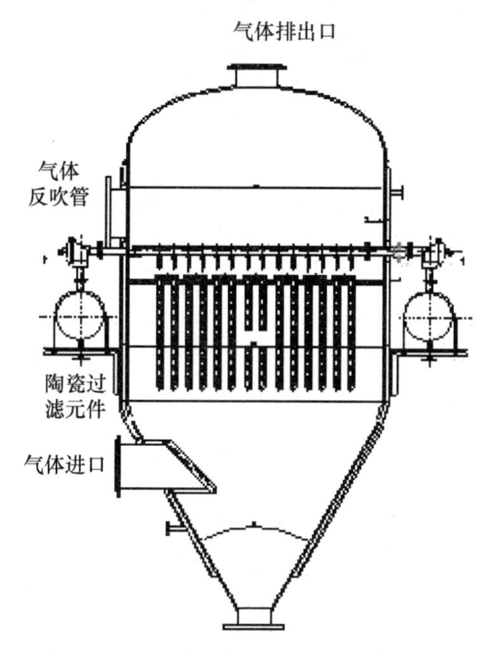

图 5-35　单管板式过滤器

分室结构多层陶瓷过滤器是 20 世纪末美国 pall、德国 Babcock 和 Westinghouse 等公司，为满足先进煤化工及 IGCC 和 PFBC 先进电厂的高温、高压飞灰过滤需求而开发研制的。如图 5-36 所示，这种过滤器的容器被管板隔离成含尘气体侧和清洁气体侧。陶瓷过滤元件分几个室悬吊在管板中并从两侧进行密封。含尘高温气体进入过滤器容器经由一组分布管装置导入到管板下侧，经过除尘后的清洁气体穿过多孔陶瓷过滤元件进入管板的另一侧，这样粉尘颗粒被截留在过滤元件的外表面。由于粉尘滤饼的堆积造成气体的流动阻力增大，一旦达到设定的压降或是经过一定的预设过滤时间，就开始清除粉尘滤饼。反吹方式采用分组脉冲反吹，反吹气体通过每一组脉冲喷管进入定位在每组过滤元件上方的文丘里喷射器并为过滤元件的清洁吸入额外的清洁气体，在过滤元件的空腔内产生压力反转过滤气体流动方向，从而克服过滤方向上的压降和粉尘滤饼的黏着强度。反吹过程中可以充分有效地利用容器内的热气体，只需少量的反吹气就可以完成反吹再生。

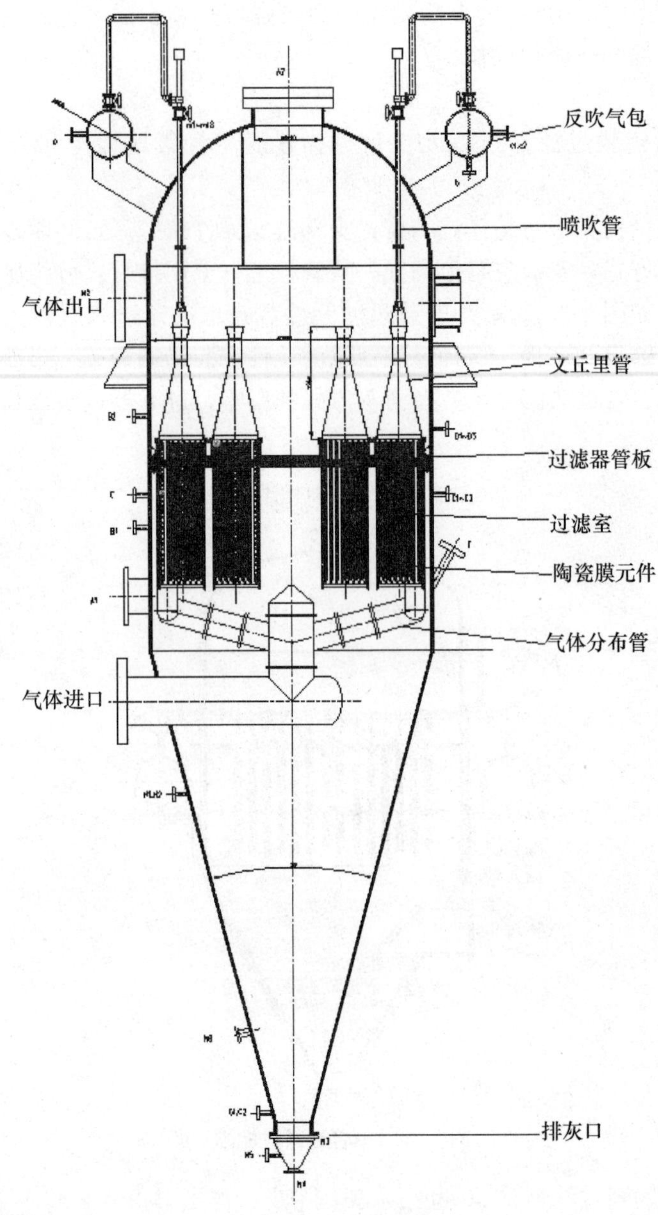

图 5-36 分室结构过滤器

2. 过滤元件排列方式

罐体式高温陶瓷膜过滤器的过滤元件通常是分室排列，根据过滤风量的大小，一个过滤器内部可以安装多个过滤室，而每个风室最多可包含 74 个过滤元件，最少可以包含 12 个过滤元件。另外在处理大风量的含尘气体时，为了减少过滤装置的占地面积，过滤元件在每一个过滤风室内又可以分为两层或三层排列，每一层均由支撑管连接，如图 5-37 所示。

每一个过滤室内排列的陶瓷过滤元件数量取决于每一个风室的大小，如表 5-14 所示。通常在设计过程中要求每一个过滤风室内的过滤元件数尽可能多，过滤元件排列时管间距通常考虑在 50～60mm，若管间距过小，则粉尘容易在过滤元件之间架桥，影响过滤和再

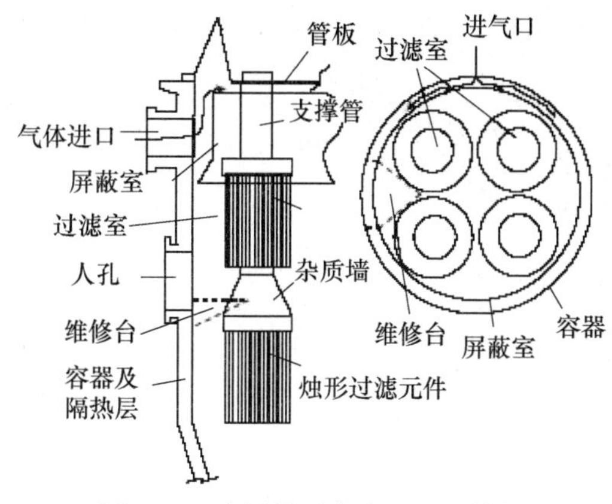

图 5-37　多层排列陶瓷过滤器结构

生效果。一般设计时，选取每一个风室直径为 800mm，安装过滤元件数量 48 支。过滤元件排列方式如图 5-38 所示。

表 5-14　过滤风室直径与过滤元件数量关系[10]

风室直径/mm	500	600	700	800	1000	1200
过滤元件数	19	31	37	48	62	71

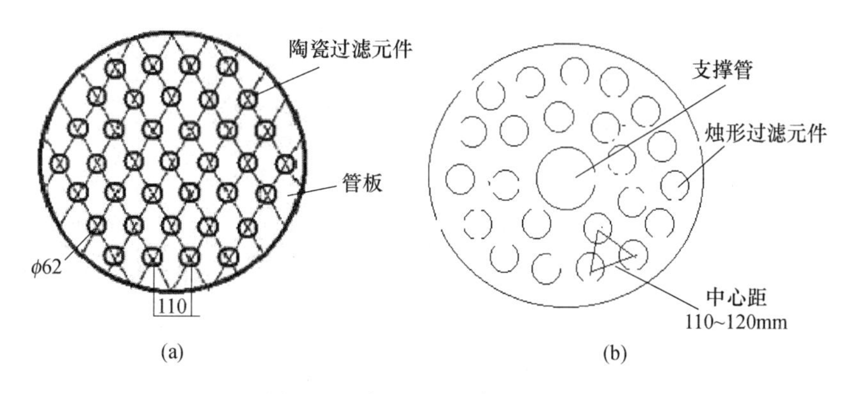

图 5-38　分室过滤元件排列方式

（a）单层结构过滤元件排列方式；（b）多层结构过滤元件排列方式

其中图 5-38（a）的排列方式一般适用于单层分室过滤器结构，过滤元件呈正三角形分布，过滤管之间中心距依据过滤元件直径大小而不同，通常要求过滤管壁之间至少要保留不低于 40mm 的间隙，以防止滤饼堵塞或架桥。图 5-38（b）种排列结构适用于多层排列分室过滤器，中间为支撑管，也作为下层过滤室的集气管和喷吹管，所安装过滤元件数量与每一个室的直径有关。

过滤元件的安装一般采用如图 5-39 所示的固定安装和密封方式，带法兰的陶瓷过滤元件放置在各室小管板的固定孔中，法兰底部采用高温陶瓷纤维密封材料进行密封，法兰上部采用密封材料、高温弹簧和压板压紧固定，如温度不高、压力不大，也可不使用高温弹簧。大多数情况下，为了防止滤芯在长期操作下因松动、摆动等造成滤芯断裂，滤芯底部采取格栅固定、销钉定位的方式进行底部固定，如图 5-40 所示，以延长滤芯使用寿命。

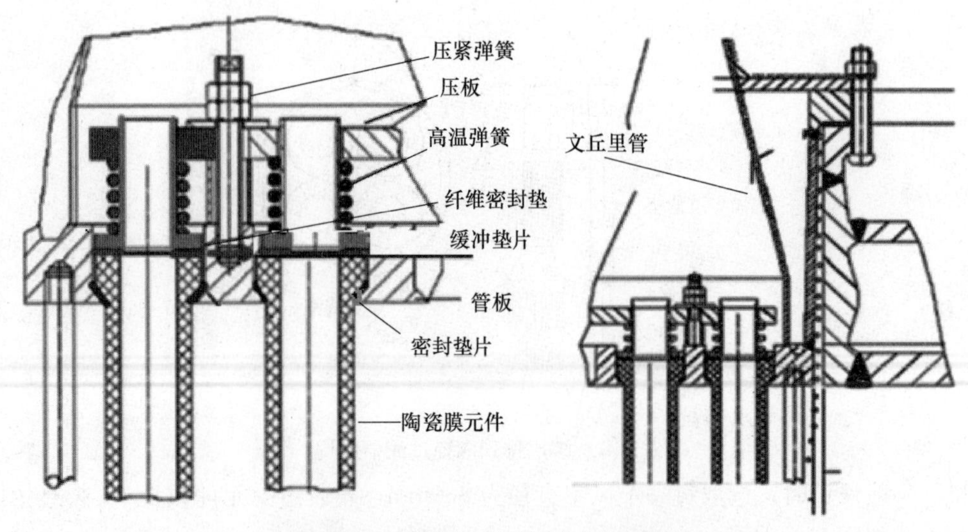

图 5-39　陶瓷滤芯的固定密封结构

图 5-40　陶瓷滤芯底部固定结构

3. 过滤器脉冲清洗系统

罐体式高温陶瓷膜过滤器脉冲清洗系统主要由高压气包、喷管、喷嘴和文丘里管等部分组成，涉及的主要工艺参数包括喷嘴结构、喷嘴直径、文丘里结构、喷吹气体压力、温度、反吹周期、脉冲周期、气体耗气量等。就罐体式结构陶瓷膜过滤器喷吹系统而言，由于过滤元件安装结构不同，喷吹系统结构也不相同。常用陶瓷膜过滤器的脉冲清洗结构如图 5-41 所示，有三种结构形式。

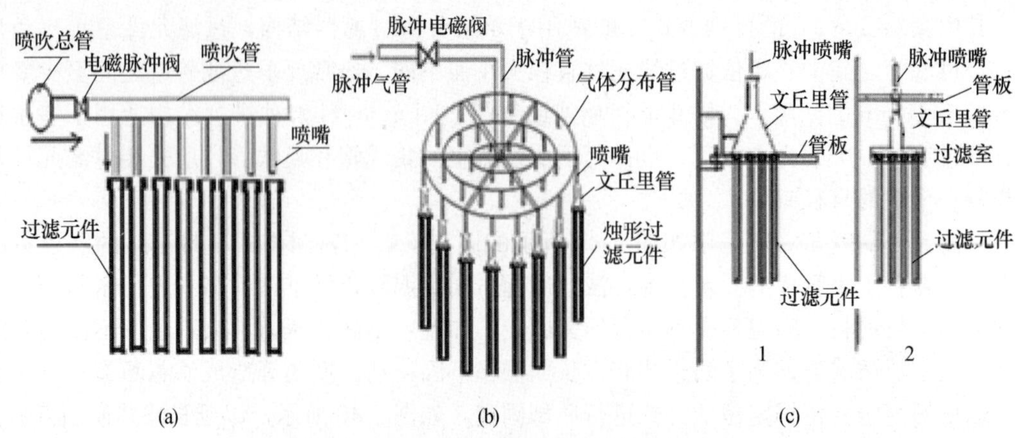

图 5-41　陶瓷膜过滤器脉冲清洗的结构形式

图 5-41（a）的清洗结构与箱体式过滤器清洗系统类似，是一种排管式脉冲清洗系统。清洗时，高压气体通过脉冲阀进入高压脉冲管，经过过滤元件上方喷嘴直接对过滤元件进行脉冲反吹。图 5-41（b）的结构类似于排管式，是通过环形喷管对呈圆形分布排列的每一个陶瓷过滤元件进行喷吹。当每一个过滤风室内的过滤元件数量较多时，脉冲气体需要经过多个环型分布管，一方面会造成脉冲气体的滞后，另一方面可能造成脉冲气体在各个过滤元件内部的气量和动能不平衡，从而影响部分过滤元件的脉冲清洗效果。由于环形高压喷管通气阻力较大，这种结构只适于罐体直降较小、过滤元件数量较少的过滤器喷吹。图 5-41（c）的结构适于分室过滤的过滤器的反吹系统，反吹时，反吹气体经过高温脉冲反吹阀进入喷管，喷管喷出的高速气体在文丘里管作用下引入一部分周围热气体，并进入每一个过滤元件内部，通过动能转化，在过滤元件内外壁形成一定压差，当反吹气体形成内外压差大于过滤阻力时，滤饼便会从膜元件表面剥离、脱落，实现过滤元件再生。该结构过滤元件的脉冲效果主要与脉冲压力、喷嘴直径及文丘里管的结构形式有关。图 5-42 为文丘里式清洗系统的结构示意图，图 5-43 为目前高温陶瓷过滤器常用的两种文丘里结构形式。

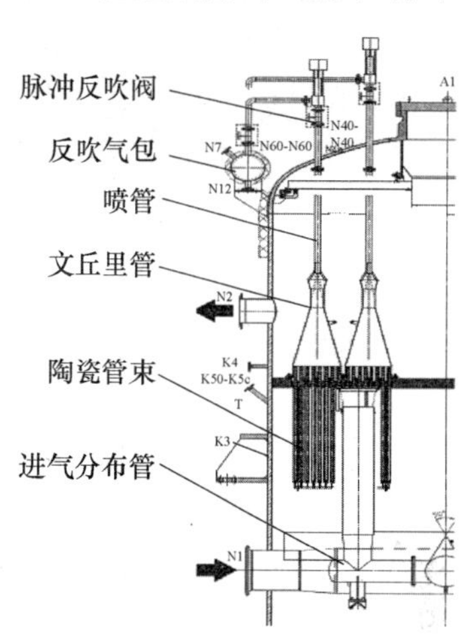

图 5-42　文丘里式清洗系统

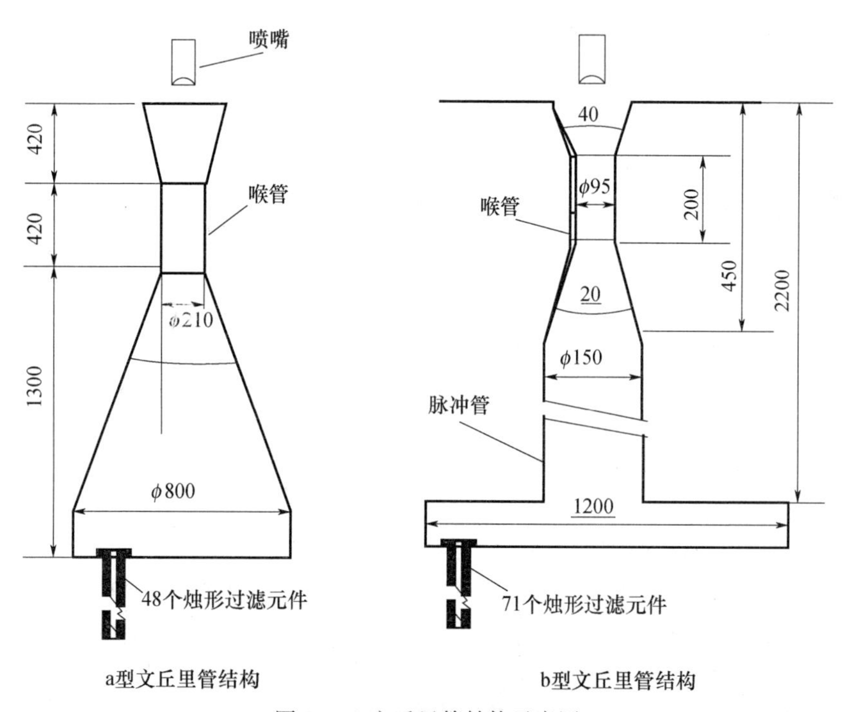

图 5-43　文丘里管结构示意图

5.4.3　高温陶瓷膜过滤器保护系统

陶瓷膜过滤器在长期使用过程中，由于种种原因，陶瓷膜过滤元件有可能会发生破裂或断裂。一旦某一个过滤元件破裂，含尘气流就会进入过滤器清洁气室，从清洁气出口排出或进入后续工艺，影响达标排放或后续工艺操作。由于在大型过滤器中，在苛刻的工作条件下，无法保证做到100%过滤元件不出现破裂现象，为了避免这种情况的发生，建立一套过滤器的失效保护装置是非常必要的。美国西门子西屋电器电力公司于2002年实验开发了一种高温陶瓷膜过滤器过滤元件安全装置（SGD）[7]，如图5-44所示。这种安全装置主要是利用微孔深层过滤原理，在每一个过滤元件出口处设置一个保护过滤滤芯，当某一过滤元件断裂时，含有大量高温粉尘的未过滤气体就会直接进入保护滤芯。由于气体杂质含量高、气体流量大，保护滤芯会很快被截留气体杂质堵塞，这样杂质气体就不会再进入清洁气体一边。由于保护滤芯孔径相对较大，截留杂质属于深层过滤，即使在高压脉冲反吹气体条件下也不能实现再生，从而可以起到长期保护的目的。

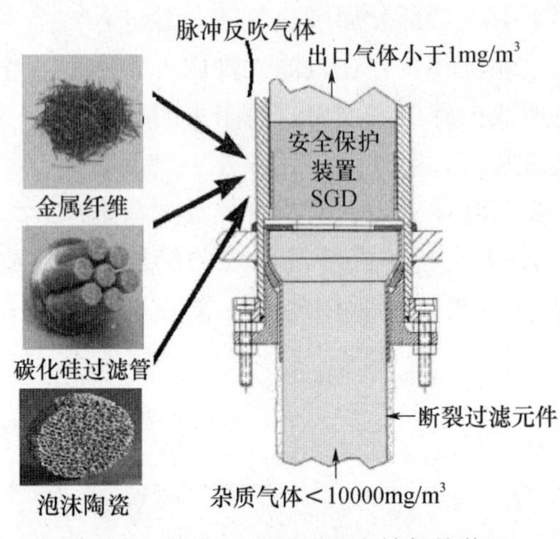

图5-44　陶瓷过滤器滤芯失效保护装置

通常使用的保护滤芯为多孔金属材料、金属纤维材料、碳化硅质多孔陶瓷材料、泡沫陶瓷材料等。一般要求保护滤芯具有较高透气性，压降较低，对过滤气体阻力及脉冲反吹效果影响较小，同时又要求滤芯有适宜的孔径大小，对杂质浓度较高的含尘气体具有短时过滤堵塞效果，具体微孔性能需要根据不同过滤工况条件而定。

5.5　高温陶瓷膜过滤器的典型应用

高温气体净化涉及许多应用领域，如各种工业锅炉排放的高温烟尘净化、煤化工领域高温煤气净化、先进燃煤发电系统高温高压气体净化等。以上这些高温气体的净化（高温气体特征如表5-15所示）采用传统的除尘技术很难实现。如在现有的除尘设备中，国内常用的热气体粒子去除装置为旋风除尘器，但其实际运行效率较低，约为90%，分级效率dc50为6.5～8.5μm，即使采用三级旋风除尘，其排出物浓度仍难以达到我国现行烟气排放标准。布袋式除尘器虽然具有较高的尘粒子去除效率，但存在滤袋耐温低（最高工作温度280℃）和滤袋腐蚀问题。采用布袋式过滤，过滤前通常需要预先对高温热气体进行降温处理。气体冷却不但需要庞大的冷却控温系统，增加气体处理量和处理成本，造成大量余热浪费，而且存在冷却后气体易结露、酸性气体析出会造成粘袋和布袋腐蚀等问题，严重影响滤袋使用寿命和除尘效率。相比而言，陶瓷膜过滤材料由于可用于 300℃以上温度，且具有耐压、耐腐蚀、抗氧化、过滤效率高、使用寿命长等优点，可在工况条件下直接对各种高温气体进行净化，有效解决现有滤袋耐温低、易腐蚀、易穿漏、易结露、使用寿命短以及易烧蚀等问题。这样既减少冷却系统投资与运行费用，防止物料结露造成过滤效率下降，又可以充分利用大量高温余热。

表 5-15　各种典型高温气体特征

气体特征	燃煤锅炉	冶金工业	垃圾焚烧	煤化工	PFBC	IGCC
温度/℃	300～500	400～800	600～800	200～400	500～1000	400～1000
压力/MPa	0.01～0.05	0.01～0.1	0.01～0.1	0.2～4.0	0.65～2.0	0.65～2.0
进口浓度/（g/m^3）	10～100	0.2～30	1～10	1～100	1～10	1～10
10μm 以下粒子/%	10～20	30～40	30～40	30～40	15～20	15～20
出口浓度/（mg/m^3）	<50	<50	<50	<10	<10	<10

近 30 年来，国内外在热气体净化用陶瓷膜材料及技术方面已取得突飞猛进的发展，产业规模和市场份额不断扩大。其中，英国 Glosfume 公司自 1990 年至今已有 400 余套大型过滤装置在 10 余个国家推广应用；美国 Anguil 环境系统公司采用陶瓷膜过滤和催化技术设计开发的自洁式高温陶瓷膜过滤装置目前已有 1600 余台在全球各领域推广应用。20 世纪 90 年代，美国能源部曾组织相关部门对高温陶瓷膜热气体净化技术进行了全面试验研究及技术评估工作，认为旋风除尘＋高温陶瓷膜过滤除尘是热气体净化技术领域最先进、最经济和最有发展前景的高温热气体粒子净化技术（图 5-45）。

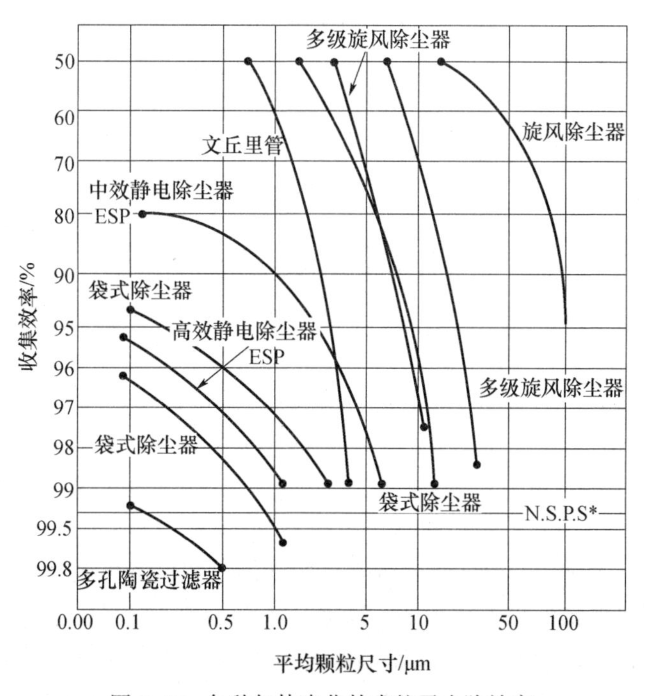

图 5-45　各种气体净化技术粒子去除效率

5.5.1　高温陶瓷膜材料在煤化工领域的应用

煤气化技术是将煤炭转化为含有 H_2 和 CO 的粗合成气，然后作为工业原料再加工成各种化工产品的一系列技术。煤气化合成气用途广泛，既可用作生产化工产品的原料，又可以用于制取运输燃油、城市煤气，合成天然气及发电等。在先进的 IGCC 和 PFBC 燃煤发电系统中，煤炭气化生成粗煤气时，原煤中所含的相当一部分灰分、硫分、氮以及碱金属和卤化物会转移到粗煤气中，以粉尘、HS＋COS、NH_3＋HCN、碱金属盐蒸汽、HCl＋HF 等形式存在，这些颗粒杂质必须最大限度除掉，以防止固体颗粒损伤燃气涡轮机叶片的热障涂层，避免碱性金属腐蚀热障涂层，对涡轮机造成严重的损坏，并且还需尽量减少这些颗粒排入大气。另外，在煤气化工艺生产合成氨和甲醇的工艺中，如果合成气中含有大量此类微粒颗粒，就有可能进入变换催化剂中，造成催化剂的失效和中毒，或者经过变换催化剂后进入下游工序中。一般燃气涡轮机制造商对于进入燃气涡轮机的污染粉尘的含量有严格限制。例如，Siemens Model VX4—3A 燃气涡轮机规定：大于 10μm 的颗粒必须绝对去除；对于 1～2μm 的颗粒严格限制在 7.5%以下。所以当前对于高效煤气净化技术的需求极为迫切。

粗煤气净化技术可分为常温湿法净化和高温干法净化两种，相比于常温湿法净化技术，高温干法热气体净化技术具有净化效率高、气体余热利用效率高、无需气体冷却系统和废水处理系统等优点。在 IGCC 和 shell 煤气化技术中广为应用，高温干法热气体净化技术主要采用了高温陶瓷膜热气体过滤技术。以陶瓷膜材料为核心过滤介质的陶瓷膜高温飞灰过滤器已成为目前煤化工领域粉煤气化工艺的首选操作单元和国际发展先进燃煤发电系统（PFBC 和 IGCC）的必选操作单元，更是壳牌煤气化工艺中三大主导设备（气化炉、废热锅炉和飞灰过滤器）之一。

美国、芬兰、瑞典等国家最早将这种高温陶瓷膜材料用于 IGCC 和 PFBC 先进的燃煤发电系统[8-9]。20 世纪 90 年代，芬兰的环境电力公司最早发明了一种简化的 IGCC 工艺，采用烛式陶瓷过滤器来进行热气体净化，净化效率可以达到 99.5%以上，净化后气体出口杂质浓度小于 $5mg/m^3$，低于汽轮机要求的进口气体杂质含量小于 5ppm 的标准。早在 1992 年，由 Pall-schumacher 公司设计开发的以黏土结合碳化硅为主要过滤元件的高温陶瓷膜过滤器就在荷兰最先进的 IGCC 电厂-Buggenum IGCC 电厂安装使用[8]。过滤器高 17m、直径 4.2m，内部安装了 864 支烛式碳化硅陶瓷过滤元件，共分 18 组，每组 48 支直径 60mm、长度 1500mm 的 F10-20 碳化硅质陶瓷膜滤芯。过滤器操作温度 250～280℃，操作压力 2.6MPa，过滤风量 $30000m^3/h$，进口气体含尘浓度 1～$5g/m^3$，使用寿命为连续使用 5 年（25000h）以上。图 5-46 为荷兰 Buggenum IGCC 电厂的工艺流程图。

高温陶瓷过滤器是 Shell 粉煤气化工艺中重要设备之一[10-11]，主要用于除去粗合成气中大部分飞灰，以获得洁净的合成气。国内自 2001 年引进 Shell 煤气化技术以来，已有多家煤化工单位采用了这种高温陶瓷膜飞灰过滤装置。Shell 煤气化用飞灰过滤装置主要由碳化硅质高温陶瓷膜过滤元件、过滤器壳体、进气系统、脉冲清灰系统、控制系统等部分组成。过滤器操作温度一般在 300～350℃，操作压力 3.4MPa，进口气体灰尘浓度一般在 10～$30g/m^3$、过滤气速一般选择在 0.5～0.8m/min，正常情况下阻力降在 15～25kPa，出口气体含尘浓度一般在 $10mg/m^3$ 以下。正常情况下，这种高温陶瓷膜过滤器连续运行时间能够超过 10000h。图 5-47 为 Shell 煤气化工艺高温陶瓷膜飞灰过滤器的工作原理图。

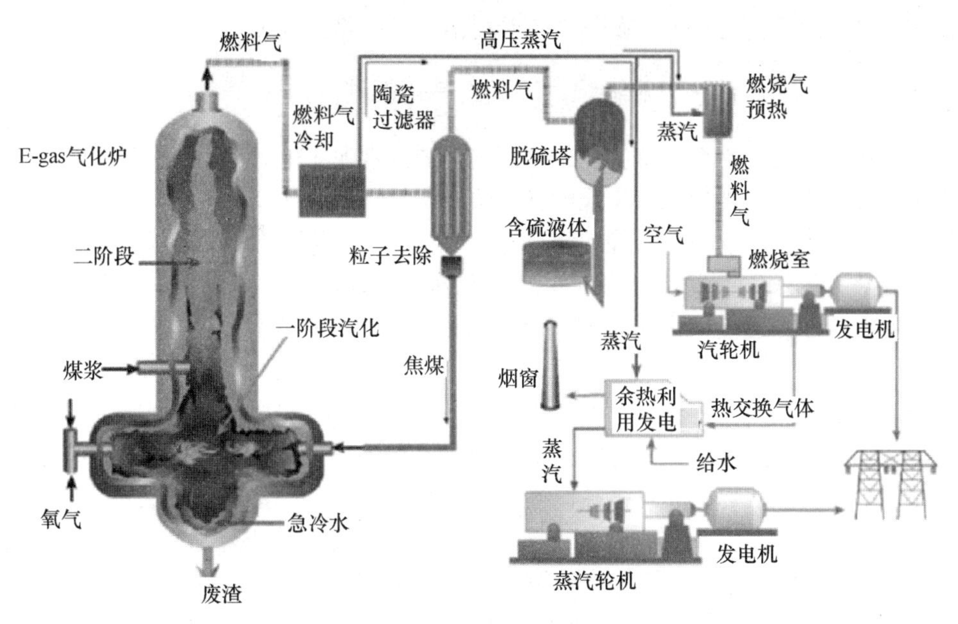

图 5-46　IGCC 先进燃煤发电系统的工艺流程图

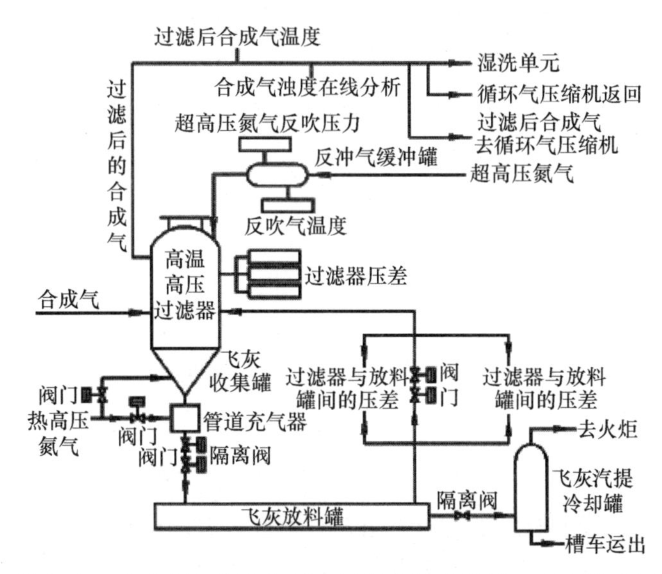

图 5-47　Shell 煤气化工艺高温陶瓷膜飞灰过滤器的工作原理图

高温陶瓷膜材料在煤化工领域应用中也存在一些问题，主要是目前真正商业化应用的陶瓷膜元件以刚性陶瓷膜元件为主，在高温高压下脆性断裂有时候很难避免。陶瓷膜过滤器在国内多家 Shell 粉煤气化装置的实际应用过程中，初期也出现过滤芯断裂损坏的情况，陶瓷过滤器滤芯断裂后，未经过滤的飞灰将会直接进入后续单元，导致湿洗塔顶部喷淋分布管堵塞，湿洗塔入口文丘里洗涤器被飞灰堵死，湿洗塔内鲍尔环填料也会严重结垢，湿洗塔的洗涤降温效果迅速变差，气化系统因此无法继续运行而被迫进行非计划停车。因此高温陶瓷膜过滤器长周期连续稳定运行性能是其能否在煤气化领域大面积推广的关键。陶瓷膜过滤器运行好坏除与滤芯质量有关外，还与滤芯安装质量、喷吹系统的结构设计、进口气体负荷波动情况有关。高温陶瓷膜过滤器在煤化工应用过程中出现的主要问题包括：

陶瓷滤芯断裂、陶瓷滤芯堵塞、灰架桥不易脱落、反吹系统故障等。

5.5.2　高温陶瓷膜材料在工业锅炉高温烟尘净化领域的应用

许多行业如建材、冶金冶炼、化工、燃煤锅炉、水泥、电力等的工业锅炉，每年都要排出大量含有微细颗粒杂质和有害化学物质的高温气体，这些高温气体直接排放一方面会造成严重大气污染，另一方面会导致大量的余热浪费。实施高温气体净化、减少污染物排放、提高余热利用效率可以说是当前这些行业面临节能减排、可持续发展的一个重要难题。目前这些行业高温气体净化方式包括：喷淋除尘、旋风收尘、静电收尘、布袋收尘和陶瓷膜过滤除尘等，其中布袋收尘和陶瓷膜过滤除尘是两种最高效的除尘技术（表 5-16）。相比于布袋收尘技术，陶瓷膜材料可适用于更高的温度（300℃以上）、实现更广范围的高温气体净化。过滤气体可以无需降温，实现高温下直接过滤，既可以减少复杂、庞大的气体冷却系统，同时又可以防止气体降温导致腐蚀性物质析出，造成设备侵蚀、滤袋的低温腐蚀、高温烧蚀和穿透、磨损等问题，热气体过滤效率更稳定，气体净化工艺流程缩短，设备更易于操作、维护。尤其是在冶金、冶炼行业中，面对众多企业面临的洁净生产、节能减排巨大压力，采用高温陶瓷膜过滤技术不仅可以提高高温烟尘的净化效率，提高余热领用效率，还可以回收大量的贵重金属颗粒，降低生产成本。另外，在较高温度下进行气体净化，可以提高后续气体脱硫、脱销催化剂催化效率，防止催化剂磨损和中毒，提高使用寿命等。

表 5-16　各种高温除尘技术对比

	陶瓷膜过滤除尘	旋风收尘	布袋收尘	喷淋除尘	静电收尘
粒子去除效率/%	9.99	98	99.9	99	99
最大工作温度/℃	950	1000	250	250	450
相对操作压力降	中	中	中	高	低
杂质负荷对分离效率影响	无	有	无	有	有
对过滤风速变化灵敏性	灵敏	非常灵敏	灵敏	非常灵敏	非常灵敏
气体是否需要冷却装置	不需要	不需要	需要	需要	需要
操作可靠性	高	高	低	中	中

20 世纪 70 年代，日本旭硝子公司采用β-堇青石高温陶瓷过滤元件用于化铁炉等高温烟气除尘，80 年代以后，高温陶瓷膜过滤技术在冶金冶炼、玻璃行业、垃圾焚烧、物料干式洗涤领域应用得到较快发展。英国 Caldo 公司设计开发的高温陶瓷过滤器从 1990 年便开始在一些冶金冶炼、酸性气体干法洗涤、垃圾焚烧高温烟尘净化领域得到推广应用。这些过滤器采用了真空抽滤成型的陶瓷纤维膜烛式过滤元件，过滤元件尺寸为直径 60mm、长 1000mm，过滤器最高使用温度可以达到 900℃，过滤后出口气体浓度可达到 1mg/m^3。每个过滤器标准单元可装 480 支滤芯，最多每个箱体可以安装 1500 支陶瓷滤芯。图 5-48 为 Caldo 公司在前苏联雅罗斯拉夫一个制酸厂安装的一台酸性气体干式洗涤陶瓷膜高温过滤器。采用石灰作反应剂，在 400℃温度下反应脱除 SO_2 气体等，然后反应物颗粒在高温下经过陶瓷过滤器脱除。

英国 Glosfume 公司作为英国最早成立的高温气体净化工程公司，其开发的高温陶瓷膜过滤器可供 400℃以上高温气体过滤使用，主要应用领域包括冶炼、生物质气化、垃圾

图 5-48　硫酸厂尾气净化 Caldo 陶瓷过滤器

焚烧等，至今已在 30 多个国家推广应用上千台（套）。英国 Coleshil 氧化铝有限公司从 1994 年开始安装 Glosfume 公司生产的陶瓷膜高温过滤器，该过滤器用于废铝冶炼产生的高温烟尘的过滤，从 1994 年到 2005 年先后使用过 4 台过滤器，每台过滤器过滤面积 $152m^2$，操作温度最高到 600℃，处理烟气量 $12000m^3/h$，净化后气体杂质浓度小于 $10mg/m^3$，过滤元件使用寿命 2～4 年。2001 年，美国 Granules 公司，安装了一套过滤面积为 $456m^2$ 的 Glosfume 高温陶瓷膜过滤器，用于废铝箔回收冶炼炉的粉尘去除和酸性气体去除，采用碳酸氢钠作为气体吸收剂，过滤器操作温度 315℃，过滤气体量 $30000m^3/h$，过滤气体杂质浓度从过滤前的 $400mg/m^3$ 降到 $3mg/m^3$ 以下、HCl 气体含量从 $1000mg/m^3$ 降到 $5mg/m^3$ 以下，过滤器使用寿命达到 6 年以上。彻底解决了原先采用布袋除尘器因需要降温而造成冷凝性盐酸析出，导致设备腐蚀和过滤元件寿命短的问题。

图 5-49　Tri-Mer 陶瓷过滤器

作为世界最大的陶瓷催化过滤系统供应商，Tri-Mer 陶瓷催化过滤器采用载有纳米催化剂材料的陶瓷纤维过滤元件，不仅粒子过滤效率高（对 PM2.5 微粒过滤效率达到 99.9%以上，出口气体杂质含量小于 $2mg/m^3$，而且使用温度高（在 300℃以上使用），且具有脱硝效率高、使用寿命长等特点（使用寿命可以达到 6～10 年）。Tri-Mer 陶瓷催化过滤系统具有去除 PM 粒子、NO_x、SO_2、HCl、二噁英等有毒、有害气体的功能，已在欧洲、日本、美国等多个国家得到推广应用，主要应用领域包括燃煤锅炉、玻璃窑炉、冶金冶炼、生物质气化锅炉的高温气体净化或除尘等。

5.5.3　高温陶瓷膜材料在垃圾焚烧炉高温气体净化中的应用

垃圾焚烧时产生大量的浓烟及有毒废气，特别是容易产生二噁英等高毒性物质，如不能有效净化将对环境产生严重的污染，而垃圾成分存在的不稳定性及特殊垃圾成分的复杂性使焚烧废气的性质也非常复杂，垃圾焚烧尾气高效净化是一个关键性技术难题。

目前常用的垃圾焚烧净化技术主要为干法净化技术，该系统主要由高速冷却器＋干法吸收反应塔＋高效除尘器组成。干法净化系统使用大量的吸收剂，怎样提高其利用率及进一步降低有害物排放是一个技术难题。一般采用的高效过滤器为布袋收尘器，滤料的材质要考虑以下因素：耐温、耐酸、耐碱、耐氧化、耐磨蚀等。由于滤袋耐温性低，使用布袋收尘器时，需要将烟气温度降到230℃以下使用。当烟气温度低于酸露点时，结露所产生的酸液将腐蚀设备和在滤料上形成烟尘粘结，同时对后续脱硝及其他有害气体催化剂净化效率也会明显降低，同时温度降低也会造成致癌物质二噁英形成。高温陶瓷膜过滤技术由于具有使用温度高、耐介质腐蚀等特点，在垃圾焚烧高温烟尘净化方面具有很多优越性。

早在20世纪90年代后期，国外就有垃圾焚烧厂采用高温陶瓷膜过滤技术。2003年英国Glosfum公司在一家动物尸体焚烧炉上安装了一套高温陶瓷膜过滤装置，过滤器采用3m长的陶瓷纤维过滤元件，过滤器面积912m^2，过滤器操作温度300℃，高温烟尘处理量60000m^3/h，直到2003年，工厂倒闭，陶瓷膜过滤器才不再运行。2008年，该公司在斯洛文尼亚的一个市政垃圾焚烧炉上安装了一台高温陶瓷膜过滤器，过滤器面积912m^2、操作温度250℃、烟气处理量70589m^3/h。通过以喷射碳酸氢钠和活性炭作吸收剂，高温陶瓷膜过滤器过滤，最终出口气体达到如下技术指标：尘粒子浓度0.8mg/m^3、HCl含量6.5mg/m^3、SO_2为1.8mg/m^3、NO_x<200mg/m^3、二噁英为0.05 ng/m^3、重金属离子<0.5 mg/m^3，使用时间3年以上。

美国Tri-Mer公司开发的高温陶瓷膜过滤器2002年在日本本州岛等三个地方城市垃圾焚烧厂上安装使用，工艺流程如图5-50所示。其过滤元件采用公司自身开发的陶瓷纤维催化净化过滤材料，直径150mm、长度3000mm，安装过滤元件数量324支，过滤器过滤面积454m^2，每小时处理废气量20000m^3/h，操作温度260℃，过滤风速1.4m/min，吸收剂使用熟石灰和活性炭。经检测，高温陶瓷膜过滤器达到的主要技术指标如表5-17所示。

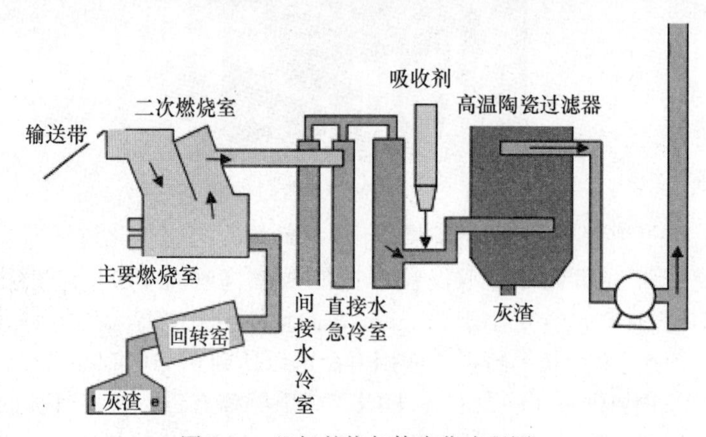

图5-50　垃圾焚烧气体净化流程图

表5-17　Tri-Mer垃圾焚烧陶瓷膜过滤器过滤性能

测试内容	单位	测试结果
总尘粒子浓度	mg/m^3	0.3
二噁英	ng/m^3	0.00032

续表

测试内容	单位	测试结果
呋喃	ng/m^3	0.02296
HCl	mg/m^3	2
SO_x	mg/m^3	<1
NO_x	mg/m^3	120
CO	mg/m^3	0
含水量	%	22
烟气量	m^3/h	14910
温度	℃	188

5.5.4　高温陶瓷膜材料在有机硅等领域高温高压气体净化领域的应用

有机硅、多晶硅生产工艺过程中常涉及高温高压气体放空问题，放空气体最高温度达到 300℃以上，压力达到 1.0MPa，且放空气体中含有大量可回收的硅粉、铜粉催化剂等物质，由于这些物料硬度较大、放空气体压力较高，对气体净化设备技术要求较高。现有大多数工艺为单体合成气经过一级旋风除尘后进入布袋除尘器，经布袋过滤后，收集的硅粉、铜粉等细颗粒进入颗粒收集仓返回上道工序继续使用，除尘后气体进入洗涤塔后，除去其他有害气体放空排放。由于布袋耐腐蚀性差、耐颗粒磨蚀性差，布袋除尘器跑、冒、漏现象时有发生，严重影响气体净化效果和生产车间工作环境，频繁维修、滤布更换也严重影响正常生产。高温陶瓷膜材料不仅具有耐高温、使用压力高、过滤效率高等优点，还具有耐磨损、耐腐蚀、耐穿透、使用寿命长等优点，代替传统的袋式过滤器和金属过滤器，可极大程度上提高高温、高压放空气体粉尘过滤效率，延长过滤器使用寿命，改善生产车间劳动环境，提高硅粉和催化剂回收效率。

早在 2007 年，国内山东工业陶瓷研究设计院就以刚玉质陶瓷过滤元件为核心过滤介质，开发出了应用于有机硅行业的硅粉、铜粉、细粉放空气体净化用高温陶瓷膜过滤器，过滤元件平均使用寿命均在 3 年以上。图 5-51 为国内某有机硅厂使用硅粉放空用陶瓷膜过滤器照片。过滤器直径为 1800mm，内装 264 支直径为 60mm、长度为 1000mm 的刚玉质陶瓷滤芯，过滤面积 $49.7m^2$，过滤器操作压力 0.8MPa，操作温度 80℃，正常情况下气体处理量为 $2000m^3/h$，进口气体颗粒浓度小于 $100g/m^3$、出口气体颗粒浓度小于 $10mg/m^3$，过滤最大阻力降小于 0.02MPa。

图 5-51　硅粉放空过滤器

除了硅粉、铜粉、细粉放空气体净化外，高温陶瓷膜过滤器在硅粉加工过程中 N_2 混合气净化、氯硅烷合成气净化以及尾气焚烧、多晶硅高压料仓放空气体净化方面也得到开发应用。

参考文献

[1] 铃木惠一郎，袁向东，等．高温烟气处理用陶瓷过滤器 [J]．工业陶瓷，1992（4）：23-28.

[2] Michael D Rutkows，Roman Zaharchuk，Assessment of Hot Gas Cleanup Systems for IGCC and PFBC Advanced Power Systems [J]．Prepared for The United States Department of Energy Office of Fossil Energy，1997，1.

[3] Pall Dia-Schumalith Filter Elements [J]．Pall Corparotion，2009.

[4] Steffen Heidenreich. Hot gas filter contributes to IGCC power plant's reliable operation [J]．Filtration & Separation，2004，5（41）：22-24.

[5] Peter Schoubye and Joakim Reimer Jensen. Catalytic Activated Ceramic Dust Filter-a new technology for combined removal of dust，NO_x，dioxin，VOCs and acids from off gases. Haldor Topsoe A/S.

[6] Timm. J. Gennrich. High Temperature Ceramic Fiber Filter Bags [J]．Gas Cleaning at High Temperatures，1993：307-320.

[7] John . P. Hurley. Development of an Aadhevise Candle Filter Safeguard Device [R]．Final Report DE-AC26-99FT40677，2002，7.

[8] Hiroshi Sasatsuot . Gas Particulate Cleaning Technology Applied for PFBC/IGFC—The Ceramic Tube Filter（CTF）and Metal Filter [R]．5th International Symposium on Gas Cleaning at High Temperature. 2002.

[9] Bernd Scheibner. Schumacher Hot Gas Filter Lon-team Operation Experieng in the Nuon Power Buggenum IGCC Power Plant. PALL SCHUMACHER Umwelt-und Trenntechnik GmbH.

[10] 吴国祥．陶瓷过滤器在 Shell 粉煤气化中的应用及运行维护 [J]．内蒙古石油化工，2011，（20）：27-32.

[11] 王建永，汤慧萍，谈萍，等．煤气化合成气除尘用过滤器研究进展 [J]．材料导报，2007，（12）：92-94.

第 6 章　陶瓷载体催化剂

6.1　催化剂概述

6.1.1　催化剂及催化作用的定义

最早提出“催化剂”定义的是德国化学家 W. Ostwald，他认为“催化剂是一种可以改变一个化学反应的反应速度，而不存在于产物中的物质”。采用化学反应式表示化学反应时催化剂也不出现在方程式中，这似乎表明催化剂是不参与化学反应的。但是近现代实验技术检测表明，事实并非如此，许多催化反应的活性中间物质都是有催化剂参与反应，即在催化反应过程中催化剂与反应物不断地相互作用，使反应物转化为产物，同时催化剂又不断被再生循环使用。催化剂在使用过程中变化很小，又非常缓慢。因此，现代对催化剂的定义是：催化剂是一种能够改变一个化学反应的反应速度，却不改变化学反应热力学平衡位置，本身在化学反应中不被明显地消耗的化学物质。催化作用是指催化剂对化学反应所产生的效应[1-2]。

6.1.2　催化剂催化过程的发展

催化现象由来已久，早在古代，人们就利用酵素酿酒制醋，中世纪炼金术士用硝石催化剂从事硫黄制作硫酸。20 世纪初到 20 世纪中叶，现代催化从以合成氨等无机化学品催化合成为主到以石油化工等有机化学品催化合成和三大合成材料（塑料、纤维、橡胶）的合成为主，发展不过百年。现在则主要以环境催化、能源催化和生物催化的发展为主。环境催化主要是在催化处理废气基础上研究发展处理液体废物的催化剂和催化过程，特别是处理污染废水的新催化剂和催化技术，如光催化剂、电催化剂等；对固体废物的处理尚无有效的催化技术，仍需新的思维。能源催化的发展主要针对提高能源的利用效率，如随着燃料电池技术的发展而提出的氢经济就是氢能发展中的催化问题和提高太阳能转化效率和储存能量中的催化问题。对生物催化除古老的发酵和少量的酶催化过程外，认知非常少，仍需要一个长期积累的过程[3]。

表 6-1 列出了 20 世纪建立在催化作用基础上的重要化学工业的创新和进步[4]。

表 6-1　催化基础上的重要工业化学事例

年份	名称	催化剂
1990	油脂加氢制取奶油代替品	Ni
	合成气制甲烷	Ni
	甲醇氧化制甲醛	Ag/浮石
1910	合成乙醛	$HgSO_4$
	合成氨	Fe 等

续表

年份	名称	催化剂
1910	接触法合成硫酸	V_2O_5
	高压加氢，由煤合成油品	Fe-Mo-S
	接触法氨氧化合成硝酸	Pt-Rh
1920	合成甲醇	Zn-Cr_2O_3
	由水煤气合成油品	Fe、Co
1930	由乙炔合成氯丁二烯、丁二烯、合成橡胶	$CuCl_2+NH_4Cl$
	酒精合成丁二烯、合成橡胶	MgO-ZnO-Al_2O_3
	催化裂化	硅铝酸
	环氧乙烷生产	Ag
	乙烯聚合制聚氯乙烯、低密度聚乙烯	CrO_2、过氧化物
	石油催化裂化制汽油等	SiO_2-Al_2O_3
	氧化合成（OXO 合成）	$Co(CO)_4$
1940	烯烃烷基化制汽油	HF、$AlCl_3$、H3PO_4
	苯加氢合成环已烷	H_2SO_4、Ni、Pt
1950	高密度聚乙烯	$TiCl_4$-$Al(C_2H_5)_3$
	乙烯氧化制乙醛	均相 Pd/Cu
	对二甲苯制对苯二甲酸	均相 Co/Mn
1960	催化加氢脱硫	CoO-MoO_3/Al_2O_3
	乙烯氧化制丁烯二酸酐	V、P-氧化物
	丙烯氧化合成丙烯腈、丙烯酸、丙烯醛	Pt、Al_2O_3-SiO_2
	丁烯氧化脱氢制丁二烯	Pt-Re/Al_2O_3
	丁二烯临氢腈合成己二腈	分子筛
1970	低压合成甲醛	Cu-ZnO/Al_2O_3(Cr_2O_3)
	NO_x 的加氢还原	贵金属
	甲醛羰基合成乙酸	均相 Rh
	甲醇制汽油	ZSM-5 分子筛
1980	甲醇芳构化	ZSM-5 分子筛
	NO_x 选择性还原（用 NH_3）	V_2O_5-TiO_2
1990	催化燃烧	Pd、Pt、Rh/SiO_2
	茂金属催化聚合	茂 $ZrCl_2$-甲基铝氧烷

6.1.3 催化剂的组成

固体催化剂是工业催化过程中使用最普遍的，按组成成分可以分为单组元催化剂和多组元催化剂。单组元催化剂是由单一物质组成的，由于难以满足工业生产对催化剂性能的多方面要求，因而在工业中应用较少。工业应用较多的是多组元催化剂。多组元催化剂是由多种物质组成的催化剂，根据各种组成物质所起的作用，大致可分为主催化剂、共催化剂、助催化剂和载体。

1. 主催化剂

主催化剂又称为活性组分，是起催化作用的根本性物质。例如，脱硝常用的 V_2O_5/TiO_2 催化剂，其中 V_2O_5 是主催化剂，没有 V_2O_5 就不能进行脱硝反应。选择合适的活性组分，以满足工业催化的要求，是催化剂设计的第一步。

主催化剂主要有贵金属（Pt、Pb、Rh 等）和过渡元素金属（Fe、Co、Ni、Mo 等）、可溶性过渡金属（V、Mo、Cu、Fe、Cr、Mn、Co、W 等）氧化物或过氧化物、稀土氧化物（La、Ce、Pr 等）、络合物（金属有机化合物、过渡金属盐）等。其中过渡金属因为有 d 轨道电子或空的 d 轨道存在，在化学反应中可以提供空轨道充当亲电试剂，或者提供孤对电子充当亲核试剂，形成中间产物，降低反应活化能，促进反应进行。因此通常具有良好的催化活性。

2. 共催化剂

如果在某一反应的催化剂中，含有两种单独存在时都具有催化活性的物质，但各自的催化活性大小不同，则活性大的为主催化剂，活性小的为共催化剂，并且二者组合后催化活性大大提高。如在脱氢催化剂 Cr_2O_3-Al_2O_3 中，单独使用的 Cr_2O_3 就有较好的活性，而单独的 Al_2O_3 活性则很小，如将二者复合使用时其催化活性明显高于单一催化剂，因此，Al_2O_3 可称为共催化剂。有时也有两种物质单独存在时各自的催化活性都很小，难分主次的情形，但二者组合起来却可制出活性很高的催化剂，此时则彼此互为共催化剂。

3. 助催化剂

助催化剂是提高活性组分的活性、选择性以及改善催化剂的耐热性、抗毒性、机械强度和寿命等性能的组分。助催化剂是本身不具活性或活性很小的物质，但只要添加少量到催化剂中，即可明显达到改进催化剂性能，根据助催化剂作用不同，通常可以分为结构助催化剂、电子助催化剂、晶格缺陷助催化剂以及选择性助催化剂。

4. 载体

载体是固体催化剂特有的组分，主要作为沉积活性组分的骨架。很多物质虽然具有明显的催化活性，但难以制成高分散的状态，或者即使能制成细分散的微粒，但在高温下也难以保持较大的比表面积，因而仍不能满足工业催化剂的基本要求。人们最初使用载体的目的是改变主催化剂的形态结构，起分散和支载作用，从而增加催化剂的有效表面积、提高机械强度及耐热稳定性，并降低催化剂的造价。但是后来发现载体的作用是复杂的，它并非仅仅是不参与催化反应的惰性物质。在负载活性组分后，载体与活性组分二者之间会发生某种形式的相互作用，或使相邻活性组分的原子或分子发生变形，导致活性表面的本质发生变化。如“氢溢流”“金属-载体的强相互作用”等[5]。因此催化剂载体材料的选择和结构设计，对于有效发挥甚至提高催化剂活性起到了至关重要的作用。

还有一种结构性基体材料也称为催化剂载体，这类载体主要指采用陶瓷材料烧结成的具有规则或不规则孔隙的多孔材料，如蜂窝陶瓷、泡沫陶瓷、多孔陶瓷等。这种结构性基体的作用主要是提供催化剂活性组分或催化剂载体的支撑结构，以及设置流体通道。这类材料多为具有良好化学稳定性的惰性材料，自身并不参加反应，由于孔径较大，比表面积较小，吸附能力不强，因此往往需要在其上再涂覆一层具有大比表面积、微孔结构的载体涂层，然后再负载活性组分。但是这类结构性基体材料具有易成型、易烧结的特性，适合于制备大尺寸、复杂结构的催化剂载体。目前常用的结构性催化剂载体主要有堇青石质、碳化硅质三效催化剂载体等。

6.1.4 环保工程用催化剂

目前，全球环境污染问题日益严重，对人类的生存和发展构成了严重的威胁。保护环境、消除污染已成为现代科学技术领域中的一项紧迫任务，环境保护催化也日益成为人们关注的重点。

由于催化方法能有效地保护环境，所以近年来在环境保护工程中，脱硫催化剂、氮氧化物净化催化剂、汽车尾气净化催化剂以及净化污水的催化剂等正日益受到广泛重视和应用。

6.1.4.1 脱除 SO_2 用催化剂

SO_2 主要产生于煤和石油的燃烧。使用以 Co(Ni)-Mo 为活性组分、Al_2O_3 为载体的系列催化剂，可以在重油使用前先回收 30%～90%的硫；对于燃烧排出的硫的脱除，传统的方法是采用石灰石泥浆吸收法或在传统方法上采用一些修正方法将硫转化成石膏等，但其费用较高，因此，有人提出了以 V_2O_5 为催化剂，将 SO_2 氧化制成硫酸，或者以 $CeO_2/nMgO \cdot MgAl_2O_3$ 为催化剂先将 SO_2 氧化成 SO_3，再和固相 MgO 反应生成 $MgSO_4$，以控制 SO_x 的排放量，最后再将其还原回收 H_2S。由于将 H_2S 转化为工业上有用的硫黄在工艺上比较麻烦，为此近年来，有人又提出了用钙钛矿型稀土复合氧化物和萤石型复（混）合氧化物作催化剂，将 SO_2 直接还原成工业上有用的单质硫的方法，其中钙钛矿型稀土类催化剂主要集中在镧系上，如 $LaTiO_3$、$LaCoO_3$、$La_{1-x}Sr_xCoO_3$（$X=0.3, 0.6, 0.7$）、La_2O_2S 以及 La_2O_3 的水解产物如 LaOOH 等；萤石型复（混）合氧化物作催化剂主要有 CeO_2、Cu_2Ce_2O 的复（混）合氧化物，$CdZr_2O_7$、$Tb_2Zr_2O_7$、$GeZr_2O_7$ 等。所用的还原剂主要集中在 CO、CH_4 和 H_2 上。另外，还有人以焦炭为催化剂，采用炭还原的方法；以 NiO/MgO 为催化剂，以氨为还原剂；以 $FeO/r\text{-}Al_2O_3$ 为催化剂，CO 为还原剂等，将 SO_2 还原为单质硫，SO_2 的转化率均在 80%以上，所以，这种催化还原法可以从根本上控制 SO_2 所带来的污染。

随着环境排放标准的提高，旧的脱硫方式已满足不了新的规定，于是，一些发达国家已开始寻找用于深度脱硫或超深度脱硫用的催化剂。例如，日本轻油中硫分含量从最初的允许值为 0.5%，到 1992 年则变为 0.2%，而 1997 年只允许含有 0.05%，因此，科研工作者在对传统脱硫用的 $Co(Ni)_2Mo$ 系列催化剂进行改造的同时，寻找了新的催化剂。如将传统的 MoS_2 和 Co_9S_8 变为以 Co 或 Mo 为中心的 CoMo 络合物催化剂，使反应温度在 150℃低温下就能通过氢化达到脱硫目的；负载有 TiO_2 的以 Al_2O_3 为载体的 Mo 的硫化物，以炭微粒为载体的 Ni、Mo 催化剂，以 Al_2O_3 为载体的 Ru 的硫化物，负载贵金属的分子筛催化剂等，对脱去环状有机硫化合物中的硫都有较高活性；还有 $CoMo/Al_2O_3$ 和 Y 型分子筛的物理混合型催化剂，不仅能使脱硫速度提高，还能降低反应温度。

6.1.4.2 脱除 NO_x 用催化剂

脱除 NO_x 是环境保护中防止形成酸雨的最重要的步骤，也是环保催化剂研究最活跃的课题。大部分 NO_x 是高温燃烧时空气中 N_2 和 O_2 产生的，采取控制的措施有两点：一是燃烧方法的改进；二是对产生的 NO_x 作后处理。后处理的方法是催化还原法，即在固体催化剂存在下，利用各种还原性气体（H_2、CO、烃类和 NH_3 等），以使炭和 NO_x 反应，使之转化为 N_2 气的方法。工业排放尾气脱 NO_x 所用的催化剂为 V_2O_5/TiO_2，这种催化剂又可用在重油燃烧时产生的尾气。美国和德国最近开发了一种价廉的分子筛催化剂，这种分子筛催化剂以 NH_3 为还原剂，可用于已经脱了 SO_x 的尾气。日本开发的一种以 Cu 离子交换的分子筛为催化剂，碳氢化合物（HC）为还原剂，可将 NO_x 分解为 N_2 气。

除了上述催化还原法外，NO_x 还可通过催化剂直接分解为 N_2+O_2，这被认为是最简单、最彻底且最经济的去除 NO_x 的方法。许多研究者一直在寻找适合该方法的催化剂，但由于排放气体中的氧都能使催化剂中毒，因此，目前还未找到其实用的催化剂，这类催化剂主要有贵金属 Pt、钙钛矿型稀土复合氧化物、经 Cu 离子交换的分子筛（Cu_2ZSM_{25}）等，其中经 Cu 离子交换的分子筛有应用前景。

6.1.4.3　汽车尾气净化催化剂

目前全球城市废气的 80%～90%由机动车排放，汽车尾气中的主要污染物 CO、NO_x 和 CH 等带来的空气污染已成为人类生存迫切需要解决的问题。通过改进发动机的燃烧使污染物的产生量减少和利用装在发动机外部的净化设备对排出的废气进行净化治理，这两种途径可以降低汽车尾气中有害物质的排放浓度。

机动车排放尾气中 CH、CO 及 NO_x 的脱除用的催化剂，在 1975 年就达到了实际应用的目的。现在减少汽车排放尾气中的有害气体的有效方法都是采用将 CH、CO 及 NO_x 同时进行氧化和还原的所谓三元催化法，催化剂为铂（Pt）、钯（Pd）、铑（Rh）等贵金属或 Pt/Rh、Pd/Rh 等的组合。目前净化汽车尾气的催化剂是在粒状或蜂窝状载体上涂覆有活性组分的氧化铝，活性组分大都由 Pt、Pd、Rh 组合并添加作为贮存氧组分的氧化铈所组成。由于贵金属尾气净化器可能对环境造成二次污染，如产生 N_2O 气体，而 N_2O 是主要的温室气体之一。寻找新型催化材料，部分或全部替代贵金属已成为必然趋势。

稀土纳米材料集稀土和纳米材料特性于一体，用纳米稀土粒子取代三效催化剂中的常规稀土化合物，可以提高汽车尾气中 CO、NO_x 和 CH 的转化率。采用纳米 La_2O_3 和 CeO_2 作为汽车尾气净化剂涂层的添加剂，可以大大提高催化剂的催化活性，同时使 CO 转化 50%时的温度降低了近 409℃。这主要是由于以纳米微粒分散的热稳定性好的稀土化合物加强了与 Pt、Rh 等贵金属之间的相互作用。

最新研究表明，复合稀土化合物的纳米粉体有极强的氧化还原性能，可彻底地解决汽车尾气中一氧化碳（CO）和氮氧化物（NO_x）的污染问题。以活性炭为载体、纳米 $Zr_{0.5}Ce_{0.5}O_2$ 粉体为催化活性体的汽车尾气净化催化剂，由于其表面存在 Zr^{4+}/Zr^{3+} 及 Ce^{4+}/Ce^{3+}，电子可以在其三价和四价离子之间传递，因此具有极强的电子催化氧化还原性，再加上纳米材料比表面积大、空间悬键多、吸附能力强，因此它在氧化一氧化碳的同时还可还原氮氧化物，使它们转化为对人体和环境无害的气体。纳米氧化钛/氧化钴的二元和三元复合粉体目前作为三效催化剂中的第二载体，已被国外广泛用于环保领域。而更新一代的纳米复合稀土氧化物催化剂，将在汽车发动机汽缸里发挥催化作用，使汽油在燃烧时就不产生 CO 和 NO_x，无需进行尾气净化处理。我国是世界上稀土资源最丰富的国家，研究开发稀土纳米技术并将其应用于各种材料，包括各种功能的汽车尾气净化材料，将具有广阔的应用前景。但因稀土催化剂性能不及贵金属催化剂，如活性、稳定性等，需要解决很多技术关键问题。

6.1.4.4　VOCs 净化催化剂

挥发性有机化合物（Volatile Organic Compounds，简称 VOCs），是指室温下饱和蒸气压超过 133.3Pa 或沸点小于 260℃的有机物（如芳香烃、脂肪烃、卤代烃、醇类、酮类、羧酸类、胺类以及含硫、氯有机化合物等），绝大多数是具有刺激性气味的有毒气体。近年来，低浓度多组分 VOCs 的排放，已经严重影响我国空气质量并危及人类健康，合理治理 VOCs 排放具有重要的环境与生态意义。

VOCs 的控制技术主要分为以改进工艺流程、更换设备为主的预防性措施和以末端治理为主的控制性措施。前者因技术瓶颈对环境的污染无法避免，因此以回收法和销毁法为主的末端控制的更新与改进尤为重要。图 6-1 给出了常见的 VOCs 污染控制技术。

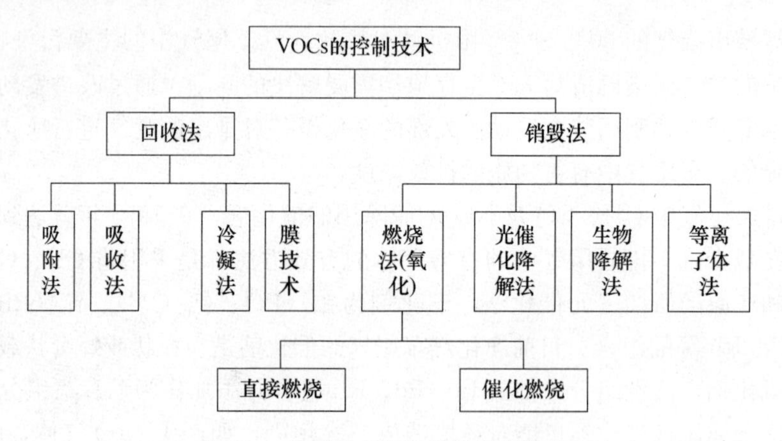

图 6-1　常用的 VOCs 污染控制技术

VOCs 净化催化剂在催化燃烧系统中起着非常重要作用。用于挥发性有机化合物净化的催化剂体系一般由活性组分和载体组成，有的还包括助催化剂。活性组分主要是金属和金属盐，金属包括贵金属和非贵金属。

相对于其他催化剂，贵金属具有高活性和低温下（<500℃）不易被硫、磷等污染的突出优点。常用的载体主要包括惰性载体（如 Al_2O_3、SiO_2）及分子筛等。但由于贵金属资源较为稀缺且价格昂贵，因此需要寻找贵金属的替代品以作为 VOCs 氧化催化剂。其次，贵金属催化剂容易氯中毒且具有较差的耐热性，高温条件下容易烧结、聚集，不适宜处理较高浓度的 VOCs 等方面的缺陷也限制了其实际应用。近年来，非贵金属催化剂的研制无论是国内还是国外，均研究得较多，并取得了很多成果。

对单一过渡金属氧化物的研究主要是 CuO_x、CoO_x、MnO_x 等，主要原因是它们均具有较高的催化氧化活性。虽然单一过渡金属氧化物具有较好的催化活性，但是它们相对较小的比表面积和较低的热稳定性限制了其在催化氧化中的应用。为了提高催化活性和热稳定性，研究人员尝试将过渡金属氧化物负载在比表面积较大且稳定性较好的载体上，来达到提高催化剂性能的目的。有研究指出，CuO 较好地分散在 Al_2O_3 载体上，对于去除体系中的 SO_2 和 NO_x 具有较高的活性。有人将 Mn_2O_3 负载在 SBA-15 上，即使在 300℃时对乙醇依然具有很高的转化率，他们指出这是由于 Mn_2O_3 很好地分散在了高比表面积的载体上，提高了其催化性能。

为了进一步提高催化剂的催化性能，降低活性组分与载体相互作用对催化活性的不利影响，研究者尝试掺杂不同元素，通过它们之间的协同作用来达到提高催化剂性能的目的。由于 CeO_2 具有良好的可还原性和储氧能力，使其成为催化氧化催化剂体系中的重要助剂。目前，与 CeO_2 复合用于低温氧化的催化剂体系主要包括 CuO-CeO_2、Co_3O_4-CeO_2、MnO_x-CeO_2、ZrO_x-CeO_2 和 CuO/$Ce_{1-x}Mn_xO_2$ 等。

6.1.4.5　污水处理用催化剂

随着医药、化工、染料等行业的发展，高浓度难降解地废水越来越多，它们的处理已成为废水处理的一大难点。这类废水的特点是污染物毒性大，主要含有芳烃化合物，如苯胺、硝基苯等；污染物浓度高，COD 一般可达几十万单位，BOD/COD，一般低于 0.1，难以生物降解；无机盐含量高，达数万甚至十多万单位以上。处理此类废水最有效的方法之一是化学氧化法。目前高效湿式催化氧化技术是热门研究课题。

高效湿式催化氧化法常采用氧化剂（空气、双氧水、臭氧、次氯酸钠和二氧化氯等）来增加催化氧化有机污染物的能力，将水中的有机污染物或水中大分子有机污染物氧化成小分子有机污染物，以提高废水的可生化性。配合生化法处理后能较好地除去水中的有机污染物。该方法的关键是高效非均相氧化催化剂的开发。

采用湿式空气氧化法处理高 COD 值废水时，铜离子常是有效的催化剂，可降低反应温度和压力。用臭氧处理有机物废水时，铜、锰、镍催化剂可加速反应。可用曝气法处理含亚铁离子废水，使之氧化成三价铁离子，以氢氧化铁的形态除去，在过程中加入三价铁盐为催化剂可加速亚铁离子的氧化。载铜的活性炭和离子交换树脂合用，可处理含氰废水。亚硝酸盐与氰化物共存的废水，可以活性炭为催化剂，在中性条件下催化氧化处理。

催化剂在发展工业、农业及提高人民生活等方面都起过巨大作用，有人预料，在 21 世纪中，催化剂在解决地球环境问题中也将起到同等重要的作用。日本催化行业工作者表示，催化研究将从“石油化工催化”进入以消灭有害物质为目的的新的“环保催化”时期。因此，未来环保催化剂的发展方向主要是寻找深度或超深度脱硫及脱氮用的高活性稳定催化剂，或者是能同时达到深度或超深度脱硫脱氮用的复合型催化剂；寻找能替代贵金属物质的、用来净化汽车尾气的三元新型催化剂等。总之，新开发的环保催化剂，必须随着环境标准的不断提高而改进。

6.1.5　环保催化剂常用陶瓷材料

6.1.5.1　氧化钛

氧化钛（TiO_2）有三种晶型，其中环保催化剂制备中常用的是锐钛矿型和金红石型。锐钛矿型为亚稳相，高温下会发生不可逆相变，转化为具有稳定结构的金红石型。二氧化钛是一种性质稳定的两性氧化物。它即可作为催化剂，也是催化剂载体的常用材料。

1. TiO_2 催化剂

TiO_2 作为催化剂应用主要是利用了它良好的光催化性能。TiO_2 可在紫外光照射下促进有机污染物降解。TiO_2 的光催化活性与 TiO_2 晶型有很大关系。一般而言，锐钛矿型表现出比金红石型更大的催化活性。与金红石型相比，锐钛矿型 TiO_2 有以下几方面的特点：（1）锐钛矿的禁带宽度（3.2eV）比金红石的禁带宽度（3.0eV）大，光能照射激发价电子生成的空穴具有更强的捕获电子能力，因而具有更高的氧化能力；（2）锐钛矿表面吸附能力较强，提高了光催化活性；（3）锐钛矿晶粒通常具有较小的尺寸及较大的比表面积，对光催化反应有利；（4）锐钛矿相晶格内有较多的缺陷和位错网，从而产生了较多的氧空位来俘获电子[6]。

锐钛矿型相对金红石型具有更好的催化活性，但稳定性不如金红石型。目前很多研究表明，如果金红石型 TiO_2 能够在结晶过程中形成较小的晶粒和良好的表面，也可能实现较高的活性。而活性的高低则主要取决于晶粒的表面性质及尺寸大小等因素。为兼具良好的催化活性和稳定性，可采用锐钛矿和金红石混晶 TiO_2 作为光催化材料。由于协同效应，混晶光催化材料表现出比单一晶型更好的催化活性。研究表明，30%金红石和 70%锐钛矿组成的混合晶型具有最好的活性[7]。目前商业化的高活性光催化剂 P25 就是 TiO_2 的两种晶型混合材料。

2. TiO_2 催化剂载体

TiO_2 由于具有良好的活性、表面吸附性能，可用作催化剂载体材料。在负载具有活性组分（过渡金属氧化物、稀土氧化物、贵金属等）之后，表现出优异的催化性能。目前 TiO_2 作为载体最广泛的应用是选择性催化还原技术（SCR）用脱硝催化剂载体。用作脱硝催化剂载体的 TiO_2 微粉有严格的技术性能要求。首先，由于锐钛矿型向金红石型转变过程会出现晶粒变大、比表面积缩小，导致活性降低，因此脱硝催化剂载体用 TiO_2 微粉严格控制金红石型的引入，目前商业化的催化剂载体用钛白粉，都是单一锐钛矿型钛白粉。其次，脱硝催化剂用 TiO_2 载体须严格控制比表面积，比表面积越大，TiO_2 微粉的吸附性能越强，对活性物质的负载量越高，过高的比表面积会导致干燥及焙烧处理过程中出现较大的体积收缩，造成催化剂开裂，影响催化剂机械性能，因而商用的催化剂载体钛白粉比表面积控制在 80～100m^2/g。

按照实际生产需要，商用钛白粉往往预先掺杂部分活性组分或可提高制品性能的化学元素。常见的掺杂钛白粉有钛钨粉、钛硅粉。钛钨粉是为了预先混入钒钛系催化用活性组分，而钛硅粉则是通过掺杂硅，提高了最终制品的强度和耐磨性。掺杂组分的掺杂量基本在 5%以下。

6.1.5.2 氧化铝

氧化铝（Al_2O_3）在已知的多种晶型（α-、γ-、β-、η-、θ-、δ-、ρ-、κ-、χ-Al_2O_3 等）中，可作为催化剂或催化剂载体的主要是 α-Al_2O_3 和 γ-Al_2O_3。

Al_2O_3 占催化剂载体总用量的绝大部分，在各类催化剂中，Al_2O_3 载体用量要比分子筛、硅胶、硅铝胶、活性炭及硅藻土载体总用量还多。α-Al_2O_3 是氧化铝的高温稳定形态，是一种惰性载体，它具有耐高温、良好的化学稳定性及高强度等特点，可在恶劣工况条件下使用。γ-Al_2O_3 是氧化铝的低温亚稳形态，属有缺陷型的尖晶石型结构，立方晶系。γ-Al_2O_3 晶体尺寸很小，通常许多个粒子聚集在一起。形成多孔的球形聚集体，这种聚集体内部有 25%～30%的气孔，所以 γ-Al_2O_3 比表面积很大，活性很高，吸附能力很强，可直接用作催化剂或担载活性组分作为催化剂载体使用。[8]

拟薄水铝石是另一种催化剂制备中的常用氧化铝原料，又称一水合氧化铝。它是一种白色胶体（湿品）或粉末（干品），晶相纯度高、胶溶性能好，粘结性强，具有比表面积高、孔容大等特点。拟薄水铝石在 400～700℃焙烧可形成 γ-Al_2O_3，在 1100～1200℃间煅烧可得纳米级 α-Al_2O_3。拟薄水铝石常用作催化剂活性组分涂覆料浆的胶粘剂，或成型胶粘剂。不仅提高成型强度，还可以在烧结后形成催化剂载体。

氧化铝用作催化剂载体具有以下特点：(1) 具有高熔点，因此在一般反应操作条件下具有良好的热稳定性；(2) 氧化铝是一种两性氧化物，存在表面酸中心和表面碱中心，从而使其具有许多重要的催化性能；(3) 氧化铝在很宽的温度内存在不同过渡相，氧化铝晶相和孔结构的多变性质为不同领域的特定需求提供了广泛的选择性。

6.1.5.3 氧化硅

氧化硅（SiO_2）可用作催化剂载体，主要以硅胶（化学组成为 $SiO_2 \cdot xH_2O$）为主要原料。硅胶是一种多孔性 SiO_2，属于无定形结构，其中基本结构质点为 Si-O 四面体，是由 Si-O 四面体相互堆积形成的硅胶骨架。堆积时，质点之间即为硅胶的孔隙。硅胶中的 H_2O 为结构水，它以羟基（—OH）的形式和硅原子相连而覆盖于硅酸的表面。完全失水硅胶则成熔融态 SiO_2，相当于 α-Al_2O_3。但在常压、不同温度下以不同晶型存在，如小于 573℃为低石英；573～870℃为高石英；870～1470℃时，则以高鳞石英存在，两者均属六方晶系。[9]

SiO_2 虽然不像 Al_2O_3 使用那么广泛，但它在酸性介质中很稳定，因而在此环境中性能优于氧化铝。SiO_2 以其独特的结构表现出以下特点：①易选择吸附水；②在控制条件下，可用于选择性吸附混合组分中的特定组分；③在循环工作条件下吸附、解吸快，且再生技术简单、易实施；④吸附为物理吸附过程，解析时不会产生腐蚀、有害气体和液体等；⑤具有良好的耐酸性、耐热性及较高的机械强度，尤其适用于流化床反应；⑥表面酸性弱，可降低某些反应物的结焦，也很少与催化剂的焦化形态物质发生作用；⑦具有可控的大的比表面积。由于具有以上的性能特点，SiO_2 特别适用作催化剂载体，如氧化催化剂载体、加氢催化剂载体、脱氢催化剂载体等。

6.1.5.4 其他载体

1. 堇青石

堇青石具有低热膨胀系数、高强度、良好的抗热震性能，因此特别适合需要反复耐受冷热交变冲击的工况环境下的应用。堇青石作为催化剂载体应用时，主要起到结构性基体的作用。堇青石质催化剂载体最关键的性能是材料的热膨胀系数、比表面积和制品的热容量。堇青石质催化剂载体可采用全生料方法制造，也可采用合成好的堇青石原料制造。全生料方法（将黏土、滑石等原料按配比配制，堇青石全部由烧成过程反应生成）制造的堇青石催化剂载体热膨胀系数更低，作为催化剂载体的性能更好。

堇青石载体比表面积通常较低（约 $1m^2/g$），因此使用时为获得大的比表面积，提高催化剂活性组分和气体的吸附能力，需要在表面制备一层具有较大比表面积的涂层，通常采用 γ-Al_2O_3 作为涂层材料。

2. 碳化硅

碳化硅具有良好的热导率、低热膨胀系数，同时还有优良的化学稳定性，可用作催化剂结构性基体材料，通常制成蜂窝陶瓷结构，可采用黏土结合碳化硅工艺制造。

采用特殊的制备工艺，如活性炭反应合成法等，可以获得具有多孔结构的碳化硅材料，这种具有高比表面积的碳化硅结合其优异的物理化学特性，特别适合作催化剂载体，用于高温、强放热、强腐蚀性的工况下，如甲烷及二氧化碳重整等。

采用活性炭反应合成法制备多孔碳化硅是一种新型的催化剂载体制备方法，先高温加热 Si 和 SiO_2 粉体产生 SiO 蒸汽，然后蒸汽通过活性炭先驱体与 C 反应获得微观结构与活性炭相似的碳化硅材料。该材料抗氧化性能比活性炭好很多，同时比表面积可达 $260m^2/g$。由于多孔碳化硅是一种惰性物质，金属与载体间的相互作用比较弱，这样提高了其负载金属氧化物活性组分的还原能力，大大提高了催化剂的活性[10]。

3. 炭载体

炭尤其是活性炭载体，具有不规则的石墨结构，细孔结构发达，比表面积巨大，具有优良的耐热性、耐酸碱腐蚀性，是一种优良的吸附剂，也常用作催化剂载体。活性炭的熔点很高，可减少金属或金属氧化物聚集体在其表面上的烧结。但由于活性炭的机械强度较差，所以常用作固定床催化剂的载体。炭载体的缺点是规格很难确定，每批炭的性能难以重复，作为载体孔隙率低、机械强度差、堆密度小，在苛刻条件下催化性能不稳定。活性炭作为载体使用范围不如 Al_2O_3 广泛，主要用于负载铂族金属，如 Pt/C、Pd/C 等，主要用于农药、医药、香料中的加氢或合成，塑料及化学中间体如聚酯、聚氨基甲酸酯的制造，脂环族化合物脱氢制芳环中间体。

4. 沸石分子筛

沸石是一大类结晶硅铝酸盐的总称，其通式为 $M_{2/n}O \cdot Al_2O_3 \cdot xSiO_2 \cdot yH_2O$。式中，M 和 n 分别是阳离子及离子价；x 为 SiO_2/Al_2O_3 摩尔比；y 为水分子。它的基本结构单元是硅氧四面体和铝氧四面体，具有规整的结构、分子大小的孔道尺寸和大的比表面积，尤其是它的形状特征具有其他氧化物或催化材料难以比拟的优点，因此被广泛地用作催化剂和催化剂载体。由于它们包含可交换的阳离子，因此也能作为离子交换的材料。沸石分子筛作为一类多孔型环境友好多功能材料，在诸多精细有机反应中引人关注，例如，分子筛可用作原油裂解生产汽、柴油的催化剂、替代液体酸的固体催化剂、吸附剂、阳离子交换剂、气体及烃类分离剂等。此外，作为催化剂载体，沸石分子筛也具有其独特之处，如均匀分布的微孔可对反应物分子进行高度几何选择；具有广阔的空间结构及大的比表面积；相比传统的浸渍法，沸石分子筛可采用离子交换法负载活性金属，增加金属的有效活性比表面积，从而大大提高了活性；离子交换方式负载到分子筛上的活性金属在表面经还原后有极高的分散度，提高了活性组分的利用率并增强其抗毒能力。

5. 交联黏土

由于天然黏土价格低廉、原料易得，因此被广泛地用作催化剂或催化剂载体。天然黏土是一种具有二维平面层状或层链状结构的硅铝酸盐，是由四面体和八面体组成的平面状结构相间排列而成。常用的天然黏土包括铝土矿、硅藻土、海泡石、蒙脱土、膨润土及凹凸棒石等。由于天然黏土含有杂质（碱金属、碱土金属），孔体积和比表面积较小、硅铝比变化大，不能满足工业应用对催化剂的性能需求，因此，需要采用酸碱处理、离子交换及膨胀改性等方法对天然黏土进行处理，降低其杂质含量，改善孔结构。酸碱处理和离子交换可以去除杂质离子，同时引入所需的组分。膨胀改性是利用黏土在强极性分子作用下，具有的膨胀性和阳离子的可交换性，在层间引入各种阴离子或阳离子集团，使黏土层撑开并牢固地连接，形成稳定的层柱结构。天然的蒙脱石土类和混层型黏土均可用作交联黏土的原料。使用的交联剂可以是有机交联剂或无机交联剂。但有机交联剂制备的交联黏土的热稳定性较差，一般以使用无机交联剂（如聚合羟基金属离子）为多。由于交联黏土具有大孔结构（孔径大于分子筛），随着对大分子吸附、反应性能的深入研究，其具有很大的工业应用前景[11]。

6.2　催化剂及载体的制备与成型

6.2.1　催化剂的制备方法

催化剂在成型之前，需要通过浸渗法、沉淀法、溶胶-凝胶法（sol-gel methods）、水热法以及涂覆工艺等方法使得活性组分与载体材料结合，在制备过程中需要考虑发生的物理及化学变化，反应条件如温度、pH 值、压力、时间、浓度等因素。

6.2.1.1　浸渍法

浸渍法是将一种或几种活性组分负载于高比表面积的氧化物固体载体上，通常是溶解于水溶液中的活性组分前驱体与陶瓷载体接触，如氧化铝、氧化钛、氧化硅和氧化锆，比表面积在 10～100m^2/g。活性物质的水溶液吸附或贮存在载体的孔中，形成活性组分在载体表面的富集或沉积。催化剂最后的活性组分分散取决于载体的结构，前驱体的溶解度、干燥速率等性质。最后再经干燥、煅烧和活化，即可制得催化剂。

目前常用的浸渍方式为等体积浸渍法和常规浸渍法。等体积浸渍法可用于制备负载高活性组分前驱体的催化剂，活性组分前驱体的最大负载取决于其在载体颗粒孔隙溶液中的溶解度。如果前驱体溶液为强酸弱碱或弱酸强碱的盐类，浓度的改变会引起溶液 pH 值的变化，从而使得载体表面性质发生变化，如果溶液物质与载体表面有强相互作用，某些离子会进入载体晶格中。浸渍法制备催化剂的物理性能与载体的物理性质相关，载体的性质也会影响催化剂的化学活性。因此需要选择合适的载体或对载体进行必要的预处理，这是制备催化剂的关键步骤。等体积浸渍法通常包括如下基本操作：首先，对氧化物载体进行预处理，测定载体的最大吸附水量；然后配制浸渍溶液，用同容积的水溶解前驱体盐；最后将此溶液与载体混合，进行干燥及焙烧、活化等。

常规浸渍法中使用的浸渍溶液的量远远超过氧化物载体孔体积的大小，氧化物载体浸渍于溶液一段时间后，通过过滤或倾析的方法将载体从浸渍液中分离。在浸渍达到平衡条件下，浸渍溶液的平衡浓度、载体的孔体积以及活性组分前驱体在载体表面上的吸附等温线等因素决定了沉积于氧化物载体的活性组分前驱体的量。常规浸渍法更适用于浸渍前驱体与载体间存在相互作用，这时活性组分的负载量不仅取决于浸渍溶液的前驱体浓度和载体的孔结构，而且依赖于载体表面的化学性质。

就工业催化剂的制备而言，浸渍方法应用较为广泛，适用于催化剂有预先确定的结构或活性组分成本高时的情况。比如：采用既成外形的载体（堇青石蜂窝），将催化剂的活性组分浸渍于载体上，无需进行整体式蜂窝催化剂的成型操作，并且选择具有合适的孔结构及比表面积的载体，来满足催化反应条件所需要的各种物理性能及机械性能；对于使用铂等贵金属作活性组分时，浸渍法可以将其负载在载体表面上，这样活性组分的利用率较高，用量少，并且能显著降低成本；基于上述优势，浸渍法被认为是制备各种多组分负载型催化剂的一种简便可行的方法。

6.2.1.2　沉淀法

沉淀法是一种制备氧化物类催化剂或载体的常用方法，在工业过程中将金属盐水溶液和沉淀剂加入不断搅拌着的容器中进行沉淀，生成固体沉淀后，经一系列洗涤、过滤、干燥、煅烧活化的操作，制得相应的金属氧化物催化剂，其晶体结构通常是无定形态或多晶态。制备多组分金属氧化物催化剂的最普通的方法为共沉淀法，使用过程中要控制适宜的操作条件，如金属盐水溶液的种类和浓度、反应温度和搅拌强度、加料方式、沉淀的老化条件、过滤和洗涤程序等，以获得最大均匀度的多组分金属氧化物催化剂，达到分子水平上的均匀分布。通常使用多组分金属的水溶性盐为前驱体，加入碱生成氢氧化物沉淀。当氯化物或硫酸盐为前驱体时，在沉淀完毕后，需要将带入的杂质充分洗涤，或使用离子交换法除去杂质，氯离子通常会影响催化剂的活性，而硫酸盐在后期活化过程中被还原为硫化物。选择硝酸盐为反应前驱体，价格便宜，在水中极易溶解，但是焙烧过程中可能会产生氮氧化物污染物。

在制备负载型金属氧化物催化剂时，通常在含有固体载体和金属盐的悬浮液中逐步加入沉淀剂，在强搅拌条件下使沉淀剂快速均匀分布，以避免局部浓度过高，实现金属氢氧粒子在载体表面的均匀分布。如果金属氢氧粒子在悬浮液主体中快速成核和晶体生长，将会导致金属氢氧粒子在载体表面的分布不均匀。目前获得均一沉淀的方法是使用尿素作为沉淀剂，因为它在90℃时，缓慢水解形成氢氧化铵，在本体溶液和载体孔的溶液中分布着均匀的羟基离子，因此金属氢氧粒子最终沉积于载体表面。

在工业上运用沉淀法制备多组分催化剂时，沉淀剂的选择、溶液浓度、沉淀温度、沉淀时溶液的 pH 值、搅拌速度以及加料顺序等工艺参数会很大程度上影响制得的催化剂的物理性能（如孔结构、比表面积、晶型、机械强度）、催化活性，所以要谨慎选择沉淀操作条件。解决大体积溶液的有效混合的难题，除了使用较大功率的搅拌电机，还需要进一步选择合适的搅拌桨。制备的多组分沉淀物经过热处理，为实现均匀转化为多组分金属氧化物的目的，就要控制好转化设备的参数，如温度和水蒸气压力，保证其在催化剂床层的均匀性。为了进一步在工业催化反应中使用，制备的多组分催化剂粉末通过加入合适的添加剂最终成型为片状、条状或球状，同时必须满足工业催化中要求的强度、孔隙率和均匀的颗粒尺寸。虽然沉淀制备方法仍有问题需要解决，但对于一些负载量大于15%的催化剂需要该方法进行生产。

6.2.1.3 溶胶-凝胶法

溶胶-凝胶法（Sol-Gel 法，简称 SG 法）是一种条件温和、制得产品纯度高的材料制备方法，以无机物或金属醇盐作前驱体，通过水解缩聚化学反应形成溶胶，胶团间缓慢聚合形成包含有大量水分子的三维结构的凝胶。凝胶经过干燥、烧结固化制备出分子乃至纳米亚结构的材料。发生胶化过程取决于胶团的浓度、温度、溶液的离子强度，特别是 pH 值。凝胶密度随原始溶液的盐浓度和胶化速率增加而增加。如果胶化的溶胶包含两个或者多个物种，则可以形成多组分胶体如 SiO_2/Al_2O_3，近年来该方法广泛应用于生产陶瓷、玻璃和复合材料。

使用溶胶-凝胶法制备固体催化剂材料时，反应易于控制，操作简单，制得的催化剂粒径均匀，活性组分高度分散在载体上，可用于氧化物催化剂、化学改性载体的制备中。初级胶体粒子凝聚而得到的网络结构可以无限地扩展到整个胶体内，也可以是间断不连续的絮凝物。形成凝胶后，如果采用一般干燥法，把溶剂简单的蒸发，由于毛细管力会使胶体骨架网络中的孔收缩，使它们的表面积有不可逆转的降低，凝胶坍塌破裂。可采用超临界干燥法和冷冻干燥法除去溶剂，避免凝胶的塌陷破裂。

在工业上，常用于制备金属氧化物的前驱体是有机烷氧化物、醋酸盐或乙酸乙酯盐类，以及无机盐如氯化物。溶胶-凝胶法可以制备多组分金属氧化物，在合适的有机溶剂中加化学计量的水，并用挥发性酸和碱作催化剂，使多种金属衍生物共胶化，能使催化剂的活性组分更好地分散，然后在所使用的有机溶剂或分散试剂的最高临界温度下进行临界干燥，得到的催化剂具有高比表面积、高分散、孔结构可控和低表观密度的特点。溶胶-凝胶法与其他方法相比具有许多独特的优点，如溶胶-凝胶法能较好地控制固体的表面积、孔体积和孔大小分布，在形成凝胶时，反应物之间在分子水平上被均匀地混合，或者定量地掺入一些微量元素，获得分子水平的均匀性。

6.2.1.4 水热法

水热法是在高温高压的水溶液中，将常温常压下不溶或难溶的物质溶解，在过饱和状态下析出生成或反应生成该物质的溶解产物，通过控制高压釜内溶液的温差产生对流而形成晶体的方法。水在高温、高压下时称之为水热状态。在此状态下合成无机化合物称为水热合成，此反应称为水热反应。水热合成具有合成温度低、条件温和、体系稳定、产品纯度高、分散性好、粒度分布窄等优点，广泛应用于单晶生长、陶瓷粉体和纳米薄膜的制备、超导体材料的制备等研究领域。

利用水热合成可以合成沸石分子筛。水热合成的温度在 150℃以下称为低温水热合成，温度在 150℃以上称为高温水热合成。低温水热合成有利于得到孔径较大的沸石，大多数是出于非平衡状态的介稳相。在水热结晶前，首先要制备用于结晶的溶胶、凝胶、絮凝物或沉淀物。形成这些前身物后，把其保持在母液中转移到水热设备或装置中，密封加热利用溶液水蒸气的压力使这些前身物在母液中晶化结晶。在 SCR 脱硝技术中，基于沸石分子筛特殊的微孔结构，将金属氧化物负载于分子筛上，而沸石分子筛的类型、热处理条件、硅铝比、交换的离子种类、交换度等都会影响 SCR 的脱硝活性，目前常用的分子筛主要有 ZSM-5 型、Y 型和 β 型。

溶剂热合成技术是在水热合成技术上发展起来的一种常用的无机材料合成方法，化学反应在特定的溶剂中发生，并在高温（100～1000℃）高压（1～100MPa）环境中进行反应。在这种特定的环境中，溶剂一般处于亚临界或超临界状态，其反应活性大大提高，因此能生成一些具有特种价态、介稳态结构和特种聚集态的新材料。常用的非水溶剂有乙醇、苯、乙二胺、吡啶、四氯化碳、甲酸等，可利用比较成熟的溶剂热法制备纳米粉体如氧化铁、二氧化锡、二氧化钛等金属氧化物纳米颗粒，还有新型沸石分子筛等。溶剂热合成技术以有机溶剂代替水作为反应介质，可大大降低固体颗粒表面的羟基，从而降低纳米颗粒的团聚程度。

6.2.1.5　涂覆工艺

涂覆法主要用于将含有活性组分的浆液涂覆在具有较强机械强度的载体基体上。涂覆法制备整体式催化剂过程简单，解决了粉体催化剂机械强度差、难回收的不足，还大大减少了催化剂用量，降低了成本。基体材料是整体式催化剂的骨架结构，可为催化剂提供支撑作用及为反应物和产物提供流通孔道，具有十分重要的作用。根据成本、质量、热阻和热传递等因素来决定选取何种材质的基体。由于堇青石具有良好的热稳定性、低廉的成本以及良好的机械强度等优点，目前常被用于整体式 SCR 脱硝催化剂的基体材料，其主要成分为氧化铝、氧化硅、氧化镁，$2Al_2O_3 \cdot 2MgO \cdot 5SiO_2$，理论化学组成（质量分数）为 14%MgO，36% Al_2O_3，50% SiO_2 51.4%，还有少量的 Na_2O、Fe_2O_3、CaO，熔点为1460℃。但是催化剂涂层与堇青石基体的热膨胀系数具有一定的差异，容易造成涂层粘结强度不大，易脱落，进而严重降低催化剂的催化活性。因此涂层的制备及涂覆工艺决定了涂层的粘结强度、孔径结构及热稳定性等。

目前，涂层涂覆技术有多种，其中悬浮液涂层法是将催化剂粉末、胶粘剂、酸和水制成悬浮液进行涂覆。通常涂层的好坏很大程度上受悬浮液颗粒的大小、含量、稳定性及胶粘剂的添加量影响，悬浮液颗粒一般大于堇青石的孔径，因此涂层存在于堇青石基体表面，从而形成较薄的涂层。溶胶-凝胶法是最为常见的一种方法，其涂层浆液是以纳米胶粒的尺度分散在溶剂中的胶态分散液。经过溶胶-凝胶化后，得到黏度高的涂覆浆料，并且纳米胶粒会渗透到堇青石孔道内，增强涂层与载体之间的相互作用。在堇青石表面沉积氧化铝时，溶胶的前身体为：水合氧化铝（拟薄水铝石）、烷基铝氧化物等，将堇青石直接浸入溶胶-凝胶液中进行反应，干燥焙烧得到表面为氧化铝层的堇青石。此外，涂覆方法还有电泳沉积、电化学沉积、化学镀、化学气相沉积法、浸渍法等。

6.2.2　典型陶瓷催化剂产品制造技术

6.2.2.1　三效催化剂的生产制造工艺

三效催化剂（TWC Three Way Catalyst）是汽车尾气催化净化器（三元催化器）的核心部件，通过三效催化剂汽油机排气中的三种主要污染物 CO、CH 和 NO_x 能同时被高效净化。

三效催化剂由蜂窝状载体、活性涂层和催化组分组成。催化剂组分主要是贵金属铂

(Pt)、钯(Pd)、铑(Rh)，铈(Ce)、镧(La)、锆(Zr)等作为改性助剂，增强氧化铝的热稳定性，减少比表面积的损失，并能提高贵金属的分散度，防止金属聚集，还能促进水煤气转化。图 6-2 为三效催化剂的结构示意图。

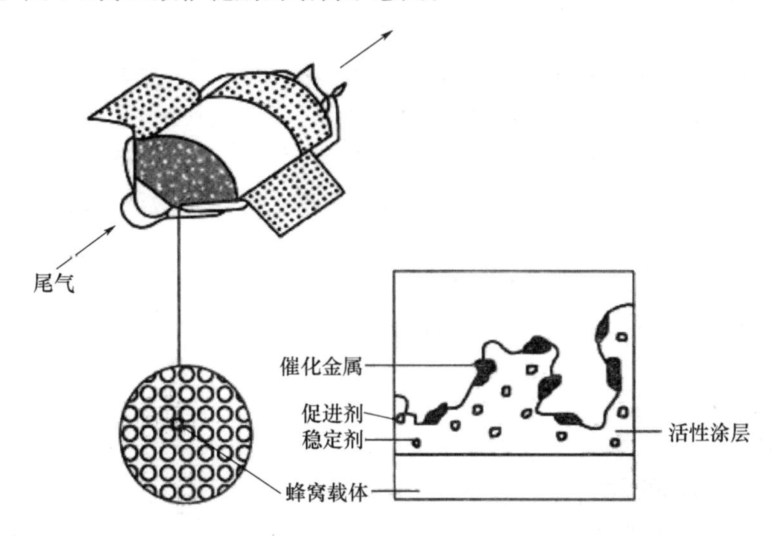

图 6-2　汽车尾气三效催化剂的结构示意图

三效催化剂的制备工艺通常包括整体载体成型及预处理、活性涂层材料（氧化铝及铈锆）的制备以及助剂及贵金属的负载，其工艺流程如图 6-3 所示。

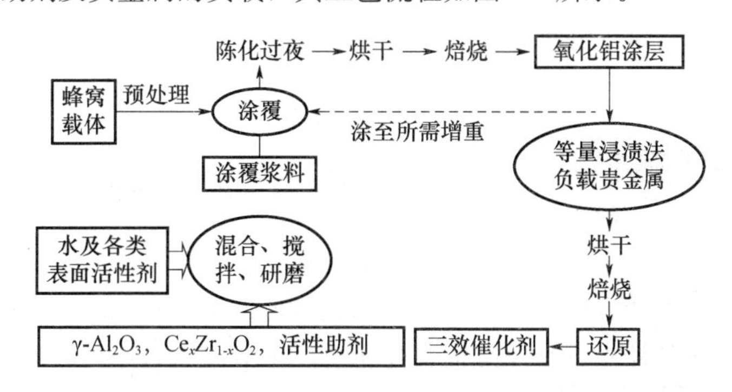

图 6-3　三效催化剂的制备工艺示意图

1. 整体载体成型及预处理

制备三效催化剂蜂窝状载体使用最为广泛的材料是堇青石，因为它具有非常低的热膨胀系数、高的耐火性、良好的机械强度和合适的孔隙率。蜂窝状堇青石的成型过程主要包括两种方法：一种是使用合成堇青石粉作为原料生产蜂窝载体；一种是由全生料（可反应生成堇青石的原料粉体，如黏土、滑石等）混合物制备蜂窝载体，再使其堇青石化。

使用合成堇青石粉作为原料制备蜂窝载体最常用的程序是：把堇青石粉末，水合成团试剂如聚环氧乙烷（乙二醇）、纤维素、甲基纤维素或它们的混合物一起进行捏合、混练，然后把练好的泥团进行挤压得到所需要的形状，再进行干燥，干燥后在 1300～1400℃下煅烧 3～4h。有时也添加少量松软的碳酸盐、木屑和淀粉以增加最后成品的大孔孔隙率。

由全生料混合物制备堇青石蜂窝载体，是采用三种或三种以上原料，按非常接近于堇青石化学组成的比例配料，即 SiO_2-Al_2O_3-MgO 的比例为 51.4∶34.9∶13.7。最常用的混合物配方是滑石＋高岭土或黏土＋氢氧化铝。将原料加入成团剂和水后，进行捏合、练泥，再通过挤压成型、干燥后，在 1200～1450℃温度下煅烧 2～3h，制成堇青石蜂窝陶瓷载体。

有时在堇青石总组分设计中加一些其他物质，如尖晶石、莫来石或类似物质，可以改进蜂窝载体的抗热冲击的能力。为了降低在煅烧期间物料的收缩性，混合物用水预先混合，并在 900～1400℃之间煅烧，接着对物料进行再粉碎、研磨至约 10μm，再与成团剂和水混搓成蜂窝状，最后在 1400℃处理 3～5h。为避免或修补煅烧期间可能出现的裂缝，最好在糊状物组分中加入甲基纤维素。

蜂窝陶瓷载体在使用前可以进行适当的酸碱腐蚀预处理，预处理的目的一方面在于除去载体表面的残留物，另一方面，可使更多的新鲜表面暴露出来，从而使涂覆后的氧化铝涂层与载体结合更紧密。

2. 活性涂层材料（氧化铝）的制备

制成的堇青石蜂窝陶瓷载体表面，还需要制备一层具有大比表面积的活性涂层。三效催化剂常用的活性涂层为氧化铝（γ-Al_2O_3）涂层。工业生产中常采用浆涂法制备。首先需要制备活性涂层浆料。浆料通常采用球磨机制备，制浆过程中要控制浆料的固含量、酸碱度及黏度等关键特性参数。将配制好的浆料涂覆到蜂窝陶瓷载体上，然后经陈化、烘干、焙烧，得到氧化铝涂层。

浆涂法烘干和焙烧的主要目的在于脱除涂层中的游离水和结晶水。为了避免涂层因受热不均而断裂或脱落，烘干过程温度不应过高，最好分段烘干：先在低温下（如 60℃）烘干一段时间，再进行高温（＞100℃）烘干。焙烧过程也应分段进行，最高恒温温度控制在 550～650℃之间。

不同的三效催化剂涂层的负载量不同，通常约为 5%～15%。氧化铝涂层的负载量一般用蜂窝载体再涂覆氧化铝涂层前后载体增重的百分比来表示。

3. 改性助剂的负载

改性助剂的负载方式有两种，一种方式是可以将作为改性助剂的金属氧化物粉末分散到活性涂层浆料中，一起通过浆涂法负载（如前一小节所述）；另一种方式是采用浸渍法负载，首先将助剂组分的前驱体制备成溶液或浆液，然后采用浸渍法或等量浸渍的方法将助剂前驱体浸渍到氧化铝涂层上，再经陈化、烘干、焙烧等工艺，将助剂氧化物负载到涂层上。浸渍法负载工艺相对复杂，不易控制。浆涂法最大的优点是负载过程简洁，更适于工业化生产，在实际生产中应用较多。另外，在浆涂法制备涂层的过程中，也可先通过浸渍法将助剂负载到氧化铝颗粒上，再进行涂层的制备。

4. 贵金属催化剂的负载

贵金属催化剂通常采用浸渍法进行负载，将贵金属盐制成溶液，然后通过浸渍法负载到氧化铝颗粒或氧化铝涂层上，再经过烘干、焙烧等工艺制备成催化剂，焙烧温度一般在 500℃。贵金属浸渍负载时，首先要考虑的是尽量避免贵金属的浪费。如在浸渍时，应避免将贵金属负载到载体的外壳上及注意残液的回收利用等。

在三效催化剂的制造工艺中，蜂窝陶瓷载体的制造是核心技术。美国康宁公司是蜂窝陶瓷载体的主要供货商，其生产的蜂窝陶瓷载体主要有如图 6-4 所示的几种结构形式。蜂窝陶瓷载体除材料性能上要求具有低的热膨胀系数、良好的浸渍性能外，还在目数和壁厚上有极高的要求。目前康宁公司蜂窝陶瓷载体可做到 900cpsi［每平方英吋的孔数（cells/in^2）］，壁厚可达 0.05mm。

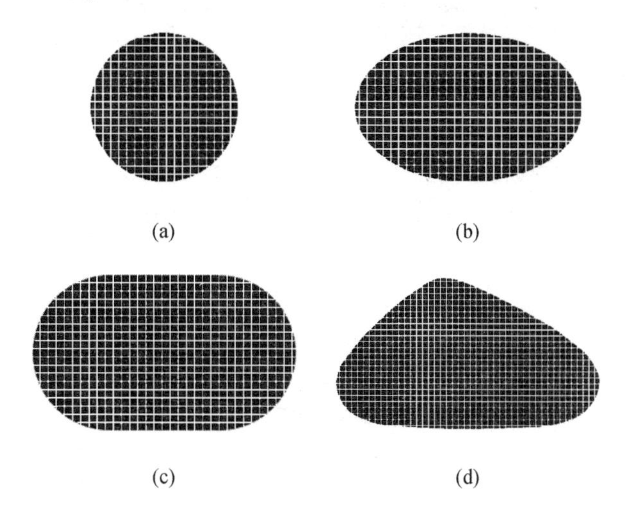

图 6-4　典型的三效催化剂蜂窝载体结构示意图
（a）圆形；（b）椭圆形；（c）跑道型；（d）非对称型

表 6-2 列出了美国康宁公司 Celcor 系列蜂窝陶瓷载体的规格及性能指标。

表 6-2　美国康宁公司 Celcor 系列蜂窝陶瓷载体的产品性能

产品规格/（cpsi/web）	体积密度/（g/L）	通孔率	几何表面积/（cm^2/cm^3）	热容 200℃/［J/（K·L）］	水力直径/mm
400/6	395	0.757	27.4	352	1.11
350/5.5	317	0.805	26.4	283	1.22
400/4	279	0.828	28.7	166	1.16
400/3	220	0.865	29.3	131	1.18
600/4	324	0.800	34.5	193	0.93
600/3	267	0.836	35.3	159	0.95
600/2	223	0.881	36.2	132	0.97
750/2	248	0.868	40.2	148	0.86
900/2	271	0.856	43.7	161	0.78

6.2.2.2　脱硝催化剂的生产制造工艺

脱硝催化剂是选择性催化还原（SCR）脱硝系统的核心部件，按结构形式可分为蜂窝式催化剂、板式催化剂和波纹式催化剂。其中，蜂窝式催化剂市场占有率为 60%～70%，板式催化剂为 20%～30%，波纹式催化剂为 1% ～5%。本书重点介绍蜂窝式脱硝催化剂的生产制造工艺。

蜂窝脱硝催化剂的单体外形为长方体，截面为 150mm×150mm，单体长度为 300～1300mm，节距为 3.3～11.9mm，蜂窝孔一般为方形（孔数不等）。催化剂长度及孔数根据烟气的不同情况供用户选择。表 6-3 列出了目前商业化的蜂窝式脱硝催化剂的规格型号及主要性能指标。

表 6-3　蜂窝脱硝催化剂型号规格及主要性能指标

开孔数	节距/mm	孔径/mm	内壁厚/mm	外壁厚/mm	比表面积/（m^2/m^3）	开孔率/%
15×15	9.8	8.7	1.1	1.7	347	75.7
16×16	9.2	8.2	1.0	1.5	372	76.4
17×17	8.7	7.6	1.1	1.5	393	75.5
18×18	8.2	7.2	1.0	1.5	415	75.2
19×19	7.8	6.8	1.0	1.4	440	75.7
20×20	7.4	6.4	1.0	1.5	456	73.3
22×22	6.7	5.9	0.8	1.3	509	75.4
25×25	5.9	5.1	0.8	1.3	569	73.2
28×28	5.3	4.5	0.8	1.3	626	70.5

蜂窝式催化剂主要以氧化钛为载体，在其上负载过渡金属氧化物活性组分。其制备工艺流程是将 TiO_2 与活性组分以及其他辅助原料，按一定配比混合、练泥，通过挤出成型制成蜂窝状坯体，再经干燥、焙烧制成蜂窝催化剂单元，然后按设计要求组装成标准规格的催化剂模块。脱硝催化剂所需要的主要原料是超细晶、锐钛矿型纳米钛白粉，并在生产工艺中加入钨、钡和硅等成分。生产过程为原料配方、混炼工序、预挤出工序、挤出工序、干燥工序、窑炉焙烧工序和切割包装工序。

（1）原料配方：目前国内 SCR 脱硝催化剂生产时一般用到二氧化钛、偏钨酸铵、偏钒酸铵、硬脂酸、聚氧化乙烯、单乙醇胺、羧甲基纤维素、乳酸、木浆及玻璃纤维等多种原料。其中二氧化钛作为基材，所占比例较大，约占 85%左右的比重；偏钨酸铵及偏钒酸铵所占比重也较大，约占 10%左右，以上三种成分所占比重约达到 95%左右。

（2）混练捏合：混练的作用是尽可能把物料混合均匀。在整个过程中对物料进行搓捏的同时将做功的能量分层切片输入物料中，让所有原料分子能够全方位的接触。

（3）过滤—预挤出：将混练物料过滤，以除去杂质，同时使混练物料更加均匀。过滤好的精料自动进入预挤出机挤出坯料。将合格的坯料密封包进行陈化。

（4）挤出成型：将陈化好的坯料送入真空挤出机，挤出蜂窝状坯料，包装后上架。由于挤出也是催化剂制造过程中的重要工序之一，控制好坏将直接影响产品的成品率。根据经验，应特别注意模具，以防产品变形。

（5）一段干燥：一段干燥是最关键的工序之一，它直接影响着催化剂产品的成品率。采用水蒸气热源进行干燥，需要经历 10d 以上的干燥过程，因此必须严格控制干燥间内的温度和湿度变化。

（6）二段干燥：二段干燥的干燥介质是热空气。将经过一段干燥的蜂窝坯料推入二段干燥箱，稳定升温，同时严格控制干燥间内的温度，若温度过高，会使有些成分过早地损失。

（7）焙烧：脱硝催化剂采用 400～650℃下低温焙烧工艺，该工序要确保形成所需价态的金属氧化物，同时要避免二氧化钛由锐钛矿型向金红石型的转化。此外由于前期有成型胶粘剂分解挥发，因此必须严格控制温升速度和辊道行进速度，以保证产品焙烧质量。

(8) 切割—检验—装配：将焙烧好的催化剂放入切割机，按要求切平两端后，进一步检验，最后按要求进行装配，等待出厂。

蜂窝式 SCR 脱硝催化剂制造中最关键的工序是混炼、干燥和焙烧。相比于二段干燥，一段干燥周期更长，温度及湿度等工艺参数的控制更加严格。

选择性催化还原脱硝（SCR）反应过程的本质是还原剂 NH_3 首先被催化剂上的活性位即 Lewis 酸位或 Bronsted 酸位吸附而活化，然后再与 NO_x 发生化学反应而将其还原成 N_2 和 H_2O。因此，要求催化剂的活性位尽可能充分而均匀地暴露出来，同时避免吸附时产生“位阻效应”，为此在混炼工序中要尽可能使各种原料混合均匀，最后能达到原料各组分的“分子间”的接触，以便在最后的焙烧过程中得到高的比表面积、空隙率和比孔体积。所以在混炼过程中要掌握好加料的顺序和数量，同时要按要求控制搅拌速度、搅拌方向的变化及搅拌时间。只有这样才能加工出合格的混炼料。

一段干燥是催化剂制造的第二道关键工序。在此要将催化剂蜂窝坯体中的绝大部分水分蒸发掉，同时要保证坯体不变形、不开裂，因此必须严格控制干燥间的温度和湿度及其升降速率。一段干燥所采用的是传统的以水蒸气为热源的热力干燥方式。热力干燥的特点是从物料外部开始加热，因此物料的温度分布与热传递和湿度梯度方向正好相反，这就阻碍了水分子由内部向表面移动，故“热阻大”。又加上蜂窝体孔隙多，且蜂窝体内孔壁特别薄，加热不均匀，加之这些多孔材料导热系数差，其干燥过程要求特别严格，如果过程控制不好，极易使蜂窝体变形、开裂，影响产品质量。一段干燥通常在 25～60℃温度下，采用蒸汽长时间干燥。干燥周期可达数天甚至一周以上。

国内外不同公司对 SCR 脱硝催化剂生产的二段干燥，根据各自工艺不同，采用了不同的干燥设备。通常采用的有箱式窑干燥、抽屉式窑干燥或隧道式窑干燥方案。其干燥周期也各不相同。二段干燥工序通常采用热空气干燥，干燥周期较一段干燥短。

焙烧是催化剂制造的第三道关键工序，它是在辊道窑或网带窑内完成的。在此道工序中，要完成催化剂制造中所有的化学反应及催化剂的造孔过程，使产品具有大比表面积、空隙率、比孔体积和合理的孔径分布，以及较高的强度。同时使催化剂活性组分形成所需的价态。焙烧工序主要的控制项目是窑炉内各段的温度场、热风流场的变化以及配合好辊道窑中催化剂的行进速度。

根据不同工艺，脱硝催化剂焙烧设备目前主要有网带式隧道窑、辊道窑、抽屉窑等。不同工艺技术对产品焙烧的技术参数及要求也各不相同。

催化剂的制造过程是一个复杂的相互关联的漫长过程，整个过程要经历近 20d 的时间。这个过程可以认为是一个系统工程，它的每一个工序出现问题，都会影响全局，最终影响产品质量。催化剂制造中最关键的是混炼、一次干燥和焙烧这 3 道工序，这 3 道工序操作复杂，影响因素多，不论是设计或工艺操作时都需要认真对待，以生产出高质量的脱硝催化剂产品。

6.2.2.3　活性氧化铝生产制造工艺

活性氧化铝是一种在催化剂行业广泛应用的氧化铝载体的通用专称。它是一种多孔性、高分散度的固体材料，通常为球形，具有高比表面积，高吸附性能、良好的热稳定性等特点，被广泛地用作化学反应的催化剂和催化剂载体。

活性氧化铝原料主晶相为 γ-Al_2O_3，可用酸沉淀法制备。工艺过程为：首先将工业硫酸铝粉碎，于60～70℃温水中溶解（温度不可过高，防止铝盐水解变成胶体溶液），制成相对密度为1.21～1.23的 $Al_2(SO_4)_3$ 溶液（60g Al_2O_3/L），同时配制20%（质量分数）的 Na_2CO_3 溶液。将此两种溶液分别加入各自的高位槽，然后经过热交换器（50～60℃）预热，通过活塞开关并流混合，pH值控制在5～6。沉淀槽要不断搅拌，以使充分混合，形成无定形氢氧化铝（或碱式硫酸铝）沉淀。沉淀浆液送入过滤器抽滤分离，沉淀移入洗涤槽打浆洗涤，洗液为50～60℃的蒸馏水，洗涤至不显示 SO_4^{2-} 离子反应为止，洗净的沉淀转入氨水溶液静置熟化4h，熟化溶液pH值在9.5～10.5之间，温度为60℃左右。熟化后沉淀物又重复过滤、洗涤至滤液的比电阻超过200Ω/cm。将沉淀移至磁盘，于100～110℃温度下干燥，制得半结晶状的假一水软铝石。研细（200目网）后在500℃电炉中活化6h，制得 γ-Al_2O_3。

球形活性氧化铝的成型可采用转动成型法和喷雾成型法。

转动成型法的成球过程主要分为核成长、小球长大、生长停止三个阶段。转动成型法所得到的产品粒度较均匀，形状规则，适合于大规模生产，但产品机械强度低、表面较粗糙，必要时，可增加烧结补强及球粒抛光工序。

根据成型时所使用的容器形式不同，可以分为不同的类型：

(1) 转盘式：多用于催化剂粉料的成型。它是在倾斜的转盘中加入粉体原料，同时在盘的上方通过喷嘴喷入适量的胶粘剂（如水），由于毛细管吸力作用，湿润的局部粉末先粘结为粒度很小的颗粒，成为核，随着转盘的继续运动，核逐渐滚动长大，成为圆球。转盘式成球机结构示意图如图6-5所示。

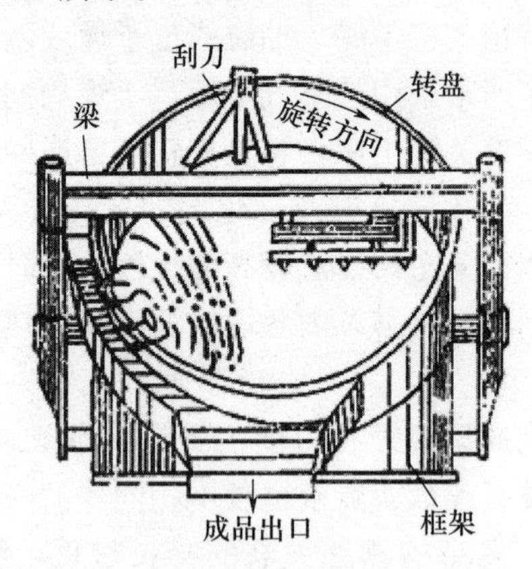

图6-5 转盘式成球机结构示意图

(2) 转筒式：常用于医疗工业和分子筛成型。它的主要组成部分是一个长的圆筒。圆筒的全部质量支撑于滚轮上，筒体轴线常与水平线成一个很小的角度。欲成型粉体物料由较高一端的加料槽加入桶内，桶内物料连续不断地被桶壁带上和翻下，并与雾化方式喷入的胶粘剂接触，粉料借圆筒的回转而不断前进，粒子不断长大，最后以较大的球形粒子从较低的一端排出。转筒式成球机结构示意图如图6-6所示。

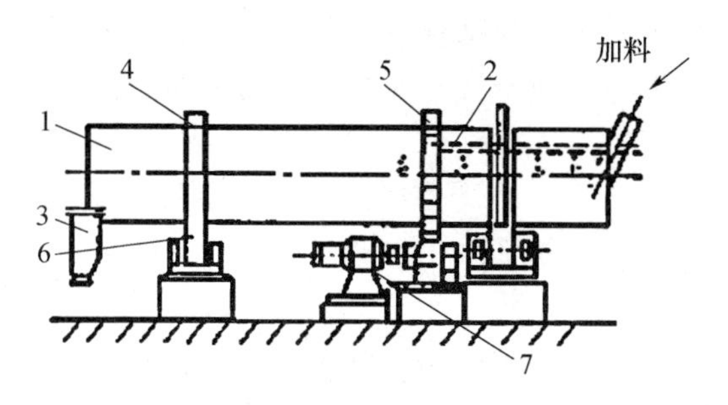

图 6-6　转筒式成球机结构示意图

1—圆筒；2—喷嘴；3—出料器；4—滚轮；5—大齿轮；6—托轮；7—减速器

喷雾成型是应用喷雾干燥原理，将悬浮液或膏糊状物料制成微球形催化剂的成型方法。通常采用雾化器将溶液分散为雾状液滴，雾化的目的在于将浆液分散成平均直径为 20～60μm 的微细雾滴，雾滴与热风接触时，雾滴迅速汽化，干燥成粉末或颗粒状产品。喷雾成型工艺如图 6-7 所示。

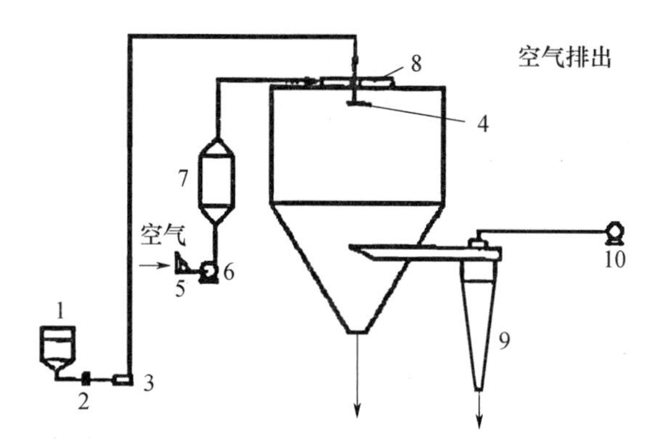

图 6-7　喷雾干燥装置流程图

1—料液槽；2—过滤器；3—泵；4—雾化器；5—过滤器；6—风机；
7—空气加热器；8—空气分布器；9—旋风分离器；10—抽风机

目前，流化床用催化剂大多采用喷雾成型法制备，其主要优点是：①在干燥过程中成型为微球状，干燥速度快，一般在几秒到几十秒；②改变操作条件，容易调节或控制催化剂的颗粒直径、粒径分布及最终湿含量；③工艺流程简单，在成型塔内可直接将浆液制成微球产品，省略掉其他催化剂成型所必需的干燥程序；④操作可在封闭条件下进行，以免混入杂质，保证产品纯度，减轻粉尘飞扬及其他有害气体的逸出。缺点是：①对膏糊状物料，需稀释后才能喷雾成型，增加了干燥设备的负荷；②对气固分离要求较高，对于微细的粉状产品，要选择可靠的气固分离装置，以避免产品损失；③当温度低于 150℃时，热交换情况较差，所需设备体积大。

颗粒催化剂的干燥常在 80～200℃下进行。干燥不能升温太快，温度也不能太高，若骤然加热失水，体积收缩过剧，就会影响催化剂的机械强度、活性和表面结构。但温度太低，干燥设备往往庞大而生产能力低下，劳动条件相应繁重。因此除少数催化剂外，如烃类蒸汽转化用粘结型催化剂、锌基脱硫剂等，压片和造球成型后，需低温干燥养护，如美国 G-56 甲烷蒸汽转化用催化剂压片，成型后在空气中常温养护 5d，再用蒸汽保养 8h。一般催化剂在未成型前，都要在 120～160℃下干燥，干燥时间在 2～24h。常用的干燥设备有：箱式干燥器、回转干燥器、履带式干燥器、薄膜干燥器、扒式干燥器等。

6.3 陶瓷基催化剂的应用

陶瓷材料在催化剂中的应用很广，随着工业的迅速发展，主要表现在以固定源为主的工业烟气净化和以移动源汽柴油机为主的尾气处理应用。固定源和移动源的烟气或尾气净化处理是指用直接或者间接的方法处理有毒、有害物质（通常是含有毒、有害物质的气体），使之无害化或减量化，以保护环境所用的催化剂。例如，有机废气催化燃烧、汽车柴油机废气净化、燃煤烟气高温 SCR 脱硝、工业锅炉烟气低温 SCR 脱硝、建材窑炉烟气低温 SCR 脱硝、烟气净化脱硫等。下面逐步介绍一些陶瓷基催化剂在工业中的典型应用。

6.3.1 有机废气净化

有机废气处理是指对在工业生产过程中产生的有机废气进行吸附、过滤、净化的处理工作，又简称 VOCs 污染控制。通常有机废气包括甲醛，苯、甲苯、二甲苯等苯系物，丙酮，丁酮，乙酸乙酯，油雾，糠醛，苯乙烯，丙烯酸，树脂，添加剂等含碳氢氧等有机物的空气，该类有机废气在空气中可由呼吸、接触逐步渗入到人体当中，对人身造成严重的危害。

在 VOCs 污染常用控制技术中，催化燃烧是治理有机污染的简单、有效的方法，即把有机废气加热经催化燃烧反应转化成无害无臭的二氧化碳和水[12]；本法起燃温度低，节能，净化率高，操作方便，占地面积少，投资较小。VOCs 催化燃烧机理如图 6-8 所示。

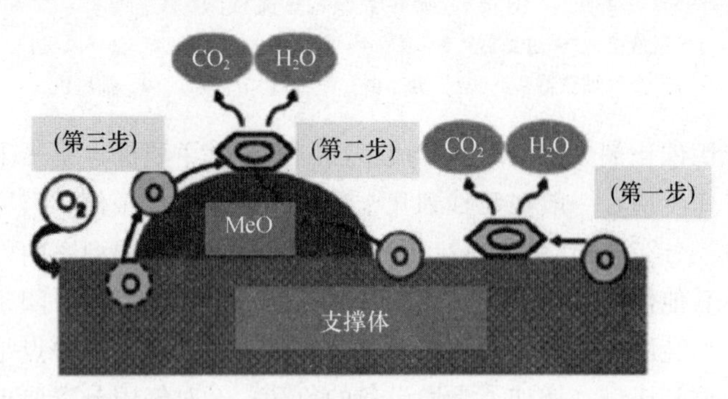

图 6-8 VOCs 催化燃烧（苯环系）机理[10]

VOCs 的催化燃烧技术最关键的是催化剂的选择。VOCs 催化剂一般要求催化剂的支撑体具有较强的机械强度，一般都采用堇青石作为第一载体，在堇青石载体上涂覆一层催化剂粉体。作为第一载体的堇青石要求具有一定的吸水率，在催化剂涂覆过程中，一般要求催化剂浆料含有一定量的无机胶粘剂，增加催化剂的担载量，在焙烧过程中使催化剂能够牢靠地负载到催化剂载体中。一般选用的无机胶粘剂为硅溶胶或者铝溶胶，在制备过程中采用涂覆机对催化剂载体进行定量涂覆。如图 6-9 所示，催化剂的制备选用蜂窝状的堇青石等选为第一载体，涂层载体选用具有大比表面积的氧化铝或者氧化钛等，活性组分等贵金属高度分散到涂层载体中，使催化剂具有更好的活性效率。

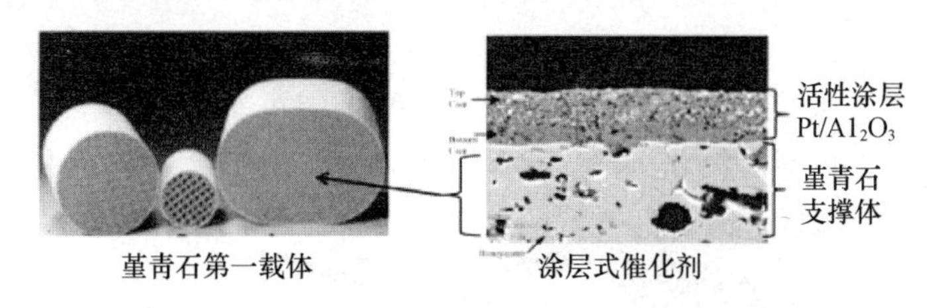

图 6-9　VOCs 催化剂的组成

我国自 20 世纪 70 年代开始制成 Pd-Al_2O_3 陶瓷催化剂用于有机废气净化之后，杭州大学化学系研究出了 TFFJ 型分子筛载体贵金属催化剂。这种催化剂是用特殊方法把天然沸石与陶瓷蜂窝骨架相结合，并附载上微量的 Pt、Pd 贵金属（用量仅为通常 Pt-Al_2O_3 催化剂的 1/5～1/10）作为主要活性组分，以稀土氧化物和过渡金属氧化物为助催化剂。这种催化剂对含芳烃、酮、醇、酸、酚和臭味重的有机废气均有很高的催化燃烧活性，并可耐 800℃的高温，能满足漆包线厂烘漆尾气的净化[13]。

北京工业大学环境化学系研究了以 SnO_2 为载体的稀土氧化物催化剂对苯和 CO 完全氧化的催化活性，在 Pt/SnO_2 中掺入适量的稀土金属氧化物，可提高其催化活性，在炉温为 185.5℃时，可以使 CO 的转化率达 99%以上[14]。Bond 等发现以 SnO_2 为载体负载 Pd、Pt 所得催化剂对 CO 催化的活性远大于以 Al_2O_3 为载体的贵金属催化剂。在 Pt-Al_2O_3 中加入稀土氧化物，可以改善其催化性能。乔惠贤等报道了 FCJ 型有机废气净化装置用于丙酮废气净化。此装置是集吸附浓缩、催化燃烧、脱附再生于一体，并在吸附设备中采用蜂窝活性炭新材料净化丙酮废气方面取得了良好的效果。此装置中的蜂窝陶瓷催化剂为稀土复合氧化物。利用催化燃烧后的余热进行脱附再生都在系统装置内完成，此装置可用于苯类、烃类、醇类、醛类、酯类等有机废气的处理，对丙酮的净化效率都在 90%以上[15]。美国 ASI 公司已开发出了一种新的专用于销毁含氯有机化合物的贵金属催化剂“卤烃销毁催化剂”（HDC），其活性成分已附着在堇青石陶瓷载体上，并用于销毁三氯乙烷、氯仿和乙基氯[16]。

6.3.2　汽车柴油机废气净化

汽车柴油机中由于使用燃油和瓦斯气，在燃烧过程中会产生 CO 和 NO_x，由于燃烧不充分，会有大量的有机气体 CH 从发动机尾部排出，该气体均为有害气体，会对大气以及环境造成污染，也是 PM2.5 形成的关键因素。而对于目前越来越严格的限排标准，控制和减少汽车和内燃机车废气污染是势在必行的。一般采用三效催化剂把 NO_x、CO 和 CH 气体氧化和还原成无毒无害的 N_2、CO_2 和 H_2O。如图 6-10 所示，在汽车柴油机废气净化的三效催化剂中，多以贵金属为其主要活性成分，贵金属催化剂具有优良的氧化性和转化率，CO 转化率为 94.7%，碳氢化合物转化率为 93.6%。

三效催化剂的制备过程与脱除 VOCs 催化剂制备类似，也主要分为第一载体和第二载体以及活性组分。如表 6-4 所示，第一载体为多孔数的薄壁型蜂窝体，第二载体为一些复合氧化物载体，其中多以氧化铝、氧化锆、氧化硅和二氧化钛与其他改性氧化物复合而成

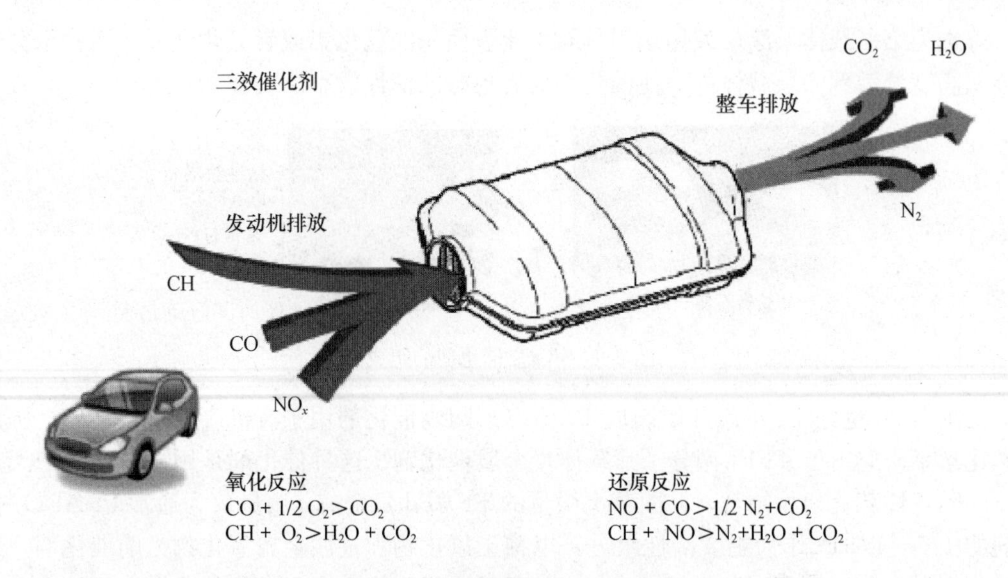

图 6-10　发动机有害排放物及其控制

为主。活性组分多以贵金属或者复合贵金属为主，在活性涂层中添加一定量的助催化剂来提高催化剂的耐水性和抑制催化剂的烧结，储氧材料一般采用 CeO_2 来调节空燃比。

表 6-4　三效催化剂的构成

构成	第一载体，第二载体，活性组分，助催化剂，储氧材料
第一载体	薄壁型蜂窝载体
第二载体	单层式 CeO_2-ZrO_2-La_2O_3-Al_2O_3，双层式下层 CeO_2-La_2O_3-Al_2O_3
制备方法	涂层涂覆多为提拉式，负载多为涂层涂覆-浸渍负载法
活性组分	Pt，Rh，Pd（Pt-Rh-Pd，Pt-Rh，Pd-Rh）
助催化剂	La，Ce，Zr 等提高载体耐热水性，抑制贵金属烧结等
储氧材料	CeO_2 调节空燃比
排布方式	两段式（发动机出口和排气管中段），一段式

对于三效催化剂的研究，主要以国外技术为主，目前国内也有很多学者对此做出了研究。我国稀土资源丰富，其价格比贵金属便宜，陈兆平等于 1991 年制成稀土、过渡金属蜂窝陶瓷催化剂，用于汽车排气净化，这种 CY-1 型催化剂具有优良的 CO 氧化活性，起燃温度为 200℃，327℃时 NO 还原率为 70.4%[17]。时永嘉等采用薄壁堇青石陶瓷为载体制成稀土钙钛型结构（ABO_3）催化剂，在 62kW 四缸四行程水冷直列式发电机上进行了台架试验，排气>200℃时，碳氢化合物转化率为 70%～88%，CO 转化率为 90%～98%，排气净化后低于国标规定的标准[18]。

作为汽车排气用催化剂载体，要求其预热性好、压力损失小，使发动机输出功率降低少，同时由于净化器常常处于快速升温降温和发动机启动时的振动变化之中，又要求具有耐热、耐热冲击和机械强度好的性能，而堇青石质蜂窝陶瓷具有较大的比表面积、较小的体积密度以及压力损失小、热膨胀系数低等一系列特性，因此用作排气催化剂载体最理想。蜂窝陶瓷具有 35%左右的气孔率，将其涂载活性 Al_2O_3 浆液和催化剂，并配装耐热金属外壳制成净化消音器，安装在发动机排气系统中，对尾气的催化净化有明显效果，通常，在250～300℃温度下就能起催化反应，将尾气中的CO、CH催化净化，并能降低排气噪声。

柴油发动机排出的气体和碳微粒对环境的污染十分严重，而采用壁厚0.3mm、31孔/cm^2和壁厚为0.15mm、62孔/cm^2蜂窝陶瓷为载体，涂载活性Al_2O_3浆液和铂系催化剂，并配装耐热金属外壳，安装在柴油发动机上，在200～250℃温度下对尾气中CO、CH的转化率达90%，同时蜂窝陶瓷对尾气中的碳微粒有一定的过滤作用，起到良好的催化净化效果。

6.3.3　燃煤烟气高温SCR脱硝

在燃煤电厂锅炉中，由于炉膛内温度过高，会产生大量的NO_x，对大气造成了严重的污染。一般控制NO_x的排放是通过控制改造燃烧器，但是该方法只能部分降低NO_x生成量，对于目前严格的环保标准还是不能达到排放标准。目前应用最多的还是以高温选择性催化还原（SCR）技术为主，高温SCR技术在电厂锅炉的应用已经非常广泛。

对于高温SCR脱硝催化剂应用最广的为V_2O_5/TiO_2催化剂，而目前应用最广的V_2O_5/TiO_2催化剂的机理研究，普遍认为NH_3吸附在催化剂B酸位形成NH_4^+，在参与反应的E-R机理起主导作用[17]。V_2O_5/TiO_2反应机理如图6-11所示，反应过程分为4步：(1) NH_3吸附在B酸位（V—OH）形成—$NH_4{}^+$；(2) —$NH_4{}^+$氧化被相邻的V^{5+}=O形成—$NH_3{}^+$，V^{5+}=O还原成H—O—V^{4+}；(3) —$NH_3{}^+$与NO作用生成—$NH_3{}^+$NO，然后—$NH_3{}^+$NO分解成H_2O和N_2；(4) 最后H—O—V^{4+}被O_2氧化生成V^{5+}=O，完成循环。

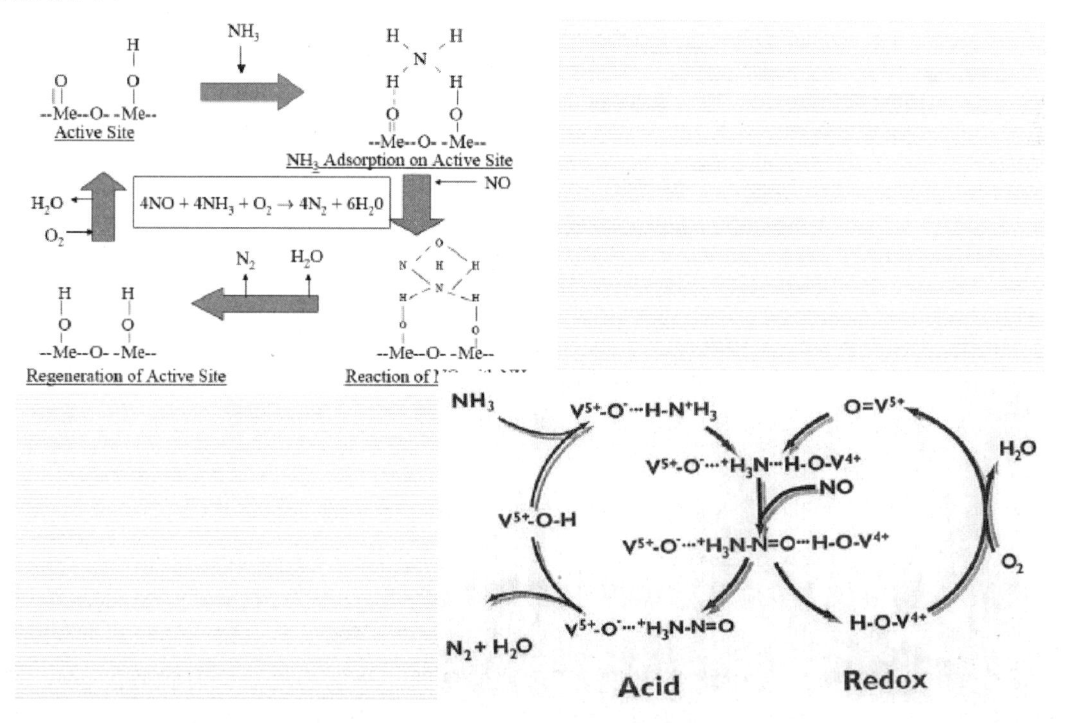

图6-11　V_2O_5/TiO_2催化剂脱硝原理[19]

高温 SCR 脱硝技术核心以催化剂的研究技术为主，高温 SCR 脱硝工艺为烟气通过催化剂装置时，在脱硝装置上端喷氨与烟气中的 NO_x 和 O_2 充分接触，在一定的温度条件下，经过催化剂进行催化氧化还原反应得到无毒无害的 N_2 和 H_2O 并被排除。

高温 SCR 脱硝技术应用较成熟的催化剂是 V_2O_5-WO_3（MoO_3）/TiO_2 陶瓷催化剂，但是该催化剂的操作温度范围为 350～400℃，为了达到这一要求，需要把催化剂置于除尘器和脱硫装置的上游，致使催化剂更容易失活和磨损，从而缩短催化剂的使用寿命。因此开发一种能够置于除尘器和脱硫装置下游的低温、高活性、环保型、长寿命的 SCR 催化剂既具有潜在的应用价值，又是重大的挑战。

6.3.4 工业锅炉烟气低温 SCR 脱硝

低温 SCR 技术是在 120～300℃，在催化剂的作用下用 NH_3 将 NO_x（主要是 NO）还原为对大气没有污染的 N_2 和 H_2O。与传统的 SCR 技术相比，主要不同之处在于催化剂的反应温度窗口，传统的 SCR 技术采用的是 V-W/TiO_2 催化剂，该反应温度窗口为 300～450℃；低温 SCR 技术核心为低温催化剂，低温 SCR 脱硝技术原理与高温类似，一般认为催化反应过程中 E—R 机理起主导作用，例如 V 基催化剂，反应过程即—NH_3 吸附在催化剂 B 酸位，形成—NH_4^+，再参与反应。低温 SCR 脱硝反应过程如图 6-12 所示。

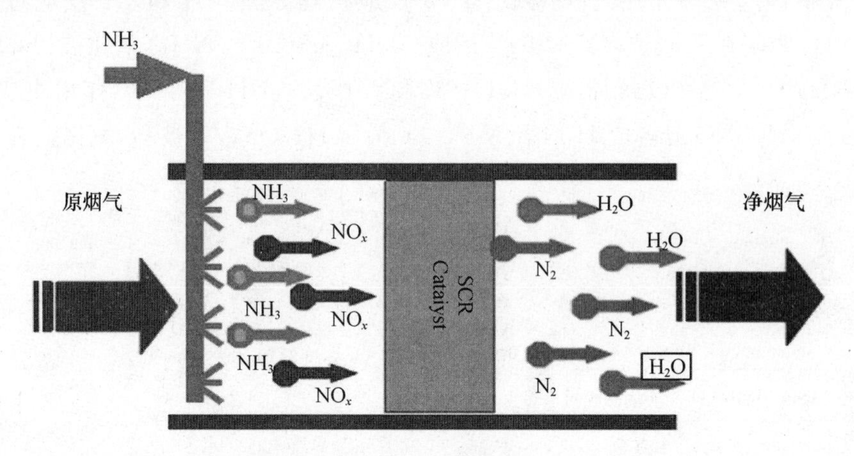

图 6-12 低温 SCR 脱硝反应过程

早在 1980 年，壳牌公司就开发了低温脱硝系统（SDS）（图 6-13），该系统结合了壳牌自主研发的 V/TiO_2 型颗粒催化剂和低压降测流反应器（LFR），当操作温度在 120～350℃、空速在 2500～40000h^{-1}时，对 NO_x 表现出很好的活性和选择性。1989 年，SDS 首次商业用于德国的 Wesseling 六个乙烯裂解炉，运行了 5 年，催化活性依然存在。1991 年，美国加利福尼亚州在燃气炼油厂锅炉中应用 SDS，操作温度约 200℃，NO_x 的转化率超过了 90%，而 NH_3 的逃逸率小于 5mg/m^3，并展现出很好的抗硫性[20]。另外 SDS 在燃气轮机、化学工厂等都有应用，并展现出了很好的催化效率。

1993 年，Blanco 等报道了 4 床层的低温 SCR 催化剂系统，以 NH_3 为还原剂来脱除酸厂烟道气中的 NO_x[21]。反应器纵轴布置了两种催化剂，分别为浸渍含有铂胶的 γ-Al_2O_3 和负载 Cu 和 Ni 的 α- Al_2O_3。该多层床结合了两种催化剂的优点，获得了高效的 NO_x 还原效果，并且 NH_3 的逃逸率低于 50mg/m^3，该效果与实验室得到的 NO_x 去除率大体相当。

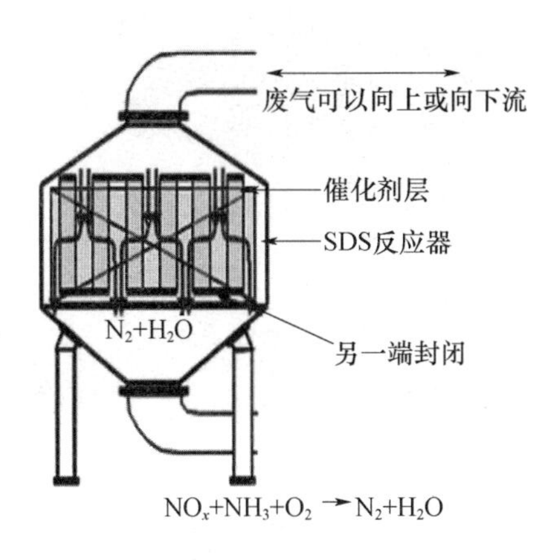

图 6-13　SDS 系统

目前国内也有一些低温 SCR 脱硝的相关报道，值得注意的是北京某公司与北京工业大学的何洪教授团队联合承接的低温 SCR 脱硝系统已经首次成功应用于草酸行业（湖北某药业有限公司），本套脱硝系统主要以 V/TiO_2 系陶瓷催化剂为主，反应器在 180～190℃条件下均保持较好的脱硝效率，实际效率高于 88%。该系统已经在云南钛业酸洗线氮氧化、彩虹（合肥）液晶玻璃、广州钢铁厂自备电站锅等多地试运行成功。

6.3.5　建材窑炉烟气低温 SCR 脱硝

针对建材窑炉烟气的低温脱硝催化剂的开发和应用，中国建筑材料科学研究总院环保陶瓷所对其做出了相关研究。环保陶瓷所的低温脱硝催化剂主要是针对建材行业脱硝应用的，在建材行业中，特别是水泥窑和玻璃窑，烟气工况复杂，灰分大，SO_2 含量高，NO_x 浓度高。SO_2 与 H_2O 影响催化剂的脱硝效率主要考虑无可避免的分子间的竞争吸附，但同时考虑 SO_2 与 H_2O 的协同作用，机理是硫酸盐覆盖催化剂的活性位。

引起催化剂失活的主要硫酸盐为硫酸氢铵（ABS），硫酸氢铵在不同温度段为不同形态。从室温到 140℃，硫酸氢铵主要以固态形式为主；140～180℃，硫酸氢铵主要以液态形式为主；180～275℃，硫酸氢铵主要以气-液态形式为主，随着温度的升高，气态所占比例会更大；温度高于 275℃，硫酸氢铵主要以气态形式出现。硫酸氢铵是由烟气中的 SO_3、NH_3 和 H_2O 反应形成的，该物质以固态和液态形式为主时，与烟灰粘合在一起堵塞空预器和催化剂，该过程简称 ABS 现象。

减少 ABS 现象对工艺影响的方法可以从两方面突破：①减少硫酸氢铵的形成，也就是减少 NH_3 的逃逸和 SO_3 的生成；②间断性提高反应温度，使硫酸氢铵以气态形式分解。NH_3 逃逸率一般是牺牲部分催化效率或改善喷淋均匀性，是一个可控的过程。因此，从材料的角度出发，在保证效率的同时，应降低催化剂的 SO_2/SO_3 转化率；从工程角度出发，应设置合理的脱硝工艺或加装在线热解析。

通过多年的试验和研发，环保陶瓷所最终研发出两种体系的低温脱硝催化剂，一种为 V 系催化剂，另一种为 Mn 系催化剂。这两种体系催化剂具有较低的 SO_2/SO_3 转化率，并在低温时表现出良好的脱硝效率。图 6-14 和图 6-15 所示为环保陶瓷所研发中心生产的低温 SCR 脱硝工程案例，主要分为 V 系与 Mn 系催化剂。

图 6-14　V 系低温脱硝应用案例

图 6-15　Mn 系低温脱硝应用案例

V 系低温催化剂在玻璃窑炉烟气处理运行过程中，温度在 220℃以上时表现出良好的低温活性，原始 NO_x 浓度高达 2900mg/m^3，经过低温 SCR 脱硝系统后，NO_x 浓度降至 500mg/m^3 以下，催化剂的脱硝效率均高于 80％以上，目前已经运行 6 个月。

Mn 系低温催化剂在水泥窑炉烟气处理运行过程中，温度在 150～180℃以上时表现出良好的低温活性，原始 NO_x 浓度 850mg/m^3，经过低温 SCR 脱硝系统后，NO_x 浓度降至 100mg/m^3 以下，催化剂的脱硝效率均高于 80％以上。

国内外相关低温脱硝系统在不同的工况下差异很大，所以低温脱硝系统还没普及到各行业中，如水泥行业的烟气中含有较高的碱金属含量和粉尘。在这样恶劣的条件下，保持低温脱硝系统正常运行，需要较好性能的催化剂。所以对于低温催化剂未来发展不仅以低温为主要目的，还要考虑的催化剂的抗失活性能和操作温度范围，能使低温脱硝催化剂广泛应用于其他恶劣条件下，才能满足我国日益提高的环保标准要求。

6.3.6　烟气脱硫净化

烟气脱硫用的陶瓷催化剂主要以贵金属和过渡金属负载在 Al_2O_3 形成的陶瓷催化剂居多，如 Ru/Al_2O_3 陶瓷催化剂以 H_2 为还原剂，还原 SO_2，在 160℃左右时，SO_2 转化率达

90%以上，基本无副产物 H_2S[22]。在反应中 O_2 只是消耗相应的还原剂，对催化剂本身影响不大，H_2O 的体积分数小于 5%时，催化剂活性变化也不大，当含量继续增加时，催化剂活性有所下降[23]。Ru 催化剂不需预硫化就有较高的活性，但价格昂贵限制了其广泛使用。

Co-Mo/Al_2O_3 为催化剂，H_2 为还原剂，且当 n（H_2）：n（SO_2）=3.0 时，生成硫的收率最大，一般认为在此催化剂中，硫化物是活性组分，H_2 在硫化物表面吸附，解离形成—SH 基，以 H_2S 形式脱除，然后 H_2 在 Mo—Mo 键桥位上吸附形成 $Mo_3S_8H_2$，最终在 Al_2O_3 载体上与 SO_2 反应形成单质硫[24]。Co—Mo—S 相结构催化剂中有 Co—Mo—S Ⅰ 和 Co—Mo—S Ⅱ 两种结构，在Ⅰ结构当中，Mo 以单层晶片存在，不易被硫化；在Ⅱ结构中，Mo 以多层晶片存在，几乎完全被硫化。ZrO_2 和 Al_2O_3 复合载体更有利于多层晶片的形成，复合载体有更好的脱硫活性。当 CH_4 作还原剂时，MoO_3/Al_2O_3 和 Co—Mo/Al_2O_3 分别作催化剂，复合催化剂的反应速率快，但单质硫收率较单一的钼催化剂低，这主要是由于副反应较多[25-26]。

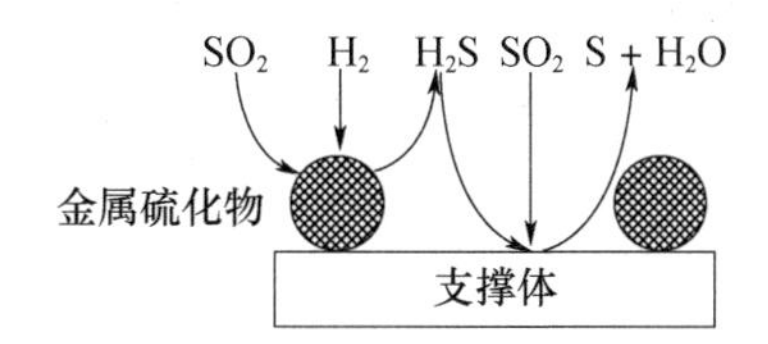

图 6-16　SO_2 在 Co-Mo/Al_2O_3 上的催化还原反应过程[21]

Cu 和 Mn 系列催化剂因成本低廉与活性高，从而受到广泛的研究。α-Al_2O_3 负载的 Cu 和 Mn 催化剂以 NH_3 作还原剂的脱硫过程，在反应中 Cu 的加入，比单独使用 Mn 催化活性高，主要是因为 Cu 促进氨的分解，有利于 H_2S 的生成，形成过渡金属硫化物活性相。而 Fe_2O_3/y-Al_2O_3 催化剂，采用 CO 还原 SO_2 时，单质硫生成率达 99.17%，主要是因为活性组分与载体之间的协同作用[27]。

参考文献

[1] 王桂茹．催化剂与催化作用［M］．沈阳：大连理工大学出版社，2004.

[2] Satterfield C N. Heterogeneas Catalysisin in Practice［M］. New york：MeGraw-Hill，Inc.，1980.

[3] 陈诵英，王琴．固体催化剂制备原理与技术［M］．北京：化学工业出版社，2012.

[4] 储伟．催化剂工程［M］．成都：四川大学出版社，2006.

[5] 许越，夏海涛，刘振琦，等．催化剂设计与制备工艺［M］．北京：化学工业出版社，2004.

[6] 孙秀果，张建民，李更辰，等．TiO_2 纳米粉体的烧结行为及其性能的研究［J］．电子元件与材料，2006. 25（2）：15-17.

[7] 刘建军，何代平，蔡铎昌，等．P-25TiO_2 的结构相变和光催化活性［J］．化学工业与工程，2006. 23（2）：106-109.

[8] 宋晓岚，王海波，吴雪兰，等．高纯超细活性 γ-Al_2O_3 的应用及其研究进展［J］．陶瓷科学与艺术，2004，(02)：32-38.

[9] 金杏妹．工业应用催化剂［M］．上海：华东理工大学出版社，2004.

[10] 刘水刚，高伟．新型多孔碳化硅催化剂载体的制备与应用［J］．工业催化，2005，7（13）：60-64

[11] 张继光．催化剂制备过程技术［M］．北京：中国石化出版社，2006.

[12] Li，et al. Catalytic oxidation of benzene over $CuO/Ce_{1-x}Mn_xO_2$ catalysts [J]. Appl Catal，2011，103：143-148.

[13] 周仁贤，周烈华，王祖兴，等. TFJF 型燃烧催化剂 [J]. 环境化学，1990，9 (5)：6.

[14] 王道，桑鸿勋，马力，等. LnO_x/SnO_2 催化剂的催化氧化性能研究 [J]. 催化学报，1989，10 (3)：251.

[15] 乔惠贤，陈魁学. 丙酮废气净化 [J]. 环境保护，1993，(05)：37-39.

[16] 黄汉生. 催化技术新进展 [J]. 现代化工，1992，(04)：23-27.

[17] 陈兆平，杨祖磐. 汽车废气净化催化剂的研究 [J]. 东北工学院学报，1991，12 (2)，124.

[18] 时永嘉. 薄壁蜂窝陶瓷催化剂的研究 [J]. 江苏陶瓷，1992，(03)：6-10.

[19] Liu Qingya，Liu Zhenyu，Li Chengyue. Adsorption and Activation of NH_3 during Selective Catalytic Reduction of NO by NH_3 [J]. Chin. J. Catal.，2006，27 (7)：636-646.

[20] van der Grift C J G，Woldhuis A F，Maaskant O L. The Shell DENOX System for Low Temperature NO Removal [J]. Catal. Today，1996，27 (1/2)：23-27.

[21] Blanco J，Avila P，Marzo L. Low Temperature Multibed SCR Process for Tail Gas Treatment in Nitric Acid Plant [J]. Catal Today，1993，17 (1/2)：325-331.

[22] Moody D C，Ryan R R，Salazar K V. Catalytic reduction of sulfur diode [J]. J. Catal.，1981，70：221-224.

[23] Ban Zhihui，Wang Shudong，Wu Diyong. The study on the selective catalytic reduction of SO_2 with HZ over Ru/Al_2O_3 [J]. Techniques and Equipment for Environmental Pollution Control，2001，2 (3)：36-43.

[24] Paik S C，Chung J S. Selective catalytic reduction of SO_2 with hydrogen to elemental sulfur over Co-Mo/Al_2O_3 [J]. Appl Catal. B，1995，(5)：233-243.

[25] Prins R. Catalytic hydrodenitrogenation [J]. Adv. Catal.，2001 (46)：399-464.

[26] Levy R L，Boudart M. Platinum-like behavior of tungsten carbide in surface catalysis [J]. Science，1973，(181)：547-549.

[27] Wang Xuehai，Wang Aiqin，Li Ning，et al. Catalytic reduclion of SO_2 with CO over supported iron catalysts [J]. Ind Eng. Chem. Res.，2006，(45)：4582-4588.

第7章　消除噪声用陶瓷材料

噪声污染是环境污染三大公害之一，随着社会生活品质的提高，人们对噪声污染的治理要求不断提高。我国从20世纪70年代开始对噪声进行治理。吸声材料由最初的刨花板、矿渣板，发展到玻璃棉、石棉、岩棉、合成纤维、聚氯乙烯泡沫塑料、聚氨酯泡沫塑料，再到烧结多孔陶瓷、轻质泡沫陶瓷、蜂窝陶瓷、轻质硅藻土、粉煤灰、漂珠、蛭石等无机多孔材料。其中多孔陶瓷、泡沫陶瓷、无机多孔材料等制成的吸声板、隔声砖、吸声结构制品，由于具有耐高温、耐腐蚀、耐高压、防火等特点，在噪声治理工程中得到了广泛的应用。

多孔陶瓷、泡沫陶瓷、无机多孔材料用于消声减噪工程技术始于20世纪70年代末。其中烧结多孔陶瓷制品主要用于高强、高温、抗震等吸声材料、吸声结构和多种噪声源的消声器，如锻压机、射芯机用小流量喷注噪声陶瓷消声器，高压锅炉排气噪声用大型直管式陶瓷消声器，蒸汽对水及水溶液直接加热排气用直管扩散式陶瓷消声器等。轻质泡沫陶瓷是一种具有三维网络孔隙结构的多孔陶瓷材料，孔隙率可以高达90%以上，从表面到内部微孔都具有连续贯通的三维网络结构，它可以使吸进的声波在孔隙中震动，从而与网络结构接触，产生摩擦，通过黏滞作用使声能转变成热能而消耗掉，从而起到消声的效果。由于泡沫陶瓷材料具有耐高温、耐腐蚀、防雨淋、暴晒等特点，因此这种材料通常做成吸声板状用于室内外建筑吸声，隧道、地铁、高架桥梁等的吸声材料等[1-3]。本章主要介绍消声器及吸声、隔声制品用陶瓷材料的制造及应用。

7.1　吸声、隔声用陶瓷材料

陶瓷材料除用于陶瓷消声器外，还可用于建筑、路桥、室内装修等的吸声、隔声材料。这类材料主要以烧结多孔陶瓷、轻质泡沫陶瓷和无机多孔材料为主。除可作为吸声板、隔声板、声屏障外，还兼具保温及作为非承重的隔墙等用途。陶瓷材料作为吸声、隔声材料，不仅有良好的中高频吸声效果，而且还可以通过减小孔径、增加制品厚度等途径来获得良好的低频吸声效果。陶瓷材料具有防火、抗震、抗冻、耐潮湿、不老化、不易破损等优点，是一类可安全使用的吸声、隔声材料。

7.1.1　多孔陶瓷、泡沫陶瓷吸声机理

多孔陶瓷属于高温烧结的颗粒堆积成孔的多孔制品。微孔主要借助于骨料颗粒堆积形成间隙、有机造孔剂分解挥发、盐类高温分解挥发溢出等因素形成。泡沫陶瓷是借助于配料中渗入的发泡剂，通过搅拌等工艺制备出具有细小均匀泡沫的料浆，经过浇注定型成为多孔坯体，再经干燥烧结形成。泡沫陶瓷制品孔隙为网络结构。尽管多孔陶瓷与泡沫陶瓷成孔机理不同，但都属于孔穴结构。

孔穴结构多孔陶瓷材料在吸声概念上属于多孔性吸声材料与微穿孔板吸声结构的结合。吸声材料的吸声机理是：当声波入射到多孔材料表面并通过微孔向内部传播时，由于微孔与毛细管道的摩擦阻力和空气黏滞作用，将声能吸收转化为热能而耗散掉。微穿孔板吸声结构的吸声机理则是由著名声学家马大猷教授提出的微孔共振理论[4]：（1）当入射声波频率与微孔中固有的频率发生共振时吸声系数最高；（2）吸声频带宽度大致等于声阻 Y_A 与声质量 m_A 的比值（Y_A/m_A），而声阻与微孔孔径的平方成反比（$Y_A \propto 1/d^2$），即孔径越细声阻越大，吸声频带宽越向低频移动。孔穴结构的多孔陶瓷材料综合了上述两方面特点，因此不仅具有高频吸声效果，在中低频也有较好的吸声效果。

材料吸声性能用吸声系数 α 表示，如公式（7-1）所示。

$$\alpha=\frac{E_a+E_t}{E}=\frac{E-E_r}{E}=1-r \tag{7-1}$$

式中　α——吸声系数；

E——入射到材料上的总声能量；

E_a——被材料吸收的声能；

E_t——材料透射的声能；

E_r——被材料反射的声能；

r——反射系数。

由公式（7-1）可知，对声能全部吸收的材料 $\alpha=1$，对声能全部反射的材料 $\alpha=0$。一般规定对吸声材料要测定 125、250、500、1k、2k、4k 六个倍频程吸声系数，取其平均值以 $\bar{\alpha}$ 表示，当 $\bar{\alpha}>0.2$ 时才被认为是吸声材料，当 $\bar{\alpha}>0.5$ 时被认为是理想吸声材料。实际工程应用中的吸声系数 α 都要在 0.4 以上。表 7-1 列出了多孔陶瓷吸声材料与其他几种常用吸声材料吸声系数的对比。可以看出多孔陶瓷吸声体和吸声结构，$\bar{\alpha}$ 大多都在 0.6～0.8 之间，具有非常良好的吸声性能。

表 7-1　烧结多孔陶瓷与几种常用吸声材料的吸声系数

材料	表观密度（kg/m³）	厚度/mm	各频率下吸声系数 α					
			125	250	500	1k	2k	4k
多孔陶瓷	1700	18	0.59	0.74	0.91	0.61	0.82	0.80
多孔陶瓷	1800	18	0.60	0.67	0.99	0.76	0.60	0.65
超细玻璃棉	15	25	0.02	0.07	0.22	0.59	0.94	0.93
木丝板	—	20	0.15	0.15	0.16	0.34	0.78	0.52
工业毛毡	370	10	0.04	0.07	0.21	0.50	0.52	0.57
水泥基膨胀珍珠岩	350	50	0.16	0.46	0.64	0.48	0.56	0.50
聚氨酯泡沫塑料板	40	25	0.04	0.07	0.11	0.16	0.31	0.83

多孔陶瓷吸声体和其他吸声材料一样，只能吸收室内混响声，对声辐射的直达声几乎不起作用。

7.1.2　多孔陶瓷、泡沫陶瓷吸声性能影响因素

影响多孔陶瓷吸声材料吸声性能的因素主要有以下几点：

（1）孔结构：多孔陶瓷微孔结构是影响材料吸声性能的关键因素。主要包括开孔孔隙率、孔径。首先，材料需要有足够高的表面开口气孔率，才能保证声波通过开口气孔进入到材料内部，从而达到良好的吸声效果；其次，孔径的平方与声阻成反比，因此孔径越小，声阻越大，吸声效果越好。

（2）材料厚度：当入射声波频率与材料微孔中固有频率发生共振时，吸声系数达到最高。而共振频率 $f_{共}$，与材料厚度 D 有关。由于 $f_{共} \cdot D$=常数，随着材料厚度的增加，共振频率向低频移动，提高了低频吸声效果，而对高频影响不大。

（3）流阻与比流阻：流阻是指气体通过材料孔隙时受到的阻力。用式（7-2）表示：

$$R=\frac{\Delta P}{V} \tag{7-2}$$

式中　R——流阻；

ΔP——材料两端静压差；

V——气体线流速。

比流阻是指单位厚度的流阻，以 r 表示，比流阻的单位是瑞利［（N·s）/m^3］。比流阻是影响材料吸声性能的主要因素，它有一个最佳值。如果 r 值太小，则气体很容易通过，入射声能没有与管壁的摩擦、粘附等作用，达不到吸声降噪的目的；反之，如果 r 值太大，声波不容易透入到吸声材料内部，也不能获得良好的吸声效果。通常认为，当比流阻 $r=10^2\sim10^3$ 瑞利时，材料吸声系数最高。

（4）结构因子：结构因子是由于吸声材料微孔结构与微孔分布状况并非理想的纵向排列直通孔，而在设计时给出的一个修正值，这个修正值与材料有关，其数值一般在 2～10 之间，多孔陶瓷类颗粒状多孔材料，其结构因子数值一般为 5～7。

（5）表现密度：表现密度指材料单位体积的质量。表现密度大小与吸声频率有一定的关系。一般情况下，表现密度小的材料高频吸声效果好，表现密度大的材料具有宽频带的吸声效果，并且随着表现密度的增加，吸声频带也向低频移动。

7.1.3　烧结多孔陶瓷吸声体制作工艺及应用

用于吸声、隔声材料的烧结多孔陶瓷制品主要有陶瓷板、陶瓷砖等。其中多孔陶瓷板主要用于吸声墙、隔声墙的贴面，吸声结构衬板等。制品成型主要采用模压、捣打、热浇注等工艺；干燥可采用余热干燥、电热干燥、红外干燥等；制品烧结可采用隧道窑、倒焰窑、梭式窑等。

烧结多孔陶瓷吸声体的原料分骨料和结合剂两类。首先需根据要求选择不同的材质，如石英质、刚玉质、碳化硅质、堇青石质、蛇纹石质等，并确定合适的骨料颗粒度；其次根据需要选择合适的高温结合剂，常用的高温结合剂有黏土-长石质结合剂和玻璃质结合剂两大类。黏土-长石质结合剂属于高温结合剂，是依靠黏土与长石高温烧结作用使骨料颗粒粘结在一起，赋予制品足够的强度，玻璃质结合剂则是在高温下熔融或半熔，冷却后将骨料颗粒胶结在一起。

除骨料和结合剂外，为保证制品的工艺性能和理化性能，配料时还需要添加表面活性剂、增塑剂等添加剂。烧结多孔陶瓷材料的配比通常为：骨料：75%～90%，结合剂：10%～25%，添加剂：5%～8%。制品烧成温度为 1250～1350℃。

烧结多孔陶瓷制品成孔主要有两种途径：①骨料颗粒堆积，即在制品成型时，骨料颗粒紧密堆积成为骨架结构，骨架之间的空隙构成相互连通的气孔，气孔大小及气孔率的高低主要取决于骨料颗粒粒径和堆积密度；②可燃物成孔法，在配料中添加可燃物，如木炭粉、粉煤灰、木屑、谷壳、有机纤维等，在高温下，可燃物燃尽挥发，其灰分随烟气排出而留下孔隙。

烧结多孔陶瓷制品的孔隙率通常为40%～55%，体积密度为1.8～2.2g/cm³，抗压强度可达50～70MPa，抗折强度可达25～30MPa。特别适合气流冲击大、震动强烈的噪声环境。

表7-2～表7-4分别列出了烧结多孔陶瓷用于吸声体的主要化学组成、理化性能及微孔性能。

表7-2　烧结多孔陶瓷吸声体的化学组成

氧化物/% 材质	SiO_2	Al_2O_3	Fe_2O_3	TiO_2	CaO	MgO	K_2O	Na_2O
石英质	＞95	2～3	＜0.5	—	＜1	＜0.5	＜1	2～3
刚玉质	2～3	＞93	＜1	＜0.5	＜1	—	1～2	0.5～1
堇青石质	50～55	30～35	＜1	0.5～1	＜0.5	10～15	—	—
蛇纹石质	＞50	6～8	5～7	—	1～3	25～35	1～2	＜0.5
铝矾土质	50～60	35～50	3～5	＜1	2～3	1.5～2	＜1	＜1

表7-3　烧结多孔陶瓷吸声体的理化性能

性能 材质	体积密度/(g/cm³)	抗压强度/MPa	抗折强度/MPa	热稳定性(500℃-冷水)	耐酸度/%	耐碱度/%
石英质	1.5～1.8	30～35	15～18	＜5次	＞95	80～85
刚玉质	2.0～2.2	65～80	20～30	＞20次	＞90	＞93
碳化硅质	1.8～2.0	65～80	25～30	＞25次	＞93	＞90
堇青石质	1.8～2.0	60～70	20～25	＞20次	85～90	＞90
蛇纹石质	1.8～2.0	60～65	25～35	＞20次	＞90	85～90
铝矾土质	1.6～1.8	40～50	15～20	＞15次	＞90	＞85

表7-4　烧结多孔陶瓷吸声体的微孔性能

性能 材质	孔径范围/μm	透气度/[m³/(m²·h·Pa)]	气孔率/%
石英质	40～50 60～80	10～14 18～20	40～50
刚玉质	50～60	10～12	45～55
碳化硅质	40～50 60～80	10～12 16～18	45～48
堇青石质	50～60	12～15	43～48
蛇纹石质	35～45	8～10	35～40
铝矾土质	40～50	8～12	35～38

7.1.4　轻质泡沫陶瓷吸声体制作工艺及应用

轻质泡沫陶瓷制品内部含有大量的分布均匀的网络结构气孔。由于是特殊工艺制作，气孔大部分为开口气孔，气孔率高达70%～80%，而体积密度为0.6～1.0g/cm³。其质轻、孔隙率高，是良好的吸声材料。

制作轻质泡沫陶瓷吸声体一般采用下面两种工艺：一是泥浆发泡法；二是有机前驱体浸渍泥浆法。

7.1.4.1　泥浆发泡法工艺流程

泥浆发泡法是指在料浆中加入发泡剂，通过发泡成孔，制成轻质泡沫陶瓷的工艺，其工艺流程图如图7-1所示。

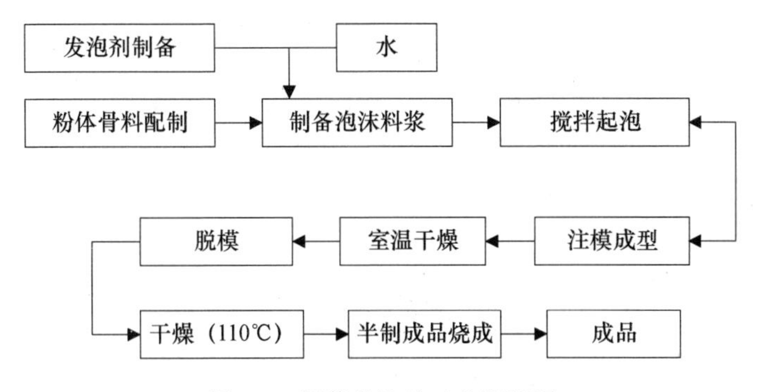

图7-1　泥浆发泡法工艺流程图

配制骨料与结合剂是根据制品性能要求选定，如氧化铝质、莫来石质、堇青石质、矾土质、硅藻土质等，有的原料需要预先煅烧变成熟料，然后粉碎、磨细再与结合剂、添加剂按比例配制混合备用。泡沫陶瓷发泡工艺中发泡剂的配制与使用是关键，它决定着制品泡沫大小、多少和均匀度。

发泡剂是一类可降低表面张力，使液体在搅拌或吹动时能产生大量均匀而稳定的泡沫的物质。它的特点是能溶解在水中，容易被吸附于气液界面上，降低液体表面张力，增大液体与空气的接触面积，对气泡液膜起保护作用，使泡沫稳定。常用的发泡剂有十二烷基磺酸钠、十二醇硫酸钠、松香皂、烷基苯磺酸盐等。本文介绍以松香皂为发泡剂的泥浆发泡工艺。

根据上述工艺流程，第一步配制松香皂发泡剂，用松香、NaOH和水，比例为松香31%、NaOH 6.1%、水62.9%，一起放入耐碱容器中，在70～90℃温度加热使松香溶解皂化，冷却后用盐水冲洗2～3次，然后用清水冲洗1～2次，使pH值达到8～9，即得到浅黄色膏状松香皂。将水胶溶液在热状态下与松香皂乳状液体混合，用水稀释到密度为1.0～1.1g/cm³。将此溶液放入打泡机中打泡后便制得气泡小而均匀的白色泡沫液。第二步泥浆配制，首先根据制品性能要求选用粉体骨料（配比为75%～85%）和结合剂（配比为15%～25%）。原料配好后混合均匀，然后与泡沫液按比例同时加入到料浆搅拌机中搅制成泡沫泥浆。泡沫泥浆含水量约为35%～38%。第三步在特制模具内注型，为防止泥浆粘模，应事先在模具内涂石墨粉，同时在注型时应轻轻振动模具，以便泡沫泥浆充满模型，注型完成后使坯在模具内凝固，自然干燥24h，待坯体有足够强度时脱模，脱模后将坯体送入干燥室继续干燥，干燥室温度为90～100℃。第四步，坯体干透（含水在1%以下）以后入窑焙烧，最终烧成温度为1200～1300℃，保温2～3h。冷却后出窑，出窑后成品有的需切割等冷加工。

采用此工艺关键是泡沫料浆制备，无论用硬骨料如石英质、莫来石质、堇青石质、矾土质等，还是用轻骨料如硅藻土质、粉煤灰质、膨胀珍珠岩质等，所配制的原料必须有足够的细度和一定数量的黏土成分，否则无法制成悬浮状泡沫泥浆。

表7-5和表7-6分别列出了轻质泡沫陶瓷（发泡工艺）的理化性能及微孔性能指标。

表7-5　轻质泡沫陶瓷（发泡工艺）的理化性能

性能 材质	体积密度/(g/cm^3)	抗压强度/MPa	抗折强度/MPa	热稳定性(500℃-冷水)	耐酸度/%	耐碱度/%
堇青石质	0.8～1.0	4～5	3～4	>20次	85～90	>90
莫来石质	1.0～1.2	5～6	3.5～4.0	>20次	>95	>90
硅藻土质	0.5～0.7	3～4	2.5～3.0	<10次	>95	85～90
矾土熟料质	0.7～0.9	4～6	3～4	>20次	>90	>85

表7-6　轻质泡沫陶瓷（发泡工艺）的微孔性能

性能 材质	孔径范围/mm	透气度/[m^3/(m^2·h·Pa)]	气孔率/%
堇青石质	0.8～2.0	15～17	>80
莫来石质	0.6～1.2	12～15	75～80
硅藻土质	0.6～1.2	10～12	75～80
矾土熟料质	0.9～1.5	15～17	>80

采用发泡工艺制作的泡沫陶瓷吸声板，主要规格为：600×600×20（mm）；400×400×20（mm）；480×240×20（mm）等。

轻质泡沫陶瓷体积密度小，适于影剧院、会议室、播音室、图书馆、医院等室内安装。

7.1.4.2　有机前驱体浸渍泥浆法工艺流程

有机前驱体浸渍泥浆法是指用配制好的陶瓷料浆浸渍有机前驱体（海绵等），利用有机前驱体的孔结构形成多孔材料的制备技术，其工艺流程图如图7-2所示。

1. 有机前驱体泡沫预处理

有机前驱体泡沫在浸渍前需预处理，方法是将前驱体泡沫浸入到浓度为2mol/L的NaOH水溶液中，水温60℃，浸泡5h，作水解处理，反复搓揉去除油质膜和杂质，然后用清水洗净，晾干备用。

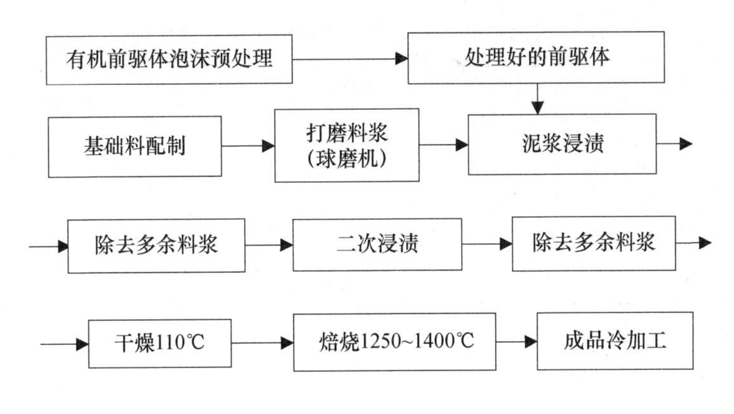

图 7-2　有机前驱体浸渍泥浆法工艺流程图

2. 陶瓷料浆制备

浸渍法泡沫料浆除具备一般陶瓷料浆性能外，还需要有尽可能高的固相含量和较好的触变性。高的固相含量和黏着性，可保证陶瓷颗粒最大限度地附着在前驱体上，从而能提高制品的机械强度。同时要求料浆有良好的触变性，以便浸渍料浆和排除多余料浆时通过剪切作用，降低料浆黏稠度，提高流动性，有利于浸渍成型；而在浸渍成型完成时，料浆很快变稠，流动性降低，使附着于前驱体网络上的陶瓷浆料容易固化定型，以免由于浆料流动造成涂覆均匀性下降，甚至有缺浆或堵孔现象。

3. 坯体干燥

浸渍涂覆完成后，坯体需在室温下养护 24h，先自然干燥，然后送入干燥室缓慢干燥，温度不高于 110℃。

4. 烧成

烧成是决定产品成败的关键，在烧成过程中坯体发生一系列物理化学变化，坯体由粉体颗粒聚集体变成晶粒集合体，在高温下有一个变化过程。泡沫陶瓷烧成的关键是前驱体的排除，在 500℃以下低温阶段应缓慢升温，其升温速度控制在 30～50℃/h，使有机前驱体缓慢而充分地挥发排除。如低温升温过快会造成制品开裂和粉化，无法保证烧出合格的制品。

有机前驱体浸渍泥浆工艺所用的骨料材质有氧化铝、莫来石、碳化硅、氧化锆、堇青石等，用黏土粉、煤矸石粉、低熔矿渣等为结合剂，烧成温度较高，一般在 1250～1400℃，制品强度高于发泡法泡沫陶瓷，孔隙率达 80%以上。但是制品孔径大小、孔隙率高低受所用前驱体孔径、孔隙率的限制。目前用得最多的是聚氨基甲酸乙酯泡沫纤维素和聚氯乙烯泡沫，孔径为 0.5～3mm，孔隙率为 65%～85%。

有机前驱体浸渍泥浆工艺制作的泡沫陶瓷由于具有强度较高、质轻、孔隙率高、耐高温、耐火、抗冻、抗潮湿等特点，用作吸声材料时主要用于露天高速路两侧、地铁、隧道以及有火险的噪声源墙壁铺贴、吸声体内衬等，不适于悬挂。

此种泡沫陶瓷可制成板形和砖形，同样受到前躯体泡沫塑料限制，规格不是很大。板形 400×300×25（mm），400×200×20（mm），砖形 230×115×60（mm）等。表 7-7、表 7-8 分别列出了轻质泡沫陶瓷（前驱体浸渍工艺）的性能指标。

表 7-7 轻质泡沫陶瓷（前驱体浸渍工艺）理化性能

材质 \ 性能	体积密度/(g/cm^3)	抗压强度/MPa	抗折强度/MPa	热稳定性(500℃-冷水)	耐酸度/%	耐碱度/%
碳化硅质	0.7～0.8	3～4	2～3	＞30次	＞90	＞85
高铝质	0.7～0.9	4～5	3～4	＞30次	＞90	＞90

表 7-8 轻质泡沫陶瓷（前驱体浸渍工艺）微孔性能

材质 \ 性能	孔径范围/μm	透气度/[m^3/(m^2·h·Pa)]	气孔率/%
碳化硅质	0.8～1.2	13～15	75～85
高铝质	0.8～1.6	15～17	75～80

上述两种工艺制作的泡沫陶瓷制品，具有体积密度小、气孔率高、气孔大小分布均匀、耐高温、耐火、抗潮湿、抗冻、耐化学腐蚀、热稳定性好等特点。用作多孔吸声材料时，适用于室外高速路、地铁、涵洞、隧道等气候变化大的噪声源及高温、高火险的生产车间，如纺织、造纸、石油、化工、铆电焊车间等噪声源，使用会更加安全可靠。但泡沫陶瓷强度相对较低，抗压强度为3～5MPa，抗折强度为2～4MPa，一般作为吸声间、吸声墙板，很少单独使用。使用时多设计成各种吸声结构，用钢架、龙骨支撑，外有穿孔板、金属网等防护罩。轻质泡沫陶瓷质轻（体积密度0.7～0.9g/cm^3)、孔隙率高（75%～85%)，用作吸声材料和吸声结构，中低频和高频吸声系数都很高，在0.7～0.8之间。

轻质泡沫陶瓷具有轻质、耐腐蚀、使用寿命长、吸声效果好等优点，可广泛应用于建筑吸声材料和户外高铁、高架桥吸声护栏等。图7-3为日本YAGIMAN公司开发的一种泡沫状多孔陶瓷吸声材料，材料的气孔率为48%，体积密度为0.8g/cm^3，耐温1100℃以上，吸声系数在0.7～0.9之间，这种多孔吸声材料被广泛应用于剧院、会议室、桥梁、隧道吸声设计。其不足之处是强度偏低，可在工艺上采取一些补强措施提高制品的强度，如利用稀释的无机或有机胶粘剂，对制品二次浸渍或喷涂，使微孔孔隙和筋架增厚，会大大提高制品强度，注意浸渍液不能太稠，以免堵孔。

图 7-3 泡沫陶瓷吸声材料

7.2 陶瓷消声器

7.2.1 陶瓷消声器的工作原理

噪声可分为振动噪声和排气噪声，排气噪声控制是噪声控制的一个难点。消声器是阻止声音传播的一种重要途径，是消除空气动力性噪声的重要措施。从消声器消声机理来看，分为阻性消声器和抗性消声器或阻抗复合消声器。其中阻性消声器主要是利用多孔吸声材料来降低噪声的，即把吸声材料固定在气流通道的内壁上或按照一定方式在管道中排列，就构成了阻性消声器。当声波进入阻性消声器时，一部分声能在多孔材料的孔隙中摩擦而转化成热能耗散掉，使通过消声器的声波减弱。阻性消声器对中高频消声效果好，对低频消声效果较差。

用于阻性消声器的材料主要有金属网消声器、塑料消声器、粉末冶金铜消声器、陶瓷消声器等。相比之下，陶瓷材料具有耐高温、耐高压、耐腐蚀等优点，用于消声材料具有很多优越性。

陶瓷消声器主要是依靠多孔陶瓷元件作为消声材料的一种消声装置，依靠多孔陶瓷微孔吸声原理来实现消声[5]。一方面，多孔陶瓷材料内部具有无数细微孔隙，孔隙间彼此贯通，且通过表面与外界相通，当声波入射到材料表面时，一部分在材料表面反射掉，另一部分则透入到材料内部向前传播，在传播过程中，引起孔隙的空气运动，与形成孔壁的固体筋络发生摩擦，由于黏滞性和热传导效应将声能转变为热能而耗散掉。声波在刚性壁面反射后，经过材料回到其表面时，一部分声波透射到空气中，一部分又反射回材料内部，声波通过这种反复传播，使能量不断转换耗散，由此使材料吸收了部分声能。另一方面，由于微孔陶瓷材料中含有大量贯通的气孔，当气体高速流经微孔陶瓷管时，由于微孔扩散，压力逐渐降低、速度减小和微孔管壁的阻性吸收消耗了大量声能，起到很好的噪声去除效果。陶瓷消声器消声原理图如图 7-4 所示。

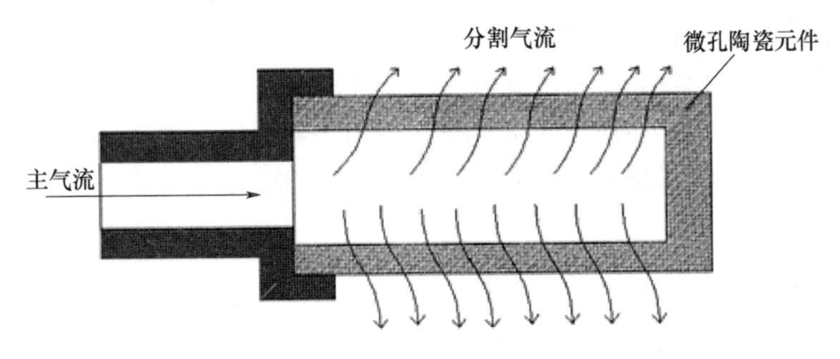

图 7-4　陶瓷消声器消声原理图

压力排气噪声陶瓷消声器主要是通过微孔陶瓷材料的气流分割原理设计的。

根据 M. J. lighthll 推导的公式[5]，当排气速度接近于声速时，气流辐射的总声功率与排气速度有如下关系：

$$W_n = K_n \cdot \frac{\rho_1^2 v^8}{\rho_0 c_0^5} \cdot d^2 \frac{1}{(0.6T_0/T_1+0.4)^2} \tag{7-3}$$

式中　W_n——气流辐射的总声功率（W）；

v——排气速度（m/s）；

ρ_1——排气介质密度（kg/m^3）；

ρ_0——大气密度（kg/m^3）；

c_0——大气中声速（m/s）；

d——排气口直径（m）；

K_n——声功率系数（K_n=0.3－1.8×10）；

T_1——排气介质温度（K）；

T_0——大气温度（K）。

从公式（7-3）可以看出，排气噪声的功率与排气速度的8次方成正比，如果排气速度降到原来的一半，声功率就可以衰减24dB，如果降低到1/4，声功率可以衰减48dB。可见解决排气噪声的关键是降低排气速度。陶瓷消声器正是利用陶瓷微孔对排气气流分割从而实现扩散降压、减速的原理设计的。将陶瓷消声器连接到气动排气系统排气口上，使沿关口喷射的气流进入陶瓷消声器后，从消声器管壁的微孔中排出，将原来一个大喷注扩散成无数个小喷注。由于小喷注总出流面积比一个大喷注出流面积增加许多倍，因此，排气压力和其他出流速度也相应降低许多，从而使气体辐射总功率大大减少。作为性能优良的排气噪声控制用陶瓷消声器应具备以下几个条件：

（1）具有良好的消声性能，即要求陶瓷消声器有较好的消声频率特性，使其在需要的消声频率范围内有足够大的消声量。

（2）具有良好的空气动力性能，陶瓷消声器过滤阻力要小，不能影响气动设备的工作效率。

（3）消声器结构简单，性能可靠，经济耐用。

作为气流排气噪声消声用陶瓷消声器的结构主要包括两种：接粘式陶瓷消声器和装配式陶瓷消声器。接粘式陶瓷消声器是以有机胶粘剂或无机胶粘剂将微孔陶瓷元件与金属管接头连接在一起，通过管接头与排气口连接。这种结构陶瓷消声器结构简单、密封性能好，但由于受微孔陶瓷元件排气量及排气阻力限制，通常只适用于小流量排气噪声控制。另一种结构为装配式结构，它是将多支微孔陶瓷管采用拉杆、管接头、金属保护罩等连接在一起，这种结构陶瓷消声器排气量大，排气阻力小，适用于大排气量的排气噪声控制；同时这种消声器还主要在机械振动较大和容易发生碰撞的气动机械设备上使用，特点是更安全可靠。

7.2.2　陶瓷消声器的性能及应用

陶瓷消声器主要是采用烧结多孔陶瓷制成的管状结构制品。其制造工艺与烧结多孔陶瓷吸声隔声材料类似，采用挤出成型工艺成型。常用的陶瓷消声器为石英质、刚玉质、矾土质、堇青石质等微孔陶瓷材料制成的气体排气噪声用陶瓷消声器。

山东工业陶瓷研究设计院早在20世纪70年代就开始开展气体排气噪声控制用陶瓷消声器材料的研究开发工作，并以刚玉原料、煅烧铝矾土原料为主开发出了系列陶瓷消声器元件。其中两种消声器元件的主要性能指标如表7-9所示。

表7-9　陶瓷消声材料的主要性能指标

型号	刚玉质	铝矾土质
最大孔半径/μm	31.8	89.5
气孔率/%	50～52	35～40
透气度/［m^3/（m^2·h·Pa）］	4.5～5.0	11～13
抗折强度/MPa	16～18	14～15
抗压强度/MPa	50～60	45～55
耐酸度/%	99.92	99.67
耐碱度/%	99.23	99.23

氧化铝质多孔陶瓷消声器主要以电熔刚玉砂为原料，以黏土-长石-滑石类作为高温结合剂，采用浇筑、震动捣打、挤出工艺等成型，1250℃以上高温烧结而成。这种氧化铝质陶瓷消声器材料（又叫刚玉质陶瓷消声器材料）具有机械强度高、耐温性能好、透气性好等优点，常使用于气动加热、高压排气噪声的消声。缺点是原材料成本高、产品生产成本较高。

铝矾土质陶瓷消声器主要以煅烧的铝矾土为原料，以黏土、长石类为高温陶瓷结合剂，采用干压、热浇筑或挤出工艺成型，再经高温烧结而成。这种陶瓷消声器材料也具有耐高温、机械强度高等优点，且制品烧成收缩小、不变形、不易开裂、原料来源广、制作成本比较低，被广泛用于气动噪声的消声。

通常陶瓷消声器为管状制品，制品尺寸包括直径 30mm、50mm、60mm、80mm 等几种，长度从 50mm 到 800mm。图 7-5 为陶瓷消声器的图片。

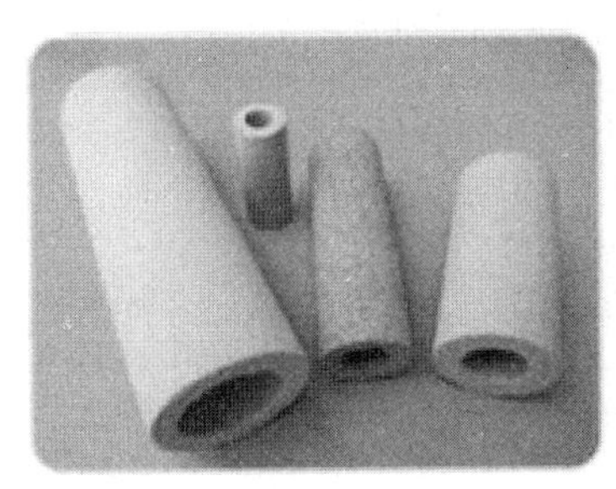
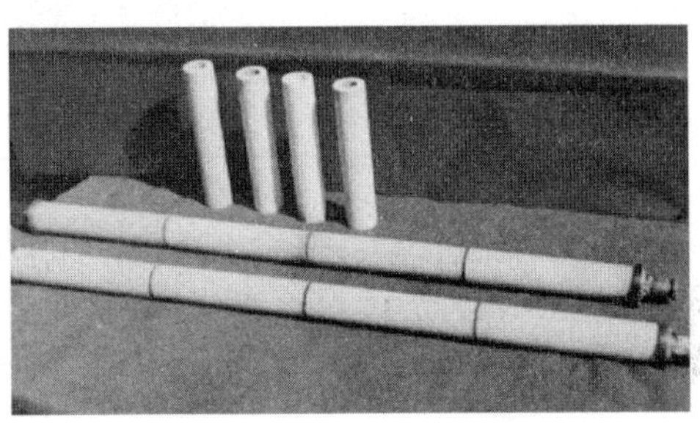

图 7-5　陶瓷消声器

在陶瓷消声器材料研究开发过程中，山东工业陶瓷研究设计院的唐庆海等人曾对影响陶瓷消声器消声性能的各种因素做了系统的分析研究，分析了不同材质、不同微孔孔径的陶瓷消声器材料对流体阻力、消声效果的影响。认为排气消声器的消声效果与材料微孔孔径、材料厚度有着密切关系。对于同一种规格的制品，当材料孔径愈小时，消声频谱峰值越向高频移动，即孔径愈小，高频的消声效果越明显。但孔径小到一定程度，减噪量并不会明显增加，相反，气体透气阻力会明显增加。综合考虑减噪量与气体阻力，认为陶瓷消声材料气孔直径应控制在一个适宜范围内。表 7-10 为两种材质陶瓷消声器在某锻造所进行的消声性能测试试验结果，图 7-6 和图 7-7 分别为陶瓷消声器孔径变化频谱特性曲线和孔径变化、声级与压力变化曲线。

表 7-10　两种材质陶瓷消声器消声性能对比

排气口直径		单位	1/2″	1″	1. 1/2″
样品规格		mm	ϕ32×24×75	ϕ60×30×120	ϕ60×30×165
空放	排气压力	MPa	0.5～0.2	0.5～0.2	0.5～0.2
	排气时间	s	3.8～3.9	5.7	3.4
	A 声级	dB	124.2	131	136
氧化铝质	减噪量	dB	34～36	34～38	34～44
	排气时间	s	4.4～4.5	5.8～5.9	4.5～5.5
铝矾土质	减噪量	dB	32～34	34～36	30～31
	排气时间	s	3.9～4.0	5.7～5.8	3.4～3.7

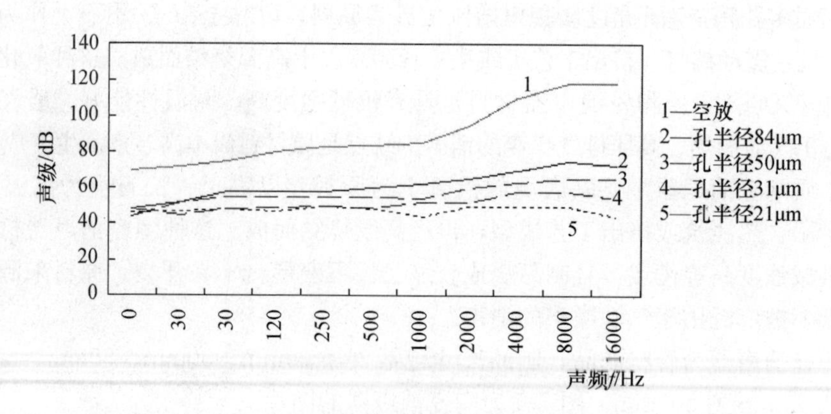

图 7-6　陶瓷消声器孔径变化频谱特性曲线

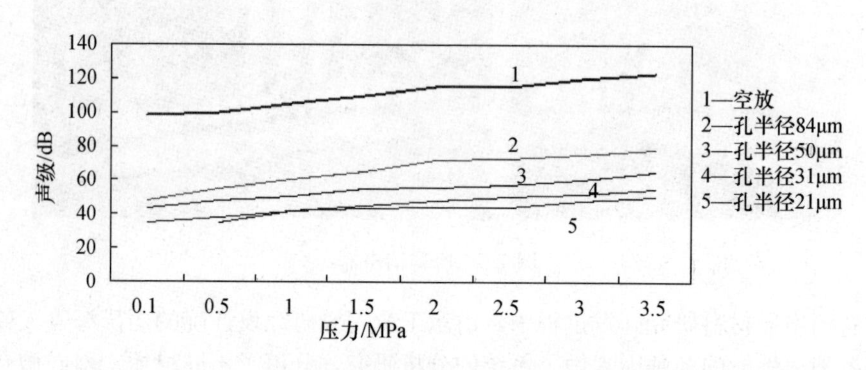

图 7-7　陶瓷消声器孔径变化、声级与压力关系曲线

从图 7-6 中可以看出，陶瓷消声器消声效果主要与制品的微孔特性有关，孔径小、孔隙率高的制品消声效果更好。一般的陶瓷消声器减噪量都在 30dB 以上，最高可达 55～60dB。如果继续提高消声效果，只要将制品孔径再缩小，则 A 声级减噪量就可以再提高 8～10dB。上海船舶研究所的杨碧君等人曾选择 40％孔隙率的多孔陶瓷进行排气消声效果的试验研究[6]，结果表明壁厚越厚，消声效果越好，孔径为 20μm 的多孔陶瓷管消声效果最佳。但壁厚增加、孔径缩小会造成气体排气阻力提高，要解决这一问题，可以适当增加制品的有效通气面积。

陶瓷消声器具有良好的耐高温和耐腐蚀性能，在蒸汽加热噪声控制方面具有广阔的应用前景。为解决蒸汽加热产生的噪声污染问题，山东工业陶瓷研究设计院、中科院声学所等共同开发了一种蒸汽加热噪声陶瓷消声器。这种陶瓷消声器主要由多孔陶瓷元件、管接头和金属连接件组成，一般分为花管式陶瓷消声器、拉杆式陶瓷消声器和直通式陶瓷消声器三种，其中多孔陶瓷元件是消声器的核心部件。

蒸汽加热噪声消声用陶瓷元件是以刚玉和煅烧高铝矾土为主要原料，以黏土、长石作为高温结合剂，经捣打、半干压工艺成型、1300℃左右高温烧结而成。制品直径分为 50mm 和 60mm 两种，长度 125～150mm。陶瓷消声器用于蒸汽加热时具有非常好的消声频率特性，在声压级比较高的中高频段，降噪效果特别显著，降噪效果可以达到 30～40dB。

另外，山东工业陶瓷研究设计院根据微孔扩散原理还开发了一种小流量（$20m^3/min$ 以下）排气噪声控制用陶瓷消声器元件。这种陶瓷消声器元件主要是以刚玉和莫来石为主要矿相的高铝原料为骨料，以黏土、长石等为结合剂，经配料、成型和高温烧制而成。配方范围：主要原料70%～80%（质量分数），结合剂20%～30%（质量分数），制品经浇筑或压制成型，于1200℃以上温度高温烧结而成。所制得的多孔陶瓷管主要理化性能：平均孔半径30～40μm，孔隙率50%～55%，透气度4.5～5.5 [$m^3/(m^2 \cdot h \cdot Pa)$]，抗折强度14～16MPa，抗压强度50～60MPa。用于气流排气噪声吸声，效果显著，减噪量可达35dB以上。表7-11为部分小流量陶瓷消声器的主要性能指标。

图7-8　小流量排气噪声控制用陶瓷消声器

表7-11　小流量陶瓷消声器的主要性能指标

规格/mm	声学特性			安装方式
	排气压力/MPa	排气量/（m^3/min）	减噪量/dB	
ϕ32×75	0.2～0.6	2～6	45～55	粘结式
ϕ32×80	0.2～0.6	4～8	50～55	粘结式
ϕ60×80	0.2～0.6	6～12	55～60	粘结式
ϕ60×165	0.2～0.6	10～18	50～60	粘结式

陶瓷消声器消声效果好与制品微孔孔径有密切关系，用于降低小流量（$20m^3/min$ 以下）排气噪声的陶瓷消声器，陶瓷元件微孔半径控制在30～60μm、气孔率40%～50%为宜。另外消声器阻力不能太高，否则会影响气动元件正常工作。陶瓷消声器排气阻力主要取决于多孔陶瓷元件有效通气面积。另外为了提高消声效果，陶瓷消声器也可以设计成一种复合孔结构，即内层可以采用80～90μm的微孔结构，外层采用20～30μm的微孔结构，这种双层或孔梯度结构，可以有效降低通气阻力，减噪量可以提高10dB左右。

7.2.3　陶瓷消声器的典型应用

陶瓷消声器不仅具有消声效果好、频率分布宽的特点，而且具有成本低、使用寿命长等优点，在噪声控制领域有广泛应用前景，如用于建筑吸声材料、蒸汽加热噪声、气体排放噪声、压力机、射芯机噪声控制等。

7.2.3.1　蒸汽加热噪声用陶瓷消声器

印染、洗染行业、饮食服务行业用热水，大部分以蒸汽为热源直接进行加热，加热时，将蒸汽管道插入水中，通入蒸汽对水进行加热。这种加热方式具有加热速度快、加热温度可随时控制、操作简便等特点。但利用蒸汽管直接通入水中加热会产生很强烈的噪声，有时高达100～110dB（A），这不仅直接影响操作工人的身体健康，降低劳动效率，同时也严重污染周围环境，妨碍人们的正常工作、学习和休息。

蒸汽加热过程中产生的噪声和振动，主要是由于蒸汽对液体施以强烈的冲击力，振动时，在流体界面上出现单极子，这种单极子辐射出来的声音，就是噪声的主要来源。采用微孔消声器一方面可以将原来蒸汽集中出口变成许多微细气孔出口，使原集中冲击力分散或减弱，起到降低噪声目的；另一方面由微孔中喷射出来的微细气流产生大量小直径蒸汽泡，这些微小蒸汽泡在搅动作用下进行扩散运动，布满整个液体，提高与流体的接触面积，也可以提高流体的解热效率。

考虑到蒸汽加热环境对消声器材料的特殊要求，即耐高温、耐急冷急热、耐腐蚀、不降低热效率等要求，选用多孔陶瓷消声器是一个理想的选择。人们很早就开始采用微孔陶瓷制作蒸汽加热噪声消声器，如图 7-9 所示，蒸汽通过微孔陶瓷消声器减噪后对水体进行加热，这样在不减小加热效果的前提下，加热噪声可以减少 25～30dB。

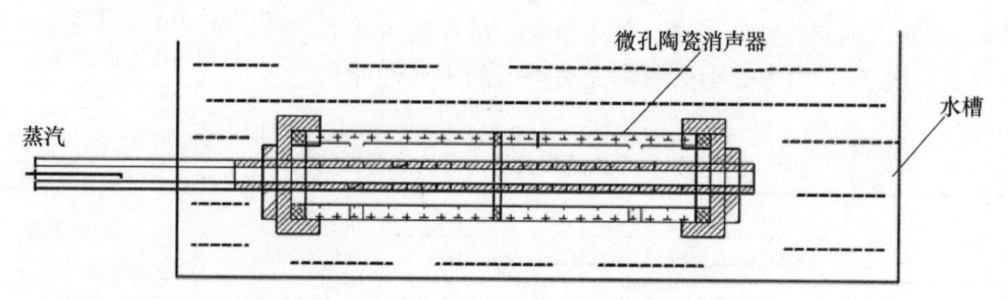

图 7-9　蒸汽加热陶瓷消声器原理图

通常，为了减少通气阻力、提高加热效率，陶瓷消声器在使用时，可以将消声器多节并联或串联使用，与进气管相接，使消声器通气面积与蒸汽管道截面积之比达到 10∶1，使气流出口速度减少为原来的 1/10 以上，从而降低气流噪声。当蒸汽管路与蒸汽加热陶瓷消声器匹配得当时，其加热速度基本不会变化。

通过试验测试与实际应用证明：陶瓷消声器用于印染行业染槽、浴池等蒸汽加热设备上，对蒸汽加热噪声具有明显的消除效果，105～110dB（A）的噪声源安装蒸汽加热陶瓷消声器后，噪声值可降到 70dB（A）以下。通过消声器合理配置，不但不会降低蒸汽加热效率，反而会在一定程度上提高加热速度。尤其是陶瓷材料具有耐高温、耐气流冲刷、耐腐蚀等性能，在治理蒸汽对水及水溶液直接加热产生排气噪声方面，将会有广阔的应用前景。

7.2.3.2　高压排气噪声用陶瓷消声器

高压排气噪声是指管路放空排放、气动元件排气放空等产生的一种危害性极大的噪声。根据排气噪声起伏程度大小，可将其分为稳定性排气噪声、周期性排气噪声和间歇性排气噪声三大类。稳定性排气噪声是指在整个排气过程中，噪声大小基本维持不变的情况，如空压机储气罐通过其上方或下方的排气阀向大气中排气所产生的噪声，该噪声以高频为主。周期性排气噪声是指排气噪声大小周期性地发生变化，并在整个过程中很大部分时间内，均有噪声存在，如内燃机工作时产生的排气噪声就是周期性排气噪声，该噪声以低频为主。间歇性排气噪声是指噪声大小呈现极为明显的冲击性，在前一噪声消失较长时间后，才产生下一个噪声脉冲，有噪声的时间比无噪声的时间少得多，气缸通过空气分配阀排气所产生的噪声就是这类噪声。

针对噪声特点，山东工业陶瓷研究设计院开发了一种小流量排气噪声用陶瓷消声器，示意图如图7-10所示，并成功应用于压力管路、气动元件气体排出口的排放噪声控制。这种陶瓷消声器通常通过粘结将金属口与排气管道出口直接相连，最大工作压力一般可达1.0MPa，最大降噪量可以达到45dB。表7-12为采用不同规格陶瓷消声器测得的噪声与排气压力变化的测试数据。

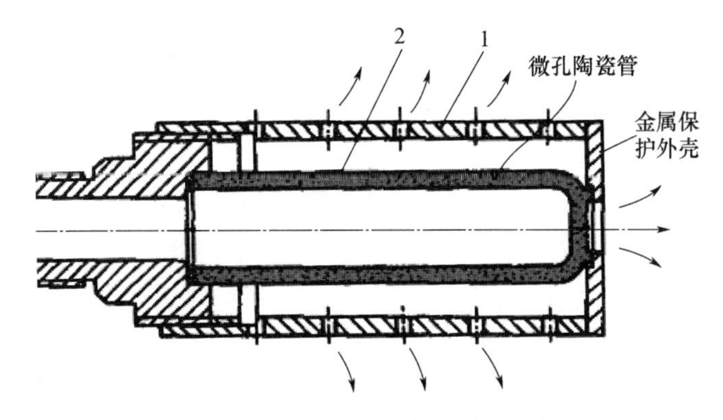

图7-10　气动排气噪声控制陶瓷消声器

表7-12　排气压力对陶瓷消声器消声效果的影响

排气压力/MPa	0.2	0.5	1	2	3	4
空载噪声/dB	98	100	108	118	124	128
安装 ϕ60×80 陶瓷消声器噪声/dB	58	60	66	74	78	80
安装 ϕ60×165 陶瓷消声器噪声/dB	35	38	46	55	60	65

为了使排气通畅，考虑到小孔的阻尼作用，设计陶瓷消声器时，建议将消声器的开孔通流面积设计为排气阀通流面积的1.5～2倍。

另外，堇青石、碳化硅质蜂窝陶瓷材料具有一系列优良性能，不仅可以用作汽车尾气净化器催化剂载体，而且本身具有的多孔性能使其在汽车尾气排气噪声消声方面也呈现出优良特性，可以广泛用作汽车尾气净化消声器材料。

参考文献

[1] 周曦亚，凡波．吸声材料研究进展[J]．中国陶瓷，2004，40(5)：26-29.

[2] 周海燕．新型声屏障材料泡沫陶瓷[J]．环境保护科学，2002，(04)：42-44.

[3] 曾令可，金雪莉，税安泽，等．抛光砖废料制备吸音材料[J]．人工晶体学报，2007，(04)：898-903.

[4] 马大猷．微穿孔板吸声结构的理论和设计[J]．中国科学，1975，(01)：38-50.

[5] 马大猷，李沛滋，戴根华，等．喷注湍流噪声及扩散消声器[J]．物理，1978，(06)：343-348.

[6] 杨碧君，潘国培，贺华，等．某种多孔陶瓷的消声性能试验[J]．噪声与振动控制，2014，(02)：177-180.

第8章 陶瓷传感器

8.1 陶瓷传感器分类

传感器（Transducer/Sensor），顾名思义，是用来感知未知世界的一种器件，就像眼、耳、鼻、舌等一样，人类最初是靠这些器官来获得外界信息。但是随着科学的迅猛发展及信息技术的飞速提高，仅靠人体器官已经远远不能满足生产及生活的需求，传感器应运而生。因此传感器可以说是一种人类器官的延伸，是一种电子器官，传感器的存在和发展，让物体有了触觉、味觉和嗅觉等，让物体慢慢变得活了起来。

科学上对于传感器的定义是能感受到被测量的信息，并能将感受到的信息，按一定规律变换成为电信号或其他所需形式的信息输出的一种检测装置，这种检测装置可以满足信息的传输、处理、存储、显示、记录和控制等要求。传感器一般由敏感元件、转换元件、基本转换电路三部分组成，有时还需外加辅助电源，如图 8-1 所示。

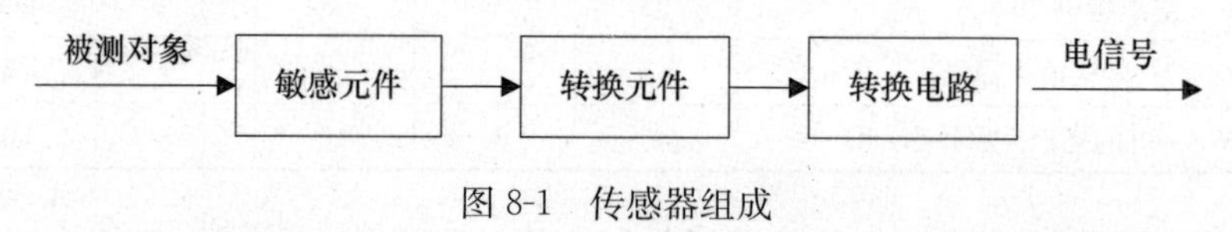

图 8-1　传感器组成

根据感知功能及应用领域的不同，传感器可分为热敏传感器、湿敏传感器、力敏传感器、光敏传感器、声敏传感器、气敏传感器、磁敏传感器、色敏传感器及生物敏传感器等十大类。

随着科技的高速发展，传感器逐渐向微型化、数字化、智能化、多功能化、系统化、网络化等方向发展。陶瓷是一种公认的高强度、抗腐蚀、抗磨损、抗冲击和振动的材料，并具有绝佳的热稳定性。陶瓷的热稳定特性及它的厚膜电阻可以使它的工作温度范围为−40～135℃，而且具有测量的高精度、高稳定性等特点。除此之外，陶瓷材料还具有良好的电气绝缘性（电气绝缘程度＞2kV），输出信号强，长期稳定性好，这些优良的性能使得陶瓷成为传感器敏感元件的首选材料之一。制备陶瓷敏感元件通常通过控制它的成分和烧结条件等手段来控制陶瓷材料的微观结构，而微观结构对陶瓷的所有特性，如电学、磁性、光学、热学和机械性能等，都有重大影响，同时由于陶瓷材料的耐高温和抗恶劣环境影响能力很强，所以常常将它用于苛刻环境下的服役。

近年来，随着材料制备技术的进步，陶瓷传感器发展非常迅速，精细陶瓷材料作为传感器的敏感元件已被广泛应用于各个领域，这些陶瓷材料包括氧化物、碳化物、氮化物、硫化物以及它们的复合化合物的多晶烧结体[1]。陶瓷传感器能检测气体、离子、热、光、声、位置和电磁场等。其中气敏、湿敏、热敏方面的传感器敏感元件多用半导体氧化物陶瓷材料制成；声敏、力敏、加速度和红外敏感方面的传感器多用铁电压电陶瓷材料；有的用一种材料完成多种敏感功能，有的将几种陶瓷材料组合在一起制成多功能组合式陶瓷传感器，如通过化学气相沉积、物理气相沉积或其他工艺技术能制成高灵敏度的薄膜，与其他材料相互组合成为陶瓷功能薄膜传感器，还可以同半导体集成电路复合实现信息检测一体化。陶瓷传感器逐渐进入并部分代替传统的材料，被应用于各传感器元件，而高性能、低价格的陶瓷传感器将是传感器的发展方向，在欧美国家有全面替代其他类型传感器的趋势，在我国也有越来越多的用户使用陶瓷传感器。

用于传感器的陶瓷材料可根据其不同的特征参数如化学成分、相结构成分及物理（电、磁、介质）性质进行分类。陶瓷的结构特性是和下列因素密切相关的：晶粒（块体），晶粒间界，分隔晶粒表面和空间的界面，以及结构中的孔隙。由于这些各不相同的特性，既可利用陶瓷块体，也可利用陶瓷的表面性质来制造传感器。

已用于传感器制备的陶瓷材料根据功能分为以下几类：①温度传感器；②位置速度传感器；③光敏传感器；④气体传感器；⑤湿度传感器；⑥离子传感器。

8.2　陶瓷传感器的材质及性能

8.2.1　陶瓷温度传感器的材质及性能

能够感受温度，并能把温度这个物理量转换成电信号输出的器件叫温度传感器。温度传感器是开发最早、应用最为广泛的一种传感器，温度传感器的市场份额远远大于其他传感器，主要包含四种类型，热电偶、热敏电阻、电阻温度监检测器（RTD）和 IC 温度传感器。陶瓷温度传感器普遍采用一种热敏电阻来制备，热敏电阻的部件通常采用某 2 种或 3 种金属氧化物为基体材料，然后在其中加入一定量的添加剂，采用成型、烧结等陶瓷制备工艺制成具有半导体特征的电阻器，其电阻值取决于基体材料的电阻率。表 8-1 给出常用陶瓷温度传感器的工作机理及材质。

表 8-1　常用陶瓷温度传感器的工作机理及材质[2]

类别	输出形式	工作机理		材质	应用
温度传感器	电阻变化	载流子浓度随温度变化	NTC	Ni，Mn，Fe，Co，Cu，Al 等金属的氧化物及 SiC	温度计，测辐射热计
			PTC	$BaCO_3$，$SrCO_3$，TiO_2，Nb_2O_5	开关型和缓变型热敏陶瓷电阻，电流限制器
			CRT	VO_2，V_2O_3，Ni_2O_3，Cr_2O_3，Fe_2O_3，In_2O_3，CuO，Al_2O_3	报警器
	磁性变化	铁磁转顺磁		Mn 系 Zn 系铁氧体	温度开关
	电动势	氧浓差电池		稳定氧化锆	高温耐腐蚀温度计

电阻率明显随温度变化的一类功能陶瓷材料可以用于制备陶瓷温度传感器，按照阻温特性可分为：①负温度系数热敏电阻陶瓷；②正温度系数热敏电阻陶瓷；③临界温度热敏电阻陶瓷；④利用磁性变化的温度传感器；⑤氧浓差陶瓷温度传感器。

1. 负温度系数热敏电阻陶瓷（Negative Temperature Coefficient）

简称 NTC 热敏陶瓷，这种陶瓷的电阻率随温度升高呈指数关系减小，如图 8-2 所示。

这种陶瓷大多是具有尖晶石结构的过渡金属氧化物固溶体，即多数含有一种或多种过渡金属（如 Mn，Cu，Ni，Fe 等）的氧化物，化学通式为 AB_2O_4，其导电机理因组成、结构和半导体化的方式不同而异。电阻式陶瓷温度传感器的特点是灵敏度高、重复性好、工艺简单，便于工业生产，这使其广泛应用于生产、生活中。主要应用于温度补偿、过热及过电流保护、无触电开关等场合。如在一些对温度精度要求不高的检测范围内，可以直接把电阻式温度传感器连接一个指示灯或者电流表，进行温度的监测，如自动加热水器、冰箱里的温度监测仪等。

2. 正温度系数热敏电阻陶瓷（Positive Temperature Coefficent）

简称 PTC 热敏电阻陶瓷，这类陶瓷电阻率随温度升高呈指数关系增加，如图 8-3 所示。

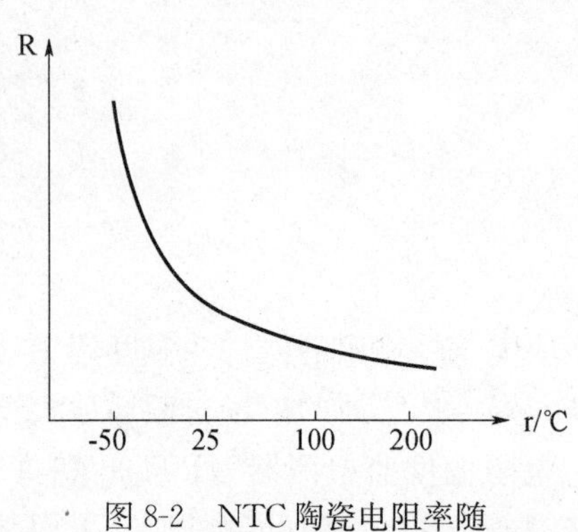

图 8-2　NTC 陶瓷电阻率随温度变化曲线

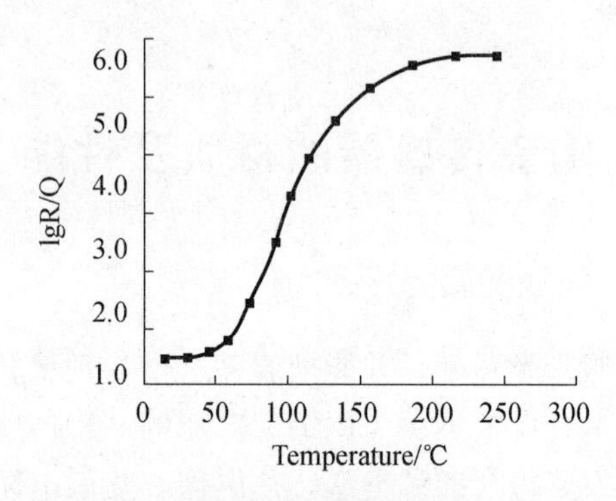

图 8-3　PTC 陶瓷电阻率随温度变化曲线

利用 PTC 效应制备陶瓷传感器敏感元件是比较常用的方法之一，这种效应是由陶瓷组织中晶粒和晶界的电性能所决定的，只有晶粒充分半导体化而晶界具有适当绝缘性的陶瓷才具有这种特性。所说的晶粒半导体化是指在低于 T_c（居里温度）的温区，为铁电相，存在自发极化，晶界区的电荷势垒被自发极化的电荷分量部分抵消，从而形成低阻通道，使得低温区的电阻较低；而在 T_c 以上的温度范围内，铁电相转变成为顺电相，其中，当两个晶轴取向不同的晶粒接触后，在晶界区有空间电荷，形成势垒，即对电子电导构成电阻，介电常数 ε 急剧下降，则势垒急剧增高，使电阻激增，形成 PTC 效应。具有 PTC 效应的电阻，称为 PTC 热敏电阻。

若材料电子和空穴的浓度分别为 n、p，迁移率分别为 μ_n、μ_p，则半导体的电导为：

$$\sigma = q\ (n\mu_n + p\mu_p) \tag{8-1}$$

式中　σ——电导率（S）；

q——电子电荷（C）；

n——材料电子浓度；

p——材料空穴浓度；

μ_n——电子迁移率（$cm^2/V \cdot s$）；

μ_p——空穴迁移率（$cm^2/V \cdot s$）。

因为其中 n、p、μ_n、μ_p 都是依赖温度 T 的函数，所以电导是温度的函数，因此可由测量电导而推算出温度的高低，并能做出电阻-温度特性曲线，这就是 PTC 热敏电阻的工作原理。具有这种特性的陶瓷材料包含以 $BaTiO_3$、$SrTiO_3$、$PbTiO_3$ 为主要成分的烧结体，$BaTiO_3$ 属于钙钛矿型结构，纯钛酸钡是一种绝缘材料，在其中掺入微量 Nb、Ta、Bi、Sb、Y、La 等的氧化物进行原子价控制而使之半导化。

PTC 陶瓷制品制备工艺流程如图 8-4 所示。

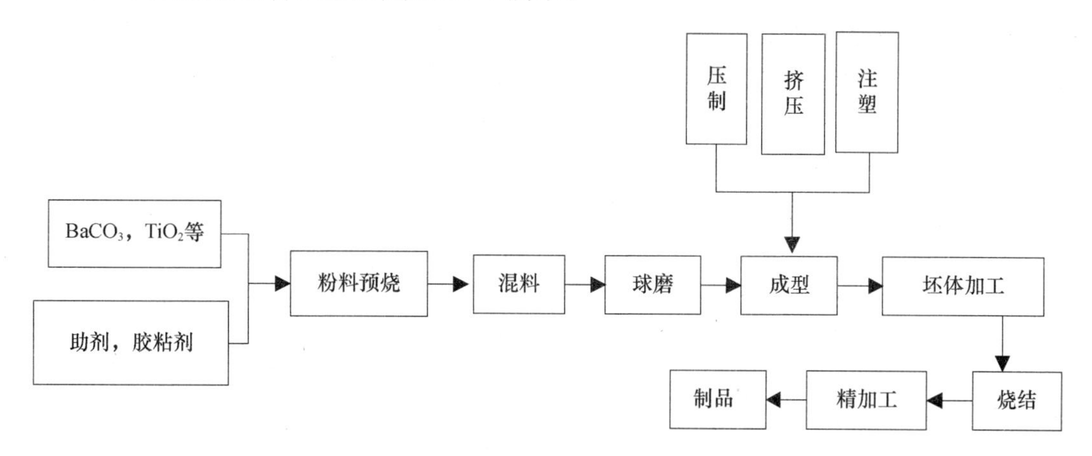

图 8-4　PTC 陶瓷制备工艺流程

PTC 热敏电阻的主要特点是：①灵敏度较高，其电阻温度系数要比金属大 10～100 倍以上，能检测出 6～10℃的温度变化；②工作温度范围宽，常温器件适用于－55～315℃的条件，高温器件适用温度高于 315℃（目前最高可达到 2000℃）的条件，低温器件适用于－273～55℃的条件；③体积小，能够测量其他温度计无法测量的空隙、腔体及生物体内血管的温度；④使用方便，电阻值可在 0.1～100kΩ 间任意选择；⑤易加工成复杂的形状，可大批量生产；⑥稳定性好、过载能力强。这些特点使 PTC 热敏电阻在工业及生活中获得广泛应用。主要用于温度的测量和控制，也用于汽车某部位的温度检测与调节，还大量用于民用设备，如控制瞬间开水器的水温、空调器与冷库的温度，利用本身加热作气体分析和风速机等方面。

PTC 热敏电阻除用作加热元件外，同时还能起到“开关”的作用，兼有敏感元件、加热器和开关三种功能，称之为“热敏开关”。其工作原理是电流通过元件后引起温度升高，即发热体的温度上升，当超过居里温度点后，电阻增加，从而限制电流增加，于是电流的下降导致元件温度降低，电阻值的减小又使电路电流增加，元件温度升高，周而复始，因此具有使温度保持在特定范围的功能，又起到开关作用。利用这种阻温特性做成加热源，作为加热元件应用的有暖风器、电烙铁、烘衣柜、空调等，还可对电器起到过热保护作用。

也有部分用于特殊环境的传感器，其中要用到铁电陶瓷。铁电陶瓷是指某些电介质可自发极化，在外电场作用下自发极化能重新取向的陶瓷材料。铁电陶瓷具有电滞回线和居里温度，如图 8-5 所示。

展宽效应、移动效应和重叠效应是铁电陶瓷改性的三大效应。

在 T_c（居里温度点），晶体由铁电相转变为非铁电相，其电学、光学、弹性和热学等性质均出现反常现象，如介电常数出现极大值。1941年美国首先制成介电常数高达1100℃的钛酸钡铁电陶瓷。目前铁电陶瓷的原料选择主要包含钛酸钡-锡酸钙和钛酸钡-锆酸钡系高介电常数铁电陶瓷，钛酸钡-锡酸铋系介电常数变化率低的铁电陶瓷，钛酸钡-锆酸钙-铌锆酸铋和钛酸钡-锡酸钡系高压铁电陶瓷以及多钛酸铋及其与钛酸锶等组成的固溶体系低损耗铁电陶瓷等。

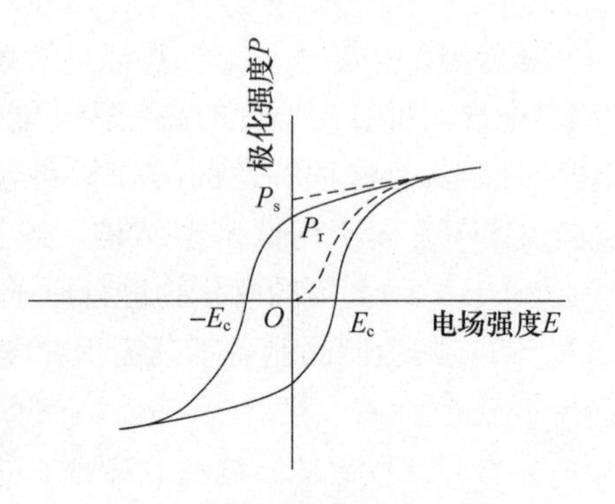

图 8-5 铁电陶瓷电滞回线

利用铁电陶瓷的高介电常数可制作大容量的陶瓷电容器，利用其压电性可制作各种压电器件，利用其热释电性可制作红外探测器，通过适当工艺制成的透明铁电陶瓷具有电控光特性，利用它可制作存贮、显示或开关用的电控光特性铁电陶瓷。通过物理或化学方法制备的锆钛酸铅（PZT）、锆钛酸镧铅（PLZT）等铁电薄膜，在电光器件、非挥发性铁电存储器件等方面有重要用途，主要用于制作开关型和缓变型热敏陶瓷电阻、电流限制器等。

3. 临界温度热敏电阻陶瓷

简称CTR热敏陶瓷，主要是利用在一定温度作用下材料产生从半导体到金属状态的相变的原理，这时材料的电阻发生急剧的变化从而制成，故又称为急变温度热敏电阻。其典型材料是钒（V）系陶瓷材料，在其中加入锗、钨、钼等的氧化物，这些氧化物的加入使得V的晶格间隔不同，若在适当的还原气氛中五氧化二钒变成二氧化钒，则电阻急变温度变大；若进一步还原为三氧化二钒，则急变消失。产生电阻急变的温度对应于半玻璃半导体物性急变的位置。早在1946年人们就发现V_2O_3在173K时电阻值骤然下降的现象，随后又发现VO_2、VO、Ti_2O_3、NbO_2等材料也具有这样的特性。日立公司于1965年采用VO_2添加Mg、Ca、Ba、Pb、P、B、Si等的氧化物，在还原气氛下合成，并在900℃以上淬火，制成了临界温度热敏电阻。2007年西安交通大学针对现有临界温度热敏陶瓷所存在的临界温度低的问题，合成了一种多组分陶瓷材料，其组成成分包含Ni_2O_3、Cr_2O_3、Fe_2O_3、In_2O_3、CuO、Al_2O_3等，将这些材料通过湿法球磨、干燥、过筛，然后在900～1200℃烧成，制备成半导体陶瓷。用半导体陶瓷材料制成的传感器具有众多优点：①电阻温度系数大，灵敏度高，可测量微小的温度变化（0.002～0.005℃）；②结构简单，体积小，直径可以做到小于0.5mm，可以测量点温度；③电阻率高，热惯性小，响应速度快，响应时间可以短到毫秒级，适宜动态测量；④易于维护和进行远距离控制，因为元件本身的电阻值可达3～700kΩ，当远距离测量时，导线电阻的影响可以不予考虑，主要应用于火灾报警及温度报警方面[3]。对于上述热敏电阻传感器，其典型应用之一为过热保护，在小电流场合，可以将热敏电阻与需要被保护的器件串联，当负载温度过高时，电阻将自动断开，起到保护负载的作用。其缺点是这类材料的电阻-温度曲线为非线性曲线，互换性差。

4. 利用磁性变化的温度传感器

磁性温度传感器主要指利用磁性材料的饱和磁通密度、矫顽力、磁导率等与温度的依赖关系而制成的一类传感器。其工作原理与热电偶、热电阻等其他种类的温度传感器不同，因它能够利用居里温度作为标准值，所以本质上兼有检测、放大功能的优点，其应用遍及温度测量或遥测、恒温控制、过热保护、热输入的放大控制或温度存储等多种领域。铁氧体是磁性陶瓷的重要代表，铁氧体是一种非金属磁性材料，又叫铁淦氧或磁性瓷。它是由三氧化二铁和一种或几种其他金属氧化物（如 MnO、NiO、CoO、ZnO、BaO、TiO_2、B_2O_3、PbO、GeO_2、Y_2O_3、P_2O_3）等组成的二元系或多元体系配制烧结而成。其性质属于半导体，通常作为磁性介质应用，铁氧体磁性材料与金属或合金磁性材料之间最重要的区别在于导电性，其电阻率是金属的 10^8 倍，通常前者的电阻率为 $10^2\sim10^8\Omega\cdot cm$，而后者只有 $10^{-6}\sim10^{-4}\Omega\cdot cm$。它的相对磁导率可高达几千，涡流损耗小，适合于制作高频电磁器件。铁氧体有软磁、硬磁、矩磁、旋磁和压磁五类。软磁指在较弱的磁场下，易磁化也易退磁，软磁铁氧体是目前用途广、品种多、产值高的一种铁氧体。在软磁铁氧体中 Mn-Zn 铁氧体占有重要位置。其制备工艺流程如图 8-6 所示。

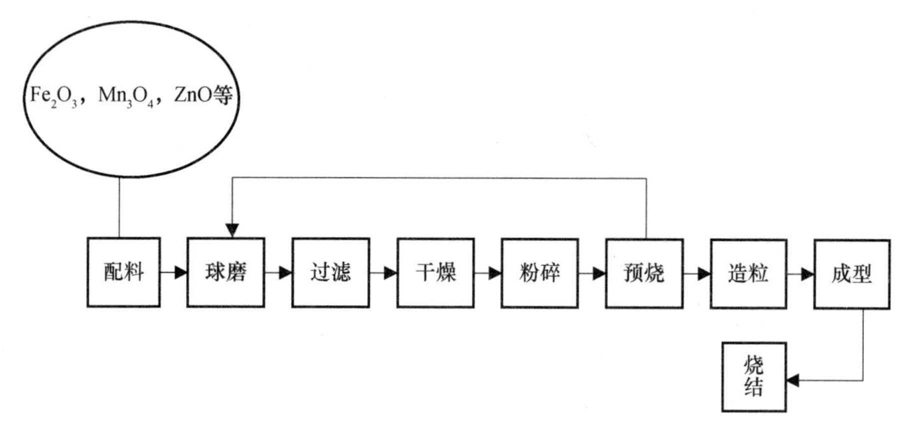

图 8-6　铁氧体陶瓷制备工艺流程

在烧结过程中要合理控制温度，要尽量控制 Mn 及 Fe 离子的变价，防止 Zn 离子高温挥发，既要铁氧体固相完全反应，又要防止晶粒的不连续生长，一般在烧结初期要缓慢升温，以便反应物里的空气排除，在 700℃即开始反应，形成铁氧体结构。温度的升高促进了离子的扩散和晶界迁移，一般到 1000℃晶粒逐渐长大，晶界变薄，气孔变小，晶粒呈均匀状，材料密度达到最大值，晶界附近的内应力减小，材料满足使用要求。

5. 氧浓差陶瓷温度传感器

氧浓差电池的主要材料是氧化锆，而氧化锆传感器的核心构件是氧化锆固体电解质，氧化锆固体电解质是由多元氧化物组成的，常用的电解质有 $ZrO_2\cdot Y_2O_3$，它由二元氧化物组成，其中以 ZrO_2 为基体，Y_2O_3 为稳定剂。ZrO_2 在常温下是单斜晶体，在高温下变成立方晶体（萤石型），但当它冷却后又变为单斜晶体，因此纯氧化锆的晶型是不稳定的。所以当在 ZrO_2 中掺入一定量的稳定剂 Y_2O_3 时，由于 Y^{3+} 置换了 Zr^{4+} 的位置，一方面在晶体中留下了氧离子空穴，另一方面由于晶体内部应力变化的原因，该晶体冷却后仍保留立方晶体，因此又称它为稳定氧化锆。据上分析，稳定氧化锆在高温下（650℃以上）是氧离子的良好导体。典型的氧化锆传感器如下：

$$Pt,\ P''O_2 \mid ZrO_2\cdot Y_2O_3 \mid P'O_2,\ Pt$$

Pt 表示两个铂电极，它涂刷在氧化锆电解质的两边，两种氧分压为 $P''O_2$ 和 $P'O_2$ 的气体分别通过电解质的两边。作为氧传感器，其中 $P''O_2$ 是参比气，例如通入空气（含

20.6%O_2)，$P'O_2$ 是待测气，例如通入烟气。在高温下，由于氧化锆电解质是良好的氧离子导体，氧就会从分压大的 $P''O_2$ 一侧向分压小的 $P'O_2$ 一侧扩散，这种扩散，不是氧分子透过氧化锆从 $P''O_2$ 侧到 $P'O_2$ 侧，而是氧分子离解成氧离子后，通过氧化锆的过程。750℃左右的高温中，在铂电极的催化作用下，电池的 $P''O_2$ 侧发生还原反应，一个氧分子从铂电极取得 4 个电子，变成两个氧离子（O^{2-}）进入电解质，即：

$$O_2\ (P''O_2) + 4e \longrightarrow 2O^{2-} \tag{8-2}$$

$P''O_2$ 侧铂电极由于大量给出电子而带正电，成为氧浓差电池的正极或阳极。这些氧离子进入电解质后，通过晶体中的空穴向前运动到达右侧的铂电极，在电池的 $P'O_2$ 侧发生氧化反应，氧离子在铂电极上释放电子并结合成氧分子析出，即：

$$2O^{2-} - 4e \longrightarrow O_2\ (P'O_2) \tag{8-3}$$

$P'O_2$ 侧铂电极由于大量得到电子而带负电，成为氧浓差电池的负极或阴极。这样在两个电极上，由于正负电荷的堆积而形成一个电势，称之为氧浓差电动势。当用导线将两个电极连成电路时，负极上的电子就会通过外电路流到正极，再供给氧分子形成离子，电路中就有电流通过。其电池电势由能斯特方程给出：

$$E = RT/4F \times \ln\ (P''O_2/P'O_2) \tag{8-4}$$

式中 R——气体常数；

T——电池的热力学温度（K）；

F——法拉第常数。

式（8-4）是在理想状态下导出的，必须具有四个条件：①两边的气体均为理想气体；②整个电池处于恒温恒压系统中；③浓差电池是可逆的；④电池中不存在任何附加电势。因此称式（8-4）为氧化锆传感器的理论方程。由式（8-4）可见，由于参比气氧含量 $P''O_2$ 是已知的，因此测得 E 值后便可求得待测气体氧含量 $P'O_2$ 值。当电池工作温度固定于 700℃时，上式为：

$$E = 48.26\lg\ (P''O_2/P'O_2) \tag{8-5}$$

由式（8-5）可知，在温度 700℃时，当固体电介质一侧氧分压为空气（20.6%）时，由浓差电池输出电动势 E，就可以计算出固体电介质另一侧氧分压，这就是氧化锆氧量分析仪的测氧原理。

除以上所述的温度传感器之外，在高温测量领域，人们发明了一种蓝宝石单晶光纤。这种材料是一种绝缘介质，不受电磁干扰，且耐高温、高压，能在有腐蚀性、易燃等环境中应用。同时由于其采用光纤作为传感信号源和传输介质，具有高精度、高灵敏度、测量范围宽、能远距离测量测控等优点。由于其极好的高温物理化学性能，非常适于高温下光纤测温应用，现已成功地用作辐射型光纤温度传感器的光纤传感头[4]。利用激光加热基座法（LHPG）单晶光纤生长技术，通过在蓝宝石单晶光纤的端部掺入 Cr^{3+} 离子，可以实现光激发下的荧光发射。通过荧光寿命的检测，可以测量所对应的温度。因此，这种温度传感器将实现从低温到高温的全程测温。试验显示，温度为 1000℃，该传感器的测温精度可达 0.1%，而且测量范围较大，极限温度可以达到 2000℃[5]。

8.2.2 陶瓷位置速度传感器的材质及制备工艺

这种传感器主要由具有压电效应的压电陶瓷组成，以锆钛酸铅（PZT）陶瓷为主。压电效应（Piezoelectric Effect）是压电材料的一个重要特性，主要分为正压电效应和逆压电效应。正压电效应（Direct Piezoelectric Effect）是指在一定的温度条件下，对压电元件施加机械变形会导致其内部的电荷发生点的极化且电荷中心位移发生变化，从而引起压电元件两个表面上出现束缚电荷符号相反的现象。某些陶瓷材料的压电效应是压力传感器的主要工作原理，这种传感器不能用于静态测量，因为只有经过外力的作用，压电元器件上的电荷在回路中才能被感知到。

1880 年法国人居里兄弟率先发现了“压电效应”。1942 年，第一个压电陶瓷材料——钛酸钡先后在美国、前苏联和日本制成。1947 年，钛酸钡拾音器——第一个压电陶瓷器件诞生了。20 世纪 50 年代初，又一种性能大大优于钛酸钡的压电陶瓷材料——锆钛酸铅研制成功。从此，压电陶瓷的发展进入了新的阶段。20 世纪 60 年代到 70 年代，压电陶瓷不断改进，渐趋完美。如用多种元素改进的锆钛酸铅二元系压电陶瓷，以锆钛酸铅为基础的三元系、四元系压电陶瓷也都应运而生。这些材料性能优异，制造简单，成本低廉，应用广泛。

压电陶瓷主要包括一元系的 $BaTiO_3$、二元系的 $Pb(ZrTi)O_3$(PZT)、三元系的 $Pb(Mg_{1/3}Nb_{2/3})O_3$(PCM) 以及改进的三元系压电陶瓷 $Pb(Mn_{1/3}Sb_{2/3})O_3$(PMS)，它们都是人工制造的多晶体材料。钛酸钡（$BaTiO_3$）具有较高的介电常数和压电常数以及较高的电阻率，其居里温度约为 120℃，且容易制备。其中，以 PZT 为代表的压电陶瓷具有比 $BaTiO_3$ 陶瓷更高的介电常数和压电系数 [$d_{33}=(200\sim500)\times10^{-12}$ pc/N]，居里温度高达 300℃，是目前制作压电传感器的首选材料。压电材料的压电效应与其内部分子的结构形式是息息相关的。以压电陶瓷为例来进行说明，压电陶瓷是由许多小晶粒组成的，属于多晶体材料。各小晶粒内的原子排列都是规则有序的，但是晶粒之间具有不相同的晶格方向，因此，晶体从整体上看是无规则排列的，压电材料内部结构的排列方式也就决定了其压电性能。压电陶瓷的晶体结构是以居里温度为界限而定的，居里温度以下的压电陶瓷为四方晶系，四方晶体的压电陶瓷因结构不对称而具有压电性；而居里温度以上的压电陶瓷为立方晶系，因高度对称而没有压电性能，图 8-7 是 $BaTiO_3$ 晶体在极化前后的内部结构形式[6]。

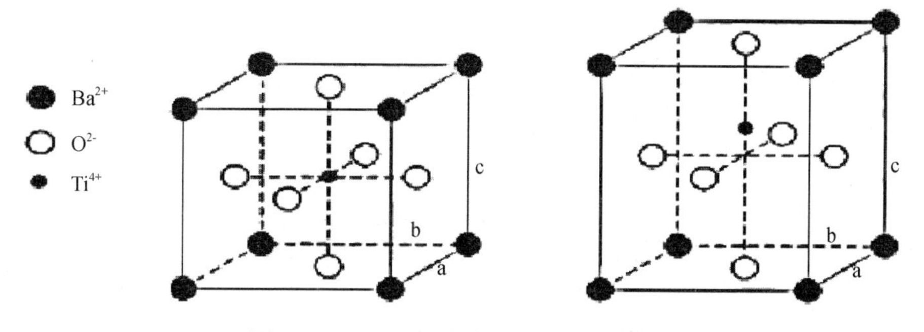

图 8-7　$BaTiO_3$ 极化前后的内部结构形式

制作压电传感器的关键是选择合适的压电陶瓷片。目前，以二元系的锆钛酸铅（PZT）为代表的压电陶瓷材料在工程领域应用中最为广泛。制备压电陶瓷的一般工艺流程如图 8-8 所示[7]。

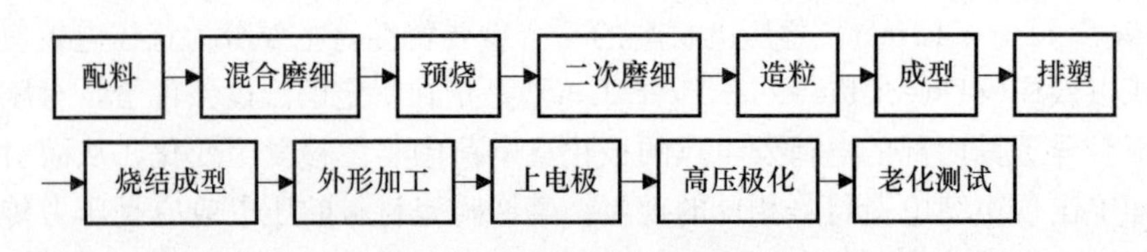

图 8-8 压电陶瓷的制作流程

压电陶瓷主要有三种类型，分别用 PZT-4、PZT-5 和 PZT-8 来标志。其中，PZT-4 是具有传感和驱动一体化功能的中等功率压电陶瓷，主要用于制成需要发射和接收两用功能的传感器；PZT-5 是具有高灵敏度的接收型压电陶瓷，主要用于制作加速度计、电声器件、水声换能器、接收传感器等；PZT-8 属于发射型的大功率压电陶瓷，主要用途是超声波洁牙、超声波清洗、超声波手术刀、超声波焊接等。另外，由于压电陶瓷属于多晶体材料，表现为各向异性的特征，各小晶体在不同方向上的性能不同。也就是说在压电陶瓷加工时，同一类型的压电陶瓷晶体切割的方向不同，其弹性常数、介电常数、压电常数等物理量的矩阵形式也是不相同的。表 8-2 对几种应变传感材料的基本性能做了比较。

表 8-2 几种应变传感材料的基本性能

特点	形状记忆合金	光导纤维	压电薄膜	压电陶瓷
成本	低	中	低	中
技术成熟性	良	良	良	良
可否成网	是	是	是	是
嵌入性	优	优	良	优
线性度	良	良	良	良
响应频率/Hz	0～10000	0～10000	1～50000	0～20000
敏感频率（微应变）	0.1～1.0	0.11	2	0.001～0.01
最大微应变	—	200	200	5000

从表 8-2 中可以看出，压电陶瓷的响应频率范围相对形状记忆合金和光导纤维而言是比较大的，虽然比压电薄膜的小，但是压电陶瓷能够对 0.001 的微应变做出响应，对应变的变化具有高敏感性。PZT 压电陶瓷的各项参数值如表 8-3 所示。

表 8-3 PZT 压电陶瓷的各项参数值

性能类别	性能值	性能类别	性能值
d_{33}/（10^{-12}C/N）	450	相对介电常数	2000
d_{33}/（10^{-12}C/N）	−195	居里温度	320
d_{33}/（10^{-12}C/N）	650	机电耦合系数	0.73
密度/（kg/m^3）	7600	介电损耗角工切	0.02
介电损耗	0.02	机械品质因子	80

压电陶瓷传感器的制作流程：

由于压电陶瓷自身的压电效应，在制备传感器时可直接利用，通常根据应用需要，选取合适的压电陶瓷片后，便开始制作传感器，其制备流程大体可分为四个步骤，具体如下[7]：

（1）焊接导线。用电烙铁将选取的压电陶瓷元件与导线进行焊接，电烙铁要选用小功率的，焊接时间不易太长，以避免因焊接温度过高而影响压电陶瓷的性能。对于接收型传感器，在焊接过程中要事先预留出一根具有屏蔽功能的导线。焊接好后，将其悬空固定于准备好的模具中。

（2）模具的准备。做出符合尺寸的模具，然后将模具固定于一平台上，为了便于传感器顺利脱模，浇注前在钢模内部先涂抹一层机油作为脱模剂，同时在模具的缝隙处要涂上一层凡士林，以避免浇注过程中发生漏浆现象。

（3）封装材料的制备。将水泥粉、环氧树脂及固化剂按照一定的比例混合均匀后，置于真空泵中抽真空以消除混合物内部的气泡，然后将混合物浇注于固定好压电陶瓷元件的模具里。浇注封装材料时要注意将裸露的铜芯导线完全封起来，以免传感器在使用过程中因外界水的进入而发生短路现象，影响其正常运行。

（4）拆模及屏蔽。待封装材料完全干燥后，将模具慢慢拆掉，以防损害传感器。对于接收型压电传感器，主要用来接收发射传感器发出的超声波，因此，为了防止在使用时受到外界噪声的干扰，有必要提高它的信噪比。一般采用引屏蔽导线的方法来降低噪声的干扰。在封装压电元件之前单独引出一根屏蔽线，待封装材料完全干燥后，用胶将屏蔽线粘贴于传感器表面，然后涂抹一层导电银胶层。

用PTZ压电陶瓷制造的压力传感器，是一种无源的传感器，利用其压电效应将压力直接转变成电信号，灵敏度较高，力学稳定性较好，反应速度快，抗冲击、抗过压能力较强，输出阻抗高、输出信号强，因而可以直接采集信号。

钛酸铋钠（NBT）基无铅压电陶瓷被认为是目前替代铅基压电陶瓷最有希望的候选材料之一，也是一种具有较好性能的无铅压电陶瓷材料。近年来国内许多科研院校都对其展开了广泛的研究，包括制备、烧结及电性能、储能性能研究等。北京工业大学朱满康教授的团队采用NBT压电陶瓷作为敏感元件，研制压缩式加速度传感器。由于无铅压电陶瓷的压电常数不足商用传感器PZT陶瓷的三分之一，如果只是简单地进行材料替换，必然导致灵敏度的下降。而提高灵敏度，可采用增加质量块的方法来实现，但这样又将导致使用频率上限的降低。为了获取性能良好的加速度传感器，必将要对加速度传感器内部的各个部件的尺寸进行重新的优化匹配，这一结构的优化通过调整质量块的质量和压电陶瓷片的厚度来完成[8]。

8.2.3 陶瓷光敏传感器的材质及性能

光敏传感器是利用光敏元件将光信号转换为电信号的传感器，一般敏感波长在可见光波长（380～760nm）附近。光敏传感器不只局限于对光的探测，还可以作为探测元件来组成其他传感器，对许多非电量进行检测，然后将这些非电量转换成光信号，即可实现测量目的。

光敏传感器具有非接触、反应快、性能可靠等特点，在自动控制和非电量电测技术中的应用非常广泛，其种类繁多，包含：光电管、光电倍增管、光敏电阻、光敏三极管、光电耦合器、太阳能电池、红外线传感器、紫外线传感器、光纤式光电传感器、色彩传感器、CCD和CMOS图像传感器等。其材质及工作原理如表8-4所示。

表 8-4 光敏传感器机理及材质

类别	输出形式	工作机理	材质	应用
光敏传感器	可见光	反斯托克斯定律	LaF_3（Rb、Er）	气体检测计
		—	压电体、$Ba_2NaNb_5O_{15}$（BNN）、$LiNbO_3$	X 线测量计
		荧光	ZnS（Cu、Al）、Y_2O_2S（Eu）	—
		热荧光	CaF_4	热荧光测量

LaF_3 及其掺杂的单晶和多晶是最重要的固体电介质之一。由于 F 的电负性为 4.0，是非金属性最强的元素，加之离子半径小和只带一个负电荷，所以在一定条件下离子的传输速度很快。其工作原理遵循反斯托克斯定律，所谓反斯托克斯定律指的是球形物体在流体中运动所受到的阻力，等于该球形物体的半径、速度、流体的黏度与 6 的乘积，即：

$$F=6\mu R\eta v \tag{8-6}$$

式中 μ——流体的黏度（Pa · s）；

η——黏度系数；

v——物体速度（m/s）；

R——物体半径（m）。

由于 LaF_3 是室温下离子导电率最高的氟离子导体之一，其粉体被用来制备固体电解质的化学传感器。LaF_3 属于六方晶系[9]，在该化合物中，La 位于 2 次轴上，每个 La 周围有 9 个离得较近的 F 原子。由于 LaF_3 的离子导电率同离子键的强度有关，键能越弱，离子迁移率越高。在 LaF_3 分子中，La 原子的用 F 以三角双锥的方式与 La 形成 5 配位，其结构如图 8-9 所示。三个原子的键长分别为：La－F1＝2.64Å，La—Fn＝2.42Å，La—Fm＝2.44Å，其中 F1 最容易运动。

LaF_3 作为固体电解质的离子选择电极，灵敏度高、操作简便、干扰较少，并能在连续自动分析中使用，适合分析工作的需求，主要用来监测室温下溶液中的氟离子浓度。LaF_3 作为固体电解质可构成稀土元素镧的成分，传感器对熔体铝或碳饱和铁液中的镧进行检测，通过电池的电动势，计算出镧的活度。近年来还将 LaF_3 单晶薄膜做成室温工作的固体电解质传感器，进行室温气体中氟、氢、氧、一氧化碳等的研究。

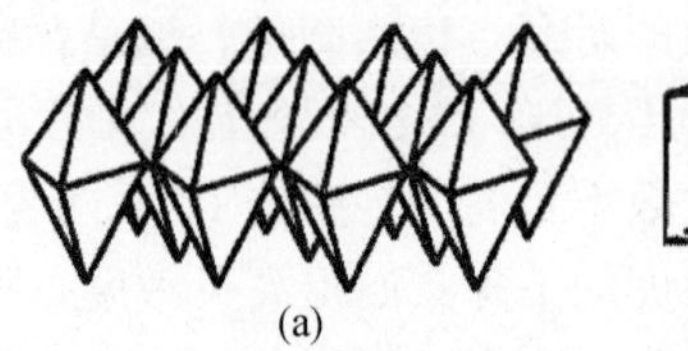
(a)

(b)

图 8-9 LaF_3 中 La 的配位图（沿 C 轴）

8.2.4 陶瓷压力传感器的材质及性能

1. 电容式压力传感器

陶瓷质电容式系列压力传感器是 20 世纪 80 年代陆续发明的传感器，传感器通常由较厚的陶瓷基座和较薄的陶瓷膜片构成，陶瓷基座和陶瓷膜片之间通过无机材料形成一个空气介质腔，介质腔的厚度一般控制在 15～20μm。基座和膜片原料一般以超细或纳米级氧化铝粉为主，加入 ZrO_2、Y_2O_3 等粉料及其他一些添加剂，混合均匀，采用热压铸和流延等工艺进行成型，然后高温烧结而制备具有一定韧性的陶瓷。在陶瓷基座上面制备贵金属电极，在电极上制备一层二氧化硅玻璃绝缘膜，然后通过玻璃封接层将基座和膜片连接起来，如图 8-10 所示，图中 1 为陶瓷基座，2 为陶瓷膜片，3 和 4 为同轴双电极，膜片上的导电层构成电极 5，在电极上面覆盖一层极薄的二氧化硅玻璃绝缘膜 6，以防止膜片 2 的电极 5 承受压力变形时与基座 1 上的电极 3 短路。电极 5 和电极 3 以及 4 分别构成一个电容器，当压力作用在膜片上时，膜片位移，使介质腔变薄，电容量变大。由于电容式压力传感器是一种空气介质的电容器，空气的介电常数随温度的变化量极小，这样同以往的压力传感器相比，温度漂移较小，另外传感器采用高强氧化铝作为基体，将双电容置于基体内部，将膜片紧靠基体直接把电容信号转变成电信号输出，具有精度高的优点。目前随着电子技术的发展，电容式压力传感器在充分发挥以往压力传感器优点的基础上，利用目前世界上最先进的电子陶瓷技术、集成电路技术和厚膜平面安装电路技术，采用零力学滞后的陶瓷和陶瓷密封材料进行设计，同以往的压力传感器相比，具有精度高，温度漂移小、抗干扰能力强、测量重复性强等特点，特别值得指出的是其有较强的抗冲击、抗过载能力，耐温、耐腐蚀性也有很大改善，体积小巧等优点。但是电容式陶瓷压力传感器因导线分布电容影响，不适合远距离传输，必须把传感器和处理电路制造在一起，将随压力变化的电容信号转变为电压信号后输出。因此传感器的一体化处理技术目前仍是业内研究的一个方向。该类传感器的制造技术和工艺在国外仍在不断发展和完善中，目前仅有美、德少数国家掌握该产品的生产技术。由于进口价格高达 80 多美元，限制了这一新技术在我国的应用[10]。

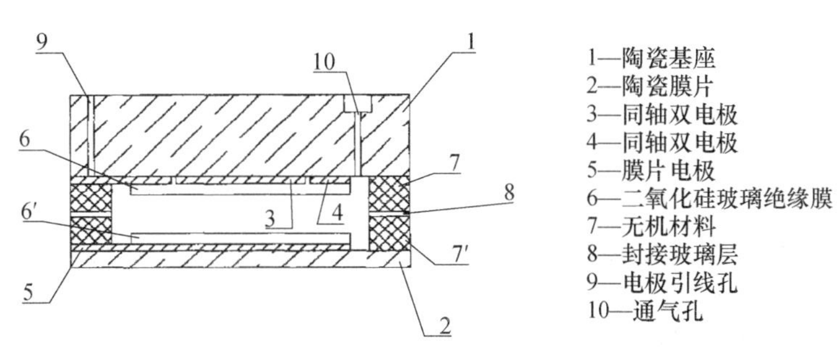

图 8-10　电容式压力传感器原理图

2. 电阻应变片式压力传感器

陶瓷电阻应变式压力传感器是利用厚膜电阻的压阻效应和力敏效应研制而成的，其应变电阻一般为具有压阻效应的厚膜酸盐电阻，通过印刷、烧制在陶瓷膜片的背面。测试时压力直接作用在陶瓷膜片的前表面，使膜片产生微小的形变，连接成一个惠斯通电桥（闭桥），由于压敏电阻的压阻效应，使电桥产生一个与压力成正比的高度线性、与激励电压也成正比的电压信号，从而实现压力测量。

标准的信号根据压力量程的不同标定为 2.0/3.0/3.3mV/V 等，可以和应变式传感器相兼容。抗腐蚀的陶瓷压力传感器没有液体的传递，通过激光标定，传感器具有很高的温度稳定性和时间稳定性，传感器自带温度补偿 0～70℃，并可以和绝大多数介质直接接触。

SOS 结构的硅-蓝宝石压力传感器是一种比较常见的高性能压力传感器，其主要利用压阻原理，采用硅-蓝宝石半导体敏感元件制造压力传感器和变送器。这种传感器中的蓝宝石是由单晶体绝缘体元素组成，不会发生滞后、疲劳和蠕变现象[11]；另外，蓝宝石比硅要坚固，硬度更大，不怕形变。蓝宝石的抗辐射特性极强，且有着非常好的弹性和绝缘特性（1000℃以内），因此，利用硅-蓝宝石制造的半导体敏感元件，对温度变化不敏感，即使在高温条件下，也有着很好的工作特性；另外，硅-蓝宝石半导体敏感元件，无 p-n 漂移，因此，从根本上简化了制造工艺，提高了重复性，确保了高成品率。

这种传感器最著名的产品是俄罗斯的钛/硅-蓝宝石压力传感器：采用双膜片结构，把具有异质外延应变灵敏电桥电路的蓝宝石膜片焊接在钛合金测量膜片上。当被测压力传送到钛合金接收膜片上时，在压力的作用下，钛合金接收膜片产生形变，该形变被硅-蓝宝石敏感元件感知后，其电桥输出会发生变化[11]，从而实现感知功能。其特性优异、滞后、应变疲劳和蠕变极小、硅-蓝宝石敏感元件无 p-n 结，可以在高温下工作（高达 350℃），颇适于高压测量应用（0～260MPa），精度可达 0.1%F.S.，是比较常用的压力传感器之一。

但是其本质仍然是利用硅压阻特性工作，因此在宽温区范围内温度稳定性欠佳，且不太容易制作高精度的微压传感器。近年来随着材料制备水平的发展，中国电子科技集团公司第四十九研究所报道出一种新型电容式蓝宝石压力传感器[12]。这种传感器是在硅-蓝宝石传感器的基础上，采用由 C 面（0001）取向蓝宝石材料制作的圆形膜片、基片、使膜片和基片分离形成空腔的垫片（由 704 型封接玻璃料和特定粒度的 C 面取向蓝宝石颗粒构成）以及位于膜片上的敏感电极、位于基片上的参考电极、基片电极制成。显然，可以把它看作由一枚周边固支的圆形膜片（动片）和一个圆形基片（定片）构成的小挠度膜盒压力传感器。其结构设计如图 8-11 所示。

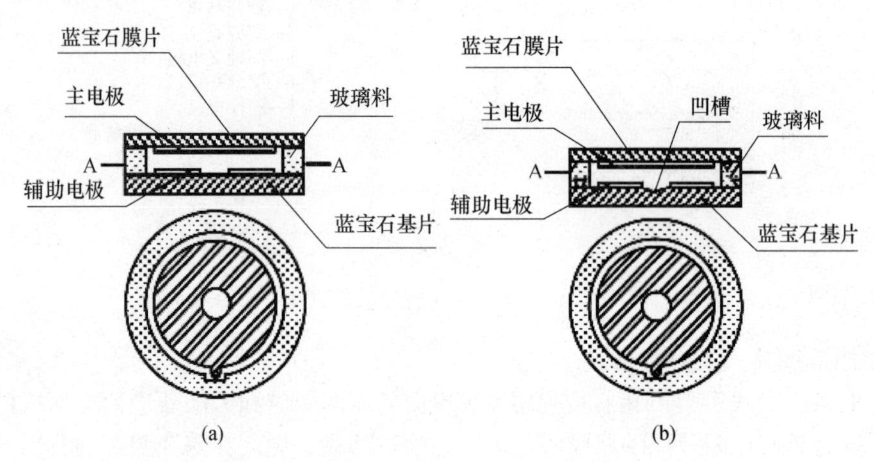

图 8-11　蓝宝石压力传感器的两种结构[13]

其压力测量范围是 0～3MPa，基片和膜片（皆为 C 面取向蓝宝石材料）的直径为 13mm，其工作面皆经过光学研磨和抛光。膜片的厚度为 0.7mm，基片的厚度为 6mm，基片和膜片电极的外径皆为 10mm，电极材料为 Pt，其厚度为 10μm。在基片和膜片之间放置厚度为 30μm 的 704 型封接玻璃料垫片（为了保持其厚度的一致性，在其中掺有直径为 30μm 的 C 面取向蓝宝石颗粒，而封接玻璃料粉末的粒度很小，为微米级），当温度增加到 550℃左右时，玻璃料熔化，而蓝宝石颗粒不熔化，因此可以确保基片和膜片的间距为 30μm。

基片电极的设计方案有两种：

方案1：如图8-11（a）所示，传感器的膜片电极完整，而基片电极中心区的一部分电极（大约ϕ1.2～5.2mm）被清除。方案2：如图8-11（b）所示，传感器的膜片电极完整，而在基片的中心处以干法刻蚀技术加工了一个半球形凹槽，凹槽的最大深度为50μm。基片电极中心区无电极，无电极空白区的直径大于凹槽的直径，并且无电极区的中心与凹槽同心。当敏感压力时，由于存在半球形凹槽，即使膜片产生最大挠度，其电极前端也不会与基片电极接触。此外，由于半球形凹槽的缘故，弯曲膜片中央区电容的非线性以及其他分布电容对灵敏度的影响都很小。因此，在很宽的压力范围内，该传感器的线性度远优于常规电容式蓝宝石压力传感器。

正压电效应（Piezoelectric Effect）是指当对压电材料两端施加物理压力时，材料体内之电偶极矩会因压缩而变短，此时压电材料为抵抗这种变化会在材料相对的表面上产生等量正负电荷，以保持原状，如图8-12（a）所示。利用压电元件的正压电效应可以得出元件埋入处结构的变形量，从而判断结构损伤的程度。逆压电效应（Inverse Piezoelectric Effect）是指在压电元件的两个表面施加电压，元件内部的电荷中心将会发生相对位移，引起其发生机械变形的现象，如图8-12（b）。可以利用压电元件的逆压电效应做成埋入结构中的驱动器，改变结构应力状态。

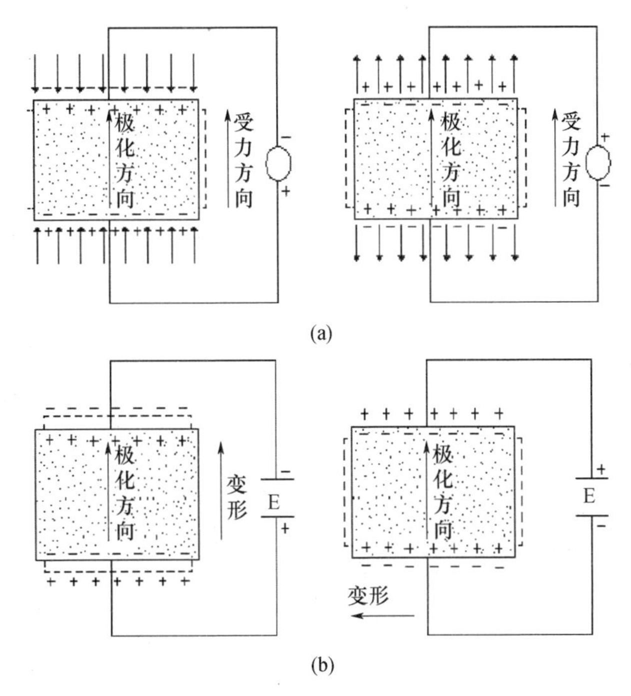

图8-12 压电元件的压电效应示意图

（a）正压电效应；（b）逆压电效应

高温压力传感器选取高温氧化锆生瓷片材料作为核心部件，通常采用高温瓷工艺与低温瓷工艺相结合、多步烧结的非共烧技术制备电容腔式压敏LC结构（高温区域），解决各材料烧结过程中热膨胀系数不匹配的问题，非共烧电容式高温压力传感器的理论核心在于：外界压力的作用使传感器电容空腔的极板间距变小，导致电容值改变，从而引起谐振频率的变化；增加填充可被熔化的玻璃层作为“牺牲层”，可极大程度上改进密闭微型空腔的平整度，提升传感器的灵敏度，更好地实现高温区域的压力测量。温度传感器以低温共烧陶瓷（Low Temperature Co-fired Ceramic，LTCC）材料为基底，选取对温度敏感的高居里点铁电陶瓷作为介质材料，采用低温瓷工艺制备电容腔式温敏 LC 结构，同样加入“牺牲层”填充工艺。铁电陶瓷温度传感器的理论核心在于铁电陶瓷这种材料对温度敏感，当外界温度发生变化时，其介电常数改变，导致电容值改变，从而引起谐振频率的变化，这两种参数都是通过谐振频率的变化来获取信号参数。

随着各类测量仪器、生产设备向自动化、微型化、智能化发展。对压力传感器体积、精度、耐腐蚀、抗干扰等性能提出了更高的要求，迫使我们去研究新型的更高性能的压力传感器，以替代传统的压力传感器产品，使之更新换代，满足仪器、仪表行业自动化、微型化、智能化的要求。

3. 陶瓷厚膜高温压力传感器

陶瓷厚膜高温压力传感器芯体是采用厚膜工艺制备，通过在陶瓷弹性基体表面印制应变电桥电阻及温度、零位调整电路，实现压力检测。其基本结构是：在陶瓷弹性体上利用厚膜工艺制作四个厚膜应变电阻，厚膜应变电阻之间用厚膜导体浆料印烧的导带互连，构成惠斯通电桥。压力直接作用在陶瓷膜片的前表面，使膜片产生微小的形变，利用应变电阻的压阻特性将外界压力的变化转化为电阻阻值的变化，通过惠斯通电桥再转化为电压信号的变化。即当压力传感器不受压力时，应变电桥处于平衡状态，在电桥的另外两个相对外接电极端输出电压为零；当对传感器施加压力时，圆形膜片产生微量形变，使电桥的四个电阻的阻值发生变化，电桥处于不平衡态，其电压输出端输出与压力信号成精密线性关系的电压，此即为陶瓷厚膜压阻式压力传感器的工作原理[13]。

陶瓷厚膜压力传感器是后期发展起来的一种较为新颖的传感技术。它是利用丝网漏印原理将制成料浆的电子材料印烧到陶瓷绝缘基片上，形成具有一定功能的电子材料。其中具有压阻效应的陶瓷材料成为压力传感器制备材料的首选，由于锆钛酸铅（Lead Zirconate Titanate，PZT）材料，具有比其他铁电体更优良的压电和介电性能而获得广泛应用，PZT 是锆酸铅（$PbZrO_3$）和钛酸铅（$PbTiO_3$）的固溶体，具有钙钛矿型结构，因为 Zr 和 Ti 属于同一副族，使得 $PbTiO_3$ 和 $PbZrO_3$ 具有相似的空间点阵形式，可以产生共溶，但两者的宏观特性却有很大的差异，钛酸铅为铁电体，其居里温度为 492℃，而锆酸铅却是反铁电体，居里温度为 232℃，材料的这种特性使得 PZT 以及掺杂的 PZT 系列压电陶瓷成为近年来研究的焦点。而厚膜压电陶瓷传感器的基体一般采用 Al_2O_3 陶瓷材料作为基板，其制备工艺是在 Al_2O_3 陶瓷基板的预定位置印出 PZT 金属浆料图形，形成应变电阻，再利用厚膜传感工艺技术将陶瓷基板于底座间加工成可变电容式感压元件，最终研制成的一种压力传感器。该种高温压力传感器受分布电容、寄生电容影响小，抗腐蚀，耐高温，抗干扰和抗过载能力也很强，精度高，适用范围也非常广，已成为该领域的一种研究主流技术[14]。

陶瓷压力传感器主要由瓷环、陶瓷膜片和陶瓷盖板三部分组成。陶瓷膜片作为感力弹性体，采用 95%的 Al_2O_3 瓷精加工而成，要求平整、均匀、质密，其厚度与有效半径视设计量程而定。瓷环采用热压铸工艺高温烧制成型。陶瓷膜片与瓷环之间采用高温玻璃浆料，通过厚膜印刷、热烧成技术烧制在一起，形成周边固支的感力杯状弹性体，即在陶瓷的周边固支部分应形成无蠕变的刚性结构。在陶瓷膜片上表面，即瓷杯底部，用厚膜工艺技术做成传感器的电路。陶瓷盖板下部的圆形凹槽使盖板与膜片之间形成一定间隙，通过限位可防止膜片过载时因过度弯曲而破裂，形成对传感器的抗过载保护。

随着陶瓷制备技术的提高，其制备工艺在原来的厚膜技术基础上，发展出低温共烧陶瓷技术（LTCC）和高温共烧陶瓷技术（High Temperature Co-fired Ceramic，HTCC）。低温共烧陶瓷技术是在已成型的陶瓷生料带上进行加工制作的，首先将生瓷带切割成所需尺寸，再在其上面打孔，继而进行填孔，再利用金属浆料完成丝网印刷，之后再把所需层数的印好的生料带重叠并压在一起，置于烧结设备中，在一定温度下烧结，也可以在几层料带中间做成腔体。这一技术是休斯公司早在1982年开发的，由于这一技术带动了LTCC传感器的发展，从20世纪90年代以来就已经开始应用，以远近闻名的“三明治式”的传感器结构为代表，利用多层LTCC基板叠片、压层等工艺完成电容式空腔的物理结构支撑，通过丝网印刷工艺形成传感器的核心部件：LC谐振路，该结构实现了400℃左右下的高温性能测试。

高温共烧陶瓷（HTCC）材料是一种较为新型的高性能电子材料，由于其在高可靠性方面具有优势，国内中电13所、兵器214所、中电2所等单位相继开展了HTCC设备及工艺的技术研发，目前中电13所、兵器214所已经具备规模化的生产能力。LTCC烧结温度在800～950℃之间；HTCC烧结温度在1500℃以上。表8-5是低温共烧陶瓷与高温共烧陶瓷技术的优缺点比较。

表8-5　低温共烧和高温共烧的优缺点对比

名称	HTCC基板	LTCC基板
基板介质材料	氧化锆	（1）微晶玻璃材料；（2）玻璃+陶瓷复合材料
导带金属材料	钨、钼、钼-锰等	银、金、铜、钯-银等
共烧温度	1500～18500℃	950℃以下
优点	（1）机械强度较高；（2）散热系数较高；（3）材料成本较低；（4）化学性能稳定；（5）布线密度高	（1）导电率较高；（2）制成成本较低；（3）可内埋被动组件模块；（4）有较小的热膨胀系数和介电常数且介电常数易调整；（5）有优良的高频性能；（6）使用电导率高的金属作导体材料，可提高基板的导电性能；（7）可以制成线宽小至50μm的细线结构电路；（8）集成的元件种类多、参量范围大；（9）非连续式的生产工艺，允许对生坯基板进行检查，从而提高成品率，降低生产成本
缺点	（1）导电率较低；（2）制成成本较高	（1）机械强度低；（2）散热系数低；（3）材料成本较高

另外一种陶瓷传感器为SiC高温压力传感器，这种材料具有较好的抗辐射性、机械性能、高温稳定性、化学稳定性以及较大的压阻系数等优点。其代表产品是工作温度可达500℃的SiC光纤高温压力传感器，可以在高温环境下（高于125℃），仍能完成正常的压力参数测试。这种传感器具有特别强的高温工作能力，因此在各类工业中都扮演着特别重要的角色，许多工业现场工种的完成都离不开高温环境的检测，尤其在航空航天等武器系统中的动力系统，它是不可或缺的。目前已成为各国相关领域科学家高度重视并努力掌握的高科技技术之一。

8.2.5　气敏陶瓷传感器

1931年P. Brauer发现，当水蒸气吸附在半导体Cu_2O表面时，Cu_2O的电导率会发生很大变化。人们便利用这一性质，开始了利用传感器对气体进行检测的研究，气体传感器应运而生[15]。气体传感器是传感器中的一个重要分支，它可以利用特殊的材料感受外界气氛信息，并按一定规律转换成可测信号。气体传感器种类繁多，根据工作机理不同，可划分为半导体气体传感器、电化学气体传感器、催化燃烧式气体传感器、热导式气体传感器、红外线气体传感器等。如表8-6所示。

表8-6　气体传感器的工作机理和材质

类别	输出形式	工作机理	材质	应用
气体传感器	电阻变化	催化燃烧式反应热	Pt催化/Al_2O_3/Pt线	气体检测计
		利用氧化半导体材料的气体吸放所产生的电荷迁移	SnO_2、In_2O_3、ZnO、WO_3、Fe_2O_3、NiO、CoO、Cr_2O_3、TiO_2、$LaNiO_3$、(Ln或Sr) CoO_3、(Ba或Ln) TiO_3	气体警报器
		气体传导放热引起的热敏电阻的阻值改变	热敏电阻	高浓度气体传感器
		氧化物半导体材料的化学	TiO_2、CoO-MgO	汽车排气
	电动势	高温固体电解质氧浓度电池	稳定ZrO_2	排气，CO不完全燃烧传感器
	电荷量	库仑		燃烧氧传感器

1962年，T. Seiyama[16]等发现当气体吸附在半导体表面后，半导体表面电阻会发生变化。从那时开始，人们就展开了以半导体材料吸附气体为中心的基础研究工作。至今为止，人们已经可以制成不同结构的半导体气敏器件，如烧结型、厚膜型、薄膜型等，其中烧结型和厚膜型的半导体气敏器件已经实现了商品化，而薄膜型气敏器件由于薄膜沉积工艺等限制因素还未实现规模化应用。

(1) 利用Al_2O_3基片制备传感器时，通常是在基片的正面预溅射一对Pt的叉指电极，以测量薄膜的电导率，在基片的背面再镀一层Pt，以作加热用，然后再在电极上用特定的沉积方法制备薄膜，经烧结、退火等热处理后，将该器件安装到标准设计的机座中。这种传感器结构简单，但其工作温度一般在300℃左右，器件功耗一般在500～1000mW之间，这种结构不利于与半导体IC工艺集成。虽然采用掺杂、催化、选择最佳工作温度等方法可以改善单个传感器的性能，但无法从根本上解决问题。基于这些问题，人们发展了硅基微结构型薄膜气敏传感器，这种传感器一般选用p型（100）取向的硅片，然后采用低压化学气相沉积法（LPCVD）在硅晶片的正反两面沉积一定厚度的Si_3N_4层，该层是无应力的介电层，其正表面作为制作电极的图形，反面作为刻蚀时的钝化层。在硅晶片的正面用直流溅射法或射频磁控溅射法沉积一定厚度的Ti层和Pt层，再将Pt/Ti双层膜于550℃下退火处理30min；用反应离子刻蚀工艺或者别的方法把硅晶片背面的Si_3N_4层刻蚀掉，为最后刻蚀硅晶片的背面打开一个窗口，这是第一个掩膜；用去边（lift-off）工艺或双边准直技术制作图形电极和加热器Pt/Ti双层膜，形成一对电极和电阻加热器，这是第二个掩膜；通过某种沉积薄膜的工艺将金属氧化物气敏薄膜层沉积到电极上，再进行适当的热处理，对该气敏薄膜层进行选择性刻蚀，以使气敏薄膜层与电极和加热元件的垫片保持接触，这是第三个掩膜；用 KOH 溶液或相关溶液，采用各向异性刻蚀法，把硅晶片背面刻蚀掉一部分，形成一定厚度的一个正方形的横隔膜，实现低功耗下在位加热。与传统的体型传感器相比，这类传感器具有成本低廉、制造简单、灵敏度高、响应速度快、寿命长、对湿度敏感低和电路简单等优点，不足之处是必须在高温下工作、对气体或气味的选择性差、元件参数分散、稳定性不理想、功率高等。半导体气体传感器具有检测灵敏度高、制备工艺简单、体小质轻以及长期稳定性好等优点，因此受到学术界和产业界的广泛关注[17]。

(2) 氧化物陶瓷半导体气敏传感器的机理

半导体材料的一个显著特点就是载流子（电子或空穴）的变化范围比较广，通过载流子浓度的变化就能起到改变阻值的效果，因此，半导体材料在以气体传感器和湿度传感器为中心的敏感元件中担负着重要作用。其原理是在一定温度下，待测气体在氧化物半导体表面进行吸附或反应引起敏感材料的电学特性（如电导率）变化而检测气体的浓度，比如我们常见的酒精传感器，就是利用 SnO_2 在高温下遇到酒精气体时，电阻会急剧减小的原理制备的。半导体型化学传感器是以氧化物半导体为敏感材料，气体在半导体材料表面吸附或反应，基于待测气体与敏感元件之间的相互作用，引起氧化物半导体的载流子浓度发生变化，从而导致敏感材料电导率（电阻值）的改变，来测量气体浓度的变化。氧化物半导体多为非化学计量比的化合物，在表面上存在各种缺陷，对气体具有较强的物理或化学吸附能力。当表面吸附的气体分子电子亲和能大于半导体表面溢出功时，将从半导体获得电子形成负离子；当表面吸附的气体分子电子亲和能小于电子的溢出功时，吸附的分子向半导体提供电子形成正离子。无论是半导体给予电子还是接受电子，都会引起能带的弯曲，而使功函数和电导率发生变化。尽管其工作原理简单，但对具体的气敏机理的认识和解释目前仍处于探索阶段。研究人员已经提出了几种关于半导体电阻式气敏机理的模型和理论[18]，主要包含以下几个方面。

① 表面-空间电荷层模型

在半导体表面，由于表面结构的不连续性或晶格缺陷，当氧化物半导体表面吸附某种气体时，被吸附气体在半导体表面所形成的表面能级与半导体本身的能级不在同一水平，存在电子授受关系，因此在表面附近形成不同形式的表面能级空间电荷层。该表面能级相对于半导体本身费米能级的位置，取决于被吸附气体的亲电性。如果其亲电性低（即还原性气体），产生的表面能级将位于费米能级下方，被吸附气体分子向空间电荷区域提供电子而成为阳离子，吸附在半导体表面。同时，空间电荷层内由于电子载流子浓度增加，使电荷层的电导率相应增大。相反，如果被吸附气体的亲电性高（即氧化性气体），产生的表面能级位于费米能级上方，被吸附气体分子从空间电荷区域吸附电子而成为阴离子，吸附在半导体表面。同时，空间电荷层内由于电子载流子浓度降低，使电荷层的电导率相应减小。因此，通过改变吸附气体的种类和浓度，就可以调控空间电荷层的电导率或气敏元件电阻值。

② 接触晶界势垒模型

接触晶界势垒理论是根据多晶半导体能带模型而提出的。半导体气敏材料是半导体颗粒的集合体。由于粒子接触界面存在势垒，对于n型半导体，当接触容易接受电子的气体时，将使接触界面势垒增高，电导率降低；当接触容易给出电子的气体时，则使势垒降低，电导率升高。

③ 能带生成理论

当n型半导体吸附还原性气体时，还原性气体将电子转移给半导体，而以正电荷的形式吸附在半导体表面。进入半导体内部的电子束缚了空穴，使空穴与导带上参与导电的自由电子复合几率减少，这实际上加强了自由电子形成电流的能力，因而电导率升高，减小了元件的电阻。与此相反，若n型半导体吸附氧化性气体，气体将以负离子形式吸附在半导体表面，而将空穴传输给半导体，使得导带电子数目减少，而使电导率降低，元件电阻增加。

自从1962年半导体金属氧化物陶瓷气体传感器问世以来，半导体气体传感器已经成为当今应用最普遍、最实用的一类气体传感器。已有的研究工作表明，TiO_2 气敏薄膜很有可能成为检测 O_2、NH_3、CO、NO_2、酒精等多种气体的极有前景的新型材料。

随着工业化进程的加快，各行各业使用和接触的气体越来越多，如工业生产、室内装修涉及的有机挥发性气体（VOCs，如丙酮、甲醛和甲苯等）容易引起过敏症和呼吸道疾病；煤矿瓦斯和家庭燃气等易燃易爆气体（如 H_2、CH_4、CO）的泄漏容易引起火灾和爆炸；固定燃烧装置和汽车尾气排放的有毒有害气体（如 NO_x、NH_3、H_2S、SO_2、Cl_2）是造成酸雨、温室效应和光化学烟雾等大气污染的主要原因。这些气体不仅污染室内和大气环境，同时也严重危害人类的健康。人们对一些气体的承受和感知能力是有限的，因此，研制出各种类型的气体传感器快速、准确地检测各种气体，对人类的生活、生产等至关重要。

传感器中敏感元件材料是传感技术的重要基础。随着材料科学的进步，传感材料越来越广泛，除了半导材料、光导纤维外，陶瓷材料的制备技术也越来越先进，美国NRC公司已开发出纳米 ZrO_2 气体传感器。在控制汽车尾气的排放上效果很好，由于纳米材料具有庞大的界面，能够提供大量的气体通道，导通电阻又很小，有利于传感器向微型化发展，具有很广阔的应用前景。

而性能优良的气体传感器需满足以下条件：能够快速对目标气体产生响应；检测环境下对干扰物的响应小；能够长期稳定地工作；仪器应该便于携带，操作简单；价格低廉等。

8.2.6 陶瓷湿度传感器材质及性能

湿敏元件是最简单的湿度传感器。湿敏元件主要有电阻式、电容式两大类。湿敏电阻的特点是在基片上覆盖一层用感湿材料制成的膜。当空气中的水蒸气吸附在感湿膜上时，元件的电阻率和电阻值都发生变化，利用这一特性即可测量湿度（表8-7）。

表8-7 湿度传感器的工作原理及材质

类别	输出形式	工作机理	材质	应用
湿度传感器	电阻	吸湿离子传导	LiCl、P_2O_5、ZnO-Li_2O	温度计
		氧化物半导体	TiO_2、$NiFe_2O_4$、$MgCr_2O_4$ + TiO_2、ZnO、Fe_2O_3 胶体	温度计
	介电常数	吸湿引起介电常数改变	Al_2O_3	温度计

湿度传感器是检测湿度的器件，在航空航天、气象预报、医疗卫生、工业生产、温室种植、科学研究以及日常家庭生活中具有重要应用。空气中含有水蒸气的量称为湿度。湿度表示的方法有很多，主要包括质量百分比、体积百分比、相对湿度、绝对湿度和露点（霜点）等。最常采用的表示方法是相对湿度（RH），即在某一温度下，水蒸气压同饱和蒸气压的百分比。水蒸气压是指在一定的温度条件下，混合气体中的水蒸气分压。而饱和蒸气压是指在同一温度下，混合气体中所含水蒸气压的最大值。

湿度测量技术发展已有200余年的历史，而人们对湿敏元件的认识是从1938年美国Dummore成功研制出浸涂式LiCl湿敏元件开始的。现有检测湿度的方法除了传统的毛发湿度计、干湿球湿度计外，还有半导体陶瓷、有机高分子材料和电解质湿度传感器等。在各类湿度传感器中，半导体陶瓷湿度传感器是占有市场份额最多的。

湿度传感器材质包含金属氧化物陶瓷湿敏传感器，这类传感器有Fe_2O_3湿敏传感器、SnO_2湿敏传感器、TiO_2湿敏传感器、多孔氧化物薄膜传感器。

人们认为湿度传感器是通过材料吸湿后引起其电性能改变来实现检测的。制作湿度传感器的陶瓷材料，须具有容易吸水并容易脱水的特点。其微观结构必须便于物理吸附水，并便于通过加热或不需加热进行清洁处理，使其恢复到吸附前的表面状态。但是关于金属氧化物陶瓷材料的吸湿机理尚无明确定论，目前占主导地位的理论是离子导电理论，水分子吸附在敏感材料表面，首先解离形成羟基（OH^-）和质子（H^+）。前者通过化学吸附在金属阳离子表面，而后者与表面O^{2-}基团而形成另外一个OH^-基团。从羟基基团解离的质子作为电荷载流子在羟基基团之间跳跃。化学吸附层一旦形成，就不再受外界湿度的影响。表面OH^-中的H^+再以氢键与其上的水分子结合，随之形成第一、二层物理吸附，敏感材料表面覆盖水不完全的时候，水合氢离子是占主导地位的载流子，H^+在相邻的水分子簇之间进行迁移。随着相对湿度的增加，当水分子足够丰富时，化学吸附中产生的电场促进了吸附水的分解：$2H_2O \longrightarrow H_3O^+ + OH^-$，形成水合氢离子。水分子逐渐形成类似液态水，该水合氢离子会自动释放另一个质子给第二个水分子，$H_3O^+ \longrightarrow H_2O + H^+$，如此进行下去。相当于$H^+$在相邻的水分子间进行传递，这个过程称为Grotthuss chain反应。在这种情况下，必将导致金属氧化物的总阻值下降，从而表现出感湿特性。根据这种导电特征，将陶瓷感湿材料大致分为两类：一类是容易形成稳定羟基的材料；另一类是化学吸附的羟基容易解离的材料。容易形成稳定羟基的材料主要有Al_2O_3系、ZnO-Li_2O-V_2O_3-Cr_2O_3系、$Ca_{10}(PO_4)_6(OH)_2$系等。如Al_2O_3系材料在一定条件下可以与水蒸气反应形成牢固致密的AlOOH膜，利用这种吸附作用可以制备湿度传感器。第二种是羟基容易解离的材料，这类材料主要有由镁尖晶石和TiO_2组成的MCT陶瓷材料，这种材料是经高温（1360℃）烧结而成的多孔陶瓷。其粒径约为1μm，比表面积达到0.1m^2/g；气孔率高达25%～40%；气孔直径为0.05～0.3μm。当陶瓷材料与水接触时，水几乎是以物理吸附的形式存在，在其表面上，相邻晶粒间的接触部位呈颈状，由于材料本身是p型半导体，其全部导电过程就集中在其表面晶粒的颈状接触。在相对湿度0～100%的变化过程中，由于吸附水造成的电导率变化可达5个数量级，这个特性使得这种材料可以检测到湿度低于10%的低湿区。用MTC陶瓷材料制备的湿度传感器具有检测范围广（0～100%）、检测灵敏度高、响应速度快、可靠性高等特点。除此之外，这种材料在 800℃左右进行清洁处理后，就又可以回到起始状态而接着工作，特别适合在环境恶劣的条件下长时间工作。

湿敏元件是最简单的湿度传感器。湿敏元件主要有电阻式、电容式两大类。湿敏电阻的特点是在基片上覆盖一层用感湿材料制成的膜，当空气中的水蒸气吸附在感湿膜上时，元件的电阻率和电阻值都发生变化，利用这一特性即可测量湿度。其主要材料包含 Al_2O_3、TiO_2、SnO_2 等，其应用原理是在这类多孔陶瓷的微粒子结晶表面，水分子随使用环境气氛的蒸汽量而发生物理性吸附和离解，而陶瓷的阻值随一部分离解质子（H^+）的迁移而变化。其灵敏度是由细孔结构、表面积以及化学成分决定的。当酸离子占有的表面积远大于 0.1nm² 时，在 90%RH 湿度以下，有效电阻由表面积和细孔的结构决定。当酸离子占有的表面积小于 0.1nm² 时，湿度大于 40%RH，电阻随酸离子在表面上相对集中的比率增大而减小。采用碱离子来替换细孔表面的酸离子是一种很好的改善湿敏元件灵敏度和稳定性的方法，在较低的湿度领域下，可用超离子导体和铁电体替换金属氧化物陶瓷的方法，来降低电阻。

存在于多孔陶瓷中的细孔有两种：闭孔和开孔，而开孔则分为能通过气体的贯通细孔和有入口而无出口的入口细孔两种。影响感湿特性的是入口细孔和贯通细孔。实际的细孔是细孔半径有弯弯曲曲的变化的形状，但为了简单，假设这些细孔全是圆筒状的，对应于元件电极面的垂直方向。这时的元件等价电路可认为如图 8-13 所示。

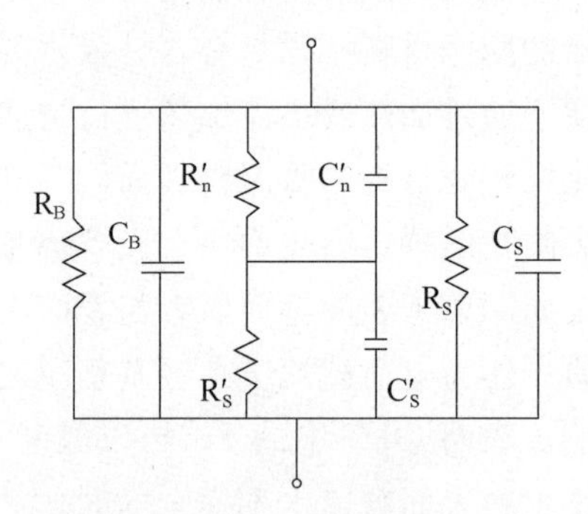

图 8-13 多孔陶瓷的等效电路

C_B、R_B—陶瓷自身的电容、电阻；C'_S、R'_S—吸附在贯通细孔表面的水的电容、电阻；C'_B、R'_B—存在于入口细孔的电极间陶瓷的电容、电阻。

用一般烧结方法得到的多孔陶瓷难以适合上述模型，但用酸浴阳极氧化的铝膜具有细孔形态容易控制的均一的入口细孔，与此同时，存在于入口的电极间的氧化物层（或势垒层）的厚度也是可以控制的。为了满足这个条件，同时也能满足其他特性（响应等）的方法，可以考虑改变陶瓷自身的物性。作为超离子导电体之一的 $Na_3Zr_2Si_3PO_{12}$ 及其类似化合物，对于空气、湿度有良好的稳定性，很容易得到具有在干燥状态下的电阻，这时也表明因吸湿导致的材料电阻的降低是在表面上水的吸附层形成的，电阻变化是 3 位数量级，还可以考虑具有高介电常数的多孔陶瓷，如各种碱盐复合体的利用，对于 $PLZTKH_2$-PO_4 系，在干燥状态下，电阻是 1mΩ，由吸湿而发生的电阻变化是 3 位数量级。

8.2.7 离子传感器的材质及性能

离子传感器是利用离子选择电极，将感受的离子量转换成可用输出信号的传感器。一般用于测量水溶液样本中选定离子的浓度。其机理及材质、应用情况如表 8-8 所示。

表8-8　离子传感器的机理及材质

类别	输出形式	工作机理	材质	应用
离子传感器	电动势	固体电解质膜	AgX，LaF_3、Ag_2S、CdS、AgI	离子浓差传感器
	电阻	吸附效应 MOSFET	Si H^+用 Si_3N_4/SiO_2 S^{2-}用 Ag_2S X^-用 PbO	温度计

8.3　陶瓷传感器的典型应用

8.3.1　氧化锆氧浓差传感器

氧化锆氧浓差传感器是20世纪60年代才兴起的，属于固体离子学中一个重要应用方面。这类氧传感器已在国内外广泛用于工业炉窑优化燃烧，产生了显著的节能效果；用于汽车尾气测量，明显地改善了城市环境污染；用于钢液测氧，大大提高了优质钢的质量和产量；用于惰性气体中测氧，其灵敏度和测氧范围非其他氧量计可比。本文从理论分析和实际应用两个方面阐述了上述问题。氧化锆传感器的主要应用可归纳为以下五个方面：(1) 烟气测氧：主要用于发电厂、炼油厂、钢铁厂、化工厂、轻纺印染厂、食品加工厂等企业。(2) 汽车尾气测量：目前主要用于载人的小汽车和轿车等。(3) 钢液测氧：主要用于钢铁公司和炼铜厂等冶炼企业。(4) 惰性气体测氧：主要用于钢铁公司、空分厂、化肥厂和电子企业等。(5) 物化研究：主要用于高温氧化还原反应中热力学和动力学参数测定。

由于压电材料具有重要的正、逆电效应，既可以用来制成传感器，也可以用来制成驱动器，已成为智能材料的典型代表，得到了快速的发展，其应用领域也被大大地拓宽，可应用于岩土力学、矿山开采、防护工程、爆炸力学等科学技术领域，经常需要在岩体、混凝土、土等介质中测量自由场的应力。早期用膜片式压力传感器，现在随着科技的发展，需要获得动态的变化过程，所以压电式传感器获得了广泛的发展。而压电传感器通常使用压电陶瓷，如PZT（锆钛酸铅），由于这种陶瓷材料具有良好的铁电、压电及热释电效应，故常用于制作压电陶瓷传感器。

陶瓷材料具有材料易得、性能优异、价格低廉的优势，是压力传感器的发展方向，在欧美国家，陶瓷传感器有全面替代其他类型传感器的趋势，在我国也有越来越多的用户使用替代扩散硅压力传感器。总之，随着电子技术的发展和汽车电子控制系统应用的日益广泛，汽车传感器市场需求将保持高速增长，高稳定性、高精度、长寿命、无线化、集成化和网络化的传感器将逐步取代传统的传感器，成为车用传感器的主流。

金属氧化物陶瓷传感器可用于制作土壤湿度检测计，其组成部分包含土壤湿度检测电路、湿度信号放大电路和高精度稳压电源电路。其中主要用陶瓷湿敏电阻、晶体管及普通电阻作为土壤湿度检测器，当湿敏电阻插入土壤中时，由于土壤水分含量不同，湿敏传感器的阻值也不同，这个电阻值便作为晶体管的基极偏置电阻。由于湿敏材料阻值随湿度变化，基极电流也随之不同，从而使晶体管的基极电流发生改变，导致发射电流也随之变化。然后电流信号经过某些转换装置转化为电压，放大后由稳压管输出 5V 左右的电压。用此装置可以检测的土壤含水量在 0～100％。除此之外，金属氧化物陶瓷还可以做秧棚湿度指示器，用于检测育秧棚里的湿度，便于适时监控秧棚湿度，及时排湿，为秧苗生长提供适宜环境。

8.3.2 陶瓷传感器在汽车上的应用

8.3.2.1 温度陶瓷传感器用来检测汽车温度

一辆汽车检测温度一般需用十余只陶瓷温度传感器。例如，发动机电喷系统需要连续精确地测量冷却水温度、进气温度、排气温度的传感器，以便根据温度变化修正或补偿燃油喷射量，改变怠速转速控制目标值等，获得最佳空燃比；负温度系数 NTC 热敏电阻的温度特性为一种指数函数，随温度升高电阻值减小，有负温度特性、灵敏度高、价格便宜等特点，常用作检测冷却水和进气以及机油温度传感器；NTC 热敏电阻由 Mn、Cu、Ni、Fe 等过渡金属氧化物配方，经陶瓷烧结工艺制作，按配方的不同，主要分为二元系、三元系、四元系等材料。工作温度范围在－200～130℃的 NTC 用于水温进气温度的检测，其结构是将 NTC 电阻装配在螺栓型金属外壳内，与电控单元的电阻串联。另一类以 $BaTiO_3$ 为主要材料，与金属氧化物混合烧结制成的正温度系数 PTC 热敏电阻，则用作汽车的液面水平传感器或低温启动加热元件。

8.3.2.2 气敏陶瓷传感器用来检测汽车尾气

利用固体电解质气敏陶瓷材料，研制出用于汽车尾气监测的氧传感器，通过测定尾气排放中的氧浓度来检测发动机空燃比，除可节省燃油外，还能减少 CO、NO_2 等有害气体的排放量。ZrO_2 氧传感器因灵敏度高、可靠性好，在汽车的实际应用中大多采用这种类型，其主要结构由产生电动势的 U 形 ZrO_2 电解质敏感管以及起电极作用的衬套、电阻加热器、有废气进口的防护外壳、多孔陶瓷帽组成。ZrO_2 管的内外表面涂覆有薄薄一层 Pt，既作电极又具有电动势放大作用，以及 Pt 涂覆在 ZrO_2 管上的催化作用。外电极是测量电极，内电极是参比电极。气体通过多孔陶瓷帽（扩散障）的气量小，排气温度低时，由电控单元给电阻加热器通电加热，保证氧传感器正常工作。ZrO_2 氧传感器安装在气管或前排气管内，在 400℃高温下，敏感管内外面存在氧浓度差时就会产生电动热，提供 0～1V 的反馈信号，通过检测废气中的氧压比，来控制汽车的空燃比。

按工作原理，可分为浓差电池型和电化学泵的极限电流型氧传感器，这两种结构类似、制造工艺相似，分别适宜理论空燃比和稀薄燃烧系统空燃比的控制。此外，TiO_2、Nb_2O_5 和 CeO_2 等氧化物陶瓷氧传感器，薄膜和厚膜型氧传感器的研发及在汽车中的应用开发也在积极深入开展。

汽车采用柴油发动机作动力时，除氧传感器外，用氮氧化物 NO_x 传感器进一步改善燃烧状态和废气再处理也是十分重要的。利用溅射法在氧化铝基板上形成约 100μm 厚的 ZnO 及 SnO_2 薄膜，然后加上电极，并在基板内侧装上加热器，构成 NO_x 传感器。NO_x 在薄膜表面上吸附负电荷，NO_x 浓度增加时，薄膜电阻增大，在 3～15s 内即可检测出废

气中的 NO_x 浓度，灵敏度为 5～800ppm。

8.3.2.3 压电陶瓷传感器用来检测汽缸工作状态

基于压阻效应的压电陶瓷可以监测汽缸工作的状态。压电陶瓷爆震传感器由压电陶瓷振子、金属片、密封垫、金属外壳等构成。压电振子产生的电荷与发动机气缸发生的振动成正比，所产生的电压经屏蔽线进入电控单元，由此检测出 7kHz 左右振动所产生的电压，电控单元根据这一电压的大小判断爆震强度，及时修正或相应推迟点火，提前消除爆震，使发动机在接近爆震、热效率最高、燃料消耗量最少的点火时刻工作，实现无爆震工作状态，保证发动机以最大可能的功率与经济指标运转。

8.2.3.4 湿敏陶瓷传感器检测汽车湿度

湿敏陶瓷的特点是测湿范围宽，响应时间较快，生产工艺较简单，是汽车湿度传感器的主要材料。适用于车窗玻璃防霜、结露和发动机化油器进气部分空气湿度的检测。湿度传感器的内部装有用金属氧化物系列陶瓷材料制成的多孔烧结体，利用烧结体表面对水分子的吸附作用来敏感湿度，其灵敏度取决于材料的气孔率及孔径，感湿特征量为电阻，呈负的湿敏特性。

当烧结体吸附了水分子时，其电阻值会发生变化，由镀覆电极输出，湿度增加时阻值减少，相对湿度从 0 变化为 100%RH 时，传感器的电阻值将有数千倍的变化，由此检测出湿度变化。

8.3.3 压电陶瓷在桥梁工程上的应用

随着智能材料的发展，早期的结构健康监测技术主要应用在桥梁上。例如北爱尔兰的 Foyle 桥、加拿大 Bedding Trail 大桥、美国佛罗里达州的 Sunshine Skyway 桥以及丹麦的 Faroe 跨海斜拉大桥是最先使用健康监测技术的桥梁，此后，许多国家开始在不同类型的桥梁上安装了监测系统。20 世纪 90 年代，我国也开始逐步在不同规模的桥梁上安装了结构健康监测系统，随后，润扬大桥、南京长江大桥、重庆大佛寺长江大桥及钱江四桥等也完成了实时监测系统的安装。近年来，美国、日本等多个国家开始将健康监测系统应用于海洋结构和高层建筑等复杂的结构。它是现有便携式环境、生理监测仪器的升级换代产品，可用于预防医学环境工程和生物医学工程领域。此类陶瓷有以下特点：

（1）其原始材料（盐类和氧化物）相对而言价格不贵，并容易获得。

（2）所需工艺设备的价格较低。

（3）生产过程容易实施和监控。

（4）陶瓷的烧结温度比单晶的生长温度低。

（5）除少数例外，其生产过程都在大气环境中完成。

（6）陶瓷工艺既可适用于小批量制备，也可适用于大规模生产。

总之，人们生产、生活的各个方面已经应用了大量的陶瓷传感器。而且随着材料制备工艺水平的发展，陶瓷传感器变得越来越便携，灵敏度也越来越高，其应用也越来越广泛，研究陶瓷传感器具有重要的意义。

参考文献

[1] 郭冰，王冲．压力传感器的现状与发展［J］．中国仪器表，2009（5）：72-75.

[2] 薛泉林，俞竟成．国外陶瓷传感器的发展状况及动向［J］．电子元件与材料，1985，(04)：28-32.

[3] 韩志范，赵毅．Mn-Zn 铁氧体软磁材料中非（铁）磁性相的形成［J］．材料导报，2007，5A（21）：168-170.

[4] 叶林华，沈永行．蓝宝石单晶光纤高温仪的研制［J］．红外与毫米波学报，1997，16（6）：437-441.

[5] 沈永行．从室温到 1800℃全程测温的蓝宝石单晶光纤温度传感器［J］．光学学报，2000，1（20）：83-87.

[6] 仲倩倩．基于压电传感器的钢筋锈蚀超声检测研究［D］．山东：济南大学，2012.

[7] 陈平易．陶瓷压阻式压力传感器的研究及应用［D］．陕西：西安电子科技大学，2012.

[8] 刘来君．钛酸铋钠基无铅压电陶瓷的制备技术研究［D］．西北工业大学，2006.

[9] 李士忠、石汝军，等．陶瓷压力传感器及差压传感器［ZL］．ZL00 215518．4．2000.

[10] 唐力强，李民强，陈建群，等．基于厚膜技术的双电容陶瓷压力传感器［J］．仪表技术与传感器，2006（7）：3-5.

[11] 苏凤．电容湿度传感器性能研究［D］．四川：西南交通大学，2008.

[12] 陈平易．陶瓷压阻式压力传感器的研究及应用［D］．陕西：西安电子科技大学，2012.

[13] 宋国庆，林金秋，张莉新，等．一种新型电容式蓝宝石压力传感器［J］．传感器世界，2011，(03)：20-23.

[14] 李士忠、石汝军等．陶瓷压力传感器及差压传感器［ZL］．ZL00 215518．4．2000.

[15] 杨志华．γ-Al_2O_3 基薄膜型气敏材料的制备及气敏性能研究［D］．四川：四川大学，2004.

[16] Seiyama T，Kato A，Fujiishi K，et al.［J］．Anal. Chem.，1962，34：1502-1503.

[17] 杨志华，余萍，肖定全．半导体陶瓷型薄膜气敏传感器的研究进展［J］．功能材料，2004，1（35）：4-6.

[18] 徐毓龙，曹全喜，周晓华．金属氧化物半导体电阻型气敏传感器作用机理［J］．传感技术学报，1992，(02)：53-64.

第9章　新能源陶瓷

能源是人类生存及发展的物质基础，也是人类从事各种经济活动的原动力，每次能源技术的进步都带动了人类社会的发展，也改变了人类社会的基本面貌。随着煤炭、石油和天然气等化石燃料的逐渐消耗，各国对新能源的开发越来越重视。新能源包括核能、太阳能、风能、氢能、海洋能、生物质能和地热能等。陶瓷材料是一种既古老又年轻的材料，早在新石器时代（约公元前8000～前2000年）就发明了陶器。在现代社会，陶瓷又有了新的用武之地，其中新能源领域就用到许多陶瓷材料，如氧化钇稳定氧化锆膜用作燃料电池隔膜，碳化硅材料作为核燃料的包壳材料，泡沫陶瓷用作太阳能光热发电的吸热材料等。

9.1　燃料电池

燃料电池是一种电化学发电装置，它将燃料和氧化剂的化学能通过电化学反应直接变换为电能。由于它工作时需要连续消耗燃料和氧化剂，被称为燃料电池。全世界第一篇有关燃料电池研究的报告于1839年由格罗夫（W. R. Grove）蒙德发表。他研制的单电池用镀制的铂作电极，以氢为燃料，氧为氧化剂。1889年，蒙德（L. Mond）和朗格尔（C. Langer）以氢为燃料、氧为氧化剂组装的燃料电池，在结构上已接近于现代燃料电池[1]。该电池采用浸有电解质的多孔非传导材料为电池隔膜，以铂黑为电催化剂，以铂或金片为电流收集器。

燃料电池等温地按化学方式直接将化学能转化为电能，不经过热机过程，因此不受卡诺循环的限制，能量转化效率高（40%～60%），环境友好，几乎不排放氮的氧化物和硫的氧化物，二氧化碳的排放量也比常规发电厂减少40%以上。正是由于这些突出的优越性，燃料电池技术的研究和开发备受各国政府与大公司的重视，被认为是21世纪首选的洁净、高效的发电技术。

9.1.1　燃料电池的基本原理和基本组成

1. 基本原理

单电池由阳极、阴极和电解质隔膜构成。燃料在阳极氧化，氧化剂在阴极还原，电池工作时，燃料和氧化剂由外部供给，进行反应。原则上只要反应物不断输入，反应产物不断排出，燃料电池就能连续发电。

以氢-氧燃料电池为例，其反应原理是电解水的逆过程。阳极化学过程为：

$$H_2 \longrightarrow 2H^+ + 2e^- \tag{9-1}$$

在阴极，质子与氧和电子相结合产生水：

$$\frac{1}{2}O_2+2H^++2e^-\longrightarrow H_2O \tag{9-2}$$

总反应为：

$$H_2+\frac{1}{2}O_2\longrightarrow H_2O \tag{9-3}$$

也就是说燃料电池内部的氢与氧进行化学反应，生成水的过程，同时产生了电流。图9-1为燃料电池工作原理的示意图。

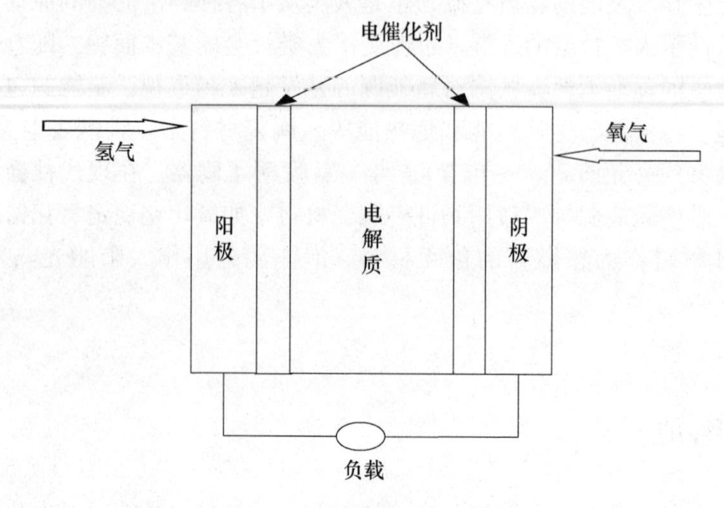

图 9-1 燃料电池的工作原理

2. 基本组成

构成燃料电池的关键材料与部件包括：电极、隔膜与极流板（也称为双极板）。电极是燃料（如氢）氧化和氧化剂（如氧）还原的电化学反应的场所。电极厚度一般为 0.2～0.5mm。它通常分为两层：一层为扩散层或称支撑层，它由导电多孔材料制备，起到支撑催化剂层、收集电流与传导气体和反应产物（如水）的作用；另一层为催化剂层，它由催化剂和防水剂（如聚四氟乙烯）等制备，其厚度仅为几微米至数十微米。早期为满足特殊要求，有时 0.2～0.5mm 厚的电极完全由电催化剂等组分制备。为了改善电极的导电性能，有时在电极内嵌入一定目数的导电网。对碱性电池多采用镍网嵌入。电极性能好坏的关键是电催化剂的性能、电极材料的选择与电极的制备技术[1]。

隔膜的功能是分隔氧化剂和还原剂（如氢和氧）并起离子传导的作用。为减少欧姆电阻，隔膜的厚度一般为零点几毫米。电池内部的隔膜分为两类：一类是绝缘材料制备的多孔膜，如石棉膜、碳化硅膜和偏铝酸锂膜等。电解质（如氢氧化钾、磷酸和熔融的锂-钾碳酸盐）靠毛细力浸入膜的孔内，其导电离子为氢氧根离子、氢离子和碳酸根离子；另一类隔膜为离子交换膜，如质子交换膜燃料电池中采用的全氟磺酸树脂膜，其导电离子为氢离子。在固体氧化物燃料电池中应用的氧化钇稳定的氧化锆膜，其导电离子为氧离子。

3. 燃料电池的特点

燃料电池与其他发电方式相比有独特的优点：

（1）效率高。燃料电池发电不通过热机过程，没有中间环节的能量损失，理论上它的发电效率可达 85%～90%，但实际上由于受各种极化限制，目前各类燃料电池的能量转化率达到40%～60%，如果实现热电联供，燃料总利用率达70%～80%。

（2）机动灵活。燃料电池发电装置由许多基本单元组成。一个基本单元是两个电极夹一个电解质板，基本单元组装起来就构成一个电池组，再将电池组集合起来就形成发电站。可以根据不同的需要灵活地组装成不同规模的燃料电池发电站。燃料电池的基本单元可按照设计标准预先进行大规模生产，所以燃料电池发电站的建设成本低、周期短。另外，由于燃料电池质量轻、体积小、比功率高，移动起来比较容易，所以特别适合在海岛上或边远地区建造分散性电站。近年来世界上发生的几次大的停电事故启示我们："大机组、大电网、高电压"模式的现代电力系统非常脆弱，在战争状态下更是不堪一击。燃料电池的机动灵活性可以有效解决供电安全问题。

（3）燃料多样。虽然燃料电池的工作物质主要是氢，但它可用的燃料有煤气、沼气、天然气等气体燃料，甲醇、轻油、柴油等液体燃料，甚至包括洁净煤。根据实际情况，可以因地制宜地使用不同的燃料或将不同燃料进行组合使用。

（4）环境友好。以纯氢为燃料时，燃料电池的化学反应产物仅为水；以富氢气体为燃料时，其二氧化碳的排放量也极为有限。目前，燃料电池的有害气体排放量比美国的国家环保标准低两个数量级。

（5）安静。燃料电池按电化学原理工作，本身无噪声，运动部件很少，只是在控制系统等辅助装置中有运动部件，因而它工作时振动很小，噪声很低。

（6）可靠性高。燃料电池控制简单，运行方便，可靠性好。

9.1.2　燃料电池的种类

燃料电池种类多样，按运行机理可分为酸性燃料电池和碱性燃料电池；按电解质的种类不同，可分为酸性、碱性、熔融盐类，固体电解质。

（1）碱性燃料电池（AFC）采用氢氧化钾溶液作为电解液。这种电解液效率很高（可达60%～90%），但对影响纯度的杂质，如二氧化碳很敏感。因而运行中需采用纯态氢气和氧气，这一点限制了将其应用于宇宙飞行及国际工程等领域。

（2）质子交换膜燃料电池（PEMFC）采用极薄的塑料薄膜作为其电解质。这种电解质功率-质量比高，工作温度低，是适用于固定和移动装置的理想材料。

（3）磷酸燃料电池（PAFC）采用200℃高温下的磷酸作为其电解质，很适合用于分散式的热电联产系统。

（4）熔融碳酸燃料电池（MCFC）的工作温度可达650℃，这种电池的效率很高，但材料需求的要求也高。

（5）固态氧燃料电池（SOFC）采用的是固态电解质（钴石氧化物），性能很好，他们需要采用相应的材料和过程处理技术，因为电池的工作温度约为1000℃。

按燃料类型分为：氢气、甲醇、甲烷、乙烷、甲苯、丁烯、丁烷等有机燃料，汽油、柴油和天然气等气体燃料，有机燃料和气体燃料必须经过重整器"重整"为氢气后，才能成为燃料电池的燃料。

按燃料电池工作温度分：低温型，温度低于200℃；中温型，温度为200～750℃；高温型，温度高于750℃。

在常温下工作的燃料电池，例如质子交换膜燃料电池（PEMFC），这类燃料电池需要采用贵金属作为催化剂。燃料的化学能绝大部分都能转化为电能，只产生少量的废热和水，不产生污染大气环境的氮氧化物。不需要废热能量回收装置，体积较小，质量较轻。但催化剂铂（Pt）会与工作介质中的一氧化碳（CO）发生作用后产生“中毒”现象而失效，使燃料电池效率降低或完全损坏。而且铂（Pt）的价格很高，增加了燃料电池的成本。

另一类是在高温（600～1000℃）下工作的燃料电池，如熔融碳酸盐燃料电池（MCFC）和固体氧化物燃料电池（SOFC），这类燃料电池不需要采用贵金属作为催化剂。但由于工作温度高，需要采用复合废热回收装置来利用废热，体积大，质量重，只适合用于大功率的发电厂中。

最实用的燃料电池是氢或含富氢的气体燃料，但是在自然界是不能直接获得氢的，燃料电池氢的来源通常是石油燃料、甲醇、乙醇、沼气、天然气、石脑油和煤气，经过重整、裂解等化学处理后来制取含富氢的气体燃料。氧化剂则采用氧气或空气，最常见的是用空气作为氧化剂。

上述各种燃料电池的主要技术指标如表 9-1 所示。

表 9-1 各种燃料电池的主要技术状态

电池类型	电解质	导电离子	工作温度/℃	燃料	氧化剂	规模/kW	技术进展	主要科研、生产机构
碱性燃料电池（AFC）	KOH、NaOH	OH^-	室温～200	纯氢	纯氧	1～100	在航天中成功应用	德国西门子公司、大连化物所、天津电源所、国际燃料电池公司
磷酸燃料电池（PAFC）	H_3PO_4	H^+	100～200	重整气	空气	1～2000	作为分散电站市场化应用	美国国家燃料电池公司、日本东芝公司
熔融碳酸盐燃料电池（MCFC）	(Li-K) CO_3	$CO_3{}^{2-}$	600～700	净化煤气、重整气、天然气	空气	250～2000	—	大连化物所、上海交大、美国能量研究公司、日本中央电力研究所
质子交换膜燃料电池（PEMFC）	全氟磺酸膜	H^+	室温～100	纯氢、净化重整气	空气	1～300	成功应用于电动汽车等	大连化物所、德国西门子公司、美国氢能源公司、意大利德纳拉公司
固体氧化物燃料电池（SOFC）	氧化钇稳定氧化锆膜	O^{2-}	800～1000	净化煤气、天然气	空气	1～100	千瓦级的电站已经成功应用。兆瓦级的正在研究	大连化物所、上海硅酸盐研究所、吉林大学、德国西门子公司、美国国家燃料电池公司

在各种类型的燃料电池中，磷酸盐燃料电池（PAFC）被称为第一代燃料电池，熔融碳酸盐燃料电池（MCFC）被称为第二代燃料电池系统，固体氧化物电池（SOFC）为第三代燃料电池。固体氧化物燃料电池，操作温度相对比较高（500～1000℃），其发电效率非常高，是将来取代火力发电的有效途径。近年来，管状固体氧化物燃料电池发展迅猛，是目前最接近于产业化的燃料电池发电系统之一。

由于燃料电池种类多且优势突出，既可以集中发电，又可以作为小型便携式电源，应用范围十分广泛。燃料电池按照发电量分为7级：1000kW、100kW、10kW、1kW、100W、10W、1W，各自有不同的应用领域：

1000kW级——局域分散电站；

100kW级——舰艇、潜艇、公共汽车等交通工具的动力源，小型移动电站；

10kW级——电动车动力源，中型通信站后备电源；

1kW级——各种移动式动力源，如家庭电源、野外作业动力源等；

100W级——电动自行车、摩托车的动力源，小型服务器，UPS等；

10W级——便携式电源，如应急作业灯、警用装备等；

1W级——小型便携式电源，如数码相机、笔记本电脑、手机等。

9.1.3　陶瓷材料在燃料电池中的应用

在各种类型的燃料电池中，固体氧化物燃料电池的电解质采用的材料为陶瓷质材料，如氧化钇稳定氧化锆陶瓷薄膜等。

固体氧化物燃料电池（SOFC）是全固态系统，主要包括致密的固体电解质、多孔阴极、多孔阳极以及致密连接材料等关键材料。为了达到一个足够高的离子电导，电池的操作温度必须高达500～1000℃，当燃料被供应给阳极，同时空气（氧气）供应到阴极时，就得到电能输出。相比于其他相对低温的燃料电池来说（比如PEMFC），高的操作温度有利也有弊。有利的方面是固体氧化物燃料电池的燃料适应性很强，从氢气到各种碳氢燃料都可以使用，而且不需要使用贵金属作为电极材料，这样就大大降低了材料成本。但是，高温操作同时也给密封、材料长期稳定性以及相邻材料之间的匹配性（包括化学和热的匹配性）等带来了巨大的困难。因此，很多人都把研究重点放在开发高性能的固体氧化物电池新材料上。当然，目前面向实用化的固体氧化物燃料电池基本上都采用传统的YSZ（Y_2O_3稳定的ZrO_2）电解质、LSM（Sr掺杂的$LaMnO_3$）阴极、Ni-YSZ（金属Ni和YSZ混合物）金属陶瓷阳极以及掺杂的$LaCrO_3$基连接材料。

1. 固体氧化物燃料电池的结构

因单体电池的开路电压只有1V左右，因此在实际使用中为了获得更高的电压和功率，需要将若干个单电池以各种方式（串联、并联、混联）组装成电池堆。现在发展的电池堆结构主要有管式、片式、瓦楞式和平板式等，如图9-2所示。

管式SOFC早在20世纪70年代由美国西屋电气集团（SW-PC）采用。SW-PC公司开发的轴向连接、管式SOFC是将阳极、阴极和电解质构成的单电池做成管状，管状能够很好地吸收热膨胀能量。管状结构电池堆单体电池自由度大，不易开裂；不再需要高温密封材料，容易连接。目前已经可以制备几个千瓦的发电机组，并进行了多种燃料实验。

平板式固体氧化物燃料电池的空气极、YSZ固体电解质、燃料电极经烧结成为一体，

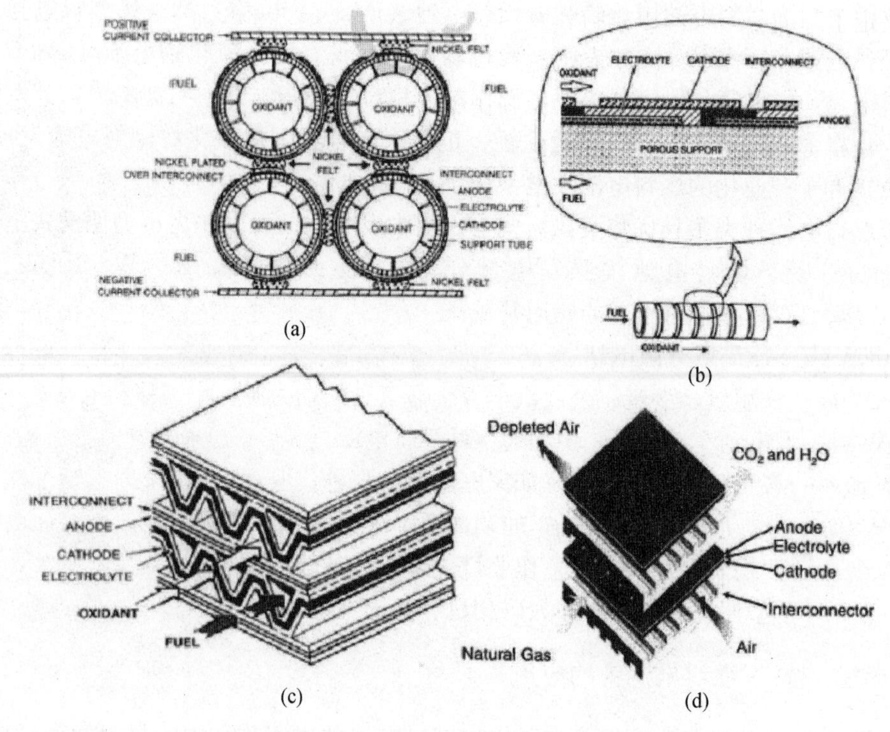

图 9-2　固体氧化物燃料电池结构

（a）管式；（b）片式；（c）瓦楞式；（d）平板式[2]

形成三合一结构（简称 PEN 平板，Positive Electrolyte Negative Plate）。与管式 SOFC 设计相比，平板型 SOFC 在电流密度和工作性能上有很大优势，显著提高功率密度。板式 SOFC 的输出电流密度高，两极连接件和电解质隔膜可以用湿浆料连续制作，容易安装，成本低。但其边缘处高温气封困难；压缩封闭，易造成层间裂纹；密封材料易与基体材料发生反应。

瓦楞式固体氧化物燃料电池，又称单块叠层结构固体氧化物燃料电池模块，基本结构和平板式固体氧化物燃料电池相同。瓦楞式和平板式的主要区别在于 PEN 不是平板而是瓦楞的。瓦楞的 PEN 本身形成气体通道仅需要用平板的双极连接板，且其有效工作面积比平板式大，因此单位体积功率密度大。其主要缺点是瓦楞式 PEN 的制备相对困难。

与其他燃料电池相比，SOFC 具有以下显著的特点：

① SOFC 所用材料均为固体，无需盛放液态电解质的容器，避免电解质流失和渗漏等问题，运行安全可靠；

② 可以使用多种燃料，如天然气、煤气或可燃性废气，降低发电成本；

③ 不需要采用贵金属催化剂；

④ 使用寿命长，能量转化效率高，内电阻小，发电效率和输出功率高；

⑤ 可利用 SOFC 高温进行燃料内重整，简化系统；

⑥ 由于 SOFC 在中高温下工作，余热回收利用率高，电池的综合能效可达 86%以上。

2．固体氧化物燃料电池的电解质

固体电解质是 SOFC 的核心部件。它的性能不但直接影响电池的工作温度及转化效率，还决定了与之相匹配的电极材料及其制备技术的选择。SOFC 的电解质要求在工作温度范围内，氧化和还原气氛中都必须具有较好的稳定性，要有足够高的离子电导率和非常低的电子电导率。此外，电解质还要能够制备成高强度的致密薄膜。

氧化钇稳定的氧化锆（YSZ）基本满足上述要求，成为高温 SOFC（800～1000℃）的首选电解质材料。ZrO_2 有三种晶型：常温下为单斜结构，1170℃以上转变为四方相，2370℃以上为面心立方结构。在氧化锆中加入氧化钇可以在室温下形成稳定的萤石相和立方相，同时产生氧离子空位，每个氧化钇分子产生一个氧空位，即氧空位浓度是由掺杂量确定的。在一定条件下，部分氧空位与掺杂离子缔合，其他氧空位作为载体传导电荷。在 YSZ 中，氧离子是按照空位机制扩散的，因而离子电导率正比于氧空位浓度，因此，氧离子电导率可由掺杂氧化钇的量来调节。SOFC 中的电解质要求有高的离子电导率，并在燃料气氛中是稳定的，电子电导要达到可以忽略的程度，以避免电池内部短路。除此之外，电解质材料还必须具有高的强度和韧性。具有良好导电性的 YSZ 材料的力学性能表现一般，其抗弯强度为 250～400MPa，会随温度的升高明显衰减。在氧化锆材料体系中，低 Y_2O_3 含量（2mol%～3mol%）的材料具有四方相稳定结构（Y-TZP），在室温和高温下表现出良好的力学性能，抗弯强度可达 1000MPa，并且在 600℃以下时电导率比 YSZ 高，可以作为中温电解质材料[3]。

传统的以 YSZ 作为电解质的固体氧化物燃料电池，其运行温度高（850～1000℃），高的运行温度给 SOFC 的发展带来了一些困难，如材料的缓慢分解级相际扩散、制备工艺复杂、成本高等。因此，固体氧化物燃料电池的低温化是其商业化发展的必然趋势。

在中温（500～800℃）下具有高氧离子电导率的固体电解质材料是实现固体氧化物燃料电池低温化的关键。把运行温度降到 500～800℃的范围内，有很多优势：可以提高燃料电池的热力学效率；电池堆互连材料可以使用不锈钢以降低成本；电池的封装难度降低；电池堆的设计简化；电站平衡的材料要求降低；电池组件材料间的互相反应及电极材料微结构的退化减缓，可大幅提高电池堆的寿命。

中温固体氧化物燃料电池的电解质有氧化铈基（CeO_2）、氧化铋基（Bi_2O_3）、镓酸镧基（$LaGaO_3$）钙钛矿类及磷灰石类电解质等[4]。

氧化铈在高温下是一种混合型导体，其中氧离子、电子和空穴对电导率的贡献几乎相同，但掺杂氧化物后，离子电导率可大幅提高。掺杂氧化铈（DCO）可以用作低温 SOFC 电解质的备选材料。CeO_2 具有与稳定 ZrO_2 相同的萤石结构。三价稀土离子取代 Ce^{4+} 产生了迁移氧空位，与氧化锆一样，CeO_2 的电导率也随掺杂元素的离子大小、价态和掺杂量的变化而变化。DCO 的电导率平均比 YSZ 高一个量级以上，温度越低相差越大。在高氧分压下是纯离子导体，在低氧分压下即在阳极一侧，Ce^{4+} 被部分还原成 Ce^{3+}，导致电解质中电子导电急剧增加，使阳极侧膨胀，在开路情况下电子甚至可以在正负极之间传输，导致开路电压低于理论值。目前研究的氧化铈基电解质主要有钐掺杂的氧化铈电解质 $Ce_{0.8}Sm_{0.2}O_{1.9}$（SDC）、氧化钇掺杂的氧化铈 CeO_2-Y_2O_3（YDC）、钆掺杂的氧化铈 $Ce_{0.8}Gd_{0.2}O_{1.9}$（GDC）以及多元素混合掺杂等。为了避免由于电子导电导致的电池效率下降，氧化铈基电解质一般在 600℃以下使用。如果要求在更高的温度下运行，可以在电解质阳极侧涂上 YSZ 薄层对其进行保护，以防止电子导电。

除以上两种萤石型电解质外，具有高的氧离子电导率、低的合成温度等优点的 Bi_2O_3

基氧化物也是人们关注的一种萤石型电解质材料。但目前 Bi_2O_3 基氧化物还难以在实际生产中得到应用，这主要是因为：一方面，Bi_2O_3 熔点低（825℃），Bi^{3+} 易挥发，且 Bi_2O_3 基氧化物在低氧分压下极易被还原，导致电导率下降；另一方面，掺杂的 Bi_2O_3 基氧化物在低于 700℃时，处于热力学不稳定状态，晶型易由立方转向菱方，而菱方结构的 Bi_2O_3 基氧化物导电性能很差。

$LaGaO_3$ 是一种具有钙钛矿结构的化合物，此结构简记为 ABO_3，这种结构对 A 位离子和 B 位离子的变化具有很大的适应性，还能提供大量的阳离子空位，特别是在 A 位上；早先，Takahashi 等人发现钙钛矿电解质具有相对较高的离子电导率（如 $La(Ca)AlO_3$ 在 800℃时的电导率 $\sigma \approx 5 \times 10^{-3}$ s/cm）和较好的稳定性。但同时又有一些研究者认为钙钛矿并不是一种很有前途的氧离子电解质。直到 1994 年，Ishiharaetal、Feng 和 Goodenough 报道了通过适当掺杂，$LaGaO_3$ 在 800℃时电导率 $\sigma \geqslant 0.10$s/cm，从很宽的氧分压范围内纯氧（PO_2＝1atm）到湿化的氢气（$PO_2 \approx 10 \sim 22$atm），其电子导电性均可忽略，即氧离子的迁移数接近 1，并具有稳定的使用性能[5]。这些优良的电学和化学性能使它成为最有希望的中温 SOFC 电解质。

磷灰石型氧化物 $Ln_{10-y}(MO_4)_6O_{2\pm y}$（Ln＝稀土或碱土金属，M＝Si，Ge，P，V 等）属于六方晶系，空间群为 P_{63}/m。其中磷灰石型硅酸镧 $La_{10}(SiO_4)_6O_3$ 被研究的最多。磷灰石型硅酸镧的晶体结构决定了它的导电性能，磷灰石型硅酸镧中参与导电的氧离子有两种，一种为间隙氧即 O（5），另一种为自由氧即 O（4），但是目前磷灰石类电解质的化学稳定性、相容性等还需要进一步考察，距离广泛应用还有一段距离。

3. 燃料电池用陶瓷材料制备工艺

薄膜的制备技术按照成膜原理主要可以分为以下几种：丝网印刷法、流延法、浆料涂覆法、电泳沉积法、溶胶-凝胶法等。具体制备工艺见本书第 3 章。丝网印刷法，是将所需沉积材料的泥浆通过一个转动的涂刷器涂到一个覆盖了羁绊的细线纱网上。费用低，需要后续烧结处理。流延成型法是在陶瓷粉料中添加溶剂、分散剂、胶粘剂与增塑剂等成分，球磨后制得分散均匀的料浆，经过筛、除气后，在流延机上制成具有一定厚度的素坯膜，再通过干燥和烧结得到较为致密的膜。电泳沉积法是在直流电场的作用下，带电的胶体粒子或悬浮液中的带电粒子向反向电极移动并最终在电解表面沉积形成薄膜。此法所用设备简单，沉积层均匀，但薄膜的致密性不是很好[6]。溶胶-凝胶法，是胶体的配制、凝胶的形成、凝胶的老化，再通过热处理得到薄膜。成分容易控制，成本低，但膜的致密度不够好。

早期用溶胶-凝胶法制备薄膜，需要多次旋涂胶体，反复预烧，在预烧过程中需要仔细控制升降温速率，制备过程比较复杂。近年来发展的使用悬浮液浆料的旋涂法是在溶胶-凝胶法的基础上，结合了浆料涂敷法特点发展而来的，旋涂次数少、无须限制升降温速率，具有简单快捷等优点。近年来发展的浆料旋涂法是浆料涂覆法和旋涂法的结合，得到广泛的研究和应用。将配制好的电解质浆料直接用旋涂方法制备到阳极支撑体上，既可以减少旋涂的次数，又能经过多次涂覆得到致密的薄膜，简单有效且成本低，耗时短，不需要经过多次长时间的反复循环。

9.2　核能

根据国际原子能机构提供的数据，全世界共有超过 400 座核电站，核电站提供了世界上大约 17％的电能，法国大约 75％的电是由核电站生产的，美国有超过 100 座核电站，大约 15％的电能由核电站提供。

9.2.1　核电站的结构及特点

9.2.1.1　核电站原理

核能是原子核结构发生变化时放出的能量。核能释放通常有两种方法：一种是重原子核（如铀、钚）分裂成两个或多个较轻原子核，产生链式反应，释放巨大能量，称为核裂变能（如原子弹爆炸）；另一种方式是两个较轻原子核（如氢的同位素氘、氚）聚合成一个较重的原子核，并释放出巨大的能量，称为核聚变能（如氢弹爆炸）。核电厂是用铀、钚等作核燃料，将其在裂变反应中产生的能量转变为电能的发电厂。

核反应堆的原理是，当铀 235 的原子核受到外来中子轰击时，一个原子核会吸收一个中子分裂成两个质量较小的原子核，同时放出 2～3 个中子。裂变产生的中子又去轰击另外的铀 235 原子核，引起新的裂变。如此持续进行就是裂变的链式反应。链式反应产生大量热能。用循环水（或其他物质）带走热量才能避免反应堆因过热烧毁。导出的热量可以使水变成水蒸气，推动汽轮机发电。

但是裂变中新产生的中子速度很快，达到 2×10^7 m/s，称为快中子。高速的中子很难击中原子核引起裂变，当中子的速度降到 2×10^3 m/s 时，它在铀核附近停留时间加长，容易击中铀核使铀发生裂变。因此需要某些物质来充当减速剂，减缓快中子的速度。一般选用普通水、重水、纯石墨等作为减速剂。

此外，为了维持链式反应持续进行，需严格控制中子的增殖速度，使中子增殖系数 K 等于 1。如果 K 小于 1，链式反应无法维持，此时的反应可称之为次临界状态。当 K 等于 1 时，产生的中子与损失的中子相互抵消，链式反应持续进行，此状态称为临界状态。K 大于 1 的状态为超临界状态，参与核裂变的原子数目急剧增加，反应激烈进行，以至发生核爆炸。利用镉对中子有较大的俘获截面，能吸收大量中子的性质，以金属镉为材料制成控制棒，把镉棒插在反应堆芯中上下移动，通过改变镉棒在堆芯中的深浅度，可以控制中子的增殖速度。

9.2.1.2　核电站组成

核电厂由核岛（主要是核蒸汽供应系统）、常规岛（主要是汽轮发电机组）和电厂配套设施三大部分组成。核岛，包括反应堆装置和核蒸汽供应系统（一回路系统）。核电站用的燃料是铀，用铀制成的核燃料在反应堆内发生裂变而产生大量热能，再用处于高压力下的水把热能带出，在蒸汽发生器内产生蒸汽，蒸汽推动汽轮机带着发电机一起旋转，就会产生电，这就是最普通的压水反应堆核电站的工作原理。利用蒸汽通过管路进入汽轮机，推动汽轮发电机发电，使机械能转变成电能。汽轮机发电系统也称为二回路系统。一般说来，核电站的汽轮发电机及电器设备与普通火电站大同小异。

9.2.1.3 核电站的特点

（1）核电是高效能源，消耗资源少

铀核裂变产生的热量是同等质量煤的260万倍，是石油的160万倍。一座百万千瓦级的煤电厂每年要消耗约300万吨原煤，而一座同样功率的核电站每年仅需补充约30吨核燃料。

（2）核电站清洁、环境污染小

目前的环境污染问题大部分是由使用化石燃料引起的。化石燃料燃烧排放大量的二氧化碳、二氧化硫、氮氧化物和飘尘，造成全球气温升高，酸雨频降并破坏臭氧层。核电站不使用化石燃料，污染环境远比煤电小。

（3）核电比火电安全

核电站的事故率远远低于火电站。全世界五十年来500多座核电反应堆在其总共12000多堆年的运行历史中，仅发生过三起较严重事故。第三代核电站的安全性能更好，发生事故的可能性更小。

9.2.2 核电站的种类

自20世纪50年代以来，全球的核电技术发展很快并不断完善，出现了各种类型的反应堆。工业上成熟的发电堆主要有以下三种：轻水堆、重水堆和石墨气冷堆。它们相应地被用到三种不同的核电站中，形成了现代核发电的主体。

9.2.2.1 轻水堆

轻水堆是用轻水慢化和冷却的，又分为压水堆和沸水堆。

（1）压水堆核电站

压水堆核电站的一回路系统与二回路系统完全隔开，它是一个密闭的循环系统。该核电站的原理流程为：主泵将高压冷却剂送入反应堆，冷却剂一般保持在120～160个大气压。在高压情况下，冷却剂的温度即使300℃多也不会汽化。冷却剂把核燃料放出的热能带出反应堆，并进入蒸汽发生器，通过数以千计的传热管，把热量传给管外的二回路水，使水沸腾产生蒸汽；冷却剂流经蒸汽发生器后，再由主泵送入反应堆，这样来回循环，不断地把反应堆中的热量带出并转换产生蒸汽。从蒸汽发生器出来的高温高压蒸汽，推动汽轮发电机组发电。做过功的废汽在冷凝器中凝结成水，再由凝结给水泵送入加热器，重新加热后送回蒸汽发生器。这就是二回路循环系统。

压水堆由压力容器和堆芯两部分组成。压力容器是一个密封的、又厚又重的、高达数十米的圆筒形大钢壳，所用的钢材耐高温高压、耐腐蚀，用来推动汽轮机转动的高温高压蒸汽就是在这里产生的。在容器的顶部设置有控制棒驱动机构，用以驱动控制棒在堆芯内上下移动。堆芯是反应堆的心脏，装在压力容器中间。它是由燃料组件构成的。正如锅炉烧的煤块一样，燃料芯块是核电站“原子锅炉”燃烧的基本单元。这种芯块是由二氧化铀烧结而成的，含有2%～4%的铀235，呈小圆柱形，直径为9.3mm。把这种芯块装在两端密封的锆合金包壳管中，成为一根长约4m、直径约10mm的燃料元件棒。把200多根燃料棒按正方形排列，用定位格架固定，组成燃料组件。每个堆芯一般由121～193个组件组成。这样一座压水堆需几万根燃料棒，1000多万块堆芯二氧化铀芯块。此外，这种反应堆的堆芯还有控制棒和含硼的冷却水（冷却剂）。控制棒用银铟镉材料制成，外面套有不锈钢包壳，可以吸收反应堆中的中子，它的粗细与燃料棒差不多。把多根控制棒组成棒束型，用来控制反应堆核反应的快慢。如果反应堆发生故障，立即把足够多的控制棒插入堆芯，在很短时间内反应堆就会停止工作，这就保证了反应堆运行的安全。

（2）沸水堆核电站

沸水堆核电站工作流程是：冷却剂（水）从堆芯下部流进，在沿堆芯上升的过程中，从燃料棒那里得到了热量，使冷却剂变成了蒸汽和水的混合物，经过汽水分离器和蒸汽干燥器，将分离出的蒸汽用来推动汽轮发电机组发电。沸水堆由压力容器及其中间的燃料元件、十字形控制棒和汽水分离器等组成。汽水分离器在堆芯的上部，它的作用是把蒸汽和水滴分开，防止水进入汽轮机，造成汽轮机叶片损坏。沸水堆所用的燃料和燃料组件与压水堆相同。沸腾水既作慢化剂又作冷却剂。沸水堆与压水堆的不同之处在于冷却水保持在较低的压力（约为70个大气压）下，水通过堆芯变成约285℃的蒸汽，并直接被引入汽轮机。所以，沸水堆只有一个回路，省去了容易发生泄漏的蒸汽发生器，因而显得很简单。

轻水堆核电站的最大优点是结构和运行都比较简单，尺寸较小，造价低廉，燃料也比较经济，具有良好的安全性、可靠性与经济性。它的缺点是必须使用低浓度铀，目前采用轻水堆的国家，在核燃料供应上大多依赖美国和独联体。此外，轻水堆对天然铀的利用率低。如果系列地发展轻水堆要比系列地发展重水堆多用天然铀50%以上。

从维修来看，压水堆因为一回路和蒸汽系统分开，汽轮机未受放射性物质的沾污，所以容易维修。而沸水堆是堆内产生的蒸汽直接进入汽轮机，这样，汽轮机会受到放射性物质的沾污，所以在这方面的设计与维修都比压水堆要复杂一些。

9.2.2.2 重水堆核电站

重水堆按其结构形式可分为压力壳式和压力管式两种。压力壳式的冷却剂只用重水，它的内部结构材料比压力管式少，但中子经济性好，生成新燃料钚239的净产量比较高。这种堆一般用天然铀作燃料，结构类似压水堆，但因栅格间距大，压力壳比同样功率的压水堆要大得多，因此单堆功率最大只能做到30万千瓦。因为管式重水堆的冷却剂不受限制，可用重水、轻水、气体或有机化合物。它的尺寸也不受限制，虽然压力管带来了伴生吸收中子损失，但由于堆芯大，可使中子的泄漏损失减小。此外，这种堆便于实行不停堆装卸和连续换料，可省去补偿燃耗的控制棒。

压力管式重水堆主要包括重水慢化-重水冷却和重水慢化-沸腾轻水冷却两种反应堆。这两种堆的结构大致相同。

采用重水慢化-重水冷却堆核电站，其反应堆容器不承受压力。重水慢化剂充满反应堆容器，有许多容器管贯穿反应堆容器，并与其成为一体。在容器管中，放有锆合金制的压力管。用天然二氧化铀制成的芯块，被装到燃料棒的锆合金包壳管中，然后再组成短棒束型燃料元件。棒束元件就放在压力管中，它借助支承垫可在水平的压力管中来回滑动。在反应堆的两端，各设置有一座遥控定位的装卸料机，可在反应堆运行期间连续地装卸燃料元件。这种核电站的发电原理是：既作慢化剂又作冷却剂的重水，在压力管中流动，冷却燃料。像压水堆那样，为了不使重水沸腾，必须保持在高压（约 90 大气压）状态下。这样，流过压力管的高温（约 300℃）高压的重水，把裂变产生的热量带出堆芯，在蒸汽发生器内传给二回路的轻水，以产生蒸汽，带动汽轮发电机组发电。

重水慢化-沸腾轻水冷却堆核电站是英国在坝杜堆（重水慢化-重水冷却堆）的基础上发展起来的。加拿大所设计的重水慢化-重水冷却反应堆的容器和压力管都是水平布置的，而重水慢化-沸腾轻水冷却反应堆都是垂直布置的。它的燃料管道内流动的轻水冷却剂，在堆芯内上升的过程中，引起沸腾，所产生的蒸汽直接送进汽轮机，并带动发电机。因为轻水比重水吸收中子多，堆芯用天然铀作燃料就很难维持稳定的核反应，所以，人多数设计都在燃料中加入了低浓度的铀 235 或钚 239。重水堆的突出优点是能最有效地利用天然铀。由于重水慢化性能好，吸收中子少，这不仅可直接用天然铀作燃料，而且燃料燃烧得比较透。重水堆比轻水堆消耗天然铀的量要少，如果采用低浓度铀，可节省天然铀 38%。在各种热中子堆中，重水堆需要的天然铀量最小。此外，重水堆对燃料的适应性强，能很容易地改用另一种核燃料。它的主要缺点是，体积比轻水堆大，建造费用高，重水昂贵，发电成本也比较高。

9.2.2.3 石墨气冷堆核电站

所谓石墨气冷堆就是以气体（二氧化碳或氦气）作为冷却剂的反应堆。这种反应堆经历了三个发展阶段，产生了三种堆型：天然铀石墨气冷堆、改进型气冷堆和高温气冷堆。

（1）天然铀石墨气冷堆核电站

天然铀石墨气冷堆实际上是天然铀作燃料，石墨作慢化剂，二氧化碳作冷却剂的反应堆。这种反应堆是英、法两国为商用发电建造的堆型之一，是在军用钚生产堆的基础上发展起来的，早在 1956 年英国就建造了净功率为 45MW 的核电站。因为它是用镁合金作燃料包壳的，英国人又把它称为镁诺克斯堆。该堆的堆芯大致为圆柱形，是由很多正六角形棱柱的石墨块堆砌而成。在石墨砌体中有许多装有燃料元件的孔道，以便使冷却剂流过将热量带出去。从堆芯出来的热气体，在蒸汽发生器中将热量传给二回路的水，从而产生蒸汽。这些冷却气体借助循环回路回到堆芯。蒸汽发生器产生的蒸汽被送到汽轮机，带动汽轮发电机组发电。这就是天然铀石墨气冷堆核电站的简单工作原理。这种堆的主要优点是用天然铀作燃料，其缺点是功率密度小、体积大、装料多、造价高，天然铀消耗量远远大于其他堆。现在英、法两国都停止了建造这种堆型的核电站。

（2）改进型气冷堆核电站

改进型气冷堆是在天然铀石墨气冷堆的基础上发展起来的。设计的目的是改进蒸汽条件，提高气体冷却剂的最大允许温度。这种堆仍然以石墨为慢化剂，以二氧化碳为冷却剂，核燃料用的是低浓度铀（铀 235 的浓度为 2%～3%），出口温度可达 670℃。它的蒸汽条件达到了新型火电站的标准，其热效率也可与之相比。这种堆被称为第二代气冷堆，英国建造了这种堆，但由于存在不少工程技术问题，对其经济性多年来争论不休，得不出定论，所以前途暗淡。

（3）高温气冷堆核电站

高温气冷堆被称为第三代气冷堆，它是以石墨作为慢化剂，以氦气作为冷却剂的堆。

这里所说的高温是指气体的温度达到了较高的程度。因为在这种反应堆中，采用了陶瓷燃料和耐高温的石墨结构材料，并用了惰性的氦气作冷却剂，这样，就把气体的温度提高到750℃以上。同时，由于结构材料石墨吸收中子少，从而加深了燃耗。另外，由于颗粒状燃料的表面积大、氦气的传热性好和堆芯材料耐高温，所以改善了传热性能，提高了功率密度。这样，高温气冷堆成为一种高温、深燃耗和高功率密度的堆型。它的简单工作过程是氦气冷却剂流过燃料体之间，变成了高温气体；高温气体通过蒸汽发生器产生蒸汽，蒸汽带动汽轮发电机发电。高温气冷堆有特殊的优点：由于氦气是惰性气体，因而它不能被活化，在高温下也不腐蚀设备和管道；由于石墨的热容量大，所以发生事故时不会引起温度的迅速增加；由于用混凝土做成压力壳，这样，反应堆没有突然破裂的危险，大大增加了安全性；由于热效率达到40%以上，这样高的热效率减少了热污染。高温气冷堆有可能为钢铁、燃料、化工等工业部门提供高温热能，实现氢还原炼铁、石油和天然气裂解、煤的气化等新工艺，开辟综合利用核能的新途径。但是高温气冷堆技术较复杂。

9.2.3 陶瓷材料在核电站中的应用

由于陶瓷材料具有非常好的耐高温、耐腐蚀、高绝缘等特殊性能，其在核电站中有广泛的应用，如碳化硅用作核燃料的包壳材料，碳化硼（B_4C）用作沸水堆、快中子增值堆的控制棒，氧化铍作为慢化剂等。

9.2.3.1 碳化硅材料在核电站中的应用

由于碳化硅及碳化硅基复合材料具有优异的高温性能和耐辐照性能，其在核燃料元件中获得了越来越广泛的应用。以碳化硅作为重要包壳和基体材料的各种结构新颖、功能完备的燃料元件模型不断被设计出来。除了燃料元件外，碳化硅材料在反应堆结构材料、堆内管道内衬等方面也有着广阔的应用前景。可以预见，随着核安全性要求的不断提高，碳化硅材料在核能领域将发挥更加重要的作用，获得更加广泛的应用。

当前在建和运行的核反应堆大多为轻水反应堆，锆合金是轻水反应堆燃料元件的重要组成部分，目前的商业水堆核电站几乎全部用锆合金作为燃料元件的包壳材料。由于核电厂产生的能量来自于燃料元件，核裂变产生的放射性裂变产物主要滞留在燃料元件内部，因此，燃料元件是反应堆的核心部件，直接影响核反应堆的经济性和安全性。

然而随着对反应堆安全问题的日益重视，锆合金包壳本身的一些问题包括在水中的腐蚀、吸氢和芯-壳反应等，使得对新型包壳材料的探索成为了一个重要研究方向。另一方面，随着核能研究的深入，第四代核能系统的研发和商业化开始加快步伐，适用于第四代核能系统的新型燃料元件不断被开发出来。这些新型燃料元件在设计上各具特点，对于包壳材料的要求更加严苛，不同燃料元件对包壳材料的选择又有交叉，在研究和设计上可以相互借鉴。尤其是随着高温气冷堆 TRISO（Tristruc-tural-isotropic）型包覆颗粒的研制成功，以碳化硅为包壳或基体材料的新型燃料元件的概念设计和制备成为了核燃料元件领域的一个新热点。

1. 轻水反应堆

50 多年来，对于轻水堆的燃料棒，锆合金一直都被用作安全而可靠的包壳材料。目前以锆合金为包壳材料的轻水堆燃料元件正在逐步逼近其设计的燃耗极限值 62MW · d/kg

(U)。燃耗的提高对包壳材料提出了更高的要求，虽然锆合金包壳已很成功，但随着日本福岛事故的发生，锆合金包壳的安全问题又被提上了日程。影响锆合金包壳安全的主要问题是锆水反应问题，高温下锆和水蒸气会发生反应。

反应开始时速度比较慢，释放的氢部分被锆合金吸附后会导致锆合金强度和塑性下降，脆性增加。在高温或者高燃耗条件下，氧化腐蚀出现转折点，反应急剧加快，产生大量气体，一定条件下可发生爆炸事故。在丧失冷却剂事故（LOCA）条件下，燃料元件的温度会迅速升高，在1200℃以上，锆合金和燃料发生共晶反应，造成锆合金包壳的快速腐蚀。实验表明，锆合金包壳在300℃以上每升高10℃，强度降低2%，弹性模量降低1%，热蠕变速率也随温度的升高而显著升高。新的研究方向正在考虑用碳化硅包壳替代锆包壳，碳化硅可耐受更高的中子注量，以碳化硅为包壳的燃料棒可以在更高的温度、功率水平和更长的循环周期条件下运行，突破锆合金包壳元件的燃耗极限，并保证事故条件下大的安全余量。

新型轻水堆燃料元件结构和基本尺寸如图9-3所示，为3层包壳结构。第一层为化学气相沉积法制备的块体碳化硅管，是阻挡裂变产物释放的第一道屏障，该层和燃料棒之间留有一定间隙以存储部分气体裂变产物。中间层为纤维增强的SiC_f/SiC复合材料，该层首先是将碳化硅纤维编织在内层碳化硅管上，然后通过化学气相渗透方法制备碳化硅基体。中间层可以保护内层的碳化硅管免受外部损伤，增强内层碳化硅管在辐照产生拉应力条件下的强度，同时可以阻挡裂纹扩展。最外层为环境保护层，防止冷却介质对复合材料层的腐蚀。燃料棒的末端用碳化硅材料封装，保证整个元件的密封性。

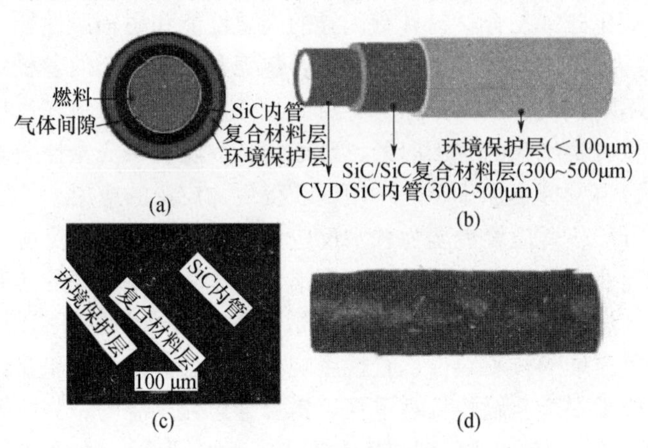

图9-3 三重SiC包壳的结构和形貌[7-10]

2. 高温气冷堆

高温气冷堆是采用氦气作冷却剂，石墨作为慢化剂和堆芯结构材料，燃料为包覆颗粒弥散在石墨基体中的全陶瓷型元件，堆芯氦气出口温度可以达到950℃。高温气冷堆是第四代先进反应堆堆型，固有安全性是其设计的基本理念，全陶瓷的TRISO型包覆颗粒是高温气冷堆核电站安全性的重要保障。

高温气冷堆元件主要有球形和棱柱形两种［图9-4（a）、（e）］，每个元件的燃料区由近万个包覆燃料颗粒弥散在石墨基体中构成。包覆颗粒的直径不到1mm，它由球形陶瓷核燃料核芯、疏松热解炭层、内致密热解炭层、碳化硅层和外致密热解炭层组成，其基本结构如图 9-4（b）所示。燃料颗粒的复合包覆层构成微球形压力容器，约束核裂变产生的放射性产物。在 4 层包覆结构中最为重要的是碳化硅层［图 9-4（c）、（d）］，完整的碳化硅层可以阻挡绝大部分的气体和固体裂变产物，并能够承受包覆燃料内气体产物的内压，是高温气冷堆安全性的重要保障。

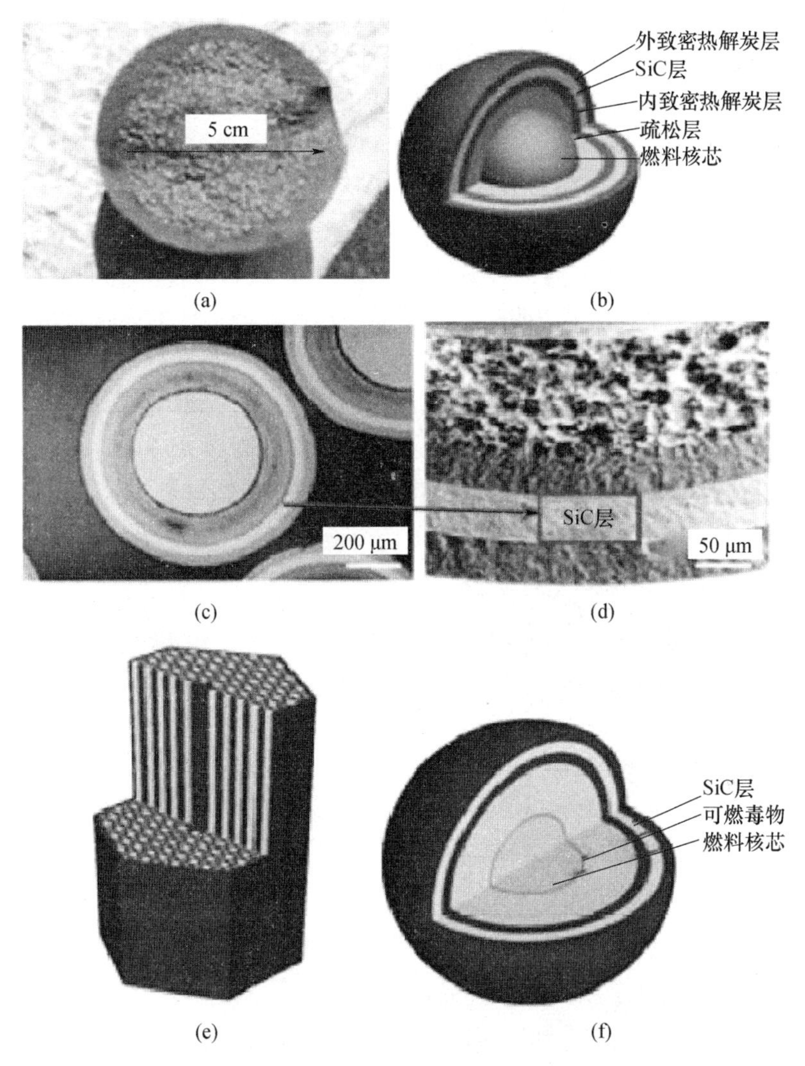

图 9-4　球形燃料元件与 TRISO 包覆料颗粒［（a）～（d）］；棱柱形燃料元件与 QUADRISO 包覆颗粒［（e）、（f）］[10]

清华大学核能与新能源技术研究院经过长期的研究探索，在流化床沉积炉中利用化学气相沉积法成功制备了碳化硅包覆层。所制备的碳化硅层接近理论密度，厚度为 35μm，制造破损率控制在 10^{-6} 量级。以碳化硅为主要包覆层的燃料颗粒在辐照试验中表现出了优异的性能，并已经成功用于我国 10MW 高温气冷堆的运行。我国政府已经于 2006 年将 200MW 球床模块式高温气冷堆核电站示范工程（HTR-PM）列入了国家科技中长期发展规划的重大专项，现已开始建设。

不同于球床堆中球形燃料元件的循环，棱柱形燃料元件是一次性加入堆芯的，在燃料核芯中会产生较大的初始过剩反应性，需要外加一层氧化铕（Eu_2O_3）或氧化铒（Er_2O_3）可燃毒物来消除初始过剩反应性，保证良好的功率分布。在包覆颗粒的制备过程中，可燃毒物作为新的包覆层包覆在核芯颗粒表面，构成多层包覆颗粒。在多层包覆颗粒中，碳化硅层仍是阻挡裂变产物和承受内压的关键层［图 9-4（f）］。

3. 熔盐堆

熔盐反应堆采用液体氟化物盐作为冷却介质，石墨作为慢化剂和堆芯结构材料，熔盐具有很好的传热特性和低的蒸汽压，可降低对压力容器和管道的压力，冷却剂的出口温度可达到 650～850℃。

液体燃料流过石墨时要保证不向石墨内部渗透，否则会形成局部热点，使石墨温度达到 1100～1200℃，石墨在该温度下的破损比在 700℃高 2 倍。研究结果表明，在熔盐中经 5.065×10^5 Pa、650℃保温 12h 后，石墨材料增重为 14.8%，而包覆厚度约 7.8μm 碳化硅的石墨材料增重仅为 1.2%，这表明碳化硅层可以有效阻挡熔盐的渗透，由此证明碳化硅材料在熔盐堆中具有广阔的应用前景。

另外一种熔盐堆采用固体燃料形式，该燃料借鉴高温气冷堆的燃料元件，可以使用球形燃料元件、柱状燃料元件或细管型燃料元件。一种新的燃料元件设计思路为用碳化硅取代石墨基体，将 TRISO 燃料颗粒弥散在碳化硅基体中制备燃料元件，如图 9-5 所示。

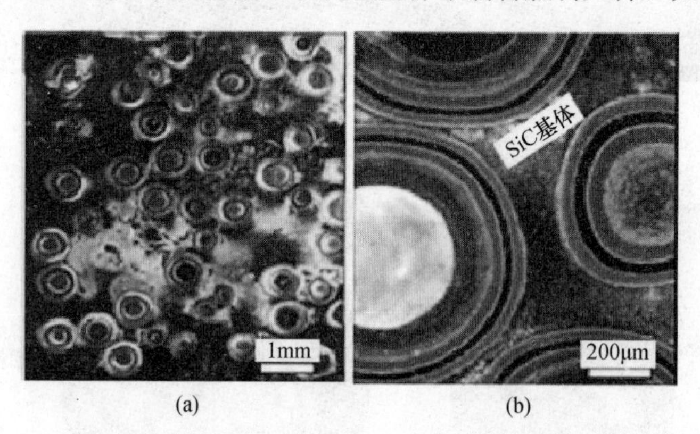

图 9-5 包覆颗粒弥散在 SiC 基体中的燃料元件[11]

4. 气冷快堆

气冷快堆是快中子谱氦气冷却反应堆，它采用闭合式燃料循环，可大大提高铀资源利用率，降低核废料产生量，实现放射性废物最小化。与以上几种堆型相比，气冷快堆具有更高的功率密度、更高的核燃料含量，由于石墨的中子慢化效应和辐照蠕变，在高温气冷堆中使用的包覆颗粒弥散在石墨基体中的燃料已经不用于气冷快堆。

日本核能研究计划提出了新的燃料元件设计思路，将包覆疏松碳化硅层的氮化物混合燃料放入含有圆柱状孔洞的碳化硅基体中。基体碳化硅材料的制备过程如图 9-6 所示，首先通过共烧将毫米级的碳棒均匀布置在碳化硅基体中，经过脱碳处理后碳棒的位置留下孔洞，然后将燃料插入基体孔洞中得到燃料元件。

美国爱达荷国家工程和环境实验室设计了另外一种燃料形式，该燃料类似于高温气冷堆燃料元件，将分离的燃料颗粒弥散在碳化硅基体材料中，如图 9-7 所示。在这种设计思路中，将 U-Pu 的碳化物小球作为核芯，外面包覆两层碳化硅材料，一层为疏松碳化硅缓冲层，另外一层为致密碳化硅层，然后将这种包覆颗粒弥散在碳化硅基体中。根据这种设计思路，制备了两种不同规格尺寸的燃料元件，其主要参数指标如表 9-2 所示。

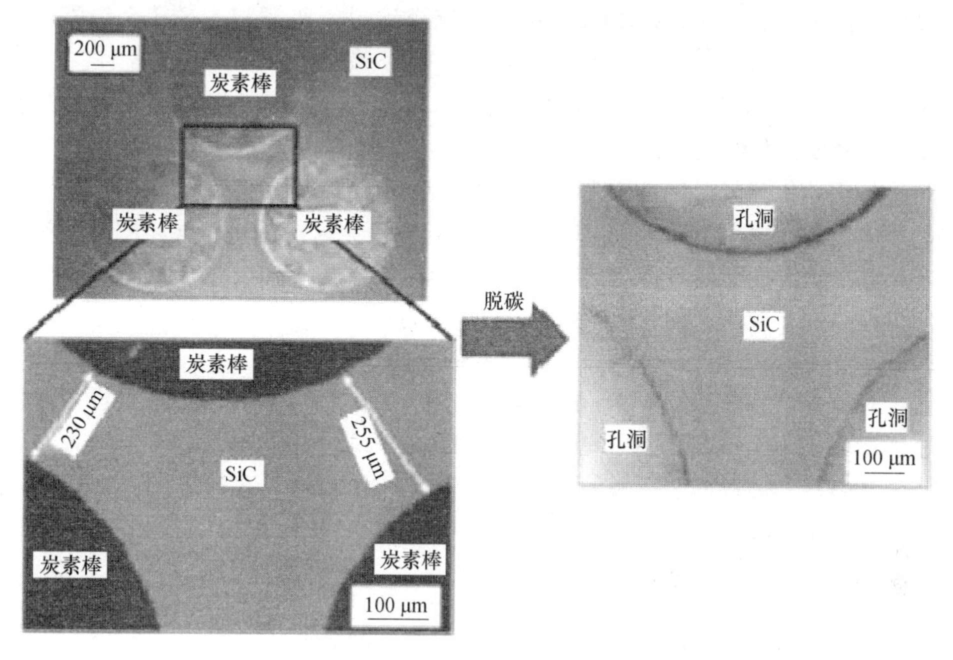

图 9-6　含轴向阵列孔洞的 SiC 燃料基体的制备过程[10]

表 9-2　用于气冷快堆的弥散型燃料元件的设计参数[12]

	材料	设计值 1	设计值 2
燃料颗粒形式	双层 SiC 包覆（U，Pu）C 燃料	1.64mm	480μm
内包覆层	疏松 SiC 层，理论密度小于 30%	58μm	17μm
外包覆层	致密 CVD SiC 层	61μm	18μm
燃料核芯	（U，Pu）C	1.4mm	410μm

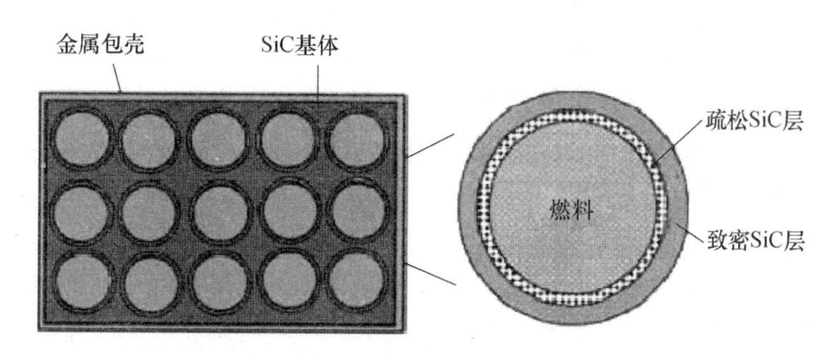

图 9-7　用于气冷快堆的弥散型燃料元件设计[10]

5．堆用碳化硅材料

燃料元件用碳化硅材料可以分为结构碳化硅和功能碳化硅两种，在燃料元件不同层次的结构体系中，碳化硅材料都可以发挥重要作用，具体可以分为：

① 碳化硅疏松层。疏松层直接和燃料接触，其本身含有大量孔洞，可储存气体裂变

产物和阻挡部分固体裂变产物。

② 碳化硅致密包壳。致密的碳化硅包壳是保持燃料颗粒或燃料元件结构的重要支撑，可抵御高温、高中子通量等严苛环境。在某些球形颗粒中，燃料核芯被完全包覆在碳化硅包壳内，将绝大部分的裂变产物束缚在燃料颗粒内部，保证了反应堆的安全性。

③ 碳化硅保护层或基体。最外层的碳化硅直接和堆内介质接触，可有效地保护燃料元件免受堆内介质的化学侵蚀。

燃料元件用碳化硅包壳材料一般都采用化学气相沉积法制备。对于颗粒状核芯，燃料包覆层的基本制备方法为流化床化学气相沉积法。在流化床中，流化气体使燃料颗粒处于悬浮状态，在一定温度下通入特定反应气体形成包覆层。制备碳化硅层的基本反应物为甲基三氯硅烷（CH_3SiCl_3，MTS），所发生的反应为：

$$CH_3SiCl_3 \longrightarrow SiC + 3HCl\uparrow \tag{9-4}$$

在包覆过程中，将液态的MTS加热至一定温度，MTS蒸汽由气体载带进入流化床反应器。在1550～1700℃高温下MTS原位沉积在流化状态下的核心颗粒上形成致密碳化硅包覆层。对于直接和燃料核芯接触的碳化硅疏松层，由于HCl对核芯的腐蚀作用，一般选择不含卤族元素的硅源反应物作为前驱体。块体包壳一般先将碳化硅沉积在一定形状的碳材料上，然后经过脱碳工艺得到碳化硅包壳。

对于碳化硅基体材料，大多采用纳米浸渍瞬态共晶工艺，将加入一定掺杂剂的纳米碳化硅粉体高温热压烧结成型得到燃料元件。

由于堆型的不同，燃料元件研制也处在不同阶段，碳化硅在燃料元件中的应用还存在一些亟待解决的问题：

（1）材料的制备

由于碳化硅熔点高，烧结性能差，块体碳化硅材料或者碳化硅基复合材料的烧结成型往往需要特殊的工艺条件，尤其是复杂形状的管状结构对制备工艺提出了更加苛刻的要求。此外，对于弥散的颗粒形式，颗粒分布的均匀性、颗粒与基体、不同的包覆层间的界面性质也与材料的制备工艺密切相关。

（2）辐照考验

碳化硅材料具有良好的中子特性和耐辐照性能，然而，由于堆内环境的复杂性，碳化硅材料在不同辐照条件下与堆内介质的相互作用还需要深入研究，目前的燃料元件大多还处在概念设计阶段，需要对其进行更全面的堆内辐照考验。

（3）事故条件的表现

反应堆燃料元件的设计既要考虑正常运行条件，也要考虑事故条件。在假定的事故条件下对燃料元件的行为进行测试和模拟也是一项重要的工作内容，而目前新型的以碳化硅为包壳的燃料颗粒或者碳化硅基燃料元件在事故条件下的性能评估还没有系统展开。

（4）从概念设计到实体元件

燃料元件的设计、研究和制造是一个系统工程，从概念设计到实体元件制备，再到性能考验，元件走向服役的过程均需要综合考虑各种问题。目前的研究还仅仅停留在概念设计阶段，其设计形式将随着对安全性、经济性的要求而不断改进。

碳化硅材料除了在核裂变电站中有应用外，在聚变堆中也有望获得应用。聚变反应堆尚未投入商业使用阶段，目前各国研究的均为托卡马克聚变堆，如图9-8所示。聚变堆中距离发生反应的等离子体最近的部件为第一壁，氘-氚反应时产生的 14MeV 中子、带电或中性粒子以及电磁辐射直接作用于第一壁表面[13]。因此，用于第一壁的结构材料应具备一定的抗中子辐射损伤能力，对氢脆与氦脆不敏感，有足够低的辐照肿胀率；同时要与冷却介质和包层材料相容性好，保证材料寿期内结构完整性，寿期需达到 $20MW \cdot a/m^2$。

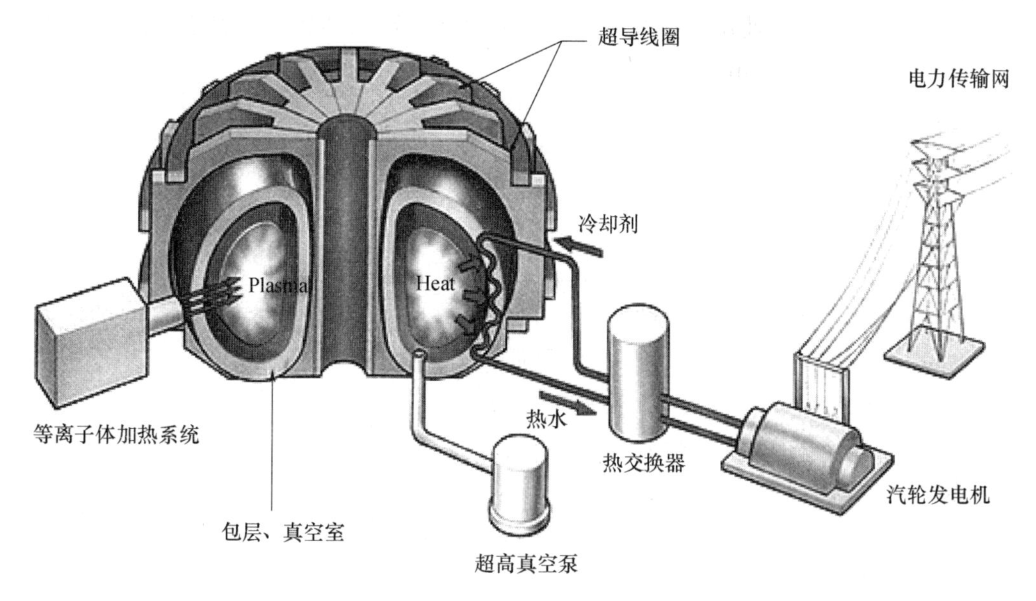

图 9-8　核聚变电站原理图

陶瓷材料在第一壁结构材料中的应用，主要是指碳化硅纤维增强的碳化硅母体复合材料（SiC_f/SiC）。SiC_f/SiC 具有良好的抗腐蚀与抗肿胀性能；作为第一壁结构材料在高温下仍具有足够高的强度，可以运行于 800℃的高温下，允许冷却剂达到高温，从而提高能源系统的热效率；碳化硅本身就为低中子活化材料，对中子辐照感生放射性低，作为第一壁便于维护和进行放射性处理。

9.2.3.2　碳化硼材料在核电站中的应用

碳化硼拥有良好的吸收中子性能，化学性能稳定，且由于是低原子序数材料，其吸收中子后不会释放出放射性射线，而是释放氦气。天然（未经浓缩）硼中含有约 19.9%的 10B，理论密度为 $2.52g/cm^3$。碳化硼熔点高，强度高，抗腐蚀性能好。

碳化硼中的 B 有 11B 和 10B 两种同位素，碳化硼中起吸收体作用的是硼的同位素 10B，10B 的热中子吸收截面（3840b）很大，能和热中子按照一定的反应截面发生核反应产生锂和氦[14]。因此可利用其热中子吸收性能，将碳化硼材料应用为反应堆控制棒的芯体材料，也可以将碳化硼或碳化硼的复合物材料应用到辐射防护领域。此外，在快中子能谱范围内，10B 吸收的中子截面很小，只有 2.6b 左右，因此碳化硼也可作为快堆的控制棒材料。根据实际堆安全性能的设计，可以采用不同浓缩 10B 同位素的碳化硼，实现反应堆运行过程中的控制。

碳化硼中起控制作用的主要是 10B，即应当用浓缩的 10B 进行合成，以获得碳化硼粉末。

(1) 核级碳化硼粉末的制备工艺主要有 4 种方法。[15]

① 镁热还原法

$$2B_2O_3 + 6Mg + C \longrightarrow B_4C + 6MgO \quad (9\text{-}5)$$

此反应为强烈的放热反应，反应温度一般在 1273～1473K 之间，在保护气氛和一定压力下点燃，可自维持燃烧使反应继续进行，因此也称为自蔓延高温还原合成。生成的 B_4C 粒度很细，一般在 0.1～5μm 之间。

② 电弧炉碳热还原法

$$2H_3BO_3 \longrightarrow B_2O_3 + 3H_2O\uparrow \quad (9\text{-}6)$$

$$2B_2O_3 + 7C \longrightarrow B_4C + 6CO\uparrow \quad (9\text{-}7)$$

$$B_2O_3 + 3CO \longrightarrow 2B + 3CO_2\uparrow \quad (9\text{-}8)$$

$$4B + C \longrightarrow B_4C \quad (9\text{-}9)$$

由于电弧炉的温差大，产品中易残留以游离形式存在的硼和碳，后期可经酸、碱洗除去。此方法产量较高，批量产品一致性好，通常为大批量生产的工艺。

③ 碳黑还原硼酐法

$$2B_2O_3 + 7C \longrightarrow B_4C + 6CO\uparrow \quad (9\text{-}10)$$

此反应在碳管炉中进行，为强烈的吸热反应。反应在保护气氛下进行，获得的 B_4C 中游离碳和硼含量较低，颗粒细且均匀，但产量低。

④ 气相沉积法

此方法适用于实验室生产，利用微波等离子体或激光在 400～600℃加热 B_2H_2 和 C_2H_2，可获得较细的非均质 B_4C，且颗粒硬度非常大。

(2) 碳化硼控制棒的制备工艺

① 热压烧结法。热压烧结是将粉末或生坯在模具内施加压力，在 2000～2200℃的高温下进行烧结的方法。该法产品致密度较高，但要求碳化硼粉颗粒较细，且加热、冷却时间长，还须进行后期加工。

② 冷压烧结法。冷压烧结方法简单，常常使用添加剂帮助提高烧结性能。但产品致密度低，机械性能不如热压烧结的产品。

③ 高温等静压烧结法。高温等静压法和一般热压法相比，能使物料受到各向同性的压力，因而产品的显微结构均匀，但效率低、设备昂贵、成本高。

9.2.3.3　氧化铍材料在核电站中的应用

核裂变堆中的裂变反应是由中子轰击 235U 引起的。在轻水堆、重水堆和高温冷气堆中，相比中子裂变产生的快速中子，慢速中子更易引发 U 裂变。因此这些堆中需要能使中子速度减慢的材料，即为慢化剂。目前国际上通用的慢化剂包括重水、石墨、铍、氧化铍等，其中作为陶瓷材料的氧化铍（BeO）被考虑作为未来的一种慢化剂。

氧化铍是一种难熔材料，十分稳定致密。它的高温蒸汽压和蒸发速度低，在惰性气体中即使温度达到 2000℃也可长期使用，但由于氧化铍会与水蒸气反应生成氢氧化铍，因此在氧化气体中温度达到 1800℃明显挥发，水蒸气中温度达到 1500℃即大量挥发。氧化铍主要性质性能参见表 9-3。值得注意的是，随着温度增加，氧化铍比热容急剧升高，热导率则急剧下降，热膨胀系数则稍有提高。机械强度方面，BeO 约为 Al_2O_3 的 1/4，但高温强度良好，1000℃时抗压强度为248.5MPa。氧化铍核性能良好，对中子减速能力强，对X射线则有很高的穿透力。在高温下氧化铍仅与碳、硅和硼发生很弱的反应[13]。

表9-3　BeO主要性能参数[13]

性能	理论密度/（g/cm³）	熔点/℃	热导率/［W/（m·K）］	弹性模量/GPa	热膨胀系数/℃	莫氏硬度
参数	3.0	2530	209	392	8.8×10^{-6}	9

氧化铍的辐照会引起其晶粒的变化，从而导致氧化铍体积变化，甚至材料产生裂纹。实验证明，对于给定的辐照注入量，氧化铍宏观尺寸变化随辐照温度增加而减少；温度小于150℃时，材料体积在中等辐照剂量下扩张速率增大，当注入量大于10×10^{20} n·cm^{-2}（En>1MeV）时开始下降。同时，辐照造成的晶格缺陷和微裂纹会降低氧化铍的热导率。当辐照温度为100℃，辐照剂量为$10^{19}\sim4\times10^{20}$ n·cm^{-2}（En>1MeV）时，材料热导率随即量增加而下降；当辐照剂量为小剂量且固定时，辐照温度越高，热导率降低得越小。力学性能方面，BeO在低辐照剂量下弯曲强度增加，但微裂纹形成后弯曲强度随辐照剂量增加而迅速下降。材料辐照下密度变化不大，弹性常数初始阶段变化不大，产生微裂纹后很快下降，热膨胀系数则没有变化。

9.3　太阳能热发电技术

太阳能是一种洁净的自然界再生能源，取之不尽，用之不竭。目前，根据实际测量和一些经验公式，达到地球表面的能量大约为8.5×10^{16}W，其中到达地球陆地表面的太阳能大约为1.7×10^{16}W，这个数量相当于目前全世界总发电量的几万倍[14]。

目前太阳能利用方式主要有光热利用和光电利用两种。太阳能光热利用，主要有大型光热发电等，光热发电是利用集热器将太阳辐射能转换为热能，再通过热力循环进行发电。太阳能光电利用，主要是太阳能电池光伏发电等，光伏发电是利用半导体界面的光生伏特效应将光能直接转变为电能的一种技术。这种把光能转换成为电能的能量转换器，称为太阳能电池。太阳能电池经过串联后进行封装保护可形成大面积的太阳电池组件，再配合上功率控制器等部件就形成了光伏发电装置。

太阳能热发电技术已经明确列入国务院2006年颁布的《国家中长期科学和技术发展规划纲要》(2006～2020年)[15]。

9.3.1　太阳能热发电的原理

太阳能热发电是利用集热器将太阳辐射能收集起来，加热工质，产生过热蒸汽，驱动热动力装置带动发电机发电，从而将太阳能转换为电能的技术。太阳能热发电站在热力学原理上与常规热力发电厂完全一样，太阳能热发电站与常规热力发电厂的不同之处在于使用了不同的一次能源，常规热发电厂使用的是矿物燃料，而太阳能热发电站是收集太阳辐射能作为能源，收集太阳能的太阳集热器和燃烧矿物燃料的普通锅炉，在各自的设计结构和所需解决的自身特殊技术问题上有本质的区别。此外，太阳能为自然能，自身能量密度低，昼夜间歇，冬夏变化，且一天之中变化莫测。如何高效收集太阳能，如何将收集到的太阳能准确地投射到集热器中就成为一项非常重要的研究内容。

太阳能热发电系统由集热子系统、蓄热子系统、辅助能源子系统和发电子系统构成[15]。

1. 集热子系统

集热子系统包括聚光器、集热器和跟踪装置。聚光器用于收集阳光并将其聚集到一个有限尺寸面上，以提高单位面积上的太阳辐照度，从而提高被加热工质的工作温度。

从理论上来讲，聚光有很多种方式，如平面反射镜、曲面反射镜和菲涅尔透镜等。但在太阳能热发电系统中，最常用的聚光方式有两种，即平面反射镜和曲面反射镜。

平面反射镜聚光方式最具代表性的是采用多面平面反射镜，将阳光聚集到一个高塔的顶部。其聚光比通常可达100～1000，可将集热器内的工质加热到500～2000℃，构成高温塔式太阳能热发电系统。

曲面反射镜有三种，即一维抛物面反射镜、二维抛物面反射镜和混合平面一抛物面反射镜。一维抛物面反射镜也叫槽式抛物面反射镜，其整个反射镜是一个抛物面槽，阳光经抛物面槽反射聚焦在一条焦线上。其聚光比大约为10～30，集热温度可达400℃，构成中温槽式太阳能热发电系统。二维抛物面反射镜又叫碟式抛物面反射镜，形状上是由一条抛物线旋转360°所画出的抛物球面，所以也叫旋转抛物面反射镜。二维抛物面反射镜的聚光比可达50～1000，焦点温度可达800～1000℃，构成分散型高温碟式太阳能热发电系统。混合平面一抛物面反射镜是利用一组跟踪太阳的平面镜将阳光反射到一台抛物面反射镜上，阳光经过二次聚焦，从而提高了整个聚光系统的聚光倍数，使系统可以得到更高的集热温度。

此外，还有线形和圆形菲涅尔透镜。线形菲涅尔透镜的聚光比为3～50，圆形菲涅尔透镜的聚光比为50～1000。

不同的聚光集热方式有不同的聚光比和可能达到的集热温度，应配置不同的跟踪方式。聚光比越大，则可能达到的集热温度也越高。

聚光器是太阳能热发电系统中的一个关键部件，入射阳光首先经过它反射到集热器。其性能的优劣，明显影响太阳能热发电系统的总体性能。因此，对它有比较严格的要求。首先，聚光器的镜面反射率越高越好。目前采用的反射镜面大多是玻璃背面镜，即将银或铝镀在玻璃反射镜的背面，再喷涂上多层漆保护层，或封夹在两层玻璃之间，这种高性能的反射面具有较好的使用和保护性能。而且，太阳能热发电站中所用的反射镜面，无论是平面镜还是曲面镜，都是暴露在大气条件下工作的，不断有尘土从大气沉积在表面，从而大大影响反射面的性能。因此，如何经常保持镜面清洁仍是目前所有聚光集热技术中面临的难题之一。通常采用机械清洗设备，定期对镜面进行清洗。其次，反射镜面要有很好的平整度。整体镜面的型线具有很高的精度，一般加工误差不要超过0.1mm，而且整个镜面与镜体要有很高的机械强度和稳定性，反射镜面和保护膜要有很强的黏合度。第三，镜面要具有很强的耐腐蚀性能。

集热器是通过接收经过聚焦的阳光，将太阳辐射能转变为热能，并传递给工质的部件。在这里工质被太阳辐射能加热，变成过热蒸汽，再经管道送往汽轮机。根据不同的聚光方式，集热器的结构也有很大差别。

为了使一天中所有时刻的太阳辐射都能通过反射镜面反射到固定不动的集热器上，反射镜必须设置跟踪机构。太阳聚光器的跟踪方式有两种，即单轴跟踪和双轴跟踪。所谓单轴跟踪或双轴跟踪，是指反射镜面绕一根轴还是两根轴转动。槽式抛物面反射镜多为单轴跟踪，碟式抛物面反射镜和塔式聚光的平面反射镜都是双轴跟踪。从实现跟踪的方式上讲，有程序控制方式和传感器控制方式两种。程序控制方式就是按计算的太阳运动规律来控制跟踪机构的运动，它的缺点是存在累积误差。传感器控制方式是由传感器瞬时测出入射太阳辐射的方向，以此控制跟踪机构的运动，它的缺点是在多云的条件下难以找到反射镜面正确定位的方向。目前跟踪控制广泛采用的是开环方式，即利用程序来控制太阳聚光器的转动角度。而以程序控制为主，采用传感器瞬时测量作反馈的二者结合的方式，虽然对程序进行了累积误差修正，使之在任何气候条件下都能得到稳定而可靠的跟踪控制，但由于成本和可靠性等问题，一直没有被规模化正式使用。

2. 蓄热子系统

蓄热子系统是太阳能热发电站不可缺少的组成部分。因为太阳能热发电系统在早晚和白天云遮间歇的时间内，都必须依靠储存的太阳能来维持正常的运行。至于夜间和阴雨天，一般考虑采用常规燃料作辅助能源，否则由于蓄热容量需求太大，将大大增加整个太阳能热发电系统的初次投资。设置过大的蓄热系统，在目前的技术条件下，经济上显然是不合理的。从这点出发，太阳能热发电站比较适于作为电力系统的调峰电站。

蓄热器就是采用真空或隔热材料作良好保温的贮热容器。蓄热器中贮放蓄热材料，通过特种设计的换热器对蓄热材料进行贮热和取热。

目前，可采用的蓄热方式有三种：显热蓄热、潜热蓄热和化学蓄热。对不同的蓄热方式，应该选择不同的蓄热材料。

显热蓄热介质有水、油、岩石、砂、砾石等，也包括人工制造的氧化铝球。这些材料价格低廉、易于获得，但热容量小。因此，储存相同的热量，所需的蓄热器体积很大。

潜热蓄热介质包括 NaOH、$NaNO_3$ 等，这些物质单位容积的蓄热量很大，蓄热装置有望小型化。对于潜热蓄热介质，必须具备以下特性：具备几千次的可逆蓄释热循环（固相变液相）性能，其相变温度不出现过热或过冷，价格便宜，不腐蚀容器。其主要问题是有些潜热蓄热介质在熔化过程中发生分解，熔点不稳定，热交换时难以均匀地产生相变，以及可能有毒性和发生火灾。

化学蓄热是利用某些化学反应会产生吸热放热的特点来进行储能。化学蓄热的特点是蓄热量大、单位储能的体积小、质量轻以及化学反应产物可以分离储存，在需要用热时才发生放热反应，因此循环时间长。对于化学蓄热介质，必须具备以下特点：蓄热和释热反应可逆，无副反应，反应速度快，反应生成物易分离，且能稳定储存，价格便宜，反应物和生成物无毒、无腐蚀、无可燃性、反应热大。目前已得到一些能基本满足上述条件的化学反应，但是还存在不少技术问题有待深入研究，目前尚难使用。

3. 辅助能源子系统

随着技术的发展，现代太阳能热发电站的最新设计概念是建造太阳能与常规能源（如天然气）双能源发电站。这是由于发电站要求热源温度和供热量稳定，并能在电网峰荷期间加大供热量，而达到地面的太阳辐射却随天气、季节、昼夜、时辰不断变化，不能提供稳定的热能，也不能按电网需要加大供热量，除非电网峰荷时间与日照最强的时间吻合。因此，太阳能和常规能源并用，可以实现优势互补，满足发电需要。其方法是太阳能热发电站设置辅助能源子系统（例如天然气锅炉），这样既可利用常规能源的可靠性弥补太阳能不能稳定供应的缺陷，又能利用太阳能无须付资源费且不污染环境的优点，尽可能多地替代常规能源，实现节能与环保两大目标。电站可独立应用太阳能或天然气产生电能，也可交替应用两者产生电能，这使电站不受时间和天气的影响以及燃气供应量的约束。设计运行战略可最大限度地应用太阳能，并在多云期间应用天然气生产电能。涡轮发电机功率适于满载，所以可以用补充天然气的方式使发电机满负载运行。电厂可以使用25%以上的化石类燃料以作不时之需，因此可以节省昂贵的能量储存装置费。

这一概念不仅优化了太阳能热发电站的设计，而且大大降低了生产单位电能的平均成本。

4. 发电子系统

太阳能热发电系统用的动力发电装置，可选用的有以下几种：现代汽轮机、燃气轮机、斯特林发动机、低沸点工质汽轮机。动力发电装置的选择，主要根据太阳集热系统可能提供的工质参数而定。现代汽轮机和燃气轮机的工作参数很高，适用于大型塔式或槽式太阳能热发电系统。斯特林发动机的单机容量小，通常在几十千瓦以下，适用于碟式抛物面反射镜发电系统。低沸点工质汽轮机则适用于太阳池太阳能热发电系统。

9.3.2　太阳能热发电系统

当前太阳能热发电按照太阳能采集方式可划分为：(1) 太阳能塔式热发电；(2) 太阳能槽式热发电；(3) 太阳能碟式热发电。

1. 太阳能塔式热发电方式

塔式太阳能热发电系统如图 9-9 所示，由于具有聚光比高（200～1000kW/m²）、热力循环温度高、热损耗小、系统简单且效率高的特点，得到了世界各国的重视，是目前各国都在大力研究的大规模太阳能热发电技术。塔式太阳能热发电系统是在大面积的场地上安装大量的大型定日镜，每台定日镜均配备有跟踪机构，定日镜将太阳光反射集中到高塔顶部的接收器上。在接收器上，将太阳光能转换为热能，再将热能传给工质，经过蓄热环节，再输入热动力机，膨胀做功，带动发电机，最后以电能的形式输出。接收器上的聚光比可超过 1000 倍，投射到塔顶吸热器的平均热流密度达 300～1000kW/m²，工作温度可高达 1000℃以上，电站规模可达 200MW 以上。

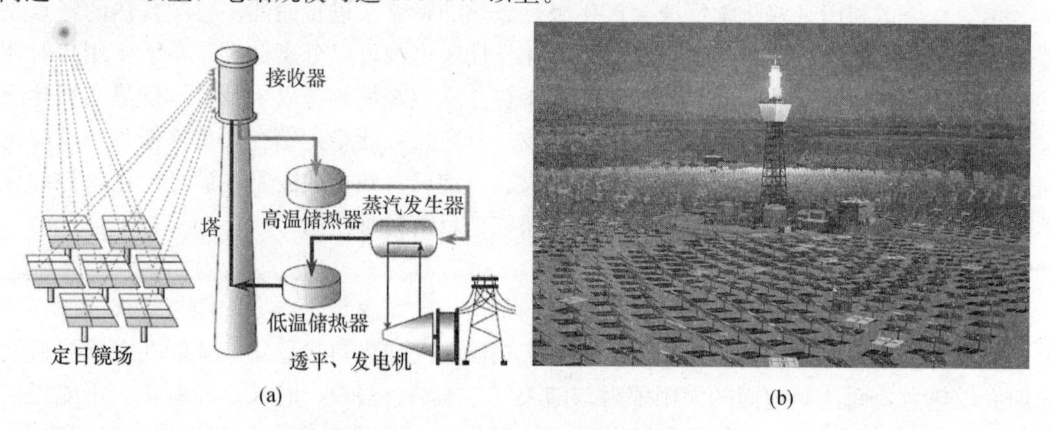

图 9-9　太阳能塔式热发电系统

2. 太阳能碟式热发电方式

碟式电站采用碟状（也称盘状）抛物镜作集热器，如图9-10所示。主要特征是采用盘状抛物面镜聚光集热器，其结构从外形上看类似于大型抛物面雷达天线。由于盘状抛物面镜是一种点聚焦集热器，其聚光比可以高达数百到数千倍，因而可产生非常高的温度。这种系统可以独立运行，作为无电边远地区的小型电源，一般功率为10～25kW，聚光镜直径为10～15m；也可把数台至数十台装置并联起来，组成小型太阳能热发电站，用于用电量较大的用户。

图9-10　太阳能碟式热发电系统

3. 太阳能槽式热发电方式

利用槽形抛物面反射镜将太阳光聚焦到集热器对传热工质加热，如图9-11所示，在换热器内产生蒸汽，推动汽轮机带动发电机发电的系统。其特点是聚光集热器由许多分散布置的槽形抛物面聚光集热器串并联组成。载热介质在单个分散的聚光集热器中被加热或形成蒸汽汇集到汽轮机，或者汇集到热交换器，把热量传递给汽轮机回路中的工质。

图9-11　太阳能槽式热发电系统

在这三种系统中，2013年只有槽式发电系统实现了商业化。1981～1991年的十年间，在美国加州的Mojave沙漠相继建成了9座槽式太阳能热发电站，总装机容量353.8MW（最小的一座装机14MW，最大的一座装机80MW），总投资额10亿美元，年发电总量为

8 亿 kWh。太阳能热发电技术同其他太阳能技术一样，在不断完善和发展，但其商业化程度还未达到热水器和光伏发电的水平，正处在商业化前夕。专家预计 2020 年前，太阳能热发电将在发达国家实现商业化，并逐步向发展中国家扩展。

9.3.3 用于太阳能发电的陶瓷部件

1. 吸热器

太阳能吸热器是实现塔式太阳能热发电最为关键的核心技术，它将定日镜所捕捉、反射、聚焦的太阳能直接转化为可以高效利用的高温热能，为发电机组提供所需的热源，从而完成太阳能热发电的过程（图 9-12）。在这个过程中，太阳光聚集在吸热体材料上，将其加热到高温（一般大于 1000℃），采用引风机或其他设备引导空气通过多孔的吸热体材料，实现空气与吸热体材料的换热，从而获得高温热空气（可超过 700℃）。

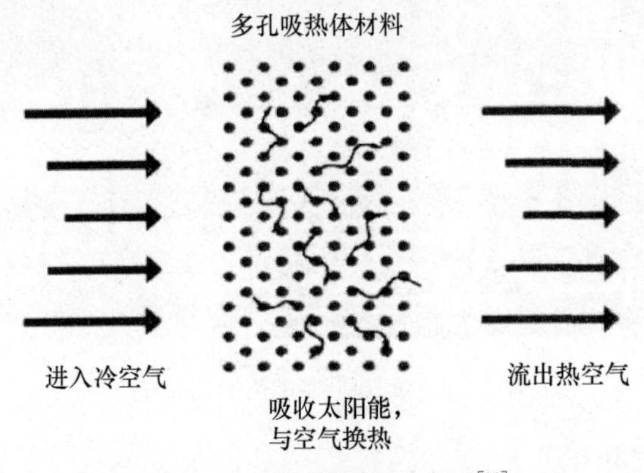

图 9-12 吸热器原理示意图[16]

由于太阳能聚光能流密度的不均匀性和不稳定性形成的吸热体局部热斑，造成材料热应力破坏、空气流动稳定性差、系统复杂、大容量情况下系统可靠性和耐久性不高等问题，因此，对于吸热体材料有如下要求：①抗高温氧化，材料在长期高温使用条件下不会发生氧化破坏；②良好的高温机械性能和抗热震性，能够避免太阳能流密度的不均匀性而导致的材料热斑破坏；③高的太阳辐射吸收率，使材料能够充分吸收太阳辐射能量；④具有三维或者二维的连通结构，保证材料的高渗透率，使空气流阻小，利于空气流的均匀分布与稳定；⑤高比表面积，保证材料具有大的换热面积，保证与空气的充分换热；⑥高热导率。

以空气为传热工质的吸热体材料的发展经历几个重要阶段。早期人们采用金属网编织体作为吸热体材料，吸热器出口温度为 480℃，回流空气量比为 49%。但其最高工作温度不超过 800℃。德国科学家采用具有较好耐高温性能的钢材作为吸热器中的吸热体材料，并将其制成蜂窝形状。经过测试，其出口空气温度可达 400℃以上。虽然这种吸热材料的导热性能一般，吸收太阳辐照的能力不高，但是由于其制成金属蜂窝后大大增加了其比表面积，从而使得吸热和换热效率较金属密网编织体有了一定的提高。

金属编织体和金属蜂窝虽然有了一定的发展和应用，但是由于其在高温下容易发生氧化作用，使材料发生破坏而失效，因此其使用范围受到限制，只能归类为中低温吸热材料。为了解决这一问题，人们的目光逐渐转向了具有耐高温且抗氧化性能较优的陶瓷材料，SiC不仅具有仅次于金刚石的硬度，而且由于其具有化学性能稳定、导热系数高、热膨胀系数小等特点，适合用作太阳能热发电吸热体材料。将其制成多孔的形状以增大吸热和换热效率，从而实现高效应用。

作为太阳能热发电吸热器的陶瓷材料，目前研究的体系较多。主要有泡沫陶瓷、蜂窝陶瓷等，材质为碳化硅、氧化铝、堇青石等。如德国 Manfred Bohmer 等研究制备的 SiSiC（Siliconized silicon carbide）陶瓷材料，在吸收塔上进行了测试。测试结果表明，吸热体材料在 900～1000℃能够安全工作。国内武汉理工大学以 SiC 为主要原料制备高性能泡沫陶瓷，耐温在 1650℃以上，具有良好的抗热震性能和抗氧化性能[17]。但碳化硅体系的陶瓷存在高温氧化的缺点，莫来石-碳化硅复相陶瓷、β-Sialon 及 β-Sialon/Si_3N_4 复相陶瓷具有较高的强度和良好的高温稳定性、抗热震性能，也适合用作塔式太阳能热发电系统的吸热体材料。

目前国内外在吸热体材料方面取得了一些突破，但还需深入研究材料的抗冲击性、抗氧化性和耐高温等性能，才能使吸热器工作更稳定、效率更高、使用寿命更长，乃至取得商业化应用。

2. 输热管道

在太阳能塔式发电的整个装置中，热能传输是关键，输热管的作用十分重要。它主要用于传输从塔顶吸收的热量，连接吸热系统和蓄热系统，塔式太阳能热发电的输热管要承受 1100℃以上的温度。金属材料高温下的抗热冲击性差和使用寿命不长的缺点限制了其在高温热管上的应用。一个潜在的克服这些限制的方法就是使用陶瓷材料作为输热管道。莫来石陶瓷作为高温结构材料，由于其具有耐高温、抗氧化、低热导率、低膨胀系数、高温强度不衰减等优良特性，得到了广泛的应用。但是，莫来石陶瓷在室温下较低的断裂韧性和强度阻碍了其应用。堇青石-莫来石复相陶瓷和氧化铝/碳化硅复相陶瓷的耐高温性、抗热震性能较好，有望将这两种复相陶瓷用于太阳能热发电管道材料。

此外，化学成分为铝硅酸盐的红柱石，具有高机械强度、高抗热震性、低导热性、良好的化学稳定性及耐腐蚀性，是一种优良的高温结构材料，也有望应用于高温输热管道。

9.3.4 太阳能热发电用陶瓷材料制备工艺

1. 泡沫碳化硅

泡沫陶瓷是继普通多孔陶瓷、蜂窝状多孔陶瓷之后，最近发展起来的第三代陶瓷材料，多孔泡沫陶瓷是一种低表观密度（0.25～0.65g/cm^3）、高孔隙率（60%～90%）、具有三维网络骨架的新型工业陶瓷制品。它具有强度高、耐化学腐蚀、耐高温以及良好的过滤吸附性能等诸多优点，可广泛应用于环保、能源、化工、生物等各个科学领域。其制备方法有发泡法、有机泡沫浸渍法、化学气相沉积法和渗透法等。

以 SiC 粉、高岭土、钠长石为初始原料，过筛后，加入磷酸二氢铝和水，球磨后，浆料浸渍有机泡沫，使浆料粘附于泡沫上，得到碳化硅泡沫陶瓷坯体，经干燥后烧结，可制得泡沫碳化硅陶瓷。

高性能泡沫碳化硅吸热体材料如图 9-13 所示。该吸热体材料具有以下特征：①完全通透的三维网络连通结构和大的比表面积，可强化换热过程的进行；②优良的高温相组织结构及优异的力学性能，材料相组成为 α-SiC，断口基本为穿晶断裂方式；③良好的抗高温空气氧化性能，材料在1400℃热空气下具有强抗氧化性能；④优异的抗热冲击能力，经氧乙炔焰灼烧考核抗热冲击性实验，200 次循环后，样品完好。目前，利用该材料制备的模块化吸热体已经安置在中国科学院电工研究所延庆太阳能热发电基地 1MW 的空气吸热器上，并成功获得了大于 800℃的热空气[18]。

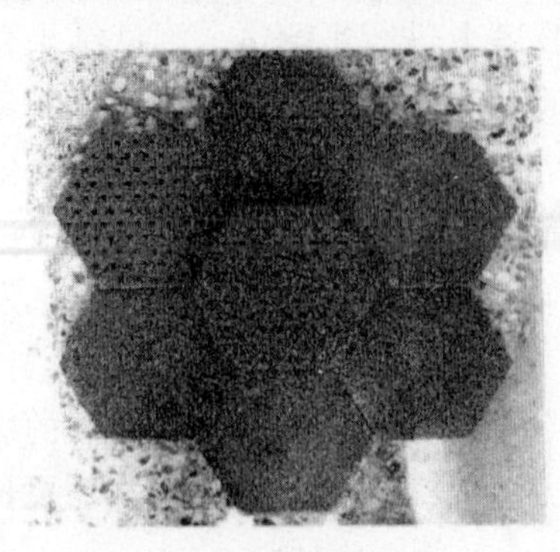

图 9-13　高性能泡沫碳化硅吸热体材料[18]

2. 莫来石-碳化硅复相陶瓷

碳化硅材料作为高温结构材料，具有优异的性能，如良好的力学性能、抗蠕变性、高热导率和良好的抗热震性能，被广泛地应用于航空航天、机械工业、电子等多个领域。但碳化硅材料在高温领域的应用却面临着一个严重的问题，即高温氧化。莫来石作为高熔点氧化物，与碳化硅材料的热膨胀系数接近，两者有很好的相容性。研究表明，莫来石涂层能很好地阻止碳化硅的氧化。

以碳化硅和莫来石为原料，经配料、球磨、干压成形、干燥、烧成等工序，可制备莫来石-碳化硅复相陶瓷。以碳化硅微粉作为原料，并选用 Al_2O_3、高岭土和 MgO 作为烧结助剂，同时选用羧甲基纤维素钠（CMC）、聚丙烯酰胺（PAM）和可溶性淀粉作为添加剂，通过有机泡沫浸渍法可制备出莫来石-碳化硅复相泡沫陶瓷材料。莫来石-碳化硅复相泡沫陶瓷的微观结构控制主要受碳化硅含量的影响，随着碳化硅含量的增加，莫来石-碳化硅复相泡沫陶瓷的孔隙率有明显降低，但抗压强度随之提高；随着烧结温度的提高，致密度增加，抗压强度也显著提高；莫来石-碳化硅复相泡沫陶瓷的最佳烧结温度为 1600℃，陶瓷粉料中最佳的 SiC 含量为 35％。在 1600℃烧结温度下，碳化硅的含量为 35％时，获得了孔隙率为 76.19％和抗压强度为 4.63MPa 的莫来石-碳化硅复相泡沫陶瓷[19]。

3. β-Sialon 及 β-Sialon/Si_3N_4 复相陶瓷

β-Sialon 是 Al_2O_3 和 AlN 在 Si_3N_4 中的一类固溶体的统称。β-Sialon 保持了与 Si_3N_4 相似的晶体结构和良好的理化性能，并同时兼具 Si_3N_4 优异的物理性能以及 Al_2O_3 优异的化学性能。其常温机械性能、高温力学性能和高温稳定性能良好，高温抗氧化性能和 SiC 接近，综合性能反而优于 Si_3N_4。

其主要制备工艺为：以 α-Si_3N_4、煅烧铝矾土、AlN 为主要原料，添加 Y_2O_3、La_2O_3 和硼砂为烧结助剂，制备 β-Sialon/Si_3N_4 复相陶瓷。

样品制备工艺流程如图 9-14 所示。按表配料后，放入氧化铝陶瓷球磨罐中混合均匀，过目筛。造粒后，采用半干压法压制成型，干燥后采用无压埋石墨粉的方法烧成样品。

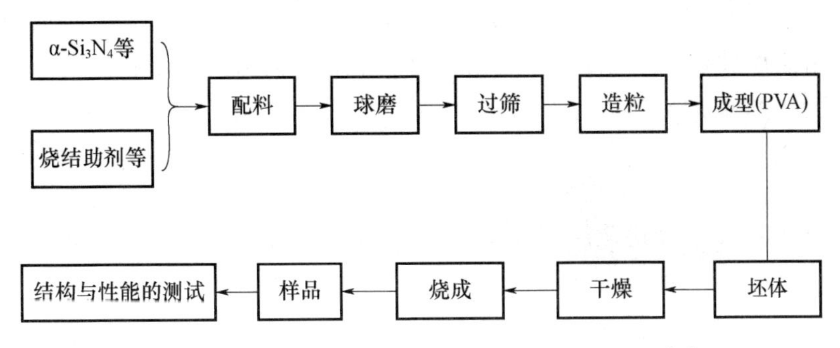

图 9-14　β-Sialon/Si_3N_4 复相陶瓷制备工艺流程图[16]

4. 堇青石-莫来石

武汉理工大学学者徐晓虹等以合成莫来石和合成堇青石为原料，以废玻璃粉和钛酸铝为烧结助剂，采用常压烧结，制备太阳能热发电输热管道用莫来石-堇青石复相陶瓷。其研究结果表明，添加质量分数为 10％的钛酸铝配方样品经 1360℃烧结，样品气孔率为 0.39％，吸水率为 0.16％，体积密度为 2.53g/cm^3，抗折强度为 71.93MPa。样品经 30 次（室温～1000℃，风冷）热震后无裂纹，抗热震性良好，可作为潜在的太阳能输热管道材料。

堇青石陶瓷作为另外一种常见的耐火材料，其热震性能好，抗热震温度高达 1200℃，然而堇青石初始软化温度是 1360℃，耐火度只有 1410℃，而且最突出的缺点是耐腐蚀性差、机械强度低、烧结温度窄，限制了堇青石作为管道材料的应用。因此，提高堇青石的耐腐蚀性和强度，成为近年来堇青石基复相陶瓷的研究热点。莫来石作为堇青石复相陶瓷中常见的添加相，其熔点高（1870℃）、高温蠕变性能好、机械强度高，因此堇青石-莫来石的制备工艺、机械性能、电学性能和高温性能等引起了广大研究者的关注。

通过调节商品堇青石和莫来石的配比制备堇青石-莫来石复相陶瓷，调整复相陶瓷的结构与抗热震性能之间的关系，制备适宜作为太阳能热发电输热管道材料的制备工艺流程为：以堇青石和合成莫来石为初始原料，通过湿法快速球磨、过筛、干燥、造粒、半干压成型、烧结等工艺制备出堇青石-莫来石复相陶瓷。莫来石的最佳添加量为 30％，最佳烧成温度为 1440℃。添加 30％莫来石，试样体积密度和抗折强度随烧结温度的升高而增加，在最佳温度点时，体积密度和抗折强度分别为 2.487g/cm^3 和 68.49MPa。热震前后材料的相组成无变化，主晶相为莫来石、低温堇青石和高温堇青石，热震生成的 α-鳞石英甚至可以提高材料的强度，材料经过热震循环（室温～1100℃）30 次无裂纹，满足太阳能热发电输热管道的材料要求[20]。

5. 红柱石

红柱石属于无水铝硅酸盐矿物，使用前不需要煅烧。红柱石的化学式为 $Al_2O_3 \cdot SiO_2$，理论化学组成为：Al_2O_3 62.9％；SiO_2 37.1％，常含有 Fe^{3+}、Mn^{3+} 等离子。在 1400～1500℃的高温下，红柱石不可逆地转化成莫来石（$3Al_2O_3 \cdot 2SiO_2$）和 SiO_2 的混合物，并伴随着3%～5%的体积膨胀，在1600℃时红柱石大部分转变成莫来石，红柱石莫来石化的化学反应式如下。

$$3(Al_2O_3 \cdot SiO_2) \longrightarrow 3\ Al_2O_3 \cdot SiO_2 + SiO_2 \quad (9\text{-}11)$$

红柱石晶体呈柱状，横切面近正方形，有时在柱的四角和中心可看到黑色炭质包裹物，在切面上排成规则的十字形，这种红柱石称为空晶石；集合体呈放射状，形似菊花，称为“菊花石”。红柱石呈灰白、褐或红色，有玻璃光泽，莫氏硬度7，相对密度3.1g/cm^3。红柱石的机械强度很高，化学稳定性强，不溶于所有酸，是一种可直接使用的耐火材料。除用于冶金工业、精细陶瓷工业外，还可冶炼高强度轻质硅铝合金。

以红柱石为主要原料制备输热管道材料的基本工艺如图9-15所示，以红柱石、微米级PSZ（含质量分数为5%的Y_2O_3，部分稳定的氧化锆）和苏州土为主要原料通过一系列陶瓷制备工艺过程，制备出性能优良的用于太阳能热发电的输热管道材料。

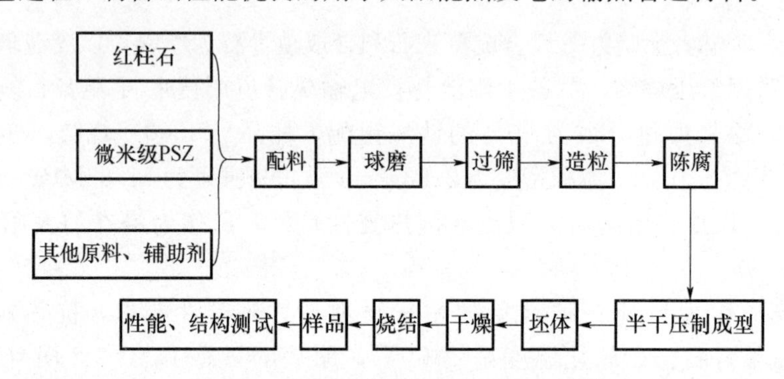

图9-15 红柱石陶瓷制备工艺流程图[21]

9.4 风能

风是由于太阳辐射热引起空气对流的一种自然现象。地球表面各处由于受热不均匀，产生温差，从而引起空气的对流运动。据估计，到达地球的太阳能中，约2%转化为风能，全球的风能总量约为2.74×10^9MW，其中可以利用的为2×10^7MW，非常可观。由于常规能源是不可再生资源，随着常规能源的不断消耗，风电的优势非常明显，发展会更快。

我国濒临太平洋，季风强盛，海岸线长达18000多千米，内陆还有许多山系，改变了气压的分布，形成了分布很广的风能资源。根据全国气象台风能资料估算，我国陆地可开发的装机容量约2.5亿千瓦，海上风能资源量更大，可开发装机容量7.5亿千瓦，总共可开发装机容量10亿千瓦。目前全国已建成并网风力发电装机容量57万千瓦，此外，还有边远地区农牧民使用的小型风力发电机约18万台，总容量约3.5万千瓦。

国际绿色和平组织和世界风能协会发布的全球产业蓝皮书认为，到2020年，全世界风能装机容量将达到12.6亿千瓦，届时风电电量将达3.1万亿千瓦·时，风电将占世界电力供应的12%[15]。

9.4.1　风电的基本原理

风力发电机是一种将风能转换为电能的能量转换装置（图 9-16），它包括风力机和发电机两大部分。空气流动的动能作用在风力机风轮上，从而推动风轮旋转起来，将空气动力能转变成风轮旋转机械能，风轮的轮毂固定在风力发电机的机轴上，通过传动系统驱动发电机轴及转子旋转，发电机将机械能变成电能输送给负荷或电力系统，这就是风力发电的工作过程。

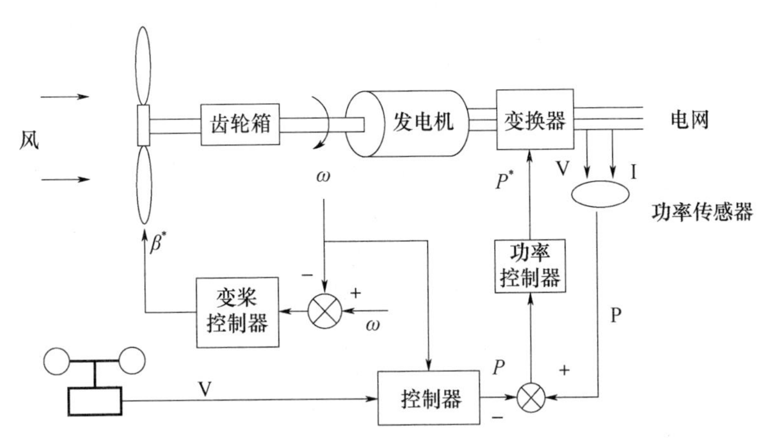

图 9-16　风力发电基本原理图

1. 风机系统构成

风机系统即风力发电机组，主要由风力机、传动系统、发电机、控制系统及塔架等组成。风机的主要组成如图 9-17 所示。

风力机是风力发电机组的重要部件，风以一定的风速和攻角作用在风力机的桨叶上，使风轮受到旋转力矩的作用而旋转，同时将风能转化为机械能来驱动发电机旋转。风力机有定桨距和变桨距风力机之分。风力机的转速很低，一般在十几转/分到几十转/分范围内，需要经过传动装置升速后，才能驱动发电机运行。直驱式低速风力发电机组可以由风力机直接驱动发电机旋转，省去中间的传动机构，显著提高了风电转换效率，同时降低了噪声和维护费用，也提高了风力发电系统运行的可靠性。

发电机的任务是将风力机轴上输出的机械能转换成电能。发电机的选型与风力机类型以及控制系统直接相关。目前，风力发电机广泛采用感应发电机、双馈（绕线转子）感应发电机和同步发电机。对于定桨距风力机，系统采用恒频恒速控制时，应选用感应发电机，为提高风电转换效率，感应发电机常采用双速型。对于变桨距风力机，系统采用变速恒频控制时，应选用双馈（绕线转子）感应发电机或同步发电机。同步发电机中，一般采用永磁同步发电机，为降低控制成本，提高系统的控制性能，也可采用混合励磁（既有电励磁又有永磁）同步发电机。对于直驱式风力发电机组，一般采用低速（多级）永磁同步发电机。

控制系统由各种传感器、控制器以及各种执行机构等组成。风力发电机组的控制系统一般以 PLC 为核心，包括硬件系统和软件系统。传感信号表明了风力发电机组目前运行的状态，当与机组的给定状态不一致时，经过 PLC 的适当运算和处理后，由控制器发出

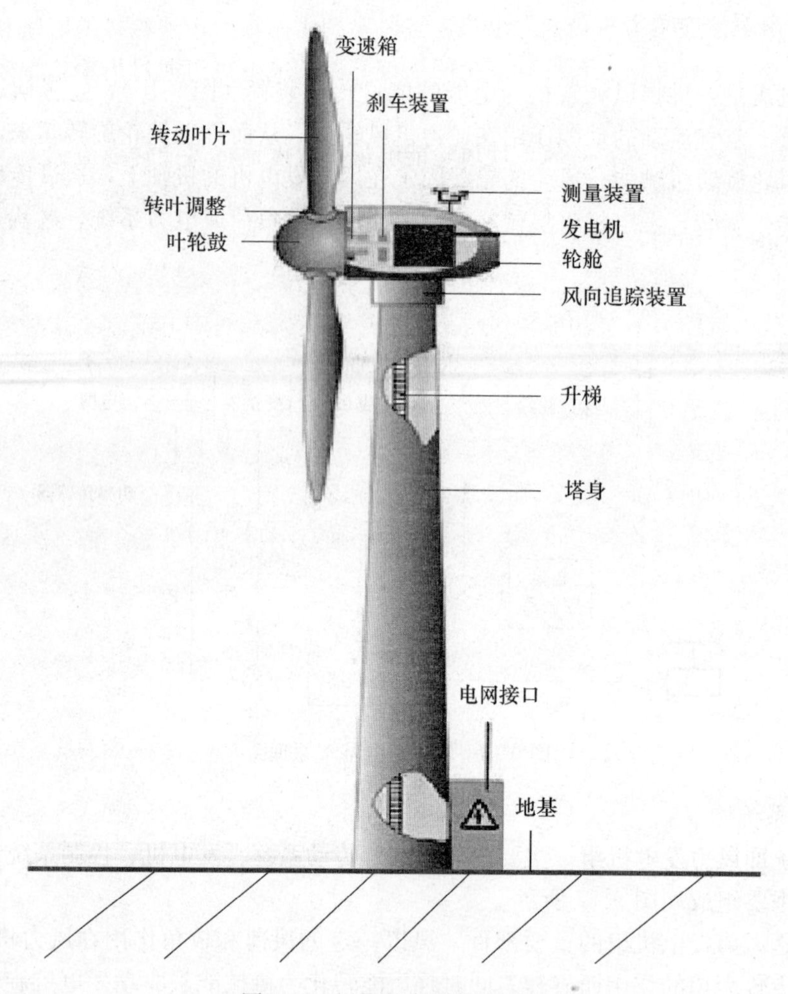

图 9-17　风机的主要装置组成

控制指令，使系统能够在给定的状态下运行，从而完成各种控制功能。主要的控制功能有：变桨距控制、失速控制、发电机转矩控制以及偏航控制等。控制的执行机构可以采用电动执行机构，也可以采用液压执行机构。

目前，风力发电机组主要有恒速恒频控制和变速恒频控制这两种系统控制方式。前者采用“恒速风力机+感应发电机”，常采用定桨距失速调节或者主动失速调节来实现功率控制。后者采用“变速风力机＋变速发电机”，在额定风速以下时，控制发电机的转矩，使系统转速跟随风速变化，以保持最佳叶尖速比，以便最大限度地捕获风能；在额定风速以上时，采用变速与变桨距双重控制，以便限制风力机所获取的风能，从而保证发电机恒功率输出。

控制系统还应具有各种保护功能，当风力发电机组发生危险或故障时，能够快速报警并迅速转换为安全状态。大中型风力发电机组一般与电网并联运行，小型风力发电机组可以单机运行也可以并网运行，单机运行时一般采用蓄电池储能。

传动系统是指从主轴到发电机轴之间的主传动链，包括主轴及主轴承、齿轮箱、联轴器等，其功能是将风力机的动力传递给发电机。主轴即风轮的转轴，用于支承风轮，并将风轮产生的扭矩传递给齿轮箱或发电机，将风轮产生的推力传递给机舱底座和塔架。齿轮箱位于风轮和发电机之间，是传动系统的关键部件，风电机组通过齿轮箱将风轮的低转速变换成发电机所要求的高转速，同时将风轮产生的扭矩传递给发电机。

偏航系统主要用于风轮对风，使风轮能够最大限度地将风能转换成轴上的机械能。大中型风电机组都需要设置偏航系统。偏航系统设置在机舱底座与塔架之间，由偏航驱动装置为偏航运动提供动力，偏航驱动装置大多采用电动式，也可采用液压式结构。偏航传感器用来采集和记录偏航位置，当偏航角度达到设定值时，控制器将自动启动解缆程序。解缆操作是偏航系统的另一个功能。风电机组的电力电缆和通信电缆需要从机舱通过塔架最终连接到地面的控制柜上，由于偏航系统需要经常进行对风操作，将引起电缆的扭转。当在一个方向上扭缆严重时，机组就需要停机并进行解缆操作。

变距系统是指通过调节桨距角来限制风轮转速的控制系统，主要用于大中型风力机在额定风速以上时的恒功率控制，可分为电动变距系统和电动-液压变距驱动系统两种。对于定桨距风力机，无法利用变桨来实现风轮的转速控制，国内外研究了许多限速装置，归纳起来有三类：①通过减少风轮迎风面积来实现限速；②通过改变叶片翼型攻角值来实现限速；③利用空气在风轮圆周切线方向的阻力等来实现对风轮转速的限制。

风力机长年累月在野外运转，工作条件恶劣。风力机的一些重要工作部件多集中在塔架的上端，组成了机头。为了保护这些部件，需要用罩壳把它们密封起来，此罩壳称为机舱。塔架用于把这些部件举到设计高度处运行，主要承受两个载荷：一是风力机机头的重力；二是风吹向风轮等部件的推力。塔架的最低高度可按式（9-12）考虑：

$$H=h+C+R \tag{9-12}$$

式中　h——接近风力机的障碍物高度（m）；

C——由障碍物顶点到风轮扫掠面最低点的距离（m），常取 $C=1.5\sim2.0$m；

R——风轮半径（m）。

2. 风力发电机组运行方式

风力发电机组的运行方式有三种：单机运行方式、组合运行方式和并网运行方式。

（1）单机运行方式

单机运行的风力发电机常常为10kW以下的小型风力发电机。在偏僻的山区、牧区、海岛以及边防哨所、导航灯塔、气象站等电网覆盖不到的地方，可以采用单机运行的风力发电机供电。

不并入电网单机运行的风力发电机又称为离网型风力发电机。由于风速的随机性，单机运行时，风力发电机输出的电压和功率也在随机变化，这种电能难以直接使用，常常将其先储存在蓄电池中，然后再加以利用。蓄电池可以直接带直流负荷，也可以逆变成为交流电后给交流负荷供电。

（2）组合运行方式

组合运行方式是指风力发电机与其他发电形式组合起来，构成一个较稳定供电系统的一种互补运行方式，也是一种离网运行方式。主要有风力-柴油发电组合运行方式和风力-太阳能发电组合运行方式。

风力-柴油发电组合，弥补了风力发电的不稳定性，构成了一个较为稳定的离网型供电系统，有独立切换运行和并联运行两种运行方式。风力-太阳能发电组合运行方式，可以构成一个能量互补系统，提高了供电的可靠性，有独立切换运行和并列运行两种方式。

(3) 并网运行方式

并网运行就是风力发电机与电网并联运行，是一种最简捷、最有效的储能方式。目前，并网运行已经成为风力发电机组的主要运行方式。

风力发电机组的并网过程都要经过启动、投入并网和并网运行这几个阶段。在启动阶段，风电机组的转速将从静止上升到切入转速。只要风速达到启动风速，风力机就可以顺利启动。当发电机转速达到切入转速时，即可按照规定的程序进行投入电网的操作。发电机顺利并网后即进入并网运行阶段，在这一阶段，风电机组将风能转换成电能输出给电网。

3. 风力机组分类

(1) 小型风力发电机组

利用风能发电，许多国家往往首先研制和推广小型风电机组。目前，一些发展中国家仍然对小型风电机组有较大的需求，但工业发达国家已经很少生产小型风电机组，而主要生产大中型风力发电机组，并已经商品化。

我国微型、小型风力发电机有 11 个型号。它们的共同特点是采用玻璃钢叶片，上风式，利用尾舵对风向，利用调节风轮迎风面积来调节转速，一般用蓄电池储存电能，以备无风时供电。

(2) 中型风力发电机组

丹麦是世界上最早利用风能发电的国家，经过不断努力研究和技术发展，丹麦中型风力发电机发展很快，技术也逐渐成熟。我国中型风力发电机起步较晚，始于 20 世纪 80 年代至 20 世纪末的近二十年的时间，先后研制过 18kW、30～55kW、75kW 的中型风力发电机和 200kW 的大型风力发电机。1997 年，沈阳工业大学研制了 75kW 微机自控的中型风力发电机，安装在辽宁省丹东市大鹿岛的风力机械试验场上，并网发电。该机的主要特点是实现了微机自控，这是我国首次实现自己设计、生产的微机自控的中型风力发电机。

美国和加拿大一直在深入研究垂直轴达里厄风力发电机。美国政府委托桑迪亚研究所（Sandia）研究垂直轴风力发电机。目前全世界只有加拿大和美国在垂直轴风力发电机方面取得了进展。

(3) 大型风力发电机组

风力发电机正在向大容量方向发展，国际上单机容量已经达到 5MW。在大型风力发电机的设计和制造方面，我国正在不断进步，已经可以批量生产 1.5MW 级双馈型和直驱型风力发电机，3.0MW 双馈型风力发电机也已经下线，目前已经开始研制 5.0MW 级风力发电机。

9.4.2 采用陶瓷材料的部件

在风电机组中采用陶瓷材料的部件较少，氮化硅陶瓷轴承因其特殊的优势，在风电机组中有着重要应用。20 世纪 90 年代以来，陶瓷轴承在超高速加工技术方面得到了成功的应用，国际上机床主轴转速普遍达到了 10000r/min 以上，有的甚至达到了 100000r/min。这些主轴系统大多采用电主轴形式，而其支撑普遍采用氮化硅陶瓷轴承。该种轴承已成为温升低、高速度、高硬度、长寿命的新一代高速轴承，国外超高速磨床均采用陶瓷轴承作主轴支撑。在风电机组中，陶瓷轴承以其自身的优势，也逐渐获得了应用（图 9-18）。

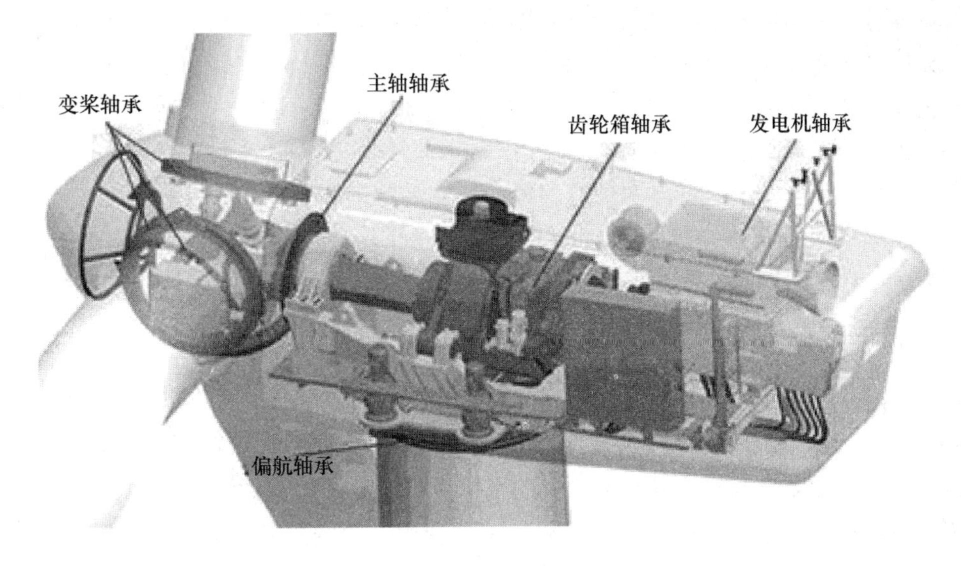

图 9-18　风机中使用轴承的部件

轴承广泛应用于风电产业，并且是组成风电机组大部分部件的重要零件。轴承的整个范围涉及从叶片、主轴和偏航所用的轴承到齿轮箱和发电机中所用的更小的高速轴承。总体来说，轴承是风力机械中的薄弱部位，特别是用于齿轮箱、主轴和发电机上的大轴承，可能造成某些型号风电机组的主要故障。目前，用于风电机组的轴承由球面滚子轴承、滚珠轴承和旋转枢轴轴承组成。表 9-4 说明了轴承在不同部件中的具体应用。

表 9-4　轴承在不同部件中的应用

轴承类型	与其相配的部件
球面滚子轴承	主轴、齿轮箱
单双排大直径圆锥滚子轴承	主轴、齿轮箱
圆筒形滚珠轴承	主轴、齿轮箱、发电机
滚球轴承	发电机
旋转枢轴轴承	偏航、变桨

风电机组在野外高空环境中工作，偏航轴承在风沙、雨水、烟雾、潮湿等环境下，不仅要求具有足够的强度和承载能力，还要求寿命长（一般要求 20 年）、安全可靠、运行平稳，且润滑、防腐及密封性能良好。采用钢质材料的轴承对于某些性能要求已无法满足。大量试验证明，在高速环境下工作的精密轴承（转速在 4×10^4 r/min 以上）中球是轴承中最薄弱的零件，60%～70%的高速轴承失效都是由于钢球产生不同程度的疲劳破坏所致，目前，国内的高速轴承就普遍存在这个问题。为了改善高速轴承性能，提高其疲劳寿命，国内外应用结构陶瓷来制造球体或其他轴承零件，可显著延长高速轴承的使用性能和寿命。氮化硅或氮化硅基陶瓷复合材料是制造轴承及其零件最理想的材料，对一般轴承而言，当速度因数 DN 值在 2.5×10^6 以上时，其滚动体的离心力便会随转速的升高而急剧

增大，轴承的滚动接触表面的滑动摩擦加剧，轴承的寿命就随之缩短。试验结果已证实：在高速旋转时，采用低密度的氮化硅陶瓷轴承，陶瓷滚动体产生的离心力大大低于钢质滚动体，使其对外环滚道的压力和交变载荷相应减少，与钢制轴承相比速度可提高 30%～60%，温升降低 30%～50%，并且不容易出现“抱轴”现象，其使用寿命比钢制轴承提高 3～6 倍。同时，滚动体的离心力大大减少，由于滚动体的离心力引起的高速打滑现象也大大降低，从而使滚动体、保持架组件的惯性力显著减少。

温度变化对轴承的滚动疲劳寿命会产生较大影响，通常作为耐热材料使用的 M50 钢制轴承在 250℃时的额定寿命约为常温下的 1/10。而对于陶瓷轴承，由于陶瓷材料具有优异的高温性能，在高温工况下具有很好的滚动疲劳强度，试验结果表明，在 1000℃高温下 Si_3N_4 还保持着相当高的抗弯强度。因此陶瓷轴承有较好的接触应力和较长的疲劳寿命。

Si_3N_4 陶瓷材料本身具有减摩、抗磨、润滑等功能，在不良的润滑工况条件下，如边界润滑、无油干摩擦等情况，显示出卓越的减摩自润滑性能，可以大大提高机器的工作可靠性和使用寿命，并能降低机器噪声，减少维护费用。除此之外，陶瓷轴承是非磁性的，其绝缘性能也很好。

采用陶瓷球混合滚动轴承，与全钢滚动轴承相比具有良好的抗滚动接触疲劳特性，并且其升温小、刚度大、寿命长。用氮化硅材料做成陶瓷球，作为滚珠，轴承内外套圈仍为钢套圈。

9.4.3 氮化硅陶瓷轴承在风能中的应用

1. 氮化硅陶瓷性能

氮化硅是共价键化合物，属于六方晶系，有 α、β 两种晶型，其升华分解温度为 1900℃，理论密度为 3.44g/cm^3，Si—N 键结合强度高。氮化硅主要制备方法有热压烧结和反应烧结两种工艺。热压烧结工艺包括气氛加压烧结和热等静压烧结，即在 Si_3N_4 粉末原料中加入少量添加剂（MgO 等），在石墨模具中高温、高压成型并烧结。反应烧结以硅粉或硅粉与 Si_3N_4 粉混合物为原料，成型后置于氮气炉中加热到 1200℃预氮化，得到具有一定强度、可进行切削加工的坯体，然后在 1400℃进行二次氮化，使硅粉基本上都反应成为 Si_3N_4[22]。

氮化硅陶瓷热膨胀系数低（2.75×10^{-6}/K），具有良好的热稳定性、高硬度、摩擦系数低等优点，其耐腐性好，能耐除氢氟酸外的其他各种无机、有机酸和碱。因此用 Si_3N_4 做出的陶瓷轴承（图 9-19）可长时间工作于腐蚀性的酸、碱、盐等溶液中。在化学工业或核动力工业中，陶瓷轴承可替代化学稳定性差的钢质轴承，其平均寿命比不锈钢轴承高 4～25倍。

2. 氮化硅陶瓷轴承制备工艺

由于氮化硅是强共价键化合物，其扩散系数、致密化所必须的体积扩散及晶界扩散速度、烧结驱动力很小，主要采用热压烧结工艺。制备氮化硅轴承球的基本工艺流程如图 9-20 所示。

氮化硅粉体中需加入一定的增塑剂、分散剂、胶粘剂。胶粘剂一般有聚酰胺、热塑性酚醛树脂、聚乙二醇、聚乙烯醇等。分散剂一般有聚酰胺、PVB、PEG 等。

图 9-19 氮化硅陶瓷球

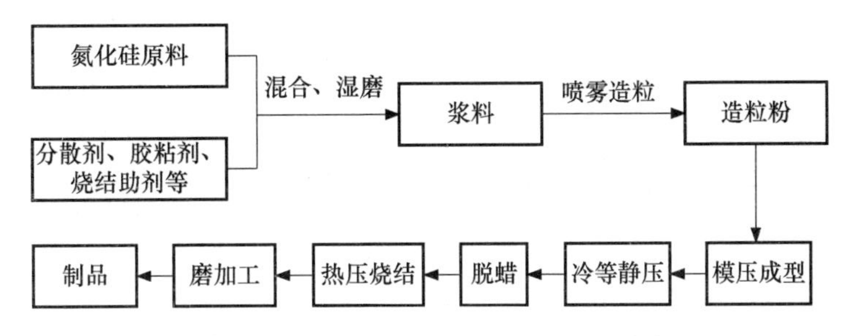

图 9-20 氮化硅陶瓷球制备工艺流程[23]

氮化硅混合料制备是重要的生产工序之一，影响烧结过程，并影响制品的内部结构和外观。混合料的制备工艺有超细粉分散技术、分级混合技术、湿磨技术、喷雾干燥造粒技术等。

由于氮化硅可以水解，所以一般选择用无水乙醇作为分散介质，加入成型剂、烧结助剂和氮化硅粉料，长时间湿磨获得浆料，然后喷雾干燥制备混合料。

湿磨的主要作用是将配制成固定成分的粉末，通过该工艺得到具备一定粒度、各组元均匀分布的混合浆料。长时间湿磨可以使物料破碎、粒度均化，各组元混合均匀，提高粉末烧结活化程度。

冷等静压成型：利用橡胶套等封装，进行冷等静压，降低坯体的密度差，提高与稳定烧结动力，防止各向异性。

热压烧结工艺：将氮化硅微粉和烧结助剂（如 MgO）在一定的压力和温度下进行热压成型烧结。

3. 具体的应用案例

北京中材人工晶体研究院有限公司在国内建成了首条年产 8 万粒大尺寸（ϕ30mm 以上）氮化硅陶瓷球的批量化生产线，实现了高致密性、高稳定性、高可靠性、高一致性的生产。采用氮化硅粉体纳米改性、“自包套”热等静压烧结、低应力柔性精密加工以及大尺寸氮化硅陶瓷轴承球无损检测控制等关键技术，克服了传统成型后“玻璃包套”法 HIP 烧结成本高的弊端，改变了国内大尺寸氮化硅陶瓷轴承球加工精度、一致性差，长期依靠国外企业加工的现状。其生产的 ϕ40mm 以上规格的陶瓷球加工精度提高到 G28 级，远高于国内 G60 级加工水平，达到国际先进水平，加速了大功率并网风力发电机关键部件的国产化进程。

表 9-5 为人工晶体研究院生产的氮化硅陶瓷轴承球的产品性能。

表 9-5 人工晶体研究院氮化硅陶瓷轴承球的产品性能

等级	球直径变动量 Vdws	球形误差 ΔSph	批直径变动量 Vdwl	表面粗糙度 R_a
G3	0.05～0.07	0.05～0.07	<0.13	0.009～0.01
G5	0.08～12	0.08～12	<0.25	0.009～0.01
G10	0.15～0.2	0.15～0.2	<0.5	0.014～0.018
G16	0.2～0.25	0.2～0.25	<0.8	<0.025
G20	0.3～0.4	0.3～0.4	<1	<0.032
G28	0.4～0.7	0.4～0.7	<1.4	<0.0105

注：球直径：ϕ0.5～ϕ38（mm）（精度级别 G3～G24）。

中材高新生产的氮化硅陶瓷球除供应国内客户外，经过近几年国外市场的开拓，已有部分销售给国外客户，尤其已有多个规格的轴承球通过了国际著名企业 SKF 的考核，也为我国高技术产品进入国际市场奠定了坚实的基础[24]。

参考文献

[1] 衣宝廉．燃料电池——高效、环境友好的发电方式［M］．北京：化学工业出版社，2000.

[2] 刘科．多孔陶瓷支撑型固体氧化物燃料电池研究［D］．哈尔滨：哈尔滨工业大学，2011：4.

[3] 梁丽萍，高荫本，等．固体氧化物燃料电池与陶瓷材料［J］．材料科学与工程，1997，15（4）：9-14.

[4] 张秀荣．中温固体氧化物燃料电池电解质的制备与研究［D］．大连：大连理工大学，2013.

[5] 林彬．中低温质子陶瓷膜燃料电池的设计与制备研究［D］．合肥：中国科学技术大学，2010：14.

[6] 田彦婷．氧化锆薄膜器件制备及其在高温燃料电池中的应用［D］．哈尔滨：哈尔滨工业大学，2008：5.

[7] Carpenter D M. An assessment of silicon carbide as a cladding material for light water reactor［D］. United States：Massachusetts Institute of Technology，2010.

[8] Stempien J D. Behavior of triplex silicon carbide fuel cladding designs tested under simulated PWR conditions［D］. United States：Massachusetts Institute of Technology，2010.

[9] Kim W J，Kim D，Park J Y. Fabrication and material issues for the application of SiC composites to LWR fuel cladding［J］. Nucl Eng Techn，2013，45（4）：565.

[10] 刘荣正，刘马林，邵友林，等，碳化硅材料在核燃料元件中的应用［J］．材料导报 A，2015，29（1）：1-5.

[11] Forsberg C，Terrani K A，Snead L L，et al. Fluoride-salt-cooled high-temperature reactor（FHR）with silicon-carbide-matrix coated-particle fule［C］. American Nuclear Society Annual Meeting Transactions. California，2012.

[12] Meyer M，Fielding R，Gan J. Fuel development for gas cooled fast reactors，［J］. J Nucl Mater，2007，(371)：281.

[13] 王圈库．新型陶瓷材料在核工业中的应用［J］．机电产品开发与创新，2012，(04)：19-21.

[14] 王永兰，金志浩，等．核反应堆控制材料-B_4C的研究［J］．西安交通大学学报，1991，25（4）：25-30.

[15] 翟秀静，刘奎忍，韩庆．新能源技术［M］．北京：化学工业出版社，2013.
[16] 张亚祥．太阳能吸热器用 β-Sialon/Si_3N_4 复相陶瓷的研究［D］．武汉：武汉理工大学，2013.
[17] 吴建锋，刘孟，徐晓虹，等．塔式太阳能热发电吸热体材料研究进展［J］．材料导报，2013，(13)：57-61.
[18] 刘孟．太阳能高效吸热陶瓷材料及吸热器的设计与研究［D］．武汉：武汉理工大学，2013.
[19] 谌伟，闫洪．莫来石/碳化硅复相泡沫陶瓷的制备及抗压强度研究［J］．稀有金属，2015，39 (4)：332-336.
[20] 张锋意．太阳能热发电输热管道材料的研究［D］．武汉：武汉理工大学，2011.
[21] 徐瑜．用于太阳能热发电输热管道的红柱石基陶瓷的研究［D］．武汉：武汉理工大学，2012.
[22] 张玉龙，马建平．实用陶瓷材料手册［M］．北京：化学工业出版社，2006.
[23] 孙立钧，张桂燕．轴承用氮化硅球的制造方法［J］．哈尔滨轴承，2012，33 (03)：20-21.
[24] 张伟儒．氮化硅陶瓷轴承研发现状及产业化对策［J］．新材料产业，2007，(01)：25-29.